U0093591

比爾·布萊森

身體

給擁有者
的說明書

THE BODY

A GUIDE FOR OCCUPANTS

BY

BILL BRYSON

目次

獻給洛蒂（Lottie）。也歡迎來到「你」這個宇宙。

1

如何打造人體

簡直如同天神一般！

——莎士比亞，《哈姆雷特》

許久以前，當我還在美國讀初級中學的時候，我記得生物老師教導我們說，大概只要花個五美元，就能在五金行買到組成一具人體所需要的所有化學材料。我已經回想不起實際金額到底是多少。也許是二點九七美元，或者是十三點五美元。不過，可以確定的是，即使以一九六〇年代的幣值來看，也是非常小的一筆錢。我還記得，當時一想到幾乎不用花什麼錢，就能做出像我這樣一個彎腰駝背、滿臉粉刺的傢伙，就感到驚愕不已。

這個發現如此令人羞愧，使我這麼多年來一直無法忘懷。其中所涉及的問題是：那是眞的嗎？我們眞的如此一文不值？

多半出於娛樂目的，許多權威專家（這些人很可能「主修理工科目，週五不會出門約會」）在不同的時機下，都努力計算過打造一具人體所需的材料費用的金額。這些年來，或許最受敬重與最爲詳盡的嘗試，當屬英國皇家化學學會（Royal Society of Chemistry）所進行的推算。作爲二〇一三年劍橋科學節（Cambridge Science Festival）的活動一環，該學會以演員班奈狄克・康柏拜區（Benedict Cumberbatch）爲對象，計算了在組裝上所需要的所有化學元素的費用。（康柏拜區之所以成爲試算對象，是因爲他應邀擔任該年科學節的客座主席，而且，就人類體型來說，他的身材也正好具有代表性。）

依照英國皇家化學學會的估算，建構一具人體總計需要五十九種元素。其中六種——碳、氧、氫、氮、鈣與磷——占有我們的組成成分中的百分之九九點一，而其餘的元素，大多數則有點出人意表。誰會想到，假使我們的身體裡面沒有一些鉬，或釩、錳、錫與銅，就會變得不完整？必須指明，在這類元素中，我們對於其中一些元素的需求可說出奇地自制，所需要的數量皆是以百萬分之幾或甚至十億分之幾這樣的度量單位來計算。比如，在每近十億顆（999,999,999½ 顆）的所有其他各類的原子當中，我們只需要二十顆鈷原子與三十顆鉻原子就夠了。

人體內最大的組成成分是元素氧，它塡滿人體可用空間的百分之六十一。這似乎有點違反我們的直覺：人體幾乎有三分之二的部分是由無味的氣體所構成。我們並沒有如同氣球一般輕盈又易於彈跳的原因是，氧原子主要是與氫原子（占有你另外的百分之十）鍵結在一起，從而形成水分子，而水，則令人吃驚地沉甸甸——如果你曾經嘗試搬動那種裝滿水的充氣塑膠泳池，或只是全身穿著濕淋淋的衣服四處走動，就會知道我所言不虛。有點諷刺的是，兩個同屬自然界中最輕元素系列中的氫與氧，一經結合，卻會形成自然界中最重的分子之一——但這正是你的本質。氫與氧也屬於你體內那些最便宜元素中的一員。你所有的氧原子將花上你八點九英鎊，而你的氫則略微超過十六英鎊（假定你的身材與班奈狄克・康柏拜區相差不多的話）。你的氮（占有你的百分之二點六），價格還更合算，一整個身體所需的分量，只要二十七便士即可購得。不過，在這些之外的其他東西，就要價不菲了。

依照英國皇家化學學會的說明，你需要大約三十磅的碳，而那將花掉你四萬四千三百英鎊。（該學會只挑選純度最高的材料；他們不想用便宜貨來造人。）鈣、磷與鉀，雖然所需的數量少上許多，但三者加起來將使你另外掏出四萬七千英鎊。而其餘的元素，大多數在每單位量上都更加昂貴，不過，幸運的是，所需的數量也遠遠更爲稀少。每公克的釷幾乎要價二千英鎊，但它只占有你的十億分之一，所以你只要付出二十一便士，就能滿足身體所需的分量。你所需要的全部的錫，花四便士便可到手，而鋯與鈮則分別只要花上二便士。釤元素占有你整體成分的千億分之七，但顯然完全不用爲此花上任何一毛錢；英國皇家化學學會在費用明細單上註記「0.00 英鎊」。

在人體內所發現的五十九種元素之中，傳統上，其中的二十四種被稱爲「必要元素」，因爲如果沒有這些元素，我們將一籌莫展。而其餘的元素，則有點像是一鍋大雜燴。有些元素毫無疑問對人有益；有些則可能有益，但我們還不確定是在哪一方面起作用；而另外一些既無害也無益，可以說只是來湊熱鬧；還有一些則完全是壞東西。比如，鎘是人體中最常見的第二十三種元素，組構你的身軀的千分之一，但它具有重大毒性。人體中會有鎘的存在，並非因爲我們的身體迫切需要它，而是因爲，它會從土壤進入植物之中，而當我們吃下蔬果，便也把它吃了進來。如果你住在北美洲，你一天大概攝取了八十微克左右的鎘，而它對你完全沒有任何好處。

出人意料的是，在這個元素層級上，還有許多運作機制有待闡明。從你的身體中取出任一個細胞，便可在它裡面找到至少一百萬顆的硒原子，但是直到此前不久，依然沒有人知道這個元素存在的道理。我們現在了解，硒可以形成兩種缺一不可的酶，如果有所不足的話，將與高血壓、關節炎、貧血、某些癌症的發生有所關連，甚至可能降低精子的數量。所以，顯然給自己吃點硒是個不錯的想法（堅果、全麥麵包與魚類等食物均富含硒），但在此同時，假使你攝取過量，你的肝臟將可能因此中毒受害，而且無法治療補救。一如人生中的許多事物一般，如何正確理解均衡之道，可說並不容易。

依照英國皇家化學學會的計畫，使用熱心相助的班奈狄克．康柏拜區作爲範本來打造一具嶄新的人體，所需要的全部費用是分毫不差的九萬六千五百四十六點七九英鎊。當然，如果還要計入人工成本與增值稅，金額便會更高。但你算得上運氣好，能以遠遠不到二十萬英鎊的價格，就把班奈狄克．康柏拜區帶回家。總體而言，這筆費用並非鉅款，但顯然也不是微不足道的小錢，如同我的國中老師所提示的一般。儘管如此，但在二〇一二年，美國公共廣播電視網（PBS）長期播放的科學節目《新星》（Nova）也在其中一集稱作「搜尋元素」（Hunting the Elements）的單元裡，進行了一模一樣的分析；而該節目對人體所包含的基本成分的完整金額，給出了一百六十八美元這樣的數字。這例示了一個在繼續閱讀本書時，將愈來愈不可忽視的重點：亦即，涉及人體的種種事物，在細節上經常出人意表地難以確定。

不過，這當然幾乎不算是什麼重大的問題。無論你付出多少錢，或是你在組裝所有材料時多麼小心翼翼，你都不會造出人來。你可以同時召集目前還在世或已經過世的所有最聰明的人士，並且灌輸他們全部的人類知識總和，但他們所有人將連一顆活生生的細胞都做不出來，遑論製造出班奈狄克．康柏拜區這個人。

這無疑是有關人體的最令人震驚之事——我們只是一堆無趣的成分；你也可以在一落灰塵中找到相同的東西。我此前曾在另一本書中說過一句話，但我以為，也值得在此重述一次：有關那些組成你的化學元素所擁有的唯一特殊之處，正是那些元素打造出了「你」的這件事。這著實是生命的奇蹟。

¶

我們在這具溫暖又律動的血肉之軀中度過一生，卻幾乎完全將它的一切視為理所當然。即便只要大致說說即可，但我們當中有多少人知道脾臟位在哪裡，或脾臟是個怎樣的器官？或者，肌腱與韌帶兩者的差別何在？或者，我們的淋巴結都在忙些什麼？你認為你一天眨眼眨多少次？五百次？一千次？想當然爾，你毫無概念。嗯，你每天眨眼一萬四千次——由於眨眼的次數是如此之多，使得你在每天清醒的時間中，眼睛總計閉上了二十三分鐘。但你完全不必去思考這些事，因為，在每一天的每一秒中，你的身體進行了在數量上根本無法計數的工作——有「quadrillion」（10^{15}）這麼多嗎？還是「nonillion」（10^{30}）、「quindecillion」（10^{48}）、「vigintillion」（10^{63}）這麼多？（這些字都是實際的計數單位詞。）總而言之，某些數字已經巨大到超乎想像，根本無法要求我們的腦子停下來想一下那是什麼意思。

就在你開始閱讀這個句子的一秒鐘左右，你的身體已經產製了一百萬顆紅血球。這些紅血球在你的周身急馳，奔流在你的血管中，保持你的蓬勃生氣。而其中的每顆紅血球將會嘎拉嘎拉繞著你穿行大約十五萬遍，一再重複攜帶氧氣給予你的細胞，然後，由於變形受損與失去用處，便會自行向其他細胞報到，爲了你的福祉而平靜受死。

總計需要動用七千兆兆（7,000,000,000,000,000,000,000,000,000，或七個「octillion」〔10^{27}〕）顆原子，才能打造出你來。沒有人知道，爲何這七千兆兆顆原子這麼急切渴望成爲你這個人。畢竟，這些原子都是不動腦筋的粒子，沒有一個會迸出什麼念頭或想法。不過，出於不明原因，在你長長的一生當中，這些原子都將建構與維繫所有那些缺一不可、不計其數的系統與結構，以便讓你可以持續到處嗡嗡嗡，讓你像你，維持你這個人的模樣，讓你享有這些稀罕又令人極爲愜意的生存條件——此即「生命」。

而這個任務遠比你所能理解的更爲龐大。如果將你整個人拆解開來，你可說無比巨大。你的肺臟在整個攤平後，可以覆蓋一座網球場，而肺裡面的氣道長度則可以從倫敦延伸到莫斯科。你全部血管的總長度將可以帶著你環繞地球兩圈半。而在這一切的現象中，最令人驚嘆的事物則是，你的去氧核醣核酸（DNA）。你在每個細胞中都塞有一公尺長的DNA，而由於你有多不勝數的細胞，如果你將身體裡所有的DNA都接起來形成一條細線，那麼它將長達一百億英里，足足可以伸展到冥王星之外。想想看：你本身就足以遠離太陽系。在純粹的字面意義上，你徹徹底底是個「宇宙人」。

不過，你的原子只是如同一堆積木而已，這些原子本身並不具有生命。生命確切開始於何處，這個問題並不容易回答。生命的基本單位是細胞——每個人都同意這一點。細胞裡充滿著忙碌的物件——比如核醣體、蛋白質、DNA、核醣核酸（RNA）、粒線體與許多其他各種名堂的微物——但這些東西本身沒有一個算是活物。細胞本身只是一個包廂隔間——就是某種小房室——用來容納那些小東西，而它本身，一如其他房間一般，也不具有生命力。不過，出於不明原因，當所有這些元件通通兜在一起時，你便擁有了生命。這是科學所無法理解的部分。而我有點希望科學永遠想不透。

或許，最爲驚人之處是，沒有任何一個元件負責發號施令。細胞內的每個組成成分皆會對來自其他成分的訊號做出反應，它們如同許多輛碰碰車一般彼此推擠碰撞。然而，出於不明原因，所有這些隨機的運動卻成就了一系列流暢無礙、協調有致的行動，不只是在個別細胞內部如此，整個身體同樣運作得有條不紊，因爲，在你的單人宇宙中，細胞會與處於不同區域中的其他細胞彼此溝通。

細胞的心臟是細胞核。它含有細胞的DNA；如同先前所曾指出，DNA長達一公尺，卻能收縮蜷曲進一個名符其實超微小的空間之中。細胞核可以容納如此之多的DNA的原因是，DNA精巧地又細又薄。你需要兩百億股的DNA一個挨一個靠齊平放，才能符合一根人類最細髮絲的厚度。你的身體裡面的每一個細胞（嚴格而言，應該是每一個帶有細胞核的細胞），皆包含有你的DNA的兩份複本。你之所以擁有足以伸展到冥王星之外的東西，原因就在這裡。

DNA的存在目的只有一個——爲了創造更多的DNA。DNA只是用來打造你這個人的一本指令手冊。如同你幾乎肯定記得從無數的電視節目或學校的生物課中所學到的知識，一個DNA的分子由雙股組成，兩者之間有橫桿連接，形成著名的扭曲的梯子，名爲雙螺旋。全部的DNA會分隔成許多片段，稱爲染色體，而更短的個別單位則稱爲基因。你所有的基因總和則是基因組（genome）。

DNA是極端穩定的物質。它能夠持續存在數萬年以上。它也使得今日的科學家得以針對遙遠的過去進行人類學的研究。從此刻起算，你眼下所擁有的收藏品，比如信件、首飾或珍貴的傳家之寶，八成沒有一個能夠留存千年，但你的DNA幾乎肯定可以繼續存在，而且可以回復原狀——只要某個人願意費力去找出它來的話。DNA也以極端精確的方式傳遞資訊。它每複製十億次鹼基（nucleobase），才會產生大約一個錯誤。不過，每次細胞分裂時，大約會出現三次錯誤，或稱突變。大多數的這種突變會被身體忽略，但偶爾也會產生長遠的影響力。而那就是演化。

基因組的所有組成成分，皆懷有一個堅決的目標——將你的血統傳承下去。這是個令人有點臉紅的想法：我們所攜帶的基因，淵源極其久遠，而且可能將永久留存人間——總之，直到目前爲止可以這麼說。你會死去、消失於無形，但只要你與你的子孫繼續養兒育女，你的基因將不斷在世界上占有一席之地。仔細想想，自從生命伊始的三十億年以降，你的個人血統世系從未有過一次中斷，這著實令人咋舌。爲了讓你今天可以在這裡活碰亂跳，每一名你的祖先皆必須在他們死亡之前、或是轉開對生育過程的興致之前，順利地將他們的遺傳物質傳遞到下一代的身上。這無異是一連串了不起的成功之舉。

確切來說，基因所從事的工作是提供指令，用以組構蛋白質。身體裡面大部分有用的東西就是蛋白質。有些蛋白質可以加速化學反應，稱之為酶。有些會傳遞化學訊息，稱之為賀爾蒙。還有一些則會攻擊病原體，稱之為抗體。身體內最大的蛋白質是肌聯蛋白（titin），作用是控制肌肉的彈性。它的化學名稱有十八萬九千八百一十九個字母這麼長，使它成為英語中最長的單字，只不過字典並不收錄化學名稱字眼。無人知曉我們體內的蛋白質型態究竟有多少種，但估計約有幾十萬種到上百萬種不等。

遺傳學的一個弔詭之處是，我們所有人彼此之間天差地別，但在基因層次上卻幾乎雷同。所有人類共享百分之九九點九的DNA，但卻沒有兩個人完全相同。我的DNA與你的DNA在三、四百萬個地方不一樣，但這對於DNA的整體來說，僅占很小的部分，可是卻足以造成你我之間的許多差異。你本身也擁有大約一百個屬於個人的突變，亦即，你有一些並不符合你的雙親所給予你的任何基因所傳遞的遺傳指令，這只會來自於你。

這一切的詳細運作機制，對我們來說，在很大的程度上依然成謎。人類的基因組只有百分之二的遺傳編碼用於製造蛋白質，亦即，只有百分之二的遺傳編碼進行了可資證明的、清楚明確的實際任務。而其餘的基因作用爲何，便完全不得而知。這些基因大部分似乎只是存在在那兒，就像皮膚上的斑點一樣。有一些則毫無道理可言。有一個特殊的短序列基因稱爲「Alu元件」（Alu element，Alu爲藤黃節桿菌Arthrobacter luteus的縮寫），在我們的基因組中到處重複出現超過百萬次以上，包括有時會坐落在一些重要的蛋白質編碼基因之內。據了解，它完全莫名其妙，但它占有我們所有的遺傳物質的百分之十。這個神秘的基因序列，有一陣子被冠以「垃圾DNA」的稱號，不過現在比較優雅地稱它爲「暗黑 DNA」，意指我們對它的存在與作用一無所知。有些這種基因會參與調控基因的過程，不過，其餘大部分的功用爲何，則依舊懸而未決。

人們經常認爲身體與機器相似，但身體其實遠遠不止於此。身體一天二十四小時不斷工作幾十年，（一般而言）從不需要定期維修或安裝備用零件；它依賴水分與一些有機化合物來運轉；它的質地柔軟，而且模樣可愛；它靈活機動、善於變通；它熱情地繁衍自身；它會開玩笑、感受愛意；它能品味夕陽餘暉與沁涼微風。你知道有哪一部機器，能夠表現上述的任一種功能嗎？答案可說毫無懸念。你只能是個奇蹟之物。不過，必須同時指出的是，蚯蚓同樣也是個奇蹟之物。

我們該如何頌讚我們所擁有的這個美妙生命？嗯，對於大多數吃多、少動的人來說，想一想那些你丟進嘴巴裡的垃圾食品吧，還有，也想一想，你如同盆栽般癱坐在發光螢幕前，虛擲了多少的人生光陰。然而，我們的身體以某種體貼與奇妙的方式照顧著我們，從我們塞到肚子裡的各式各樣食物中提取養分，並且藉由某種方式支撐我們於不墜，一般上還讓我們處於相當高的表現水平，如此維繫好幾十年。不良的生活型態，雖然形同自殺，但也要醞釀多年才會要人命。

甚至當你幾乎放任自己傷身，你的身體依然維護與保持你的存在。大多數人都在某種程度上成爲這個現象的人證。每六名吸菸者中，只有一名會罹患肺癌。大部分屬於心臟病高危險族群的人，並不會心臟病發作。據估計，你的細胞每天有一至五個會轉成癌細胞，而你的免疫系統則會擄獲並擊斃這些恐怖分子。想想看：你每週有二十幾次會罹患我們這個時代最恐怖的疾病，也就是說，一年就超過上千次——然而，每一次，你的身體都會出手相救。當然，癌細胞也經常會發展成更嚴重的惡疾，並可能要了我們的命，但整體而言，癌症實屬罕見：身體中的大多數細胞儘管會進行幾十億次的複製程序，但過程中都不會出錯。癌症可能是死亡的常見病因，但它並非人生中的常見事件。

我們的身體是一個擁有三十七點二兆顆細胞❶的宇宙，幾乎隨時處於大體上協調有致的運轉之中。某處突然一陣疼痛，或消化不良引發不適，或出現奇怪的瘀青或膿包，這種種通常都在宣告我們的身體運作並非完美無缺。有成千上萬的病症可以讓我們一命嗚呼——依照世界衛生組織所編纂的《國際疾病與相關健康問題統計分類》（International Statistical Classifcation of Diseases and Related Health Problems）一書所言，致命病症大約有八千多種——但我們只會因爲其中一種而歸西。對於大多數人來說，這個待遇還不算壞。

我們確實絕非擁有完美之軀。我們有阻生智齒的問題，因爲，我們演化而來的上、下顎太小，無法容納所有我們與生俱來的牙齒；而我們

❶ 這個數字當然是個有根據的猜測。人體的細胞存在各種型態、各種大小，在密度上也各有不同，實際上可說是難以數算。三十七點二兆這個數字，是二〇一三年由任職於義大利的波隆那大學（University of Bologna）的艾娃・畢安科尼（Eva Bianconi）所帶領的歐洲科學家團隊所提出來的說法。而《人類生物學年鑑》（Annals of Human Biology）報導了這件事。

的骨盆也太小，使得女性產下嬰孩時必須經歷劇烈的疼痛。我們無可救藥地易受背痛影響。我們的器官通常也不具備自我修復的能力。假使一隻斑馬魚的心臟有所損傷，牠就長出新生的組織來因應。但假使我們的心臟也受到損傷，那麼下場就只有一個慘字可以形容。幾乎所有的動物都會生產自身所需的維生素C，但我們不行；我們可以進行這個生產過程的每一個程序，但令人費解地，我們無法實施最後一個步驟，以生成出某種酶來，於是功敗垂成。

人類生命的奇蹟，並非因爲我們天生具有某些脆弱體質以致，而是我們不會被這些弱點所宰制。別忘記，你的基因源自你的先祖，而這些先輩在大部分的時間中甚至並非人類。其中有一些是魚類；而大多數則是體型微小、毛茸茸、住在洞穴裡的生物。正是從這些生物中，你繼承到了你的身體藍圖。你是三十億年的曲折演化之路下的產物。假使我們可以重新開始，給自己一具專爲人類這種特殊物種所設計的身體——直立行走卻不會損傷膝蓋與背部、吞嚥時不用冒著高風險的噎到與嗆到的危機、生小孩就像自動販賣機那樣掉下東西——那麼，我們所有人的生活將遠遠更為舒服愜意。不過，我們並沒有生就那樣的身體。回溯歷史來看，我們從飄浮在溫暖淺海中的一枚黏乎乎的單細胞生物開始，展開了我們的旅程。自此以後，萬事萬物都經歷了漫長而有趣的意外與變化，但同時也相當令人嘆服，我希望接下來的篇章可以清楚闡明其中奧妙。

2

外觀：皮膚與毛髮

美貌僅如皮膚之薄，而醜態則似刻骨之深。

——桃樂絲・帕克（Dorothy Parker）

1

一想及此，可能讓人有點吃驚：皮膚是我們最大的器官，而且八成還是最萬用的器官。它使我們的內臟不外露，並且把壞東西隔絕在外。它能緩解來自外界的衝擊。它讓我們擁有觸覺，帶給我們歡愉、溫暖與疼痛，以及幾乎所有其他使我們充滿生氣的事物。它生成黑色素，幫助我們抵禦陽光的輻射。當我們傷害它，它可以修復自身。它提供了我們所能展現的美貌。它照護我們。

皮膚的正式名稱是皮膚系統（cutaneous system）。它的大小約有兩平方公尺（接近二十平方呎），而重量總計約在十至十五磅之間；想當然爾，這主要取決於你的身高多少，以及皮膚伸展經過你的臀部、腹部兩者的大小。最薄的皮膚是在眼皮上（只有千分之一吋厚），而最厚的皮膚則在腳後跟與手掌根。不同於心臟或腎臟，皮膚絕不會停止發揮功能。賓州州立大學（Pennsylvania State University）的人類學教授妮娜・賈布隆斯基（Nina Jablonski）說道：「我們的疤痕不會裂開，我們也不會突然哪裡出現滲漏。」她本身也是有關皮膚一切大小事的專家前輩。

皮膚由稱爲眞皮的內層，與稱爲表皮的外層所組構而成。表皮的最外層表面，稱爲角質層，全由死亡的細胞所組成。原來是一堆死去的東西，造就了你的可愛模樣——這倒是個讓人眼睛一亮的觀點。在身體接觸到空氣的部分，我們可以說與死屍無異。這些最外層的細胞，每個月都會替換更新。我們大量脫落皮膚，而且幾乎毫不在意：一分鐘大約有兩萬五千片的碎片掉落，亦即，每小時脫落超過一百萬片以上。用一根手指擦過布滿灰塵的架子，你其實是在擰除舊日自己的碎屑殘跡。在無聲無息之中，我們無怨無悔變爲一落塵埃。

皮膚碎片的正確說法是鱗屑（squame；意爲鱗片）。我們每一年在身後揚起大約一磅（或半公斤）的塵埃。如果你把吸塵器的集塵袋裡的東西倒出來燒看看，最突出的氣味無疑是，會讓我們聯想到頭髮燃燒時所發出的那種燒焦味。這是因爲，皮膚與頭髮的主要組成成分相同，那就是角蛋白。

在表皮的下方，即是較爲豐饒的眞皮；皮膚內所有活躍的系統皆位居於此，包括有：血管、淋巴管、神經纖維、毛囊根部、汗腺腺體與皮脂腺腺體。在眞皮的下方，則是儲存脂肪的皮下組織層，嚴格來說它並不屬於皮膚的一部分。皮下組織雖然並不屬於皮膚系統，但它是你的身體的重要部分，因爲它儲存能量、提供隔熱與防寒，並且把皮膚與底下的身體黏合起來。

沒有人確切知道你在皮膚上有多少個孔隙，但你眞的遍體孔洞。大多數的估算認爲，你大約有二百萬至五百萬個毛囊，而你的汗腺總數或許是這個數字的兩倍。毛囊的職責有二：生長毛髮與分泌皮脂（由皮脂腺分泌）；而皮脂會混合汗液在皮膚表面形成一層含油的薄膜。這有助於保持皮膚的柔軟，而且使外來的微生物難以落居其上。毛孔有時會被死亡的皮膚碎片與乾掉的皮脂塞住，形成所謂的黑頭粉刺。如果毛囊還另外受到感染與發炎，結果就是青少年的惡夢——青春痘。青春痘折磨年輕人的原因很簡單，因爲他們的皮脂腺——一如他們的所有其他腺體——分泌高度旺盛。當該症狀成爲慢性病，便會發展成「acne」（痤瘡）——學者很難確認這個字的字源。它似乎與希臘文「acme」相關，意指令人讚賞的高度功績；但我們可以十分肯定，滿臉青春痘並非什麼了不起的大成就。沒有人清楚這兩個字是如何連結起來的。「acne」這個字在一七四三年首次出現在英語之中，收錄在一本英國的醫學辭典上。

同樣裝載在眞皮之中的物件，還包括各式各樣的感覺接受器，讓我們可以如實地與這個世界保持接觸。假使一陣微風輕拂過你的臉頰，那是你的梅斯納氏小體（Meissner's corpuscles ❷）讓你感知到動靜。當你把手放在一只發燙的盤子上，你的魯斐尼氏小體（Ruffini

❷「corpuscle」，來自拉丁文，意謂「小身體」，就解剖學而言，這是個有點含糊的詞彙。它可以指稱脫離的、自主飄浮的細胞，比如血球細胞，而它也能指稱一叢集結的細胞，具有獨立的運作功能，如同梅斯納氏小體的例子中所示。

corpuscles）就會尖叫。梅克爾細胞（Merkel's cells）可以對持續的壓力做出反應，而巴齊尼氏小體（Pacinian corpuscles）則是對震動有所反應。

梅斯納氏小體是每個人的最愛。它偵測輕微的觸動，在我們的性感帶與其他高度敏感的區域，爲數特別多：比如，指尖、雙唇、舌頭、陰蒂、陰莖等。它得名自德國解剖學家喬治·梅斯納（Georg Meissner），據信他在一八五二年發現了這個接受器，但是他的同事魯道夫·瓦格納（Rudolf Wagner）宣稱，他才是眞正的發現者。兩個人就此事爭論不休，這證明了，任何芝麻蒜皮小事在科學界都能引發怨懟。

所有這些感覺接受器都經過精細的微調，以便讓你感知這個世界。巴齊尼氏小體可以偵測微小到十萬分之一毫米的移動，那幾乎可說是一點都不算有動作發生。而且還不只如此，它甚至不需要與所欲讀取的物體接觸，即可進行推斷。如同大衛·林登（David J. Linden）在《觸覺》（Touch）一書所指出，如果你把一把剷子插入一堆礫石或一堆沙子之中，儘管你只接觸到剷子，但你卻能感覺這兩種對象物之間的差異。奇怪的是，我們沒有任何針對潮濕的接受器。我們只有熱感測器可以指引我們；這也是爲何，當你在一個濕答答的地方坐下時，你一般上無法辨別它是眞的被水打濕，或只是涼颼颼而已。

女性的手指在觸覺敏感度的表現上，遠比男性更好，但這可能只是因爲，女性有一雙小手，使得感覺接受器的網絡較爲緊密以致。觸覺很有意思的一點是，大腦不只是告訴你東西感覺如何，它還告訴你「應該」如何去感覺。所以，來自情人的撫摸讓我們油然生出美妙的感受，但如果是陌生人進行同樣的動作，就會讓人感到怪異或恐怖。這也是我們很難自己呵癢自己的原因。

¶

我在撰寫本書的過程中，有一件最難忘的意外經驗，發生在諾丁漢大學（University of Nottingham）醫學院的解剖室裡；當時，身兼外科醫師的教授班・歐利維爾（Ben Ollivere）正從一具屍體的手臂上，輕輕割取並剝離一層約厚達一毫米的皮膚薄片（有關這名教授，之後還有更多好戲上演）。這層皮膚由於是如此之薄，所以呈現半透明狀。「這個，」他說：「就是你的膚色存在的地方。這也是種族（race）所指稱的一切——薄薄一層的表皮細胞。」

之後不久，當我與妮娜．賈布隆斯基在她位於賓州的州學院市（State College）的辦公室會面時，我向她提及此事。她頻頻點頭表示贊同。「令人意想不到的是，在我們的組成結構中，一個如此微小的面向，竟然被賦予這麼高的重要性。」她說：「儘管膚色不過就是一種對陽光的反應所帶來的結果，但人們卻表現得好像膚色就是人類特徵的決定因素。就生物學來說，根本沒有種族這樣的事情存在——不管是根據膚色、臉部特徵、毛髮型態、骨骼架構或其他任何標準，完全沒有任何一項是人們的決定性特色。然而，看看在我們的歷史中，有多少人由於他們的膚色，而被奴役、被仇視、被以私刑處死、被剝奪基本人權。」

走入賓州州立大學校園內的人類學系大樓，爬上五樓，就來到賈布隆斯基進行研究工作的辦公室。室內一塵不染、井然有序。身形高䠷、儀態優雅、留著一頭銀色短髮的她，對於皮膚的研究興趣產生在幾近三十年之前；她當時任教於珀斯（Perth）的西澳大學（University of Western Australia），是一名年輕的靈長類動物學家與古生物學家。她那時在準備一個課堂演講，講題是靈長類動物與人類之間的膚色差異；她體認到，有關這個主題的資料著實令人訝異地稀少，於是由此開啓了此後一生研究的領域。她說：「一開始只是個相當單純的小型研究計畫，最後卻成爲我的專業生涯中的一個重心所在。」二〇〇六年，她出版了備受各界關注的《皮膚的自然史》（Skin: A Natural History）；在六年之後，她接續出版了《活躍的色彩：膚色在生物學和社會上的意義》（Living Color: The Biological and Social Meaning of Skin Color）。

從科學的角度來看，膚色事實上遠比任何人想像的更爲複雜。「哺乳類動物在色素形成上，牽涉到超過一百二十個基因以上，」賈布隆斯基說道：「所以，想要解開其中奧秘，眞的並不簡單。」我們如今所知如下：皮膚從種種的色素獲得顏色，而在這些色素中，迄今所發現的最重要的一個分子，正式名稱是眞黑色素（eumelanin），但一般都稱呼它爲黑色素（melanin）。它是生物學上最古老的分子之一，普遍存在於生物世界中。它不只是爲我們的皮膚上色。它也給鳥類的羽毛帶來色彩，給魚類的鱗片生成結構紋理與光亮感，給烏賊的墨汁呈現帶紫的黑色。它甚至涉及使水果變成棕色。就我們而言，它還爲頭髮著色。當我們行年漸長，黑色素的製造會急遽變緩，這也是年長者的髮色轉灰的原因。

「黑色素是極佳的天然防曬油，」賈布隆斯基指出：「它產自叫作『黑素細胞』的細胞之中。不管我們的『種族』是什麼，所有人的黑素細胞的數目皆相同。差異只在於，黑色素的產量不同。」黑色素實際上經常對日光做出分散而局部的反應，以致形成雀斑（freckle；專業術語應稱爲「ephelide」）。

膚色是所謂的「趨同演化」的典型例子——亦即，在演化上，兩個或更多的地點中，出現相同的變化結果。比如，斯里蘭卡與玻里尼西亞兩地人們的膚色，同樣都是淡棕色，但原因並非由於他們之間有任何直接的遺傳上的關連，而是因爲他們各別獨立地演化成這樣的膚色，以便應對他們的生活環境條件。學者在過去認爲，色素脫失（depigmentation）的過程或許需要花上一萬至二萬年，然而，現在藉助於基因組學（genomics）的研究，我們了解到，色素脫失的所需時間可以更短——大抵只需要二千或三千年。而且我們也知道，這個現象可以重複發生。淺淡的膚色——賈布隆斯基稱爲「脫失了色素的皮膚」——在地球上至少演化過三次。人類誇耀的一系列可愛的膚色，其實是個始終變動不居的過程。賈布隆斯基說：「我們正處於人類演化過程的新實驗階段中。」

學者向來以爲，膚色淺淡可能是人類遷徙與農業興起所造就的結果。這類的主張認爲，狩獵採集者可以從漁獲與獵物獲得大量的身體所需的維生素D，而當人們開始種植農作物，尤其當他們向緯度較北的地區遷居後，維生素D的攝取量便劇烈下降。因此，擁有較淺的膚色就成爲一項大大有利之處，因爲可以合成更多的維生素D。

維生素D對健康至關重要。它有助於形成強健的骨骼及牙齒、增強免疫系統、對抗癌症，與滋養心臟。它十足是個好東西。我們有兩種方式可以獲取維生素D：一是從我們所攝取的食物，二是藉由日照。而難題是，過度暴露於太陽的紫外線照射，會傷害我們細胞中的DNA，可能引發皮膚癌的發生。如何適量日曬以取得均衡，著實是個棘手之事。人類已經藉由演化出一系列的膚色色調，以適應不同緯度的日光強度，來解決這個挑戰。人體適應環境變化的這個過程，稱爲表現型可塑性（phenotypic plasticity）。我們事實上一直不斷在改變膚色——當我們暴露在明亮的陽光下曬黑或曬傷，或是我們因尷尬而臉紅，膚色都會起變化。曬傷所呈現的紅通通的顏色，是由於受到影響的部位的微血管腫脹充血以致，這也使皮膚變得一碰就又辣又痛。曬傷的正式名稱是「紅斑」（erythema）。孕婦經常經歷乳頭與乳暈顏色變深的現象，有時腹部與臉部等身體其他部位也會如此，這是黑色素產量增加所導致的結果。這個過程稱爲「黃褐斑」（melasma）的生成，它的具體用意不明。因爲憤怒而臉色發紅，說起來則有點違反直覺。當身體準備戰鬥時，它主要會將血流轉送至眞正需要血液的部位——亦即，肌肉——所以，身體爲何會將血液送往臉部（這完全無法提供任何生理效益），至今仍是個謎。賈布隆斯基提示了一個可能性是，這在某方面有助於調節血壓。或者，這只不過是用來叫對手投降的訊號，因爲，臉紅脖子粗的人是眞的已經火冒三丈。

總而言之，只要人們定居在一個地方，或是放慢遷徙的腳步的話，不同膚色色調的緩慢演化即可良好運作，但是，今日人們的流動性有增無減，這也意謂著，在許多人最後停駐的地方，該地在日照水平與人體的膚色色調上，兩者完全無法相稱。比如北歐與加拿大這樣的地區，在冬季月分期間，無論人們的皮膚多麼蒼白，皆無法從微弱的日光獲取維持健康所需的維生素D，於是，人們必須從食物中來攝取。然而，毫無意外的是，我們幾乎無法從飲食中取得足夠分量的維生素D。爲了單單從食物中符合營養所需，你不得不每天吃下十五顆蛋或六磅（幾乎有三公斤）的瑞士乳酪，或者，吞下半湯匙的鱈魚肝油——這較爲合理，但卻沒有更美味。在美國，喝牛奶的作法，相當有助於補充維生素D，但那依然只提供了成人每日所需的三分之一而已。如此一來，據估計，至少在全年中的部分時期中，全球大約有百分之五十的人口，處於維生素D不足的窘境。而在北方地帶，這個數值可能高達百分之九十。

當人們演化成淺淡的膚色，他們的眼睛與毛髮的顏色也會轉淡——不過，這個趨勢發展卻是相當晚近的事。大約六千年前，在波羅的海周圍地帶的某處，人們演化出淡色眼睛與毛髮。成因並不清楚。毛髮與眼睛的顏色並不影響維生素D的新陳代謝，或是有任何其他的生理過程才導致這樣的結果，所以，如此的變化似乎毫無實際助益。據推測，這些特徵可能是作爲部落標誌而被挑選下來，或是由於人們覺得這些特徵頗具吸引力以致。如果你有藍色或綠色的眼睛，並非因爲你的虹膜比其他人含有較多的這些顏色，而只是因爲，你的其他顏色比較少使然。亦即，是由於缺乏其他色素，才使眼睛看起來呈現藍色或綠色。

膚色則在一段遠遠更爲漫長的時期中持續變化，至少有六萬年，不過它的過程並非直截了當。「有些人歷經色素脫失的過程，而有些人則重新獲得了色素，」賈布隆斯基說：「有些人在遷移到新的緯度地區後，大大改變了膚色的色調，而有些人則幾乎完全沒有變化。」

舉例而言，就南美洲的原住民族所居住的緯度地區來說，他們的膚色比預期的表現來得淺。箇中原因是因爲，就演化而言，他們屬於新近的到來者。「他們有能力以相當快的速度抵達熱帶地區，而且攜帶著大量裝備，包括某些衣服在內，」賈布隆斯基對我說：「所以，實際上，他們阻礙了演化的進程。」而比較難以解釋的例子，則是來自於非洲南部的科伊桑人（KhoeSan）。他們一直生活在沙漠的豔陽之下，從未有任何距離過長的遷徙，但是，他們的膚色比起由他們的居住環境所預估的表現，還要淺上百分之五十。現今以爲，似乎有一個白晰皮膚的遺傳突變，在過去兩千年的某個時間點上，由外來者引入至他們的族群之中。然而，這些神秘的外來者是誰，目前還一無所知。

近年來，由於在分析遠古人類DNA上的技術發展，使得我們的知識與日俱增，而且這些新知大部分皆出人意料——有些令人困惑，有些則備受爭議。二〇一八年初，來自倫敦大學學院（University College London）與英國的自然史博物館（Natural History Museum）的科學家，在運用DNA分析技術進行研究後宣稱，被稱作切達人（Cheddar Man）的古英國人擁有一身「暗深至黝黑」的膚色，引發各界震驚。（學者們當時的實際說法是，這名切達人有百分之七十六的可能性會有深膚色。）他似乎也擁有一雙藍眼睛。這名切達人是在大約一萬年前，亦即上回冰河時期結束後，現身在首批返回英國的人群中。他的先祖已經在歐洲生活了三萬年，這個時間對於淺淡膚色所需的演化時間，可說綽綽有餘，所以，假使他果真膚色暗黑，那將跌破眾人眼鏡。然而，其他專家已經暗示，這名切達人的DNA受損情況嚴重，而且，我們對於遺傳學上色素形成的了解，幾乎沒有定論，所以我們無法得出，任何有關他的皮膚與眼睛的顏色的結論。暫且不論其他，這件事至少提醒我們還有很多亟待學習之事。「就皮膚而言，我們在許多方面上的知識，尙處於萌芽階段。」——賈布隆斯基對我說道。

¶

皮膚有兩種不同樣式：一種生有毛髮，一種沒有。無毛的皮膚稱爲光禿的皮膚，人體並沒有多少部位如此。眞正無毛的部位，只有雙唇、乳頭與外生殖器，以及手掌與腳底。身體的其餘部位，若不是覆有顯著的毛髮，稱爲「終毛」（terminal hair），比如長在你的頭部的毛髮，不然就是「柔毛」（vellus hair），比如你在兒童臉頰上發現的那些細毛。我們實際上如同我們的表親類人猿一般毛茸茸。只不過我們的毛髮更爲柔軟微細。我們總計約有五百萬根毛髮，但這個數値會隨著年齡與生活情況而變化，總之，只是一個估計値而已。

毛髮是哺乳類動物獨有的構造。如同位於毛髮底下的皮膚，毛髮也是集多功能於一身：它提供保暖、緩衝、僞裝等功能，爲身體抵禦紫外光，並讓團體中的成員得以彼此示意，用以表達憤怒或動情等訊息。但當你幾近無毛時，這種種特點中的一些項目很清楚將無法有效運作。當哺乳類動物感到寒冷時，牠們在毛囊周圍的肌肉就會進行收縮，這個過程的正式名稱稱作「立毛」（horripilation），但更普遍的說法則是「起雞皮疙瘩」。就多毛的哺乳類動物來說，這個立毛的過程會在毛髮與皮膚之間形成有用的隔熱與防寒空氣層，但就人類來說，起雞皮疙瘩就毫無任何生理效益；那只是提醒我們，相比而言，我們顯得多麼光禿禿。「立毛」的作用，也會使哺乳類動物的毛髮豎立起來（使動物的體型看起來更顯巨大，模樣更凶猛），這是爲何我們在受驚或不安時會起雞皮疙瘩的原因，但對人類來說，效果同樣大打折扣。

有關人類的毛髮，兩個最歷久不衰的問題是：我們在何時變成根本上無毛？以及，爲何我們在少數幾個地方保留了醒目的毛髮？就第一個問題來說，由於毛髮與皮膚無法保存在化石紀錄中，所以我們無法明確陳述人類何時喪失了毛髮，但是，從遺傳研究上得知，深色色素形成的時間，大約介於一百二十萬與一百七十萬年前之間。當我們還是一身毛茸茸，就不需要深色的皮膚，因此，這極爲有力地提示了，我們可以推算喪失毛髮的時間範疇。至於爲何我們在身體某些部位保留了毛髮的問題，如果要解釋頭髮的存在，可說相當簡單，但其他部位的成因則不是如此清楚。頭髮在冷天時就像一部好用的防寒絕緣體，而在熱天時，則如同一片可以反射熱源的巧妙反光板。依照妮娜·賈布隆斯基所言，濃密的鬈髮是最有效益的頭髮型態，「因爲它增加了頭髮表面與頭皮之間的空間大小，使得空氣得以流通其間」。留住頭髮的另一個不同理由——但在重要性上絲毫不減——則是，自古以來，它就是展現魅力的工具。

陰毛與腋毛的存在，則比較問題重重。去說腋毛可以增進人類的生活福祉，似乎有點強辯之嫌。有一種假說認爲，次級毛髮是用來收集或擴散（端視你採用的理論而定）性氣味，或稱費洛蒙。這個論點的一個問題是，人類似乎沒有費洛蒙。二〇一七年，來自澳洲的研究者在《皇家學會開放科學》（Royal Society Open Science）期刊上發表的研究，做出了以下結論：人類的費洛蒙大抵並不存在，而且，在吸引異性上，肯定沒有發揮任何可資察覺的作用。另一個假說則是，次級毛髮以某種方式保護了位於底下的皮膚不會受到擦傷，然而，明顯可見許多人在周身各處進行除毛，但卻沒有因此顯著增加皮膚發炎的頻率。另一個較為合理的假說或許是，次級毛髮是為了展示之用——它宣告了主人的性成熟。

你身上的每根毛髮都有一個生長週期，包括生長期與歇止期。臉部上的毛，正常而言，一個完整的週期為四星期，但頭髮可能會與你朝夕相處長達六或七年。一根腋毛可能維持大約六個月之久，而一根腿毛則是兩個月。毛髮一天生長三分之一毫米長，不過，毛髮的生長速率取決於你的年齡、健康，甚至是你所處的季節為何。無論經由修剪、刮除或是使用熱蠟除毛來去掉毛髮，都對毛髮根部的運作毫無效果。我們每個人一生會長出大約八公尺長的頭髮，但因為所有毛髮在某個時間點就會脫落，所以，任一根頭髮大概皆無法長過一公尺。個別毛髮的週期由於彼此交錯，使得我們通常不太會注意到毛髮脫落的現象。

2

一九〇二年十月，巴黎警方接到了報案通知，前往聖奧諾雷市郊路（rue du Faubourg Saint-Honoré）一百五十七號的公寓；該公寓位於第八區，是個富裕的街區，離凱旋門只有幾百碼的距離。案發現場有人遭到謀殺，一些藝術品也不翼而飛。兇手幾乎沒有留下任何明顯的線索，不過，幸運的是，偵查人員可以請求一名指認罪犯的高手來協助辦案——此即阿勒馮斯．貝帝雍（Alphonse Bertillon）。

貝帝雍創建了一套識別系統，他稱之爲「人體測量學」，不過對於仰慕他的大眾來說，則將這套系統叫作「貝帝雍人體測定法」（Bertillonage）。這套系統引進了製作臉部肖像的概念，以照相機記錄每一名被逮捕者的容貌，包括正面照與側面照；這個作法迄今仍舊普遍施行。然而，在測量上的嚴謹要求，才是貝帝雍與眾不同之處。被記錄的對象需要測量貝帝雍所選定的十一個奇怪的特別屬性——比如，坐姿的高度、左手小指的長度、臉頰寬度等等——因為這些特徵不會隨著當事人的年紀而改變。發展貝帝雍這樣的系統，並非為了讓罪犯伏法，而是為了緝捕累犯。由於法國對於重複犯罪者科以重刑（經常會將慣犯流放至遙遠、炎熱而潮濕的荒遠地點，比如魔鬼島〔Devil's Island〕），許多罪犯於是拼命努力讓自己能夠假冒成初次犯罪的人。貝帝雍的系統即是為了指認這些人而設計，而且成功率相當高。在施行的第一年，他便揭露了二百四十一名企圖矇騙的罪犯。

而指紋紀錄，實際上只是貝帝雍系統的一個次要部分，不過，當他在聖奧諾雷市郊路一百五十七號的公寓裡的一副窗框上，找到了僅存的一枚指紋，並用它指認出某個名叫翁西－列昂．謝非爾（Henri-Léon Scheffer）的兇手——這件事不僅在法國造成轟動，也傳遍全世界。於是，建立指紋檔案，旋即成為世界各地的警方在辦案上的一個基本工具。

在西方，指紋的獨一性，是由十九世紀的捷克解剖學家揚·普爾基涅（Jan Purkinje）所首度確認出來，雖然，事實上，早在一千多年前，中國人便發現了這件事；而好幾個世紀以來，日本的陶器匠人也會在進行窯燒之前，先在陶土上按壓手指印，用以識別自己的製品。查爾斯·達爾文的表弟法蘭西斯·高爾頓（Francis Galton），在貝帝雍提出他的想法的多年之前，早就已經建議使用指紋去抓捕罪犯，如同一名在日本傳教的蘇格蘭教士亨利·福爾茲（Henry Faulds）也同樣曾經如此提議。更有甚者，貝帝雍也不是第一個藉助指紋抓到兇手的人——早在十年前，阿根廷那兒已經有人締造了同樣的事蹟——不過，卻是貝帝雍贏得了這項美譽。

是怎樣的演化律令，使我們在手指的末端生成螺紋？答案是，沒有人知道。你的身體是一個充滿謎團的宇宙。大部分發生在身體表面與內部的運作機制，都是出於我們無法知曉的理由——毫無疑問，這經常也是因爲，根本不存在任何理由。演化終歸是一場偶然的過程。認爲指紋獨一無二的想法，事實上也只是個假設。沒有人可以百分之百確定指出，完全沒有其他人的指紋與你的一模一樣。我們至多只能說，迄今尚未有人發現有兩套指紋彼此相符。

指紋在教科書上的名稱是「皮紋」（dermatoglyphics）。形成指紋的那些犁溝狀的波紋，稱作乳突脊（papillary ridge）。它被假定有助於抓握的動作，如同輪胎的胎紋能夠增進抓地力的道理一般，但是，迄今尚未有人實際證實這一點。有些人認爲，指紋的螺旋紋路可能可以更有效地瀝乾水分，或是使手指的皮膚更具彈性與柔韌性，或是也許可以增加敏感度，然而，這些想法依然只是猜測而已。同樣地，也未曾有人能夠解釋，爲何當我們久久泡澡後，手指會發皺起來。最常聽到的理由是，發皺有助於手指有效地排乾水分，增進抓握能力。但這個說法並沒有讓人茅塞頓開。最緊急需要良好抓握力的人，想必正是那些剛剛掉入水中的人，而非那些已經在水中掙扎一陣子的人。

極爲罕見地，有些人生來擁有完全光滑的指尖，這種異常現象稱爲「皮紋病」。這種人的汗腺在數量上也會比正常人稍微減少。這似乎在暗示，汗腺與指紋之間具有某種遺傳關連性，不過，有關這種關連性的機制爲何，則尚待解答。

作爲皮膚的特徵而言，可以坦白指出的是，指紋其實微不足道。相較而言，你的汗腺才具有遠遠更值得關注的重要性。你可能沒想過這件事，但流汗卻是人類的一個關鍵特性。如同妮娜·賈布隆斯基所指出：「正是平淡無奇又索然乏味的汗液，造就了人類今日的模樣。」黑猩猩的汗腺總數大約僅達我們的一半，所以牠們無法如同人類這般快速蒸散熱氣。大多數的四足動物依賴大口呼氣來冷卻身體，但這個作法無法相容於持續奔跑而且同時激烈呼吸的狀態，尤其對於身處炎熱天候下的多毛動物來說，更是如此。我們的作法才是較佳的應對辦法：我們滲出含水的液體到幾乎裸露的皮膚上，當汗水蒸發，就可以冷卻身體，這使得我們有如一部人肉空調機一般。如同賈布隆斯基所寫道：「我們喪失了大多數的體毛，卻獲得了透過向外分泌汗液蒸散過多體熱的能力，這有助於讓對溫度最爲敏感的器官——大腦，有機會進行戲劇性的容量擴增的工程。」她指出，這便是流汗會使你變聰明的道理。

甚至當我們在休息時，依然規律地在流汗，儘管並不明顯。但如果你進行劇烈性活動或置身於具有挑戰性的環境中，我們便會很快流光我們的水分儲備。根據彼得．史塔克（Peter Stark）在《最後一口氣：來自人類耐力極限的警世故事》（Last Breath: Cautionary Tales from the Limits of Human Endurance）一書中所示，一名體重七十公斤的男人，含有略微超過四十公升的水分。如果他只是坐著呼吸、什麼事也不做，那麼他每天經由流汗、呼吸與排尿三者所流失的水分，大約有一點五公升。但是，如果他埋頭苦幹，那麼水分的流失率將陡升將近每小時一點五公升。這種狀況很快就會使人體產生危險。置身於使人精疲力盡的環境中——比如，步行在烈日之下——你在一天之內輕易地會因爲出汗而流失十至十二公升的水分。難怪我們在天熱炎熱時，需要隨時補充水分。

除非水分喪失得以中止或是重新獲得補充，不然當事人只是流失三至五公升的體液後，便會開始遭受頭疼與倦怠之苦。在喪失六或七公升的水分並且未獲補充後，就可能產生心理功能障礙。（那便是脫水的健行人士離開步道、漫步走入荒野的時刻。）對於體重七十公斤的男人，如果水分喪失大大超過十公升以上，當事人將會陷入休克狀態，然後死去。在第二次世界大戰期間，科學家曾經研究，士兵可以在沒有喝水的情況下在沙漠中行走多久時間（假定他們在一開始有適當補充水分），由此獲得的結論是，士兵可以在氣溫攝氏二十八度下行走四十五英里，在三十八度下行走十五英里，而在高溫四十九度下則只能行走七英里。

你的汗液含有百分之九十九點五的水分。而剩餘的部分，有一半是鹽，另一半是其他的化學物質。雖然鹽分在你的汗液總量中僅占極小的部分，但在炎熱的天候下，你在一天之內，還是可能喪失多達十二公克（等於三茶匙）的鹽——這個量已經達至危害人體的等級——所以，補充鹽分與水分，兩者缺一不可。

流汗是由腎上腺素的釋放所促動，這是爲何當你備感壓力時，你會頓時滿身大汗的原因。手掌與身體的其餘部位不同，它不會因爲體力勞動或炎熱而流汗，它只有在感到壓力時才會冒汗。在測謊的檢測裡，所要測量的正是這種情緒性的出汗現象。

汗腺又分爲兩種：小汗腺（eccrine gland）與大汗腺（apocrine gland）。兩者中，小汗腺的數目遠遠更爲繁多；它會在大熱天中分泌含水的汗液，浸濕你的襯衫。大汗腺主要局限在腹股溝與腋下（armpit；專業說法即「腋窩」〔axilla〕）；它分泌較濃稠、較有黏性的汗水。

造成雙腳飄出刺鼻氣味的成因，是來自於你腳上的小汗腺所分泌的汗液——更爲準確來說，應該是你腳上汗水中的細菌所引起的分解反應使然。汗液本身其實無味無臭。它需要細菌來創造氣味。造成汗味發臭的兩種化學物質（異戊酸與甲二醇），也能在某些乳酪上的細菌反應中製造出來，這是爲何人腳與乳酪兩者的氣味，可能經常聞起來如此相仿的原因。

你皮膚上的微生物，在組成上極其個人化。無論你偏愛棉質或毛料衣物，無論你上班前或下班後淋浴，令人吃驚的是，落居在你身上的微生物種類，取決於你使用何種香皀或洗衣粉而定。你的某些微生物是永久住民。而其他的微生物則在你身上紮營一週或一個月，然後，如同遊牧部落一般，靜靜地消失無蹤。

你的皮膚在每一平方公分上擁有大約十萬隻微生物，而這些小東西可說極難根絕。某個研究指出，在你淋浴或泡澡過後，你身上的細菌數目其實反而會增加，因爲細菌通通從你身上的隱蔽角落與孔隙中被驅趕出來。甚至當你賣力嚴格清潔自己，抗菌一事還是難如登天。在醫生進行醫學檢查之後，爲了使雙手乾淨無虞，醫生被要求必須以肥皀與清水徹底清洗至少長達整整一分鐘的時間——在實務上，對於那些需要處理大量病患的醫生來說，這是個幾乎難以達致的標準。於是，在很大的程度上，這導致了，每年大約有兩百萬名美國人發生嚴重的院內感染病症

（並造成其中九萬名病人死亡）。「想讓跟我一樣的臨床醫師，」阿圖・葛文德（Atul Gawande）已經指出：「不斷去做這一件防止感染傳播的事——也就是洗手——可說難上加難。」

二〇〇七年，紐約大學（New York University）所發表的一項研究發現，大多數人的皮膚上存在有大約兩百種不同種類的微生物，然而，每個人所擁有的細菌品種可說天差地別；在每個受試者身上，僅有四種型態的微生物相同。而另一個受到廣泛報導的研究，則是由北卡羅萊納州立大學（North Carolina State University）的研究人員所進行的「肚臍生物多樣性計畫」（Belly Button Biodiversity Project）；他們隨機找來六十名美國人，並用棉籤收集這些人的肚臍上的菌叢，以觀察那兒隱藏了多少小東西。這個研究由此發現了二千三百六十八種細菌，而其中的一千四百五十八種還尚未為科學界所知。（平均而言，每個肚臍上有二十四點三種的微生物在科學界聞所未聞。）每個人所帶有的細菌品種數目，從二十九種到一百零七種不等。一名志願受試者身上有一種從未在日本境外有過記錄的微生物，但他卻從未去過那裡。

使用抗菌肥皂的問題是，這種清潔產品在消滅皮膚上的壞菌的同時，也消滅了好菌。乾洗手液的問題也是一樣。二〇一六年，美國食品藥品監督管理局（US Food and Drug Administration）禁止了十九種通常會使用在抗菌清潔產品中的成分；他們所依據的理由是，製造商並未證明這些成分在長期使用下對人體安全無虞。

微生物不是你皮膚上的唯一住民。就在眼下此刻，即有一種稱作毛囊蠕形蟎（Demodex folliculorum）的微小蟲子，在你頭頂上的髮叢間覓食（以及在你其他含油的皮膚表面上蠕動；不過，這種小蟲主要是窩居在你的頭上）。毛囊蠕形蟎一般上不具傷害性——感謝老天——而且，我們的肉眼也看不見這些蟎。一份研究指出，由於這種蟲子與我們共同生活的時間如此悠遠漫長，所以可以使用牠們的DNA，來追蹤幾十萬年前我們的先祖的遷徙過程。從毛囊蠕形蟎的角度來看，你的皮膚宛如一大碗的脆皮玉米片。當你閉上眼睛，讓想像力帶你神遊，你幾乎可以聽見嘎吱嘎吱作響的咀嚼聲。

¶

另外一個皮膚經常出現的現象，即是發癢；而發癢的理由，則常常讓人迷惑不解。儘管多數的搔癢情形很容易說明成因（蚊蟲叮咬、長疹子、觸碰到刺人的蕁麻），但還是有極多的發癢現象無從解釋。當你讀到這一行文字，你可能也感覺到某種想四處抓一抓的衝動，即便這些部位在片刻之前根本一點都不癢，卻只是因為我提起了這個話題，才使你無端癢了起來。無人可以說明：為何關於搔癢這件事，我們如此易受影響，或者，為何甚至在沒有刺激物存在的情況下，我們卻會發癢。腦部並無任何單一區塊專門負責感知癢感，所以我們幾乎無法從神經學上進行研究。

發癢（對此症狀的醫學名稱是搔癢症〔pruritus〕）侷限於皮膚的外層，與一些處於身體前沿的潮濕部位——主要如眼睛、喉嚨、鼻子與肛門等。你的脾臟無論在其他種種方面使你有多難受，但它絕對不會使你發癢。有關搔癢的研究顯示，對背部抓癢可以產生為時最久的解脫感，而最愉快的解脫感則來自撓抓腳踝。種種病症都會導致慢性的搔癢症狀，比如，腦瘤、中風、自體免疫異常，以及藥物副作用等等。最惱人的一種發癢形式則是「幻癢」（phantom itching）；它經常伴隨截肢而來，給可憐的病患帶來永遠無法解除的規律發癢感。這種無法平息的痛苦，或許最特殊的案例是一名稱作「M」的病患所遭遇的經驗；這名來自美國麻州（Massachusetts）、不到四十歲的女子，在罹患過一次帶狀疱疹過後，在前額的上端發展出無法抗拒的劇癢。發癢變得如此使人惱火，以至於她將一片直徑大約一點五英寸的頭皮範圍內的皮膚，全給抓癢抓掉了。吃藥無濟於事。她在入睡後搔抓那塊區域特別激烈——力道如此凶猛，使得她有一天早上醒來後發現，腦脊髓液沿著她的臉龐淌流了下來。她抓癢狠抓到穿透頭骨，深入到自己的大腦上。據報導，在十幾年後的今天，她已經能夠控制搔抓力道，而不會嚴重傷害自己，但是癢感卻從未消失。最令人費解的是，她實際上已經摧毀了那塊皮膚上的所有神經纖維，然而難纏的癢感卻始終存在。

不過，當我們行年漸長，卻是奇怪的掉髮傾向，最讓我們驚愕失色；它遠遠超過外層皮膚的其他種種謎團所帶給我們的震驚。每個人的頭上擁有大約十萬至十五萬個毛囊，儘管人們的毛囊狀況明顯並非全都相同。平均而言，你每天脫落大約五十至一百根的頭髮，而有時候，這些頭髮不會再長回來。大約有百分之六十的男性，基本上在五十歲時已經童山濯濯。而每五名男人中就有一名，在三十歲時便已達到這個狀況。我們對於這個過程的了解很少，不過，已知有一種稱爲二氫睪酮的賀爾蒙，它在我們老化時會逐漸失靈，使頭部的毛囊停止運作，卻保留鼻孔與耳朵內的毛囊繼續生長，完全讓人沮喪莫名。而治療禿頭的一個已知療法是——閹割。

諷刺的是，儘管有些人那麼容易掉髮，但是頭髮可說相當不受衰敗影響，眾所皆知它可以在幾千年的墳墓中存留至今。

或許，看待禿髮一事最正面的角度是，假使身體中必須有某個部分屈服於人到中年的事實，那麼，顯而易見，頭髮的毛囊便是我們可能必須付出的代價。但是，別忘了，從未有人死於禿頭。

3

你是微生物？

有關青黴素的故事尚未畫下句點。或許我們還只處於故事的開端。

——亞歷山大·弗萊明（Alexander Fleming）諾貝爾獎領獎時的演說，一九四五年十二月

1

請做一個深呼吸。你八成認爲，此刻充溢在你的胸臆之內，正是那豐富飽滿、生機盎然的氧氣。事實上，並不盡然如此。在你所吸進的空氣中，占有百分之八十的成分是氮氣。它是大氣中含量最多的元素，對於生命體舉足輕重，不過它無法與其他元素相互作用。當你呼吸時，空氣中的氮氣便進入你的肺部，然後又被你直接呼出去；它就像個心不在焉的顧客，隨意錯入一間並不預計採購的商店。爲了讓氮氣變得對我們有用，它必須先轉變成比較可親的形式——比如氨——而正是細菌，爲我們扛下了這份職責。如果沒有細菌伸出援手，我們就會死去。我們甚至可能從未存在過。現在正是跟你的微生物道聲謝的時候了。

你是數以兆計的迷你小生命的家園，這些小東西不可思議地對你做出大量好事。微生物藉由分解食物，提供給你所需卡路里的大約百分之十，不然你根本無法利用這些食物；而在這個過程中，它還提取了對你有益的營養素，比如維生素B2、B12與葉酸。人類可以製造二十種消化酶，這在動物界中已經是相當可觀的數目，然而，依據史丹佛大學（Stanford University）營養學研究部門主任克里斯多夫・賈德納（Christopher Gardner）所指出，細菌可以製造一萬種消化酶，多達我們的五百倍。他說：「沒有細菌，我們在營養攝取上，品質將大幅下降。」

個別而言，細菌微小到不能再小，一轉眼便從生到死；每隻細菌大約平均重達一張美元紙鈔的兆分之一，而壽命則不超過二十分鐘。但是，如果作爲一個整體來說，細菌的表現則甚至令人敬畏。你生來所配備的基因，便是你此生所擁有的全部基因；你無法去購買或交換更好的基因。然而，細菌可以彼此交換基因，彷彿基因是寶可夢卡一般；細菌也能撿取死亡鄰居的DNA。這個過程稱爲基因的水平轉移（horizontal gene transfer）；這大大增進了細菌的適應能力，無論是自然界或科學家所施加給它的環境，細菌皆能從容因應。再加上，細菌的DNA在校正錯誤上管控較不嚴格，所以更容易經常突變，如此更有助於細菌在遺傳上的靈活度。

相較於細菌的變化速度，我們無人可以望其項背。大腸桿菌在一天之內可以繁殖七十二次，這意謂著，它在三天內所累積的新世代數目，即相當於人類在整個自身的歷史中所曾繁衍的子代。理論上，一隻親代細菌在不到兩天的時間中，就能製造出總重量比地球還重的大量子代。而只要三天，它的後代總重量將超越可觀測宇宙的質量。這樣的事當然絕對不會發生。但是，我們身上的細菌在數量上可說完全超乎想像。如果你將地球上所有的微生物堆成一堆，而所有其他動物堆成另外一堆，那麼，微生物堆將是動物堆的二十五倍。

我們可別搞不清楚狀況。地球是微生物的星球。我們在這兒只能任由這些小東西處置。微生物完全不需要我們。而我們只要一天沒有微生物，生命便無以爲繼。

¶

出乎意料之外，我們對身體上、身體內與身體周邊的微生物所知甚少，因爲，我們很難在實驗室中培養微生物，這也導致了研究微生物變得出奇地困難。我們可以指出的是，在你此刻坐在這裡，可能有大約四萬個品種的微生物定居在你身上——在你的鼻孔內有九百種，在你的臉頰內裡有八百多種（鄰近的牙齦上有一千三百種），而在你的腸胃道中則有多達三萬六千種；不過，這些數字會隨著新發現的出爐而不斷受到調整。二〇一九年初，位在劍橋附近的維康桑格研究所（Wellcome Sanger Institute）進行了一項僅僅針對二十個人的研究；他們由此發現了一百零五種此前無人知曉的新品種腸道微生物。每個人所擁有的微生物的確切數目會因人而異，而且也會隨著時間改變，這取決於你是嬰幼兒或年長者，你跟誰在何處同床共枕，你是否服用抗生素，與你是胖是瘦等等而定。（苗條的人比發福的人擁有更多的腸道微生物；而擁有飢腸轆轆的微生物，至少在某個程度上可以說明瘦子爲何會瘦的原因。）以上所述，當然只是針對品種的數目而已。就個別的微生物來說，數量則超乎想像，根本無法數算，完全是以兆計起跳。你個人所擁有的微生物的總重量約計三磅，差不多與你的大腦重量相當。已經有學者開始將微生物群相（microbiota）描述成是我們的一個器官。

多年來，學者普遍認爲，每個人所擁有的細菌細胞，是人體細胞的十倍之多。結果發現，這個聽起來很有把握的數字，是來自一篇寫於一九七二年的報告，而那不過只是一種猜測而已。二〇一六年，來自以色列與加拿大的研究者，做了較爲審愼的評估，而他們所獲得的結論是，每個人擁有的人體細胞大約三十兆顆，而所容納的細菌細胞則介於三十兆至五十兆個之間（實際數目端視許多因素而定，比如健康與飲食狀況等），所以，兩者在數量上較爲旗鼓相當一些。雖然，也必須指出的是，在我們自身的細胞中，占有百分之八十五的紅血球細胞並非是眞正的細胞，因爲它的結構與任一普通細胞（比如含有細胞核與粒線體）截然有別，它比較像是一只攜帶著血紅蛋白的容器。而另一個不同的思考點是，細菌的細胞很微小，而相對來說，人體的細胞就顯得巨大許多，於是，若以質量大小而論，人體細胞無疑具有比較顯著的重要性，而人體細胞在運作上的複雜度則更是不在話下。然而，如果從基因層面來審視的話，你體內大約有兩萬個屬於自己的基因，但你體內的細菌的基因也許多達二千萬個，所以，從這個觀點來看，你大致在百分之九十九左右屬於細菌，而只有不到百分之一屬於你自己。

¶

令人訝異的是，寄居人體的微生物群落，在組成上可能相當因人而異。雖然你與我體內各有幾千種細菌品種，但我們彼此之間卻可能只有一小部分的種類相同。而微生物似乎也是個行徑極端嚴厲的管家。你與伴侶做完愛後，必定彼此交換了大量的微生物與其他有機物質。某個研究指出，單單激情相吻，就會導致將近十億隻細菌從一張嘴轉移至另一張嘴，其中還伴隨大約零點七毫克的蛋白質、零點四五毫克的鹽、零點七微克的脂肪，與零點二微克的「各種各樣的有機化合物」（亦即，若干食物碎屑）❸。然而，一旦相擁結束，參與者雙方各自的在地微生物，便會展開某種大掃除的過程；經過短短一天左右，兩造的微生物組成，將會或多或少恢復成雙方舌頭交纏前的原本狀態。有時，某些病原體會趁機潛入，那就會讓你染上疱疹或感冒，不過這屬於例外情況。

幸運的是，大部分的微生物根本不會找我們的麻煩。某些微生物充滿善意地窩居在我們體內；這種狀況稱爲共生。僅有一小部分的微生物會使我們生病。在已經被確認出來的大約一百萬種微生物中，目前所知僅有其中的一千四百一十五種會使人致病——大體而言，這個數字其實非常小。然而，這還是會引發疾病叢生；全球死亡總人數的其中三分之一，罪魁禍首正是這些總計一千四百一十五種微小、無心的生命體。

人體的所有微生物種類，除了細菌之外，還包括有：眞菌、病毒、原生生物（protist；包含阿米巴原蟲、藻類、原生動物〔protozoa〕等

❸ 依照牛津大學的安娜·馬欽（Anna Machin）博士的說法，當你親吻另一人時，你也正在對對方的「組織相容性基因」（histocompatibility gene）進行取樣，而這些基因涉及免疫反應。雖然在那一刻，這可能並非是你心中最在意的事，但從免疫學的觀點來說，你本質上是在測試，對方是否是個合適的伴侶。

等），以及古菌（archaea），古菌在很長一段時間被認爲只是另一種細菌，但它實際上代表完整的另一支系的生物。古菌與細菌非常相似，兩者同樣結構簡單，而且沒有細胞核，但是，古菌對我們極爲有益，它不會引起人類任何已知的病症。古菌給予我們的東西，就是些許氣體，以甲烷的形式呈現。

值得牢記在心的是，所有這些微生物在它們的生命史與遺傳上，幾乎毫無共同之處。將它們連結在一起的理由只是，它們的個體盡皆微細渺小。對於所有這些微生物來說，你不是一個人，而是一個世界——你是一個極端豐饒的生態系統，擁有龐大而用之不竭的資源，還具有附加的移動便利性，並且你還養成許多非常有益（於它們）的習慣，比如打噴嚏、撫摸動物，以及在應該需要認眞洗澡的時候並不總是這麼做。

2

諾貝爾獎得主彼得・梅達沃（Peter Medawar）曾說過一句不朽名言：病毒「是一則包裹在蛋白質裡的壞消息」。實際上，許多病毒完全不是壞消息，至少對人類來說並非如此。病毒說來有點怪異，並非那麼活生生，但也絕非死物。處在活的細胞之外，病毒只是一枚死氣沉沉的小東西：它不攝食、不呼吸，也不做太多什麼事情。它也沒有運動的方法；它沒辦法推動自己移動，只會搭便車。我們必須出門去，才可以收集病毒，比如從門的把手或與人握手，或是從我們呼吸的空氣中吸入。在大部分的時間中，病毒如同粒粒塵埃般毫無生氣，但將它放進活細胞裡面，就會突然迸發生機，如同任何生物般馬不停蹄地繁殖起來。

如同細菌一般，病毒也獲得了令人難以置信的成功物種地位。疱疹病毒已經持續存在幾億年，而且感染了所有種類的動物，包括牡蠣在內。病毒的型態同樣極為迷你，比細菌還要小上許多，而且由於太過渺小，因而無法以常規的顯微鏡瞥見它的身影。如果你將一枚病毒吹成將近一顆網球的大小，那麼，在這樣的比例下，人的身形將放大到五百英里那般高大，而一隻細菌則將膨脹成如同一顆沙灘球的尺寸。

把病毒這個詞的意義，專門用來指稱一種非常微小的微生物——這個現代用法，是直到一九〇〇年才出現；當時，一名荷蘭植物學家馬丁努斯．拜耶林克（MartinusBeijerinck）發現，他所研究的菸草這種植物，很容易受到比細菌更小的一種神秘病原體的感染。他一開始把這種神秘的作用物稱爲「contagium vivumfluidum」（具傳染性與生命力的液體），不過之後又改爲「virus」（病毒）——來自字義爲「毒素」的拉丁文。他雖然是病毒學之父，但他在世時，這些發現的重要性卻得不到認可，以致他從未榮獲諾貝爾獎。然而，他眞的當之無愧。

過去曾經以爲，所有的病毒皆會致病——所以才有彼得．梅達沃那句名言——但現今我們知道，大部分的病毒只會感染細菌的細胞，而對我們毫無作用。在被合理假定存在的十幾萬種病毒之中，已知只有五百八十六種會感染哺乳類動物，而在這五百多種中，只有二百六十三種會影響人類。

對於其他那些占大多數、但並非病原體的病毒，我們所知極爲稀少，因爲，唯有會致人於病的病毒，才比較有學者入手研究。一九八六年，就讀紐約州立大學石溪分校（State University of New York at Stony Brook）的麗塔．普拉克特（Lita Proctor），決定要去尋找海水中的病毒；這個行徑被其他人評價爲太過古怪，因爲，學者普遍假定，除開經由排水管道或類似作法排放到海洋的那些污水當中，或許會有若干病毒暫時存在一陣子，不然，海洋中完全不會有病毒存在。於是，當普拉克特發現，平均每公升的海水中含有將近一千億隻病毒時，便令人略感詫異。在不久之前，一名聖地牙哥州立大學（San Diego State University）的生物學家達娜．威爾納（Dana Willner）審視了從健康人體的肺臟中所找到的病毒數量（一般並不認爲身體其他部位會潛藏太多病毒）。威爾納發現，平均每個人攜帶了一百七十四種病毒，而其中的百分之九十此前從未見過。我們如今知道，地球充斥著大量的病毒，而且直至最近之前，我們幾乎對此毫無所悉。依據病毒學家桃樂絲．克勞佛德（Dorothy H. Crawford）的估算，單單海洋中的病毒，假使一個挨著一個把它們接起來，那麼將可伸展至一千萬光年之處——這基本上是個超乎想像的距離。

病毒所擅長的另一件事是，靜靜等待時機。最特殊的案例出現在二〇一四年，一個法國研究團隊在西伯利亞所發現的一種在此之前未知的病毒——西伯利亞闊口罐病毒（Pithovirus sibericum）。雖然它封鎖在永凍層中長達三萬年的時間，但將它注入阿米巴原蟲之中，它登時洋溢青春活力，活動了起來。幸運的是，西伯利亞闊口罐病毒業經證明不會感染人類，但誰知道還有什麼其他病毒等待在那裡被發現呢？有關病毒這種善等待的特性，我們也可以從相當常見的病毒「水痘帶狀皰疹病毒」（varicella-zoster virus）的表現中見識到。這種病毒會讓你幼時罹患水痘，然後它便靜靜潛伏在神經細胞中長達五十年或更久的時間，直到讓你爆發出既討人厭又痛苦的帶狀疱疹，來羞辱你上了年紀的生活。帶狀疱疹通常被描述成是長在軀幹上、讓人痛苦萬分的疹子，但是，它其實幾乎可以在身體任何表面上冒出來。我的一名友人發疹在他的左眼上，他說那是他這輩子最悲慘的經驗。（附帶一提，「shingles」〔帶狀疱疹〕這個字與屋瓦毫無關係。作為一種醫學上的病症，該字衍生自拉丁文「cingulus」，意為某種「腰帶」；而作為鋪設屋頂的材料，它則來自拉丁文「scindula」，意為「成梯狀的瓦片」。只是出於偶然的關係，兩種意思所代表的文字在英語中最後的拼法相同。）

與病毒交手最經常發生的無人樂見的經驗，便是感染了普通感冒。每個人都知道，只要感覺畏寒起來，就很有可能著了涼（畢竟，這就是為何感冒會稱為著「涼」〔catch a 'cold'〕的原因），然而，科學從未能夠證明為何會有這種現象發生，或甚至去解釋，是否實際上果眞如此。感冒著涼無疑在冬天比在夏天更常發生，但箇中原因可能只是，我們在冬天會比較長時間待在室內，更容易暴露在其他人的鼻腔分泌物或所呼出的氣體之中。普通感冒並非是成因單一的疾病，它比較是由多種病毒所產生的一系列症狀的集合，而在這些病毒當中，最具惡性者，稱爲鼻病毒（rhinovirus）。單單鼻病毒，就有一百種的變種。簡單來說，這意謂著使人著涼的途徑不一而足，這也是爲何你始終無法發展出足夠的免疫力，使你全然免於感染這類病毒。

許多年間，英國人在威爾特郡（Wiltshire）經營一間稱爲「普通感冒部門」（Common Cold Unit）的研究機構；由於在營運期間，未曾發現任何療法，於是在一九八九年以裁撤收場。不過，它確實進行了某些有趣的實驗。在其中的一個實驗中，他們在一名志願受試者的鼻孔下，安裝了一副會流出稀薄液體的裝置，可以模擬鼻子流鼻涕時的流出速率。他們接著安排這名志願者與其他參與實驗的人進行互動，如同置身在一場雞尾酒派對上。這些受試者無人知道液體裡含有某種染料，只有在紫外光燈照射下，才能看得見顏色。等到他們聊天說笑一陣子之後，才點亮紫外光燈，此時，所有受試者驚訝地發現，染料顯色在每一個地方——不僅僅在每個參與者的手上、頭上與身體上半部可以見到被染料污染，而且也出現在玻璃杯、球形門把、沙發椅墊、堅果缽等等任何你想像得到的地方之上。每個成人平均每小時摸臉十六次，而每一次這樣的觸摸，都會將實驗中的僞病原體從鼻子傳遞到零食缽，再傳遞到不知情的第三者，再傳遞到球形門把，再傳遞到不知情的第四者，如此循環往復，直到幾乎每個人與每樣東西都沾染上那個假鼻涕的歡樂光彩。在另一個由亞利桑那大學（University of Arizona）所進行的類似研究中，研究者讓一棟辦公大樓的金屬門把遭到「感染」，然後他們發現，僅僅花了四小時，就讓「假病毒」傳播到整棟大樓裡，感染了超過一半的雇員，並且還實際出現在每一個共享的辦公設備上，比如影印機與咖啡機。在眞實生活裡，如此的病毒肆虐的現象，可以維持將近三天的活躍狀態。讓人意外的是，另一個研究指出，傳播病原體最無效的途徑是親吻。由威斯康辛大學（University of Wisconsin）所執行的實驗證明，對於那些後來成功染上感冒病毒的受試者來說，幾乎全然不是經由親吻而染病。而打噴嚏與咳嗽，同樣在傳染感冒上沒有太好的表現。傳播感冒病毒唯一眞正可靠的途徑是，經由實際觸摸。

一項針對波士頓的地鐵車廂的調查顯示，金屬製的柱子屬於相當不利於微生物生存的環境。而微生物茂盛生長的地方則是，座椅所使用的織物與給乘客抓握的塑膠把手。傳播病毒最有效的方法似乎是紙鈔搭配鼻涕的組合。瑞士的一項研究發現，流感病毒只要伴隨一丁點鼻涕黏在紙鈔上，可以存活長達兩週半的時間。假使沒有附帶鼻涕，沾在折疊紙鈔中的大部分感冒病毒，壽命則不超過幾小時。

¶

一般也會潛藏在人體內的另外兩種形式的微生物是：眞菌與原生生物。長久以來，眞菌一直使科學界困惑不已，學者起初把它歸類成在型態上有點怪異的植物。事實上，在細胞的層次上，眞菌根本與植物毫不相像。眞菌不行光合作用，沒有葉綠素，因此外表也非綠色。比起與植物的關係，眞菌其實與動物較爲相近。直到一九五九年，眞菌才被正式承認是一支具有相當不同特徵類別的生物，在分類上獨立出來，自成一界。眞菌主要分爲兩個族群：黴菌與酵母菌。大體上，眞菌並不會造成我們的健康困擾。在幾百萬種的眞菌當中，只有大約三百種會影響我們，而且，大部分這些稱爲眞菌病（mycosis）的病症，並不會眞的使你病懨懨，它只會引發輕微的不適或發炎，比如足癬就是一個顯著的例子。不過，有一些眞菌病確實較爲難纏，而這樣的眞菌病的數目也正在增長中。

造成鵝口瘡的眞菌——白色念珠菌（Candida albicans），直到一九五〇年代，都只在口腔與生殖器上發現蹤跡，但它現在有時會侵入人體內部，在心臟或其他器官上生長，如同水果上的黴菌一般。同樣的情形也見於格特隱球菌（Cryptococcus gattii）：幾十年來，我們知道，加拿大的英屬哥倫比亞省（British Columbia）存在有這種眞菌，大部分生長在樹上或林木周圍的土壤中，從未危害人類。然而，在一九九九年，格特隱球菌突然發展出惡性病症，在一群散布於加拿大西部與美國的受害者中，引發了嚴重的肺部與腦部感染。我們無法取得確切的患者人數資訊，因爲，該病經常遭到誤診，甚至在加州這個疾病流行的主要地區之一，居然沒有任何紀錄報告。可是，自一九九九年起，北美西部地區已經確認有大約三百多個病例，而其中三分之一因此病故。

有關球黴菌症（coccidioidomycosis）——更普遍的名稱是溪谷熱（valley fever）——的病例數字，則有較完整的紀錄報告。該病幾乎全部發生在加州、亞利桑那州與內華達州（Nevada）境內，在一年內大約感染了一萬至一萬五千人，導致兩百人死亡，不過，實際數字很可能更高，因爲該病容易被誤認爲肺炎。這種眞菌被發現存在於土壤中，只要土壤的狀態受到擾動（比如發生地震或沙塵暴），患病人數便會增加。眞菌據信每年在全球造成總計大約一百萬人死亡，所以眞菌並不算是無足輕重的小東西。

最後，來談談原生生物。所謂的原生生物，是指稱明顯不是植物、動物或眞菌的物種；原生生物這個範疇，是保留給所有無法切合其他分類特徵的生命形式。十九世紀時，所有單細胞的生物最初都被稱爲原生動物。過去一直假定，所有這些小生命彼此密切相關，但隨著時間進展，細菌與古菌則愈來愈明顯在分類上分屬不同的界。原生生物是個巨大的類別，包含有阿米巴原蟲、草履蟲、矽藻、黏菌，以及，許多其他讓人一頭霧水的物種（只有從事生物研究的人才懂得箇中底細）。從人體健康的觀點來看，最值得注意的原生生物是那些來自瘧原蟲屬的微生物。它們個個是小惡魔，經由蚊子進入我們體內，然後帶給我們瘧疾。原生生物還會造成弓蟲症、梨形鞭毛蟲症與隱孢子蟲病（cryptosporidiosis）等。

¶

簡而言之，我們周身存在著一系列令人驚嘆的微生物，而無論好壞，我們才剛剛開始了解它們對我們的影響。最引人注目的一個例證，是發生在一九九二年，位於英格蘭北部的西約克郡（West Yorkshire）的古老工業城布拉德福德（Bradford）的事跡：當時，一名任職政府部門的微生物學家提摩西・羅伯坦姆（Timothy Rowbotham）被派往該地，追查一場肺炎爆發流行的原因。他從冷卻水塔所取得的水樣本中，發現了一種微生物，與他或其他人此前所曾見過的任何小東西都不一樣。他暫時把它當作一種新細菌，原因並非因爲這個不明物明顯呈現出細菌的特性，而是因爲它不可能是其他生物。由於想不出較好的名稱，他將它命名爲「布拉德福德球菌」（Bradford coccus）。羅伯坦姆儘管對這個小東西毫無概念，他卻已經爲微生物學界帶來改變。

羅伯坦姆把那個水樣本保存在冷凍櫃中長達六年的時間，之後由於他提早退休，於是將樣本移交給同事接管。樣本最終來到理查德．柏圖斯（Richard Birtles）的手中；他是一名英國的生化學家，但在法國進行研究工作。柏圖斯理解到，布拉德福德球菌並非細菌，而是某種病毒，不過卻並不符合任何對於病毒特性的定義。首先，這個怪東西的尺寸，比起任何此前已知的病毒都遠遠大上許多，超過一百倍以上。大多數病毒僅含有十來個左右的基因，但這個不明病毒卻有一千個。病毒並不被視爲活物，但在它的遺傳編碼中，卻包含有由六十二個鹼基所組成的片段❹——那是生命伊始之初，所有生物均擁有的一段基因。這使得病毒不僅可能是活物，而且還與地球上任何其他物種一樣古老。

柏圖斯將這種新病毒命名爲擬菌病毒（mimivirus），意思是「會模仿的微生物」。當柏圖斯與他的同事詳細寫出他們的發現，一開始卻無法找到任何願意刊登的期刊，原因是，這個發現被認爲太過怪異。那座冷卻水塔在一九九〇年代晚期被拆除，而屬於這個既古怪又古老的病毒的唯一聚落，似乎也隨之消失。

然而，自那時以後，人們已經陸續發現，在具體尺寸上遠遠更爲巨大的病毒所落居的其他聚落。二〇一三年，由艾克斯—馬賽大學（University of Aix-Marseille；當柏圖斯描述出擬菌病毒的特性時，他就是這間大學的成員）的容—米榭．克拉弗西（Jean-Michel Claverie）所領導的一支法國研究團隊，發現了一種新的巨型病毒，他

❹ 這段鹼基序列如下：GTGCCAGCAGCCGCGGTAATTCAGCTCCAATAGCGTATATTAAAGTTGCTGCAGTTAAAAAG。

們把它稱為潘多拉病毒（pandoravirus）；該病毒包含不少於二千五百個基因，而其中的百分之九十無法在自然界中其他物種身上發現。他們隨後又發現第三組巨型病毒，即稍早提過的闊口罐病毒；這個病毒甚至更為巨大，而且古怪程度絲毫不減。至本書開始寫作為止，現在總計已經發現五組巨型病毒；這些病毒不僅與地球其他生物截然有異，而且彼此之間也迥然有別。有人以為，如此怪奇陌異的生物粒子，是第四領域生命形式的存在證據，亦即，是屬於細菌、古菌與真核生物之外的物種——所謂真核生物，即是包含如同我們這樣的複雜生命體在內的生物總稱。我們對微生物的了解，確實還在起步階段。

3

在進入現代時期很久之後，對於有關像微生物那麼微小的東西會嚴重傷害人類的想法，仍然被認為荒謬透頂。一八八四年，當德國微生物學家羅伯特・科赫（Robert Koch）在一篇論文報告指出，霍亂全然是由一種弧菌所致病，他的一名傑出但多疑的同僚馬克斯・馮・佩滕科弗（Max von Pettenkofer），強烈地被這個說法所激怒，於是搬演了一場大秀，親自吞下一小瓶這種細菌，以便證明科赫所言謬誤。假使佩滕科弗隨即生了一場重病，並由此放棄他原本毫無根據的反對立場，那麼這可能會是一則更有意思的趣聞，然而，他居然安然無恙。有時，確實會有這樣的事情發生。現在人們相信，佩滕科弗早年曾經染上霍亂，所以體內還殘留一些免疫力。比較不為眾人所知的是，他的兩名學生同樣也喝下霍亂抽取物，但兩人卻都嚴重生病。無論如何，這段插曲據信阻礙了人們及早地普遍接受病菌理論。就某種意義來說，有關霍亂或許多其他常見疾病的成因為何，其實在當時並非是那麼要緊的問題，因為，那時仍然沒有任何治療方法問世❺。

在青黴素面世之前，最接近特效藥的藥物是灑爾佛散（Salvarsan）；它是由德國免疫學家保羅・埃爾利希（Paul Ehrlich）於一九一〇年研發而成。不過，灑爾佛散僅對一些疾病有效（主要是梅毒），而且還有不少缺點。首先，它的成分是砷，亦即具有毒性；其次，它的治療方式是，每週一次在患者的手臂上，注射大約一品脫的藥品溶液，如此持續五十

❺科赫的發現當然如今已經廣為人知，他也正因為這樣的成就而備受各界讚揚。然而，微小、次要的貢獻也足以促進科學進步的事實，卻經常受到人們忽略，而最佳例證莫過於來自科赫自身的那間成效卓著的實驗室。培養大量不同的細菌樣本，會占據大部分的實驗室空間，並提高不斷發生交叉污染的風險。不過，幸運的是，科赫擁有一位名叫朱利斯．理察．佩特里（Julius Richard Petri）的實驗室助理；這名助理設計出一種帶有保護蓋的淺盤子，後來也以他的姓氏來命名。「佩特里皿」（Petri dish）不占地方，提供無菌、單一的環境，並且能有效排除交叉污染的風險。但是，培養皿內還需要放入生長介質。他們試用過了種種明膠，但結果都不令人滿意。這時，另一名年輕研究者的美國裔妻子范妮．黑斯（Fanny Hesse）於是建議使用洋菜。黑斯是從祖母那兒學到使用洋菜製造果凍，因為美國夏日的高溫並不會使洋菜融化。而洋菜也完美地符合實驗室的用途。假使沒有這兩個有用的研發產品，科赫可能在取得重大的研究進展上會再花上更多年的時間，或者，也可能永遠無法成功。

週或更長的時間。假使沒有正確給藥，藥液可能滲進肌肉中，引發疼痛的副作用，有時症狀太過嚴重，甚至需要截肢。於是，能夠安全給藥的醫生，便會因此而遠近馳名。有趣的是，亞歷山大・弗萊明便是在安全給藥上最備受敬重的醫師之一。

有關弗萊明偶然發現青黴素的故事，已經被許多人講述過，但是，幾乎沒有兩個版本的內容完全相同。由於直到一九四四年才首次出版了對於發現始末的完整說明，也就是說，在事件發生後整整經過十五年才有人提筆為文，因此，在時序細節上已經顯得模糊不清。如果盡可能如實講述的話，故事情節似乎如下：一九二八年，在倫敦的聖瑪麗醫院（St Mary's Hospital）擔任醫學研究員的亞歷山大・弗萊明，利用休假日出門度假；而在此期間，一些青黴菌屬的黴菌孢子飄進了他的實驗室，飄落在他先前沒有清理收拾的一只培養皿中。得利於一系列偶然事件的相繼發生——弗萊明在度假前沒有清洗培養皿；而且，那個夏天的氣溫異乎尋常地涼爽（因此有益於孢子生長）；再加上，弗萊明在外度假的時間夠久（得以讓生長緩慢的孢子展開行動）——當他回到工作崗位時便發現，原本留在培養皿中的細菌，生長現象已經明顯受到抑制。

幾本書中經常提及，飄落在弗萊明的培養皿上的孢子，屬於相當罕見的眞菌種類，這使得他的發現無異於一場奇蹟——不過，這似乎只是記者憑空杜撰。那個黴菌事實上是特異青黴菌（Penicillium notatum；現在稱爲產黃青黴菌〔Penicillium chrysogenum〕），在倫敦很常見，所以，如果有一些孢子飄進他的實驗室，然後落居在培養基之上，絕非什麼値得大書特書的奇事。另一方面，卻有一種老套的論調指出，弗萊明本人沒辦法開發自己的發現，等到過了幾年，才由其他人最終將他的研究所得轉變成可用的藥物。這個觀點無論如何都屬於狹隘的詮釋。首先，弗萊明理應獲得榮耀的理由，是因爲他意識到那個黴菌所具有的重要性——換作另一個比較不敏感的研究者，也許只會把那一團發霉的東西整個丟掉。而且，他盡責地在一份有威望的期刊中報告了他的發現，甚至指出那個黴菌具有抗菌效果。再者，他也做出了一些努力，希望將這個發現轉成可用的醫藥，但在技術上頗爲棘手——如同其他人稍後便會發現這一點——而他眼下還有其他更爲緊迫的研究項目尚待執行，所以他便沒有堅持做下去。論者經常忽略，弗萊明當時已經是一名傑出而忙碌的科學家。他在一九二三年發現了溶菌酶（lysozyme）；這是一種可以制菌的酶，存在於唾液、人體黏液與淚液之中，是身體的第一道防線，用以對抗入侵的病原體。而弗萊明一直全神貫注在探討溶菌酶的特性。他絕非如同其他人有時所暗示的那般愚蠢或生性草率。

一九三〇年代早期，德國研究人員製造出一組抗菌藥物，稱爲磺胺類藥物（sulphonamides）；但這種藥品並不總是見效，而且經常發生嚴重的副作用。在牛津大學，一組由澳洲裔的霍華德・弗洛里（Howard Florey）所帶領的生化學家團隊，於是開始尋找其他更有效的替代品，而在這個研究過程中，他們重新發現了弗萊明那篇有關青黴素的論文。牛津的首席研究員是一名古怪的德國流亡人士恩斯特・柴恩（Ernst Chain）；他的外貌出奇地神似愛因斯坦（甚至包括濃密的八字鬍），但性格卻遠遠令人不敢恭維。柴恩從小在柏林的富裕猶太家庭長大，但在希特勒得勢之後，便潛逃至英格蘭。柴恩在許多領域均極富才情；在投身科學之前，其他人皆以爲他會展開鋼琴演奏家的職業生涯。但他也是個難以親近的人物。他的脾氣暴躁，而且本性上有點疑神疑鬼——雖然，持平而論，如果有哪個年代我們可以諒解猶太人的偏執行徑，那肯定非一九三〇年代莫屬。作爲一個病態地恐懼自己會在實驗室遭到下毒的人，他完全不像是可以做出任何新發現的科學家。儘管他憂懼成性，但他堅持不懈地進行實驗，後來也驚訝地發現，青黴素不僅可以殺死老鼠身上的病原體，而且毫無明顯的副作用。他們由此找到了完美的藥物：既可以摧毀目標病菌，又不會造成附帶性的人體傷害。但是，如同弗萊明早已指出，想要生產出在臨床上可資運用的青黴素劑量，卻是困難重重。

在弗洛里的指揮下，牛津大學投入了大量資源與研究場地來培養黴菌，並且持之以恆地從黴菌中抽取出微量的青黴素。一九四一年初，他們累積了足夠的劑量，在一名名叫阿爾伯特・亞歷山大（Albert Alexander）的警察身上，進行藥物試驗。這名警察作爲一個悲劇性的例子，具體說明了，在抗生素出現之前，人類對於感染是多麼脆弱無助。亞歷山大在院子裡修剪玫瑰時，被玫瑰的刺扎傷了臉頰。傷口出現受到感染的現象，並且逐漸擴大開來。亞歷山大的一隻眼睛因此失明，接著神智出現紊亂，離死期愈來愈近。施用了青黴素後，效果可說極爲不可思議。短短兩天之內，他便能從床上坐起，外表看起來幾乎恢復正常狀態。但是青黴素很快便存量不足。科學家絕望地拼命從亞歷山大的尿液中過濾出青黴素，並給他重新施打，然而，四天之後，所有存量用罄。可憐的亞歷山大病情復發，就此病逝。

隨著英國人全心投入第二次世界大戰，而美國尚未參戰，於是，有關如何大量生產青黴素的研究，便移轉至位於伊利諾伊州（Illinois）皮奧里亞（Peoria）的一間美國政府轄下的研究機構進行。同盟國各地的科學家與相關團體，都被秘密要求寄送土壤與黴菌樣本。計有數百件樣本送達，但結果沒有一個通過測試。後來，在試驗開始的兩年後，一名在皮奧里亞工作的實驗室助理瑪莉．杭特（Mary Hunt），從當地的一家雜貨店帶回來了一只哈密瓜。她之後回憶說，那顆瓜體上面長有一片「顏色相當金黃的黴菌」。結果，在生產效能上，這個黴菌比起先前測試過的任何種類，都要強過兩百倍。瑪莉．杭特採買的那間商店的名字與地點，如今已被遺忘，而人們也沒有保存那只深具歷史價值的哈密瓜：在把上面的黴菌刮下來後，它便被切成幾片，分給工作人員享用。但黴菌繼續存活下來。從那天起，每一點一滴製造出來的青黴素，均是從那只偶然出現的哈密瓜發展而來。

在一年之內，美國的製藥公司每個月便可以產製一千億個單位的青黴素。英國的那些科學家懊惱地發現，美國人已經將生產方法申請了專利，他們現在需要支付專利使用費，才能使用原本自己的研究所得。

亞歷山大．弗萊明直到戰爭行將結束的時期，才因爲身爲青黴素之父而聲名遠播，這距離他幸運發現青黴素已經過了二十多年，不過，他的聲譽之後還要更加如日中天。他在全球各地接受了各式各樣的榮譽表彰，總計有一百八十九項，甚至月球上有一座環形山就是以他的姓氏來命名。一九四五年，他與恩斯特・柴恩、霍華德・弗洛里共同獲得諾貝爾生理醫學獎的殊榮。弗洛里與柴恩從未享有他們應得的來自大眾的讚揚，其中的部分原因是他們遠遠不如弗萊明那般善於交際，而另一部分則因為，弗萊明偶然發現妙藥的事蹟，比起另兩人孜孜不倦潛心實驗的故事，更容易寫成生動的報導文章。柴恩儘管也獲得了諾貝爾獎，但他日漸深信弗洛里沒有給予他應得的地位，而兩人的友誼雖然原本即淡薄如水，但此後便真正化為烏有。

弗萊明早在一九四五年的諾貝爾獎領獎演說中便警告，假使我們不謹慎使用抗生素，那麼微生物將很容易演化出抗藥性。很少見到有任何一次的諾貝爾獎演說如此具有先見之明。

4

青黴素的最大優點——它的利刃所到之處，各種各樣的細菌均一刀斃命——卻也是它的主要弱點。當我們愈加將微生物暴露在抗生素之前，微生物便更有機會發展出抗藥性來。畢竟，在經過一回抗生素的療程之後，你體內所剩下的正是那些最具抗藥性的微生物。由於你攻擊了一系列種類廣泛的細菌，於是你也激發出它們的大量防衛性行動。在此同時，你也遭受了不必要的附帶損害。抗生素大約就像手榴彈一般，爆炸起來全無差別待遇。抗生素會同時摧毀好菌與壞菌。愈來愈多的證據顯示，某些好菌可能因此完全無法復原，而這將造成我們的永久損失。

大多數西方人在到達成人階段之時，就已經接受了五至二十回左右的抗生素療程。令人擔憂的是，如此的後果可能具有累積性，每一代人都比前一代人傳遞更少的微生物給下一代。而很少有人會比美國科學家麥可・金區（Michael Kinch）對此了解更透徹。二〇一二年，他在位於康乃狄克州（Connecticut）的耶魯大學分子發現中心（Yale University Center for Molecular Discovery）擔任主任；當時他的十二歲兒子格蘭特（Grant）有一天患上嚴重腹痛。「他那時去參加夏令營；第一天，他吃了幾個杯子蛋糕。」金區回憶道：「我們一開始以為，那只是心情興奮，加上大吃大喝的結果，但是他的症狀卻愈來愈嚴重。」格蘭特最後被送進耶魯紐黑文醫院（Yale New Haven Hospital）；在那兒，很快出現一些令人恐慌的消息。經由檢查發現，他的闌尾穿孔，腸道微生物因此侵入腹腔，使他染上腹膜炎。然後，感染又惡化成敗血症，這意謂著，微生物已經進入他的血液中，可以擴散至他的身體的任何部位。令人沮喪的是，格蘭特所施打的四支抗生素，絲毫沒有對四處肆虐的細菌產生任何遏阻效果。

「那真是讓人很震驚，」金區現在回憶說：「我這個小孩從出生到那時候，只因為他有一次耳朵受到感染而用過一次抗生素而已。但是，他腸子裡的細菌居然對抗生素有抗藥性。應該不會發生這種事才對。」幸好有另外兩種抗生素發揮效用，挽救了格蘭特一命。

「他眞的是運氣好。」金區說：「我們正愈來愈快會有這樣的一天：我們體內的細菌可能不只是針對我們用來滅菌的三分之二的抗生素都有了抗藥性，而是對『全部』的抗生素都產生了抵抗力。我們到時候眞的會很麻煩。」

金區現在是聖路易斯華盛頓大學（Washington University in St. Louis）企業創新研發中心（Center for Research Innovation in Business）的主任。他的工作地點，原本是一間破敗的電話機工廠，經過改裝後，呈現一派優雅格調；這棟建物屬於大學本身所執行的街區更新計畫裡的一部分。他帶著一抹嘲諷的自豪說：「在過去，聖路易斯市的人想弄到古柯鹼，就會跑到這裡來。」金區甫入中年，始終笑容可掬，他被延請來華盛頓大學負責鼓舞人們的新創精神，但他的熱情之一卻依舊是製藥工業的未來，以及新抗生素可以從何而來的問題。二〇一六年，他就此撰寫了一部警世著作：《爲變革開處方：藥物發展中的迫切危機》（A Prescription for Change: The Looming Crisis in Drug Development）。

「從一九五〇年代一直到九〇年代，」他說：「每年大約有三種抗生素在美國上市。今天則大約每隔一年才有一種新抗生素出現。抗生素的下架率——由於不再有效，或者遭到淘汰——是新抗生素上市率的兩倍。這造成的明顯後果是，我們必須用來治療細菌感染的藥品儲備，一直往下掉。而且這個趨勢沒有停止的跡象。」

而雪上加霜的是，人們毫無節制地大量使用抗生素。每年在美國所開出的四千萬張抗生素處方籤中，幾乎有四分之三是用來治療抗生素無法治癒的病症。依據哈佛大學醫學教授傑佛瑞・林德（Jeffrey Linder）的說法，百分之七十的急性支氣管炎的治療藥方中都含有抗生素，即便治療準則白紙黑字指出，抗生素對該病毫無助益。

在美國，更駭人聽聞的是，百分之八十的抗生素被用於飼養農場的牲畜，主要是爲了使牲口更肥美。果農也可能使用抗生素來防治農作物中的細菌感染問題。如此的結果造成，大多數的美國人在不知不覺間，從食物中攝入了二手的抗生素（甚至包括某些標榜「有機」的食物也是如此）。瑞典在一九八六年禁止抗生素用於農業領域。歐盟在一九九九年跟進。美國食品藥品監督管理局曾於一九七七年，下令禁止為了養肥牲畜而使用抗生素，但在農業利益團體與支持他們的國會領袖的強烈抗議下，終而收回成命。

在亞歷山大·弗萊明贏得諾貝爾獎的一九四五那一年，一個由肺炎鏈球菌所引起的典型肺炎，可以使用四萬個單位的青黴素治癒。今日，由於病菌的抗藥性遽增，同樣為了治癒這樣的肺炎，需要每天使用超過二千萬個單位，如此持續多日，才能見效。青黴素如今已經對某些疾病完全無效。這導致了罹患感染性疾病的死亡率陡升，回到了大約四十年前的水平。

細菌眞的不容小覷。細菌不僅在抗藥性上日益強化，而且已經演化出一種可怕的新種病原體，普遍被稱為「超級病菌」——這個名字幾乎不算誇張。金黃色葡萄球菌（Staphylococcus aureus）是可以在人類皮膚與鼻孔內發現的微生物。一般上，它不會傷害人類，但它是個投機分子，只要人體的免疫系統弱化，它就會溜進來，並造成災難。一九五〇年代時，金黃色葡萄球菌已經演化出對青黴素具有抗藥性，但幸運的是，另一支稱爲甲氧西林（methicillin）的抗生素已經進入臨床應用，它可以立即阻止該菌的感染擴大。不過，就在引入甲氧西林兩年之後，位於倫敦附近的基爾福德（Guildford）的皇家薩里郡醫院（Royal Surrey County Hospital），便傳出有兩名患有金黃色葡萄球菌感染病症的患者，無法對甲氧西林產生反應。幾乎在一夕之間，該菌就演化出具有抗藥特性的新形態。新款菌株被稱爲「耐甲氧西林金黃色葡萄球菌」。在兩年之後，該菌便傳播至歐洲大陸。而之後不久，它也在美國現蹤。

今天，金黃色葡萄球菌與相近菌種，每年聯手造成全球約計七十萬人的死亡。直到最近，一種稱爲萬古黴素（vancomycin）的藥物可以有效對抗該菌，但如今也已經見到具抗藥性的新菌株出現。在此同時，我們正面對讓人聞之色變的耐碳青黴烯腸道菌（carbapenem-resistant Enterobacteriaceae）所引發的感染；這個類屬的細菌，實際上絲毫不受我們扔向它的任何抗生素手榴彈的影響。感染這類細菌而生病的人，大約有一半的比例病故。幸好直到目前為止，它通常不會感染健康的人。不過，我們必須當心它是否始終如此。

然而，儘管問題的棘手程度有增無減，但製藥工業卻已經不再繼續努力研發新的抗生素。「對他們來說，只是開發成本太過昂貴而已。」金區指出：「在一九五〇年代，以今天的幣值來換算，一筆相當於十億美元的經費，你可以研發出大約九十種新藥。今天，同樣的錢，你平均只能應付一種新藥的成本的三分之一而已。藥品的專利權僅為期二十年，而那還包括臨床試驗期在內。藥商於是通常只擁有五年的獨家專利保障。」這導致了，全球十八家大藥廠中，除了兩家例外，都已經放棄尋找新抗生素的苦活。病人服用抗生素，只有一到兩週的時間；而像他汀類（statins）降血脂藥或抗憂鬱劑這類的藥物，患者則差不多可以無限期服用。將重心擺在後者這類藥物上，對藥廠來說，才是更好的選擇。金區說：「沒有任何一家腦筋清楚的公司會去開發下一個抗生素。」

面對這個難題，不必然毫無希望，但我們確實需要去解決它。以目前的傳播速度來看，抗生素所滋生的抗藥性問題，預計在三十年內，將造成每年一千萬人原本可以避免的死亡——這個數字已經高過今日死於癌症的人數——而且，以今日幣值來計算，我們或許將付出一百兆美元的代價。

學者幾乎都同意，我們需要一個更能夠鎖定目標物的作法。一個有趣的可能途徑是，去擾亂細菌的溝通路徑。細菌直到聚集了足夠數量的同伴——這稱爲最低群聚數量（quorum）——使得攻擊一事值得一搏時，才會大舉出擊。於是，我們可以去開發所謂的「群聚感應」（quorum sensing）的藥物；這種藥的目的並不在一舉殲滅細菌，而只是使細菌的數量永遠保持在發動攻擊的那個標準之下，亦即，永遠比最低群聚數量還低，使它們掩旗息鼓。

而另一個可能的途徑則是，去徵召噬菌體（一種病毒）來爲我們搜捕與擊滅有害的細菌。大多數人並不熟知噬菌體（bacteriophage；經常簡寫成「phage」），但它是地球上數量最龐大的生物粒子。地球上的所有表面，包括我們在內，都覆蓋著噬菌體。它的一項特長即是：每一種噬菌體都鎖定某種特別的細菌作爲攻擊對象。也就是說，臨床醫師只須去確認引發麻煩的病原體爲何，然後選擇正確的噬菌體去追擊它，如此便大功告成——雖然過程耗時，費用又較高，但這將使細菌遠遠更難以演化出抗藥性。

我們確實必須做出某些行動。「我們傾向於把抗生素危機說成是，『逐步逼近』的難題。」金區說：「但是，情況完全不是這樣。它是我們此刻所面臨的危機。如同我兒子的例子所顯示的情況，我們正面對著這樣的難題，而且情況愈來愈糟。」

或是，如同一位醫生這樣對我說道：「我們正在思考一種可能出現的狀況：只是因爲感染的風險太高，就讓我們沒辦法進行髖關節置換手術或其他什麼常規的手術。」

人們再次因爲被玫瑰的刺扎傷而喪命——這樣的悲劇可能又將離我們不遠了。

4

腦部

腦比天更為寬廣，
因為，讓兩者比肩而立，
腦輕易容納了天，
而且，連你也包含在內。

——艾蜜莉．狄金生（Emily Dickinson）

宇宙中最神奇的事物，就藏在你的頭殼裡面。你可以遨遊整個外太空去尋覓，但八成沒有任何地方可以發現如此絕妙、複雜與功能強大的好物——在你的兩耳之間，那個三磅重的海綿狀團塊。

作爲一個純粹的奇蹟之物，人腦本身卻超乎尋常地乏味。首先，在它的組成中，有百分之七十五至八十是水，而其餘的成分則主要分成脂肪與蛋白質。三個如此平凡的材料結合起來，居然能讓我們思考、記憶、觀看，與擁有審美品味等等能力，著實令人嘆爲觀止。而假使你打算將腦子從頭骨裡取出來，你幾乎肯定會對於它如此柔軟大感訝異。有關腦部的黏稠度容有各種說法，有人說它與豆腐相仿，也有人說它很像放軟的奶油，或是稍微煮過頭的牛奶凍。

關於人腦的最弔詭之處是，凡是你對世界所知的一切，皆是由一個本身從未見識過世界的器官提供給你。腦子窩居在靜默與暗黑之中，宛如一名被囚在地牢的人犯。它沒有痛覺接受器，名符其實毫無感覺。它從未感受過溫暖的陽光或柔和的微風。對你的腦袋來說，世界只是一道道的電子脈衝流，如同摩斯密碼的陣陣輕叩。而從如此基本與中性的訊息出發，它卻爲你徹頭徹尾「創造」了一個生氣勃發、繽紛多彩，並且是三度空間的宇宙。你的腦子就是你。而其他的東西不過只是你的管路或鷹架而已。

你的腦袋雖然只是不動聲色靜靜安坐，但它在三十秒內所翻攪的訊息，比起哈伯太空望遠鏡（Hubble Space Telescope）在三十年間所處理的資訊量還多。在大小上僅僅一立方毫米的一丁點的大腦皮層（大約如同一粒沙子的尺寸），就能容納兩千「兆位元組」（terabyte）的資訊量；這已經足以儲存所有曾經拍攝過的電影，包括預告片在內，或是本書檔案的十二億份拷貝❻。依照《自然—神經科學》（Nature Neuroscience）期刊所指出，人腦總計大約可以容納兩百「艾位元組」（extrabyte〔10^{18}位元組〕）左右的資訊量，大概等同於「當今世界所產

❻ 我非常感謝杜倫大學電腦科學系的研究主任馬格努斯・博德維奇（Magnus Bordewich），爲我做了這些估算。

出的全部數位內容」。假使這還稱不上是宇宙中最驚異的奇聞，那麼，等待我們發現的奇事，肯定只會更令人吃驚。

人腦經常被描述為是個飢腸轆轆的器官。它的重量僅占人體的百分之二，但卻消耗我們百分之二十的能量。就新生兒來說，腦部所消耗的能量絕不低於百分之六十五。這在某種程度上解釋了嬰兒為何總是在睡覺（成長中的腦袋瓜使他們筋疲力竭），以及，他們為何擁有大量的體脂肪——這是為了因應有需要時的能量儲備。你的肌肉實際上使用了更多的能量（大約四分之一），但你有很多的肌肉；就每單位量來說，腦部是人體最昂貴的器官。但它也是講求效率的高手。你的腦子一天需要大約四百大卡的能量，幾乎相當於你吃下一個藍莓瑪芬蛋糕所獲取的能量。你如果想用一塊瑪芬來讓筆記型電腦運轉二十四小時，試看看你可以用多久。

與其他身體部位不同的是，無論你從事什麼活動，腦部皆以穩定的速率燃燒它的四百大卡。絞盡腦汁想破頭，並不能幫你變瘦。事實上，這麼做似乎也毫無益處。一名加州大學爾灣分校（University of California at Irvine）的學者理查德・海爾（Richard Haier），藉助於正子放射斷層攝影（positron emission tomography）掃描儀，因而發現，埋頭苦幹的頭腦通常生產效率最低。他還得知，那些可以快速解決任務，然後進入某種待命狀態的頭腦，才擁有最佳效率。

人腦儘管本領高強，但其中沒有任何一項是人類所獨有。我們與狗或倉鼠一樣，皆使用相同的零組件，比如，神經元、軸突、神經節等。鯨魚與大象的腦袋比我們大上許多，儘管想當然爾，牠們也具有比人類更龐大的身軀。但是，甚至連一隻老鼠放大到人類的尺寸，牠也會擁有跟我們一樣大的腦子，而許多鳥類甚至有過之而無不及。於是，人腦其實並非如同我們長久以來所認爲的那麼睥睨群雄。好多年間，書上皆載明，人腦擁有一千億個神經細胞，或稱神經元，但是，巴西的神經科學家蘇珊納・賀古拉奴—霍札（Suzana Herculano-Houzel）在二〇一五年進行了謹愼的評估後發現，神經元的數目比較可能是八百六十億個而已——明顯陡降不少。

神經元與其他細胞並不相仿；後者一般較為緊密，而且呈球狀。神經元又長又細，頗為適合從一端向另一端傳送電子訊號。神經元的主要突起稱為「軸突」。神經元的一個末端，可以見到分裂成樹枝狀的延伸部分，則稱為「樹突」——這種分支突起可以多達四十萬個。而位於不同神經細胞末端之間的迷你空間，稱為「突觸」。每個神經元會與成千上萬個其他神經元相連接，由此構成好幾兆個聯繫管道——以神經科學家大衛．伊格爾曼（David Eagleman）的話來說：「單單一立方公分的腦組織之內的神經元連接點，就如同銀河中的繁星那般多」。正是突觸所形成的這種複雜的交纏糾結關係——而非過去以為的神經元的數目——造就了我們的智力。

人腦最奇怪與最不尋常之處，肯定是在很大的程度上它顯得頗為多餘。為了在地球上存活下去，你無須有能力譜寫樂曲或思考哲學問題——你在智力上真的只要能夠勝過四足動物即可——所以，我們為何投資如此巨大的能量、承擔如此多的風險，去發展我們並不眞的需要的心智能力呢？只不過，這個問題是許多你的腦袋瓜不會告訴你的人腦奧秘之一。

¶

人腦作爲我們所配備的最複雜的器官，並不讓人意外的是，它比人體其他部位擁有更多得到命名的特徵與指標。腦部基本上分爲三大區。無論是字面上或象徵上，位在頂端的區塊，稱爲大腦（cerebrum；來自拉丁文，字義爲「腦」）；它塡滿顱頂的大部分空間，它也是當我們想到「腦子」（brain）時通常所指稱的部位。大腦是我們所有的高階功能所在之處。它分成兩個半球，而每個半球主要與我們身體的一側相聯繫，不過，出於不明原因，絕大多數的線路交錯而過，以致大腦的右半球控制著身體的左側，反之亦然。將兩個半球連接起來的、呈帶狀結構的神經纖維，稱爲胼胝體（corpus callosum；在拉丁文中意爲「堅固的物質」，或按字面譯爲「堅硬的身體」）。大腦由稱爲「腦溝」的深深裂紋，與稱爲「腦迴」的凸脊共同形成皺褶，由此增大了腦部的表面面積。大腦的深溝與凸脊所構成的確切圖案樣式，具有因人而異的特性——一如你的指紋的獨特性——然而，它是否與你的智力或性格，或其他界定你的任何傾向有所關連，這就不得而知。

大腦的兩個半球又分別劃分成四個部分：額葉、頂葉、顳葉與枕葉；大體上，每一部分都特化成負責某些運作功能。頂葉管控所接收的感覺訊息，比如觸覺與溫度等。枕葉處理視覺訊息；而顳葉主要管控聽覺訊息，但它也協助處理視覺訊息。好幾年來，我們已經得知，顳葉上有六小塊區域，稱爲人臉辨識區塊，在我們注視另一張人臉時會變得活躍起來，儘管，我的臉孔的哪個部位，引起你的哪個人臉辨識區塊有所反應，答案似乎依然還在未定之天。額葉是大腦的高階功能運作之處，包括：推理思考、預先計畫、解決問題、控制情緒等等。它也是掌管我們的人格、讓我們顯現我們是誰的部分。諷刺的是，如同奧利佛・薩克斯（Oliver Sacks）曾經指出：額葉卻是我們最後破解的大腦區域。他在二〇〇一年寫道：「甚至在我當醫學院學生的時候，額葉還是被叫作『悶不吭聲葉』。」原因並非額葉在當時被以爲缺乏功能，而是因爲那些功能並不會直接展現出來，以致不爲人知。

位於大腦的下側，大約接近後頸的頭部後方，即是小腦（cerebellum；來自拉丁文，字義爲「小的腦子」）。雖然小腦占有顱腔百分之十的空間，但它擁有腦部神經元總數的一半以上。它有這麼多的神經元，並非因爲它進行大量的思考任務，而是它控制平衡與複雜的運動功能，而那需要眾多的線路來運作。

位於大腦的底部，有點像是一個連通大腦與脊椎及下方身體的電梯井通道，是腦部最古老的部位，稱爲腦幹。它負責人體那些更爲基本的運作功能，比如睡眠、呼吸、維持心跳等。一般人很少會注意到腦幹，但它對我們的生命維繫極爲關鍵；英國即將腦幹死亡作爲判定人死的基本標準。

還有許多較小的構造物，如同果乾蛋糕中的堅果粒般，散布在腦部組織當中，比如：下視丘、杏仁核、海馬迴、端腦（telencephalon）、透明中隔（septum pellucidum）、韁連合（habenular commissure）、內嗅皮質（entorhinal cortex），與十多個左右的其他構造❼——而以上統稱爲「邊緣系統」（limbic system；「limbic」衍生自拉丁文「limbus」，意爲「周邊的」）。除非這些腦部元件發生故障，不然，我們很容易活上一輩子卻從未聽過任何這些名稱。比如，在運動、語言與思考等功能上扮演重要角色的「基底核」，唯有在它出現退化，並導致帕金森氏症的發生，才會引起人們關注到它的存在。

邊緣系統儘管鮮爲人知，而且所占空間不大，但是，由於它控制與調節比如記憶、食慾、情緒、睡意、警覺性，以及感覺訊息處理等等的基本過程，於是與人生的幸福與否息息相關。「邊緣系統」這個概念，

❼ 你在每個腦半球中各有一套這些構造，所以提及這些詞時，照理應該以複數形式呈現（比如：「thalamus」〔視丘〕，應作「thalami」；「hippocampus」〔海馬迴〕，應作「hippocampi」；「amygdala」〔杏仁核〕，應作「amygdalae」），但卻甚少這麼做。

是由美國神經科學家保羅．麥克林（Paul D. MacLean）於一九五二年所創造，但今日的神經科學家並非全都同意所有那些腦部元件形成了一個連貫一致的系統。許多人認爲，那些被兜在一起的腦部元件只是眾多彼此相異的組織，而之所以把它們連結起來的原因，只是因爲它們皆與身體性能的表現相關，而與思考無關。

邊緣系統中最重要的元件是一個小精靈，稱爲下視丘；它只是一束神經細胞，完全算不上是個結構體。它的名字並非在描述它的功能，而是指出它的位置：位在視丘之下。（thalamus（視丘），這個字的意思是「位於內部的房間」；它像是感覺訊息的中繼站，是腦部的一個重要部位——當然，腦袋瓜中沒有什麼東西不重要——不過，它並不屬於邊緣系統。）下視丘頗爲古怪，一點都不顯眼。它雖然只有如同一粒花生的大小，重量也勉強達到十分之一盎司（三公克）而已，但它控制了大多數身體上最重要的化學作用。它調節性功能，控制飢餓與口渴，監控血糖與鹽分，決定你何時需要睡眠。它甚至可能在我們的老化速率快慢上，扮演某種角色。你作爲人類的成功或失敗，在很大的程度上，是由這個位在你頭部中央的小玩意所決定。

海馬迴對於儲存記憶至爲關鍵。（「hippocampus」〔海馬迴〕這個字，衍生自字義爲「海馬」的希臘文，由於該構造形似海馬之故。）杏仁核（amygdala，衍生自字義爲「杏仁」的希臘文）專司掌控強烈而具壓力的情緒，比如：憂慮、憤怒、焦慮，與所有型態的恐懼症。杏仁核遭到毀壞的人，會完全無所畏懼，甚至經常無法辨識他人恐懼的神色。在我們入睡之後，杏仁核會變得特別活躍；這可以說明，爲何夢境如此經常給人帶來焦慮。你的夢魘也許只是杏仁核在抱怨訴苦而已。

¶

有一個現象，可說分外惹眼：儘管學者長久以來耗費心力、徹底而全面地針對腦部進行研究工作，但卻依然存在有許多基本的問題，若不是得不到解答，不然就無法獲得普遍的同意。比如，「意識」究竟爲何物？或者，一個「念頭」到底所指爲何？你沒辦法把一個念頭裝進罐子裡或放在載玻片上用顯微鏡觀察，然而，「一個念頭」顯然是眞實而明確的東西。思考是我們所擁有的最重要而不可思議的天賦，但在深層的生理學意義上，我們卻並不眞的了解思考爲何。

有關記憶的問題，同樣如出一轍。我們已經懂得，記憶如何組裝起來，以及記憶儲存的方法與區域，但對於我們爲何記得某些事、卻不記得其他事的原因，卻一無所知。顯而易見，這種記憶的選擇性很少與實際的價值或用處有關。我可以記得，聖路易紅雀（St Louis Cardinals）棒球隊在一九六四年時的完整首發隊員名單——這個記憶內容自那一年以後便對我毫無用處，實際上就算在當年也並非那麼派得上用場——不過，我沒辦法記得我的手機號碼、我在任一個大型停車場的停車位置、我妻子交代我去超市買的三樣東西中的第三項，以及一大堆無疑比起一九六四年聖路易紅雀的首發隊員名單更緊迫、更具必要性的其他事情（順道一提，那幾個首發球員是：提姆・麥卡弗〔Tim McCarver〕、比爾・懷特〔Bill White〕、胡利安・哈維爾〔Júlian

Javier〕、迪克．格羅特〔Dick Groat〕、肯．波耶〔Ken Boyer〕、盧．布羅克〔Lou Brock〕、柯特．弗拉德〔Curt Flood〕，與邁克．夏農〔Mike Shannon〕）。

所以，有關人腦種種，有待我們去了解的問題仍然多不勝數，也可能有很多問題將永遠成謎。不過，持平而論，我們已經確切了解的某些機制，至少與我們還在探索的那些問題同樣令人驚嘆。想想看，我們是如何能夠看見東西——或稍微精確一點來說，腦袋是如何告訴我們，我們看見了什麼。

現在請環視你的四周一圈。眼睛每秒鐘向腦部傳送一千億個訊號。但好戲還在後頭。當你「看見」某個東西，大約只有百分之十的訊息來自於視神經。你的腦部其他區塊必須對這些訊號進行解構，以便能夠辨識人臉、詮釋動作與指認危險。換句話說，讓你得以「看見」的最大成因，並非來自你所接收的視覺印象，而是我們如何理解這些訊息。

對於每一個輸入的視覺訊息，當它沿著視神經一路傳送至腦部進行處理與詮釋，會需要花費一丁點但可以感知的時間量——大約兩百毫秒，或五分之一秒。當需要我們立即做出反應時，五分之一秒就遠非微不足道的時間長度：比如，趕緊後退一步以閃避一輛迎面而來的車子，或者，即刻轉頭以躲開一記揮來的重拳。爲了幫助我們更佳地彌補這一段微小的時間延宕，腦部施展出一項超凡的技能：它不斷去預測，從此刻起算，這個世界在五分之一秒後會是什麼樣子，並且讓我們感覺到這就是「當下」。這意謂著，我們從未看過這個世界在眞正當下此刻的實況，我們反而看到世界在那個微小的時間差後的未來樣貌。換句話說，我們一輩子都生活在一個並未全然存在的世界之中。

腦袋爲了你的好處著想，也以其他許多方式來欺騙你。每次當我們聽到一架飛機飛掠頭頂上空，抬頭一看，就會發現聲音來自天空的某個位置，而飛機則靜靜飛在另一個位置——這時，我們就會體驗到，聲音與光線兩者，是以相當不同的速度抵達我們這裡。不過，在你四周更爲觸手可及的環境中，你的腦子一般都會打消這些差異，以便使你感覺所有的刺激彷彿都是同時來到你面前的。

腦部也以相同的方式，虛構了我們所有感覺的內容組成。有一件違反直覺的怪異實情：光子沒有顏色，聲波沒有聲音，而嗅覺分子也沒有氣味。如同英國的醫生兼作家詹姆斯．勒．費努（James Le Fanu）所說：「儘管我們印象強烈地以為，林木之綠與天空之藍映入我們的眼簾，正如同我們透過敞開的窗戶所見到的景致，但是，照到視網膜的光粒子並沒有顏色，一如傳到耳膜的聲波悄然無聲，也一如氣味分子無香無臭。它們均是無形、無重量、屬於亞原子的物質粒子，周遊在我們的空間之中。」生命的多姿多彩，皆源自於你的腦袋的創造。你所看到的一切並非實相，而是你的腦子告訴你那是什麼模樣——而這兩者可謂天差地別。以一塊肥皀為例來說明：你曾經懷疑過，為何無論肥皀是哪種顏色，但肥皀泡沫卻總是白色的嗎？那並非由於肥皀在沾濕與搓揉之際，透過某種方式改變了顏色。就分子的層次而言，肥皀跟使用之前完全一模一樣。然而，由於泡沫以不同的方式反射光線，才使顏色起了變化。你在觀察海浪反覆拍打岸邊，也會見到同樣的效應：「藍綠色」的海水激起了「白色」的浪花。還有許多其他現象亦是如此。這是因爲，顏色並非是固定不變的事實，而是一種來自感知的效果。

你大概已經在什麼時候見識過那種錯覺試驗：比如，要求你盯著一個紅色的正方形看上十五或二十秒，接著將你的視線移到一張空白的紙張上，然後在幾秒鐘之間，你便會看到白紙上浮出一個鬼影般的藍綠色正方形。造成這種「後像」（after-image）的成因是：如果你讓眼睛中的感光細胞過度運作，就會產生視覺疲勞，因而發生這種效果。而這個現象與我們的討論的相關點是，藍綠色並不在那裡，它也完全沒有在任何地方出現過，它只存在於你的幻覺之中。毫無半點疑問，所有顏色皆是如此。

你的腦袋也極爲擅長於發現樣式典型，從一片混亂中理出秩序，如同底下這兩張知名的錯覺圖案所顯示的情況。

在第一張圖中，大部分的人只看到胡亂的污跡墨痕，直到他們被提

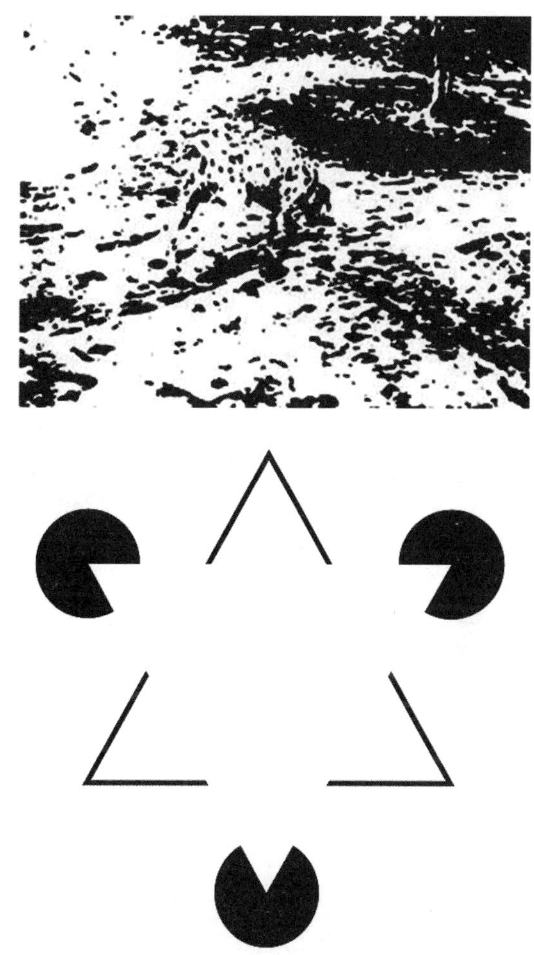

示說，圖裡面有一隻大麥町犬，然後，突然之間，幾乎每個人的腦子裡都塡補上了缺失的邊邊角角，而理解出整幅構圖的組成。這幅錯覺圖示繪製於一九六〇年代，但似乎沒有人記錄了創作者是誰。而第二張圖則有可查考的歷史，而且頗爲有名。它被稱爲「卡尼薩三角形」，是以義大利的心理學家加埃塔諾・卡尼薩（Gaetano Kanizsa）的姓氏來命名；他在一九五五年創作了這幅圖案。該圖中當然不存在任何實際的三角形，除開你的腦袋幫你放上去的那個。

你的腦子爲了你而做了所有這些妙事，是因爲，它的目的正是想方設法盡可能幫助你。然而，弔詭的是，它也明顯地極不可靠。幾年前，一名加州大學爾灣分校的心理學家伊麗莎白・洛芙特斯（Elizabeth Loftus）發現，可以經由暗示的方法，將全然虛假的記憶植入人們的腦海當中——以使他們深信，比如說，在年幼的時候，曾經在百貨公司或購物商場歷經一場造成心理創傷的走失經驗，或是，他們曾經在迪士尼樂園中被兔寶寶（Bugs Bunny）擁抱過——即使這些事情從未發生。（一個明顯的原因是，兔寶寶並非迪士尼的動畫人物，而且從未出現在迪士尼樂園中。）她給受試者觀看他們在年幼時的照片；圖像都經過變造，讓他們以爲自己以前比方說坐在一只熱氣球的吊籃之中；受試者經常會突然憶起這樣的事件經驗，興高采烈地描述其中點滴，即便在每個個案中，都百分之百從未發生過這些事情。

你現在八成以爲，你才不會那麼容易受他人左右，而你大概有道理——大約只有三分之一的人容易那樣受騙——然而，其他證據也顯示，人們甚至在回憶最鮮明的事件時，有時也會出錯。二〇〇一年，在紐約的世貿中心爆發九一一災難之後不久，伊利諾大學（University of Illinois）的一群心理學家記錄了七百名受訪者在他們得知該事件發生時，對於身在何處與在做何事等問題的詳細陳述。一年過後，這群心理學家再度詢問同一批受訪者相同的問題；結果他們發現，幾乎有一半的人如今的說法，在某些重要的細節上，與先前有所抵觸，但卻對自己在回憶上的內容改變毫無所覺：比如，得知該事件發生時，以爲自己身處另一個不同的地方；或是，相信自己是從電視看到報導，但事實上卻是從廣播聽到新聞而得知等等。（就我而言，我回想起當天在電視上看到事件的即時轉播，一切彷彿歷歷在目；我們那時候跟兩個孩子住在新罕布夏州〔New Hampshire〕。但我後來才知道，事實上，我的其中一個孩子當時人在英格蘭。）

記憶的儲存，極具特異性，既古怪離奇，又毫無條理。我們的心理機制將每段記憶切分成它的組成成分，比如：名字、容貌、地點、背景脈絡，或某樣東西觸摸起來的感覺，甚至那個東西是死是活等等；隨後再將這些成分傳送至不同的部位儲存，然後，當再度需要整體的資訊時，再一一召回這些成分，把它們組裝成原來的模樣。一則掠過腦際的想法或回憶，可以啓動散布在腦部各處高達一百萬個以上的神經元的動作。而且，出於全然未明的原因，這些記憶片段會隨著時間流轉而到處移動，從皮層的某一區域遷徙至另一區域去。難怪我們總是搞不清楚事情的細節。

如此一來導致了，記憶並非如同檔案櫃中的一份文件一般，是一段永久固定不變的紀錄。記憶是更爲模糊與多變的事物。一如伊麗莎白・洛芙特斯在二〇一三年受訪時表示：「記憶更像是維基百科網站的頁面。你可以進到頁面裡去做編輯改動，而其他人也可以這麼做。」❽

學者針對記憶進行了許多不同的分類，但似乎沒有任何兩位專家使用了大抵相同的術語。最常被提及的分野是：長期記憶、短期記憶與工作記憶（以上是根據記憶的持續時間而分）；以及，程序性記憶、概念性記憶、語義性記憶、陳述性記憶、內隱記憶、自傳性記憶、感官性記憶（以上是根據記憶的類型而分）。然而，記憶基本上分成兩個主要

❽ 另一個有關記憶的虛構性質的非凡案例，來自於加拿大一間未透露校名的大學所做過的一項實驗：六十名志願受試的學生受到一項指控，說他們在青少年時曾經犯下涉及竊盜或攻擊的罪行，因此還遭到警方逮捕。這些全是子虛烏有的事情，不過，在進行了三回友好但被操弄的訪談之後，有百分之七十的志願者坦承曾經犯下這些虛構的罪行，而且通常還添加上生動的犯罪細節——同樣全屬虛構，但卻被當事人衷心相信。

類別：陳述性記憶與程序性記憶。前者是那種你可以使用語言表達的記憶，比如：首都的名字、你的出生日期，與如何拼出「ophthalmologist」（眼科醫師）這個字，以及每一件你所知道的事實。後者則是指稱，那種你知道與了解，但並非那麼容易能以語言表達的事物的記憶，比如：如何游泳、開車、給橘子剝皮、判別顏色等。

工作記憶是，短期記憶與長期記憶兩者結合的表現。舉例而言：有人出示了一道數學難題要你解題。這項題目即位於短期記憶之中——畢竟，你不需要在幾個月後還記得題目——不過，爲了進行計算所需要的技巧，則保存在長期記憶之中。

研究者有時也發現，將記憶區分成回憶式記憶（recall memory）與再認式記憶（recognition memory）兩者，頗有助於說明記憶的運作。前者指稱你可以自發回想出來的記憶，就是那種你在玩常識問答遊戲時，你會知道的事情。後者則指稱，你對事情的重點有些模糊，但卻可以回想出背景脈絡的記憶。再認式記憶解釋了，爲何很多人很難記得某本書的內容，卻通常可以回想起在哪裡讀那本書、封面的顏色或設計，與其他一些似乎無關的事物。再認式記憶對人頗爲有用，因爲它不會將不必要的瑣碎細節塞滿腦袋，但萬一有需要時，卻確實有助於我們記起，可以在何處找到那些細節事物。

短期記憶是眞的爲期甚短；對於像是地址、電話號碼這種資訊，只會存在不超過大約半分鐘。（假使你在經過半分鐘之後還能記得某件事，嚴格來說，那就不屬於短期記憶，而是長期記憶。）大多數人的短期記憶表現均頗糟糕。六個任意選擇的詞語或數字，大概是大多數人能夠確實保留超過幾分鐘記憶的極限。

另一方面，我們也能藉由努力來訓練自己的記憶力，以展現那種讓人嘖嘖稱奇的記性特技。美國每年都會舉辦全國性的記憶錦標賽，而在那兒所見識到的記憶力表演，著實令人嘆爲觀止。一名冠軍得主在注視一大排隨意羅列的數字僅僅三十分鐘之後，便可以回想出其中的四千一百四十個數字。另一名參加者在相同的時間內，可以記得二十七副經過隨意洗牌的撲克牌。還有另一個人在經過三十二秒鐘的研究之後，就能記得一整副牌的先後順序。這可能並非人類的心理機制中最值得運用的部分，不過它確實說明了人腦不可思議的威力與靈活度。附帶一提，大多數的記憶力比賽冠軍並非特別聰明。他們只是具有足夠的動機去訓練自己的記性，以便展示某些出奇的把戲。

過去學者曾經以爲，每一則經驗都會作爲記憶，永久儲存於腦中某處；只不過，其中大部分都遭到封鎖，使我們力有未逮，無法立即回想起來。這樣的想法主要來自於，神經外科醫師懷爾德．潘菲爾德（Wilder Penfield）於一九三〇至五〇年代在加拿大所進行的一系列實驗。潘菲爾德在蒙特婁神經學研究所（Montreal Neurological Institute）實施外科手術時發現，當他以探針觸碰患者的腦部時，經常會引發患者強烈的感受，因而記起比如說童年時某股鮮活的氣味，或某種興奮的情緒，有時也會喚起非常年幼時某個已被忘卻的場景記憶。他從這些發現歸結出，無論事情多麼瑣碎，腦部皆記錄與儲存了，我們人生中的每一個意識性事件。然而，學者現今認爲，那些實驗所給予的刺激，主要是促成了某種記憶的感覺，而患者所體驗到的感受，比較像是幻覺，而非回想起過去的事件。

可以十分確定的是，我們保存了大量的記憶，遠超過我們能在心中輕易喚起的部分。你可能不記得太多幼時生活過的街區情景，但如果你舊地重遊，到處走走逛逛，你幾乎肯定可以回憶起某些多年來未曾想過的特殊細節。只要有足夠的時間與提示，我們所有人大概都會對於腦中儲存的記憶量大感訝異。

有關記憶種種，我們從某位人士身上習得了許多寶貴的知識，但諷刺的是，這個人卻對自己本身所知甚少。亨利・莫萊森（Henry Molaison）來自康乃狄克州，當時二十七歲，是一名和藹可親、長相俊秀的年輕人，卻由於經常發作嚴重的癲癇而受苦。一九五三年，一位名叫威廉・史可維爾（William Scoville）的外科醫生，由於受到加拿大的懷爾德・潘菲爾德的研究努力所啓發，因而鑽開莫萊森的頭顱，從兩邊的腦半球移除了各半個海馬迴與大部分的杏仁核。手術過後，莫萊森大大降低了癲癇發作的次數（雖然並沒有完全治癒），但卻付出了悲劇性的代價：他從此被剝奪了形成新的記憶的能力——這個病症被稱爲順向失憶症（anterograde amnesia）。莫萊森可以回想起屬於遙遠過去的事件，但幾乎無法形成新事物的記憶。某個人只要一走出他所在的房間，就立刻被遺忘。甚至在多年之間幾乎每天來探訪他的一名精神科醫生，每次一走進門，對他來說始終是個不認識的新人物。莫萊森每次照鏡子時皆能認出自己，不過經常對於自己的老態感到震驚。神秘難解的是，他偶爾還是能夠保留住一些記憶。他可以回想起約翰·葛倫（John Glenn）是一名太空人，而李·哈維·奧斯華（Lee Harvey Oswald）則是一名兇手（不過他想不起來奧斯華殺了誰〔譯按：據信此人槍殺了美國總統約翰·甘迺迪〕），而且知道他搬入的新家地址與內部格局。但除此之外，他就被永遠封鎖在他無法理解的永恆的當下時空之中。可憐人亨利·莫萊森的困境，是科學上第一個暗示海馬迴在儲存記憶上擁有關鍵角色的案例。但是科學家從莫萊森身上所習得之事，與其說是記憶如何運作，倒不如說是，要了解記憶運作這件事有多麼困難。

¶

人腦最驚人的特色肯定是，所有的高階功能運作（比如思考、視覺、聽覺等）皆位於表層，亦即那個厚達四毫米的大腦皮層。第一位將大腦皮層劃分成各個區域並繪製成圖的學者是，德國的神經學家科比尼安・布羅德曼（Korbinian Brodmann, 1868-1918）。布羅德曼是現代神經科學界最傑出，卻最不受到賞識的學者之一。一九〇九年，他在柏林的一間研究機構工作，費盡心力判別出大腦皮層上的四十七個不同的區域——此後被稱爲「布羅德曼分區」（Brodmann areas）。一個世紀之後，卡爾・茨勒斯（Karl Zilles）與卡特琳・阿蒙慈（Katrin Amunts）在《自然——神經科學》期刊上寫道：「神經科學史上，罕見有一個圖示能產生如此之大的影響力。」

布羅德曼儘管研究成果極具重要性，但他嚴重靦腆成性，屢次在升遷上遭到忽視，在好多年間一直努力想確保一個合適的研究職位。他的學者生涯隨著第一次世界大戰的爆發，進一步受到耽擱；他當時被派往圖賓根（Tübingen）的一家精神病院服務。一九一七年，四十八歲的他終於時來運轉，獲得了一份重要工作：位於慕尼黑的一間學院的局部解剖學系（Department of Topographical Anatomy）聘用他擔任主任。而他在經濟無虞之後，便快馬加鞭娶妻生子。布羅德曼於是享受了如此不同尋常的安詳時光——但爲時不到一年。一九一八年的夏天，就在他婚後的十一個半月，同時也是他的孩子出生後的兩個半月，正是他的幸福人生攀達顛峰之際，他突然罹患了感染疾病，並在五天內撒手人寰，得年四十九歲。

布羅德曼所繪製的分區圖，是針對大腦皮層，亦即大腦著名的灰質（grey matter）。在它的下方，則是量體更爲巨大的白質（white matter）；之所以如此命名，是由於神經元包覆在一層蒼白的脂肪絕緣物裡面，而這個物質則稱爲髓磷脂（myelin），它可以大大加速神經訊號傳送的速度。白質與灰質兩者的名稱，會讓人產生錯誤的理解。灰質在人腦中根本不是灰色，而是粉紅色。它只有在缺乏血流並添加了防腐劑的情況下，才呈現顯眼的灰色。白質同樣是人死後才呈現的特性，因爲，醃泡的過程會使神經纖維上的髓磷脂包覆層轉變爲發亮的白色。

附帶一提，有關我們僅使用百分之十的腦部這樣的說法，其實毫無根據。沒有人知道這個想法源自何處，但它絕不正確，也與事實差距甚大。你可能沒有極端明智地動用你的腦袋，但你總是以某種方式在使用你的整顆頭腦。

¶

人腦需要花費漫長的時間，才得以完整成形。青少年腦袋裡的線路僅完成了百分之八十左右（青少年的父母對此可能不會太過驚訝）。雖然腦部大部分的成長都發生在人出生後的頭兩年；到了十歲之時，成長進度就完成了百分之九十五，但是，突觸要等到二十五、六歲至三十歲之前才會完整接通。也就是說，實際上，腦部是從青少年時期延伸到成人時期後，成長才告完成。而在這段時期中，這些年輕人比起長輩來說，幾乎肯定比較傾向於表現出衝動性而非反思性的行爲，而且，也比較容易受到酒精效應的影響。神經學教授弗朗西絲・贊臣（Frances E. Jensen）在二〇〇八年的《哈佛雜誌》（Harvard Magazine）上這麼說道：「青少年的腦部，並非只是一個里程數較少的成人腦部而已。」確切一點來說，青少年的腦袋是一個全然不同類型的腦子。

前腦裡面，位於與愉悅感受有關的區域中的伏隔核（nucleus accumbens），在青少年時期會成長至最大尺寸。在此同時，人體也會分泌比此後任何時期更多的多巴胺（dopamine）——它是一種神經傳導物質，負責傳遞愉悅的訊息。這是爲何你在青少年時期所感受到的感覺，皆比人生其他階段來得強烈的緣故。而這也意謂著，追求享樂可說是青少年的「職業傷害」。青少年死亡的主因是意外事件，而造成意外的主因則完全是，與其他青少年相伴活動。比如，只要有超過一名青少年同時待在同一輛車中，事故風險便會提高至四倍。

每個人都聽過神經元，但並非很多人對另一個腦部的重要細胞「神經膠質細胞」（glia，或稱「glial cells」；該字字義為「膠」或「油灰」〔putty〕）十分熟悉；這有點奇怪，因為在數量上，它與神經元相比是十比一。神經膠質細胞的作用是，支持腦部與中樞神經系統的神經元。長久以來，這種細胞被以為重要性不大，學者認為它主要提供一種物理性的支持，或者如同解剖學家所指稱，它屬於細胞外基質（extracellular matrix）；然而，我們如今得知，神經膠質細胞參與了許多重要的化學作用，從製造髓磷脂到清除廢物不等。

有關人腦能否製造新的神經元，學者之間存在有相當大的歧見。一支由茉拉．博德里妮（Maura Boldrini）所領導的哥倫比亞大學（Columbia University）團隊，在二〇一八年初公開表示，至少腦中的海馬迴確定可以製造一些新的神經元，然而，來自加州大學舊金山分校（University of California at San Francisco）的另一支研究團隊，則恰恰給出相反的結論。棘手之處是，我們還沒有找到確切的方法可以去判別，腦中的神經元是否出自新生。毫無疑問的是，即使我們眞的可以長出一些新的神經元，但那也完全不足以彌補你在一般老化過程中所喪失的數量，遑論罹患中風或阿茲海默症所造成的損失。所以，無論是在實際上或從哪個角度著眼，你一旦過了童年早期，你就擁有了這輩子將會使用到的所有腦細胞。

從正面的角度來說，即使出現嚴重的量體隕耗的現象，腦部也有能力做出彌補。詹姆斯．勒．費努在他的著作《爲何是我們？》（Why Us?）中曾提到一個案例：一名智力正常的中年男子的腦部經過掃描後，醫師們驚訝地發現，有一顆巨大的良性囊腫，占據了他的顱腔內部三分之二的空間，而他顯然從幼年就長了這個腫塊。他所有的額葉、一部分的頂葉與顳葉早已消失不見。而他所剩下的三分之一的腦部，直接接替了消失的那三分之二的部分原本所該擔負的責任與功能，而且還表現得相當出色，以至於，他本人或其他人均從未懷疑，他頂著規模大幅縮減的腦袋在過日子。

¶

人腦儘管展現種種驚奇，它本身倒是個行事低調的古怪器官。心臟會抽送血液，肺臟會吸氣與呼氣，腸道會輕輕蠕動起伏、發出聲響，但腦子只是如同牛奶凍般安坐不動，從不洩露任何形跡。在它的結構裡面，沒有任何部分在外表上透露，這是一部運作高階思考的工具。誠如加州大學柏克萊分校（University of California at Berkeley）的教授約翰．塞爾（John R. Searle）所曾經說過：「如果你要設計一部活體機器來抽送血液，你大概會提出一個類似心臟的概念來做看看，但是，如果你想設計一部可以產生意識的機器，誰會想到要用上一千億個神經元呢？」

難怪我們對於人腦運作的理解，進展的速度是如此緩慢，而且，所獲得的知識大多來自意外發現。神經科學早期的一則重大事件（必須指明，它是書上最常被提及的事件），發生在一八四八年的佛蒙特州（Vermont）鄉間；當時，一名年輕的鐵路建築工人費尼斯．蓋吉

（Phineas Gage）正在把一捆炸藥塞在一塊大石頭底下，未料炸藥過早爆炸，導致一支兩英尺長的搗棒被炸開，射入他左邊的臉頰，並從他的頭頂穿出，然後才掉落在距離大約五十英尺之外的地面上。鐵棒移除了腦部中央一塊直徑大約一英寸的完整組織。蓋吉奇蹟般地大難不死，甚至看起來並沒有喪失意識能力，雖然他的左眼因此失明，並且，他也從此性格大變。原本樂天開朗、人緣極佳的他，如今變得喜怒無常，好辯成性，而且喜歡飆髒話。正如一名老友悲傷地指出，他這個人已經「不再是蓋吉了」。一如額葉受傷的人所經常發生的狀況，蓋吉對他的病症毫無自覺，不了解自己的個性已經改變。由於無法安定下來，他於是從新英格蘭地區（New England）流浪到南美洲，再去到舊金山；他最後因爲深受癲癇發作之害而死於舊金山，享年三十六歲。

蓋吉的不幸故事，是腦部遭受物理性傷害可以導致性格轉變的第一個證據，然而，在此後的幾十年期間，其他人也注意到，當腫瘤侵襲或壓迫到額葉的部位，當事人有時也會變得奇怪地安詳與平和。

在一八八〇年代，一名瑞士的醫生戈特利布．布克哈特（Gottlieb Burckhardt）經由一系列的手術，移除了一名心理失常的婦人腦中十八公克的組織，使她從「一名危險、激動的精神錯亂者，變成一名安靜的精神錯亂者」（布克哈特自己所言）。他試著將同樣的程序應用到其他五名病患身上，結果，其中三名死亡，另兩名出現癲癇症狀，他於是放棄了這個療法。五十年之後，葡萄牙的里斯本大學（University of Lisbon）的一名神經學教授埃加斯．莫尼斯（Egas Moniz），則決定再嘗試看看；他開始進行試驗，切除了許多精神分裂症患者的額葉，以觀察這個作法是否能使病人錯亂的內心獲得平靜。這即是莫尼斯所開創的針對額葉所進行的腦白質切除術（lobotomy；它在當時經常也稱爲「leucotomy」，特別是在英國一地）。

然而，莫尼斯本人，卻堪稱是「沒有以科學方法從事科學」的絕佳例證。他執行手術，卻對手術可能造成的傷害或可能產生的後果毫無概念。他沒有事先進行初步動物試驗。他沒有特別謹愼去挑選病患，也沒有就近監控術後狀況。事實上，也不是他本人親自操刀，而是由他所指導的資淺醫生負責執行，然後，如果取得任何成功，他就喜孜孜地把一切功勞歸到自己頭上。這個手術作法確實在一定程度上有所作用。施行過腦白質切除術的病人，一般上，暴力程度會降低下來，變得較好控制，但他們卻也經常因此遭受巨大的、無法回復的個性喪失之苦。儘管手術有諸多缺點，再加上莫尼斯種種應受譴責的臨床作業標準，但他依然馳名天下，並於一九四九年榮獲最高榮耀諾貝爾獎的表揚。

在美國，一位名叫沃爾特·傑克遜·弗里曼（Walter Jackson Freeman）的醫生，在聽聞了莫尼斯的手術作法後，成爲他最熱情的追隨者。在幾近四十年的時期當中，弗里曼周遊國內各地，對幾乎每個被帶到他面前的病人，一律實施腦白質切除術。在某次的巡迴醫療中，他在十二天內爲二百二十五人切除了額葉。他有些病人的年紀只有四歲大。他動刀的對象，包括有：恐懼症患者、街上抓來的酒鬼、因同性戀行爲遭判刑的人——簡單來說，幾乎是任何被察覺到有心理或社會違常行爲的人，都可能挨上一刀。弗里曼的處置方法是如此快速又殘忍，因而引發其他醫生的強烈異議。他將一根常見的家用碎冰錐插入患者的眼窩，再用一把鐵鎚輕輕敲擊碎冰錐以進入腦中，然後劇烈地扭動它，以便破壞神經連接。以下節錄自他寫給兒子的信件，可以見到他對手術自信滿滿的描述：

我使用電擊讓那些人昏了過去……當他們處於「麻醉」狀態，就用一根碎冰錐戳入眼球與眼皮之間，穿越眼眶頂部，然後刺入大腦的額葉內部，接著再左右搖晃碎冰錐，來進行側面切除。我已經為兩名病人做了兩側的切除，還有一名只做了一側，並沒有引發任何的併發症，除了其中一個人後來眼眶又腫又黑之外。以後說不定會有麻煩，但手術似乎相當容易操作，雖然過程看起來絕對令人厭惡。

他說的沒錯。手術過程如此粗野，使一名來自紐約大學的神經學家在一旁觀看弗里曼進行治療時，即便本身見多識廣，卻也因此暈倒在地。但手術費時甚短：病患一般在一小時之內便可以回家。正是這種快速與簡易，博得醫療界許多人士的讚嘆。而弗里曼在處理態度上，可說極端漫不經心。他實施治療時並無配戴手套或手術用口罩，而且通常身穿一般便服。這種手術完全不會留下傷疤，但這也意謂著，他盲目地在操作，完全不確定自己破壞的腦部機能爲何。由於碎冰錐並非設計來進行腦部手術之用，有時錐子會在病患頭部裡面折斷，這就必須通過外科手術移除——假使病患沒有因此先行死去的話。弗里曼最後爲此設計了專用器具，不過，新工具基本上只是一把更爲耐用的碎冰錐而已。

或許最引人側目之處是，弗里曼是一名毫無外科手術資格證明的精神科醫師；這個事實使許多其他醫生分外震驚。大約三分之二的弗里曼的病患，要不是完全沒有從手術中受益，不然就是病情更加惡化。一百人當中，有兩人死亡。他最惡名昭彰的失敗案例是蘿絲瑪莉．甘迺迪（Rosemary Kennedy）；她是那位未來總統約翰．甘迺迪的妹妹。一九四一年，蘿絲瑪莉．甘迺迪二十三歲，是一名活潑迷人的美麗女子，但行事固執任性，而且有情緒多變的傾向。她也有某些學習困難的症狀，儘管似乎沒有如同有時報導中所提及的那般嚴重與失能。她的父親被她的任性作爲所激怒，在沒有事先徵詢妻子意見的情況下，直接讓她去給弗里曼進行腦白質切除術。這場手術基本上摧毀了蘿絲瑪莉。她之後的六十四年都在一間位於中西部的養護中心度過，無法說話，大小便失禁，缺乏人格表現。她摯愛的母親長達二十年沒有去探望她。

由於事態愈來愈明顯，弗里曼與其他跟他一樣的醫師們，在他們身後留下了幢幢的傷殘人影，而另一方面，也得利於具有療效的精神藥物的發展，以至於，他們所使用的療法不再大行其道。弗里曼直到他在一九六七年退休之前，都繼續在爲人施行腦白質切除術，一直做到他七十幾歲爲止。但他與其他人所留下的惡果卻持續存在多年。我在此可以談談一些個人經驗。一九七〇年代早期，我在一家位於倫敦之外的精神病院工作過兩年的時間；這家醫院有一間病房主要收治在一九四〇與五〇年代動過腦白質切除術的病人。幾乎毫無例外，他們個個順從又聽話，宛如死氣沉沉的空殼一般❾。

腦部是我們最為脆弱的器官之一。雖然腦子是如此舒適地包裹在具保護性的顱骨之內，但弔詭的是，正是這個事實使它更易受到損傷的影響，比如，腦部遭受感染而腫脹起來，或由於出血而充滿液體——這兩者皆因為多出來的東西無處可去，導致腦部受到壓迫，有可能使人致命。而顱骨如果突然遭到猛烈的撞擊，比如車禍或摔倒，腦部也很容易因而受傷。處於腦部外層的薄膜——稱為「腦膜」——含有薄薄一層的腦脊髓液，可以提供若干的緩衝作用，但效用有限。有一種腦傷，是發生在腦部直接受到衝擊部位的對側，稱為「對側挫傷」（contrecoup）；之所以會在對側造成挫傷，是因為，腦部猛烈撞擊自己的保護殼所造成的結果（就此而言，保護殼有點名不符實）。如此的損傷，特別常見於會

❾ 二〇〇一年版的《牛津人體指南》（Oxford Companion to the Body）一書中，有一則肯定是最成問題的詞條寫道：「對於許多人來說，『腦白質切除術』這個術語會讓人聯想到有精神障礙的人，他們的腦部受到大規模的傷害或毀損，使他們至多處於植物人狀態，沒有任何人格或感覺。這完全不正確……」事實上，那完全正確。

有身體接觸的運動之中。假使情況嚴重或經常反覆發生，這種腦傷可以產生稱爲「慢性創傷性腦病變」的退化性腦部病症。根據某個估算顯示，美國國家美式足球聯盟（National Football League）的退休球員中，有百分之二十至四十五的人患有某個程度的慢性創傷性腦病變；而這個病症也被認爲常見於擔任過橄欖球球員、澳式足球（Australian Rules Football）球員，甚至是在比賽期間經常以頭頂球的足球球員身上。

除了接觸性的腦傷之外，人腦也很容易受到自身內在風暴的影響。中風與癲癇，尤其是人類的弱點。大多數其他的哺乳類動物幾乎完全不會罹患中風；如果不幸發生，那只能算是罕見個案。但是，依據世界衛生組織的資料顯示，對於全球人類來說，中風卻是第二大死因。而關於何以致此，仍是不解之謎。如同丹尼爾・李伯曼（Daniel Lieberman）在《從叢林到文明，人類身體的演化和疾病的產生》（The Story of the Human Body）一書中所言，人腦擁有絕佳的血液供應系統，可以極小化中風的風險，但我們仍然還是會中風。

癲癇，同樣也是長久以來難解的謎團，但它還戴上了一副枷鎖：在整個歷史之中，癲癇受害者總是遭到迴避與妖魔化。即便已經進入二十世紀，但醫學專家依然普遍相信癲癇具有傳染性：只是旁觀一個人的癲癇發作，便可能導致其他人同樣突發該症。癲癇患者經常被視爲有心理缺陷，會被強制送入收容機構關押起來。甚至在不算太久之前的一九五六年，美國有十七個州在法律上嚴禁癲癇患者結婚；而在十八個州中，他們有可能遭到非自願性的絕育手術。這些法條先後遭到廢止，而最後撤銷者甚至是直到一九八〇年才這麼做。就英國而言，癲癇直到一九七〇年，依然是在法規上宣告婚姻無效時可以依據的理由。如同拉金德拉．凱爾（Rajendra Kale）幾年前在《英國醫學期刊》（British Medical Journal）上所說：「有關癲癇的歷史，可以總結爲四千年的無知、迷信與污名，然後，接著的是一百年的知識、迷信與污名。」

癲癇並非是一種單一的病症，而是囊括了一系列的症狀，從短暫的意識喪失到爲時較久的痙攣等都包括在內，而肇因則是由於腦中神經元運作失常以致。癲癇可以由疾病或頭部外傷所引發，但是，更爲經常發生的是，完全沒有任何明顯的促發事件，全然只是一個憑空出現、猝不及防的駭人發作。現代藥物已經大大降低或消除了這個頑疾對好幾百萬人的威脅，但還是有百分之二十的癲癇患者無法在服藥後順利好轉。每年大約有千分之一的癲癇患者死於發作期間或發作剛結束之後；而這也是一種病症，稱爲「不明原因的癲癇猝死」（Sudden Unexpected Death in Epilepsy）。如同科林・格蘭特（Colin Grant）在《燒焦的味道：關於癲癇的故事》（A Smell of Burning: The Story of Epilepsy）一書中所指出：「沒有人知道這種病症的成因爲何。心臟就這樣停止跳動了。」（另外，每年大約還有千分之一的癲癇患者會在失去意識時，因爲無法控制的不幸環境條件，因而悲慘喪命，比如，剛好在泡澡，或是摔倒時頭部受到嚴重撞擊。）

我們無法忽視的是，人腦既是一個奇妙非凡的器官，卻也是一個令人不安的部位。似乎有不可勝數的奇怪症候群及疾病，與神經失調相關。比如，羅患安東—巴賓斯基症候群（Anton-Babinski syndrome）的病人，雖然雙眼已經失明，但卻拒絕相信這個事實。而出現瑞多克症候群（Riddoch syndrome）的病人，則只看得見移動中的物體。卡普格哈症候群（Capgras syndrome）的受害者深信，那些他們熟識的人都是由其他人冒名假扮。患有克魯爾—布西症候群（Klüver-Bucy syndrome）的病人，發展出任意進食與性交的衝動（這自然會引起親人的驚恐）。或許最怪異者，當屬科塔爾妄想症（Cotard delusion）。患有這種病的人相信自己已經亡故，而且無法被說服並非如此。

有關腦部種種，沒有一項簡單易懂。我們即便不省人事，也是一件複雜的事。你除了入睡中或被麻醉或發生腦震盪之外，你還可能處於昏迷狀態（眼睛闔上且全無意識）、植物人狀態（眼睛睜開但沒有意識），或最低的意識狀態（偶爾清醒，但通常意識混亂或沒有意識）。閉鎖症候群（locked-in syndrome）卻又有所不同。患者意識清醒，但全身癱瘓，通常只能通過眨眼來進行溝通。

沒有人知道，究竟有多少人活著，但卻處於最低的意識狀態或更糟的情況，不過，《自然—神經科學》期刊在二〇一四年提出了一項估算：全球這樣的人的總數，大概有十幾萬人左右。一九九七年，當時一名在劍橋大學做研究的年輕神經科學家安卓恩·歐文（Adrian Owen）發現，某些被認爲處於植物人狀態的病人，事實上擁有清醒的意識，只是沒有任何辦法告訴別人他們的情況。

歐文在他的著作《困在大腦裡的人》（Into the Grey Zone）一書中，討論了一名稱爲艾咪（Amy）的案例；她在一次摔倒中造成頭部嚴重受創，好多年間一直躺在醫院的病床上。藉助於功能性磁振造影（fMRI）掃描儀，研究者一邊詢問艾咪一系列的問題，一邊小心觀察她的神經反應，如此一來，他們就能論斷她是否具有完整的意識。「她聽見了之前每一段對話，認出了每一個來探望她的人，並且專心聆聽每一個代替她本人所做出的決定。」但她沒辦法移動任何一塊肌肉，以便睜開眼睛、抓癢，或表達任何需要。歐文相信，被認爲永久處於植物人狀態中的人，其中大約有百分之十五至二十的人事實上擁有完整意識。甚至是現在，判定腦部運作與否的唯一確切作法，依舊是觀察腦袋主人是否能做出表達。

有關人腦，或許最出乎意料之外的是，今日的腦容量比起一萬或一萬兩千年前還小，而且還小上許多。具體而言，我們的平均腦容量已經從一千五百立方公分，縮小到如今的一千三百五十立方公分。那相當於從腦部挖出了大約一顆網球大小的組織。這個前後差異完全難以解釋，因爲，這個現象在同時間出現在世界各地，彷彿所有人類共同簽署條約，同意縮小我們的腦子。普遍的假定是，我們的腦子只是變得更有效率，能夠將更多的功能收納進更小的空間之中；這有點跟手機一樣，當尺寸縮小時，功能卻愈見複雜強大。但沒有人可以證明，我們並沒有因此變得笨了一點。

大約在相同的時期中，我們的顱骨也變得比較薄一些。箇中緣故，同樣無人能解。也許，我們如今較不粗野活躍的生活方式，使我們不需要像過去那樣，將資源投注在較厚的顱骨之上。然而，也許原因不過只是，人類已經不復從前而已。

懷抱著如此發人深省的反思，讓我們去瞧一瞧頭部的其餘部位。

5

頭部

那不僅是個想法而已，而且也像是靈光一閃。一見到那個頭蓋骨，彷彿燃燒的天空照亮了一片遼闊的平原，我似乎突然一目了然，洞悉了罪犯本性的問題。

——切薩雷・龍布羅梭（Cesare Lombroso, 1835-1909）

眾所周知，若失去項上頭顱，人便小命不保，然而，十八世紀末，人們卻特別關心，只剩下腦袋的人究竟還能活上多久的問題。當時可說是思考這個問題的絕佳時機，因爲，法國大革命穩定供應了執行斬首後的現切人頭，可供喜歡追根究底的人仔細檢視。

一顆剛遭砍下的頭顱，由於頭內尚存有些許帶氧的血液，所以可能並不會立刻喪失意識。有關人腦還能運作多久的時間，據估計，大約從兩秒到七秒不等，不過，這是假定頭身俐落分離才會有的結果——而這絕非常態。即便是由斷頭達人手持利斧猛然一揮，腦袋也不一定輕易應聲落地。如同法蘭西絲・拉爾森（Frances Larson）在引人入勝的斬首史《一顆頭顱的歷史》（Severed）一書中所指出，蘇格蘭人的女王瑪麗（Mary, Queen of Scots）需要經過三次奮力揮砍，才得以讓她的人頭掉入籃子內，而她的脖子相對上還是屬於纖細一型。

許多死刑的觀察者宣稱，他們目睹了在剛脫離軀幹的頭顱上，意識繼續存在的證據。一七九三年，由於謀殺了激進派領袖容—保爾・馬哈（Jean-Paul Marat），因而上了斷頭台的夏洛特・科黛（Charlotte Corday），據說在行刑手向底下歡呼的群眾高高舉起她的人頭時，她一臉流露憤怒與憎惡的神色。如同拉爾森所提及，據報導，也有其他人頭眨了眨眼睛或動了動嘴唇，彷彿試圖講話一樣。有一名叫作特西耶（Terier）的男人據說在身首分離大約十五分鐘後，把目光轉向了一名說話的人身上。但是，其中到底有多少是出於反射作用，有多少是在轉述中遭到添油加醋，沒有人說得準。一八〇三年，兩名德國研究者決定要以更爲嚴謹的科學作法，來加入討論的行列。頭顱一落地，他們迅速跑上前去，立即檢測任何意識徵象，並且對著人頭大喊：「你聽得見我講話嗎？」沒有一顆頭回答了問題，於是研究者總結道：意識喪失是立刻發生的事，或者，至少太過快速，以致無法測量。

¶

受到最多誤導的關注，或顯示出最抗拒科學理解的身體部位，可說非頭部莫屬。在這方面，十九世紀特別是個黃金年代。在這段時期，興起了兩個彼此不同卻經常被混淆的學門：顱相學（phrenology）與顱骨測量學（craniometry）。顱相學，是將頭部隆起形狀與心理能力、性格特質關連起來思考的一門學問；一直以來，它始終是個冷門的研究取向。而來自顱骨測量學的學者，毫無例外，一律將顱相學斥爲傻人的科學而不屑一顧，儘管他們自身所宣揚的不同學說同樣謬論連篇。顱骨測量學的主題是聚焦在，針對頭部與腦部的體積、形狀與結構，進行更爲精確與詳盡的測量——然而，還是必須指出，這些學者鑽研所得的結論，依舊荒謬離奇不落人後⑩。

在一眾學者當中，最傑出的顱骨愛好者當屬一名住在英格蘭中部地區（the Midlands）的醫師巴納德．戴維斯（Barnard Davis, 1801-

⑩ 顱骨測量學有時也被稱作「顱骨學」（craniology）；而無論使用哪個名稱，我們都必須與當代備受敬重的同名學門作出區分。人類學家與古生物學家運用現代顱骨學，來研究古代人類在解剖上所呈現的差異，而法醫科學家則使用現代顱骨學去測定，所發現的頭蓋骨的年齡、性別與種族等屬性。

81）；他雖然如今已被世人遺忘，但確實一度盛名遠播。戴維斯在一八四〇年代開始著迷顱骨測量學，很快便成爲當時世界上的最高權威代表。他出版了一系列的著作，書名皆嚴肅沉重，比如：《西太平洋某島嶼群住民的頭顱獨特性》（The Peculiar Crania of the Inhabitants of Certain Groups of Islands in the Western Pacifc），與《論不同人種的腦部重量》（On the Weight of the Brain in Different Races of Man）。這些書皆令人吃驚地大受歡迎。《論土著民族顱骨的鄰骨接合》（On Synostotic Crania Among Aboriginal Races of Man）一書印行了十五版次。而以兩冊發行的史詩式巨著《大英頭顱全書》（Crania Britannica），則印行了三十一版次之多。

戴維斯馳名天下，使得世界各地的人（包括委內瑞拉的總統在內）都願意把自己的頭蓋骨留給他去做研究。他一步步建立起了全世界最大的顱骨收藏，總計有一千五百四十顆頭顱，這個數量超過了全球所有其他機構的顱骨藏品的總和。

戴維斯幾乎無所不用其極地擴大他的收藏規模。當他希望獲得塔斯馬尼亞（Tasmania）一地原住民的顱骨時，他便寫信給澳洲土著保護官（Protector of Aborigines）喬治．羅賓森（George Robinson），請他去進行挑選。在此時期，由於盜取原住民的墳墓已經是犯罪行爲，於是戴維斯給予羅賓森詳細的指令，告訴他如何從塔斯馬尼亞原住民身上取下顱骨，然後再置換上任何一顆方便取得的頭骨，如此一來，便能避免引發他人懷疑。他的這番努力最終獲得成功，因爲，他的收藏品中很快就包括了塔斯馬尼亞人的十六顆顱骨與一副全套人骨。

戴維斯當時的主要抱負是，去證明深膚色的人在創生來源上與淺膚色的人完全不同。他深信，一個人的智力與道德程度，永久地刻寫在顱骨的弧線與縫隙之上，而且全然是起因於種族與階級所造就的結果。他建議，有著「古怪頭顱」的人，不應被當作「罪犯，而是危險的蠢人」。一八七八年，他在七十七歲高齡之際，迎娶了小他五十歲的一名女子。她的頭顱模樣爲何，就不得而知。

這些歐洲專家拼命想要證明所有其他種族皆屬卑下人等的企圖心，如果並非人人沆瀣一氣，也堪稱普遍常見。一八六六年，英格蘭著名的醫師約翰・朗頓・海頓・唐（John Langdon Haydon Down, 1828-96）首度在一篇論文〈癡呆的種族分類觀察〉（Observations on an Ethnic Classifcation of Idiots）中，描述了今日稱爲唐氏症的疾病，但他當時稱它爲「蒙古症」，而病人則稱爲「蒙古癡呆」；因爲他以爲，病人罹患了一種先天性退化的疾病，會倒退至較低等的亞洲人型態表徵。唐相信，癡呆與種族特徵兩者彼此相連——當時似乎沒有人質疑過他的看法。而在退化型態上，他還列出了「馬來人」與「黑人」。

在此同時，義大利名聲最爲顯赫的生理學家切薩雷・龍布羅梭，發展了稱爲犯罪人類學的類似理論。龍布羅梭以爲，罪犯在演化上呈現返祖現象；他們經由一系列解剖上的特徵，表露了他們的犯罪天性，比如：前額的傾斜度高低、耳垂屬弧形或鏟狀，甚至腳趾之間的間距大小（他解釋說，腳趾間距較大的人跟猿類相近）。雖然龍布羅梭的斷言毫無科學根據，但他備受各界敬重，甚至今日有時還會稱他爲現代犯罪學之父。龍布羅梭經常以專家證人的身分受到傳喚。史帝芬・傑伊・古爾德（Stephen Jay Gould）在《錯估人類》（The Mismeasure of Man）一書中提到了一個案例：龍布羅梭被請求去判定，在兩名男人中，是誰謀殺了受害女子。龍布羅梭宣稱，其中一名男人顯而易見犯下了罪行，因爲他有「寬大的下巴、額竇（frontal sinuses）與顴骨，以及薄上唇、巨大的門牙、不尋常的大腦袋，而且觸覺遲鈍，再加上，在知覺上身體左側比右側敏感」。沒有人了解他的說法中大部分的意謂爲何。雖然並沒有不利於這名可憐傢伙的實際事證，但他最後還是被判決有罪。

不過，完全出乎意料之外，最具影響力的顱骨測量學學者，卻是優異的法國解剖學家皮耶・保羅・布侯卡（Pierre Paul Broca, 1824-80）。布侯卡毫無疑問是一名出色的科學家。一八六一年，在爲一名好多年間無法說話——除開不斷反覆發出「tan」的音節——的中風死者進行驗屍期間，布侯卡由此發現了，位於額葉上的大腦言語中心——這是世上首度有人將大腦的一塊區域與某種特定功能做出了連結對應。這個言語中心至今仍稱爲布侯卡區（Broca's area），而他所發現的語言障礙疾病，即稱爲布侯卡失語症（Broca's aphasia）。（這個病症是指稱，當事人可以了解話語，但卻無法回答，除開發出無意義的聲音，或有時只會說些現成的短語，比如「當然」或「天啊」等。）

然而，布侯卡對性格特徵的問題就比較不靈光。即使所有證據皆與他的見解相悖，他依然深信，女性、罪犯與深膚色的外國人，相對於男性白人來說，有比較小的腦子，也比較不聰敏。只要有人向布侯卡出示與他的論斷相抵觸的證據，他皆以那必定有所瑕疵爲由聽而不聞。一份來自德國的研究顯示，平均而言，德國人的腦部比法國人重上一百公克——他同樣不願意相信。對於這個令人難堪的差異問題，他的解釋方式是去暗示，接受測量的法國人都相當年長，他們的腦袋已經因此產生萎縮的現象。他堅稱：「高齡可能對人腦造成的退化程度，相當多變難測。」他也很難說明，爲何遭處決的犯人有時有顆大腦袋，但他決定這麼解釋：由於絞刑繩索所加諸的壓力，因而造成犯人的腦子人爲地充血腫脹而變大。而布侯卡本人在去世時可說遭受了空前的侮辱，因爲人們在測量了他的腦袋後發現，它比平均值還小。

¶

最後將有關人類頭部的研究，置於比較健全的科學基礎之上的人，可想而知，正是偉大的查爾斯．達爾文。一八七二年，達爾文在出版《物種源始》（On the Origin of Species）的十三年後，再度推出另一部里程碑式的著作——《人類與動物的情感表達》（The Expression of Emotions in Man and Animals）；他在書中不帶偏見、合情合理地審視了情感表達的現象。該書所具有的革命性，不只是因爲筆鋒理智，而且還因爲他觀察到，某些表情看來是全人類所共有的表現。這個宣示的無畏與大膽，遠非今日的我們所能理解，因爲，它標舉出了達爾文的堅定信念：無論種族爲何，所有人類皆共享相同的遺傳，而如此的主張在一八七二年非常具有劃時代的開創性。

達爾文所理解的道理，是所有嬰兒發自本能即懂得的事情，亦即，人臉具有高度的表達能力，而且可以瞬間吸引他人的關注。對於人臉可以做出的表情總數，似乎沒有任兩位專家取得共識，但據估計，我們的表情種類大概介於四千一百至一萬種之間——而這很明顯是一個大數字⓫。臉部表情的展示，涉及動用超過四十條肌肉，這占有人體肌肉總數相當顯著的比例。據說剛離開子宮的嬰兒偏好人臉——甚至是臉孔的一般化典型——遠勝於其他任何形狀。腦部有相當多區域皆專用於辨識人臉。我們甚至對於情緒或表情的細微變化也極端敏感，即便我們並非總是意識到那些改變。丹尼爾・麥克奈爾（Daniel McNeill）在他的《人

⓫ 然而，想當然爾，在此的任何數目在很大程度上必定是理論性的說法。舉例而言，你究竟要如何去區分「1013 號表情」與「1012 號表情」、「1014 號表情」之間的差異呢？任何如此的差異，肯定極爲微小。甚至，對於某些人類的基本表情，我們也幾乎無法加以區分。我們如果不知道引發當事人情緒的情境的話，通常無法分辨害怕與驚訝兩者。

臉》（The Face）一書中，講述了一個實驗：研究者給幾名男性受試者觀看兩張女人的照片；照片上的女人在各方面都一模一樣，除開其中一名的瞳孔被巧妙地放大了一點點。儘管改變如此細微，無法被人察覺，但是男性受試者一律認爲，瞳孔較大的那名女子比較具有吸引力，雖然他們自己對於箇中原因也說不出個所以然。

一九六〇年代，在達爾文出版《人類與動物的情感表達》幾乎一個世紀之後，加州大學舊金山分校的心理學教授保羅・艾克曼（Paul Ekman）決定去檢驗臉部表情是否具有普同性的問題；他在研究對象上，挑選了對西方人的習慣毫無所知、位於新幾內亞（New Guinea）島上的遙遠部落人群。艾克曼獲得這樣的結論：人臉有六個表情舉世皆同，分別是：恐懼、憤怒、驚訝、歡喜、厭惡與悲傷。而在所有的表情中，最普遍可見者是微笑——這還眞是個相當討喜的看法。至今從未發現有某個社會的人，在面對他人微笑相迎時，不會以微笑回報。眞正的微笑爲時甚短，大約在三分之二至四秒之間。這是爲何久久掛在臉上的微笑，會開始看起來像在威脅別人的樣子。眞正的微笑，是我們無法僞裝出來的表情。如同法國解剖學家杜賢・德・布隆涅（G.-B. Duchenne de Boulogne）早在一八六二年這麼久遠之前便注意到，一個眞正自發的微笑會使兩個眼睛旁的「眼輪匝肌」進行收縮，而我們無法自主控制這些肌肉。你可以使你的嘴巴微笑，但你無法使你的眼睛閃耀出假裝開心的神采。

依照保羅・艾克曼的說法，我們每個人都縱容自己展現「微表情」（microexpression）——這是一種一閃而過的情緒表達，爲時不超過四分之一秒；無論我們更爲一般化的、受控制的面部表情正在傳達什麼訊息，微表情都會透露我們內在眞正的感受。艾克曼指出，幾乎所有人都會錯失這些洩露內情的表情；如果我們想要了解同事與親人對我們的眞正看法的話，經由訓練，我們就能察覺這些微細的訊息。

¶

就靈長類動物的標準來看，人類有顆非常古怪的頭。我們的臉孔扁平，額頭高聳，而鼻子突出。我們如此獨特的臉部配置，幾乎肯定具有一些形成因素，比如：我們採行直立姿勢；我們擁有頗大的腦袋；我們所依循的飲食與生活方式；我們的體型建置是爲了能夠持續奔跑（而這會影響我們呼吸的方式）；以及，我們會在伴侶臉上發現的許多可愛特徵（例如酒窩——這顯然不是大猩猩想歡鬧一下時，會去尋找的重點特色）。

令人訝異的是，有鑑於臉部對於我們的生活的重要性，我們卻依然參不透有關臉部的許多謎題。以眉毛爲例來說明。先於我們的所有不同的原始人類皆有突出的眉脊（brow ridge），但我們人類放棄了它，選擇了小巧靈活的眉毛。很難解釋原因爲何。有一個理論指出，眉毛長在那兒可以防止汗水流入眼睛，不過，眉毛眞正擅長的功能卻是傳遞情感。想想看，當你單單挑起眉毛，你可以傳遞多少訊息——從「我覺得那很難相信」或「注意自己的舉止」，到「想要上床嗎？」等等皆有可能。蒙娜麗莎的畫像令人費解的理由之一是，她沒有眉毛。在一個有趣的實驗中，受試者觀看兩組經過數位修改過的名人照片：其中一組抹除了眉毛，另外一組則整個拿掉眼睛。出乎意料的是，受試者幾乎壓倒性地以爲，比起沒有眼睛，沒有眉毛更使人難以辨認出照片中的名人是誰。

睫毛同樣讓人困惑。有某些證據顯示，睫毛可以微妙地改變眼睛周圍的氣流，有助於塵埃飄離，並防止其他細小微粒掉進眼內，不過，睫毛的主要好處大概是可以爲臉龐增添風采魅力。擁有長睫毛的人，一般上都被認爲比沒有此項特點的人更具吸引力。

而鼻子則相當破格。哺乳類動物照例都是掛著一副口鼻部（snout），而非晾著一只圓形、突出的鼻子。依照哈佛大學人類演化生物學教授丹尼爾．李伯曼的說法，經由演化發展而來的人類的鼻子外形與錯綜複雜的鼻竇，有助於呼吸的效率性，並能防止我們在長跑中產生過熱現象。鼻子的配置明顯適合我們使用，因爲，人類與先祖擁有這樣突出的鼻子，已經大約有兩百萬年的時間了。

謎團之最，則是下巴。下巴爲人類所獨有，而且沒有人知道我們長有下巴的原因。它似乎沒有給予頭部任何結構上的好處，所以有可能只是因爲，我們覺得長了一個好看的下巴，可以讓人增添瀟灑魅力。在少見的輕鬆時刻中，李伯曼說道：「想要檢驗最後這個假說，可說特別困難，不過，我們鼓勵讀者也去想一想適合進行的實驗。」這裡談的肯定是「上流蠢貨」（chinless wonder，直譯爲「沒下巴的奇人」），以及那些會把下巴短小這樣的特徵，等同於性格與智力上有所不足的暗示。

¶

儘管所有人都十分欣賞小巧的鼻子或美麗的眼睛，不過，大部分臉部特徵的眞正目的卻是，透過感官來協助我們詮釋外在世界。令人不解的是，我們常常談及「五官」，但是我們所擁有的感覺種類卻遠多於此。我們有平衡感、加速與減速感、空間位置感（即所謂的「本體感覺」）、時間流逝感、食慾感。我們的體內總計有多達三十三個感覺系統（這個數目取決於你計算的方式），可以告訴我們，我們身在何處與我們的狀況如何。

下一章在進入口腔探險後，我們將會探討味覺，而現在，先來審視頭部另外三種我們最爲熟悉的感官：視覺、聽覺與嗅覺。

視覺

無需多言，眼睛本身就是奇蹟。整個大腦皮層約有三分之一投入在有關視覺運作的過程之中。維多利亞時代的英國人如此驚嘆於眼睛的複雜構造，他們因此經常以眼睛爲例，作爲支持「智慧設計」（intelligent design）宗教假說的明證。這是個奇怪的選擇，因爲，眼睛的設計方式，恰恰並非如此「智慧」——這毫不誇張，理由是，眼睛的構造方式是由後往前。偵測光線的桿狀細胞與錐狀細胞位於眼睛的後方，然而，供應氧氣的血管卻位在兩者的前方。到處都有血管、神經纖維與偶然出現的雜質碎屑，而你的眼睛不得不越過林林總總的這些東西，才看得見外界。正常而言，你的腦部會刪除任何的干擾雜訊，只是不一定總是能順利做好。你可能有過這樣的經驗：在晴朗日子裡仰望透明藍天，然後看見自己的視野中有白色小光點跳進跳出，彷彿是稍縱即逝的流星。說來眞讓人吃驚，你所看到的東西是，那些在視網膜前方的微血管中移動的白血球。由於白血球很大（相較於紅血球來說），有時會短暫地卡在窄仄的微血管之中，於是你就瞥見了它的形跡。描述這個干擾現象的專門術語稱爲「謝瑞爾氏藍天內視現象」（Scheerer's blue field entoptic phenomena；這是以二十世紀早期的一名德國眼科醫師理查·謝瑞爾〔Richard Scheerer〕的姓氏來命名），雖然，比較常見而詩意的名稱是「藍天小精靈」。至於爲何會特別發生在明亮藍天的背景下的原因，則只是因爲，眼睛在吸收光線的不同波長上有不同表現以致。而眼球的玻璃體上的浮游物（floater）問題（譯按：亦即飛蚊症），也是原理相同的現象。這些浮游物是一簇簇極小的纖維，存在於眼睛裡果凍狀的玻璃體中，它們會投影到視網膜上讓你瞥見。當人老化時，普遍會出現這種浮游物，一般上並無傷害性，雖然它也可能暗示了視網膜上有出現裂口的問題。

假使你想讓人一聽難忘，可以使用這種症狀的專門術語——「muscae

volitantes」（意爲「盤飛的蒼蠅」）。

如果你手裡捧著一顆人眼，你可能會驚訝於它的尺寸之大，因爲，當眼球鑲嵌在眼窩之中，我們只會看見大約六分之一的眼睛。人眼感覺上像個裝滿凝膠的袋子，這一點也不奇怪，原因是，它主要由一種膠狀物所塡充，亦即之前提及的玻璃體（vitreous humour；「humour」這個字，在解剖學上是指稱任何人體內的液體或半流體的物質；可想而知，那並非意指這些物質擁有使人發笑的幽默感〔sense of 'humour'〕）。

如同你對一個複雜器具的期待，眼睛配備有許多元件，其中一些的名稱我們頗爲熟悉（虹膜、角膜、視網膜），而有些則比較鮮爲人知（中央窩、脈絡膜〔choroid〕、鞏膜），不過，眼睛本質上就是一部照相機。位於前面的部位（水晶體與角膜）捕捉短暫掠過眼前的影像，然後將它投射至眼球的後壁（視網膜）之上，接著經由感光細胞轉換成電子訊號，再通過視神經傳達至腦部。

在眼球的解剖組成上，如果有某個元件值得我們停下片刻予以感謝，肯定非角膜莫屬。這個不顯眼的、圓頂狀的護目裝置，不僅保護眼睛免於遭受異物侵犯，而且實際上還擔負起眼球三分之二的聚焦任務。在大眾心中獲得所有功勞的水晶體，實際上僅處理聚焦任務的三分之一而已。角膜幾乎不算是等閒之輩。如果你取出角膜，把它攤平在指尖上（它將平順地貼合其上），它看起來可說完全不起眼。但是，如果進一步檢視，如同人體的幾乎每個部位一般，它的複雜度著實叫人嘖嘖稱奇。角膜在結構上由五層組織（上皮細胞層、前彈力層、基質層、後彈力層，與內皮細胞層）層層壓疊成僅僅厚達半毫米的薄膜。為了保持透明感，它有非常稀少的血液供應——實際上可說幾乎沒有。

感光細胞是真正負責讓人看見世界的主角，而眼球裡擁有最多感光細胞的部位，稱為中央窩（fovea；來自字意為「淺坑」的拉丁文；中央窩位處於一個淺淺的凹陷處）⓬。頗為怪異的是，如此一個重要部位，

⓬ 附帶一提，所謂的「視力 20/20」，只是表示，你從二十英尺外也能看見任何其他視力良好的人可以看見的物體。它並非意謂你的視力完美無缺。

卻甚少有人聽聞過。

爲了保持一切運作順暢（以最準確的意義來說），我們會持續地分泌淚液。淚液不僅使眼瞼可以輕鬆滑動，而且能夠梳理小瑕疵，保持眼球表面的平整，使視覺聚焦的任務得以順利進行。淚水中也含有抗菌的化學物質，可以成功遏制大多數的病原體。淚液分爲三種：基礎型、反射型與情感型。基礎型淚液，是提供潤滑作用的功能型淚水。反射型淚液，是眼睛受到煙霧、洋蔥切片或類似事物的刺激因而分泌的淚水。而情感型淚液產生的原因，可說不言自明，不過，這種淚水相當獨特。據學者所知，我們是唯一會因爲情緒而哭泣的物種。我們爲何會如此流淚的原因，同樣屬於諸多的生命謎團之一。嚎啕大哭毫無任何生理上的益處。另一方面，確實也有幾分奇怪的是，這個意謂強烈悲傷的行爲，卻也能由興高采烈，或安靜的狂喜，或巨大的榮耀，或幾乎任何其他強大的情緒狀態所促動。

產生淚液涉及位在眼睛周圍的許多個微小的腺體，比如，克勞氏腺

（Krause's gland）、沃夫寧氏腺（Wolfring's gland）、莫氏腺（Moll's gland）與蔡氏腺（gland of Zeis），以及位在眼瞼中數目接近五十個的麥氏腺（Meibomian gland）。你一天總計分泌大約五至十盎司的淚液。兩隻眼睛靠近鼻子一側的角落上，各有微小肉質的球狀突起，稱爲淚乳突（papilla lacrimalis），而眼淚則經由位於淚乳突上的孔洞（稱爲淚點〔puncta〕）排走。當你情緒激動地哭泣時，淚點如果無法及時排走液體，那麼淚水就會溢流出來，沿著你的臉頰流下。

虹膜賦予你的眼睛顏色。它由一對肌肉構成，用以調節瞳孔的開口，有點類似照相機的光圈，視需要增加或降低進入眼睛的光線強度。虹膜在表面上看起來像個工整的環狀物環繞著瞳孔，不過，一經仔細檢視便可以看出，它實際上「布滿斑點、楔狀物、輻狀物」——在此引用丹尼爾·麥克奈爾的說法——而這些形狀與顏色所形成的整體樣式，由於因人而異，所以如今愈來愈多的安全檢查站使用虹膜辨識裝置，來確認我們的身分。

眼白的正式名稱是鞏膜（sclera；衍生自字意為「堅硬」的希臘文）。我們是靈長類動物中唯一具有鞏膜的物種。鞏膜讓我們可以極為準確地操控他人的目光，並且進行無聲的溝通。比方說，在餐廳中，你只需要稍微轉動眼珠，就能向同伴示意，讓他將目光投向鄰桌的某個人身上。

眼睛包含兩種視覺的感光細胞：「桿狀細胞」，能協助我們在昏暗環境中仍舊保有視力，但它不提供有關顏色的訊息；而「錐狀細胞」，則在光線明亮之下起作用，並且將外界事物分成藍、綠、紅三種顏色。錐狀細胞於是擁有這三種不同的型態，而所謂「色盲」的人，一般來說缺少其中一種，以致無法看見所有的顏色，只能看見某些顏色。完全沒有錐狀細胞的人，才是眞正的色盲，稱爲「全色盲患者」。他們的主要難題其實並非世界失去色彩，而是他們很難應對亮光的問題，他們可能因爲日光而名符其實地失明變瞎。由於我們曾經是夜行性動物，我們的先祖放棄了一些色彩上的敏銳度，亦即，他們爲了更多的桿狀細胞而犧牲了錐狀細胞，以便能獲得更好的夜視能力。許久之後，靈長類動物重新演化出看見紅色與橘色的能力，讓牠們可以更快識別出成熟的水果，但是，相較於鳥類、魚類與爬蟲類擁有四種色彩接受器，我們還是僅保有三種而已。說來令人汗顏，實際上，所有的非哺乳類動物都生活在比我們更爲豐富的視覺世界中。

然而，我們也相當出色地利用了我們所擁有的條件。根據種種估算，人眼可以鑑別大約二百萬至七百五十萬種不等的顏色。甚至僅就最低估算值來看，數目也相當可觀。

人類的雙眼視野可說令人吃驚地有限。請平舉你的手臂，注視一臂之遙的拇指的指甲：這大概是在任何給定的時刻中，你的雙眼能夠完全聚焦的區域。不過，由於你的眼睛會持續掃視，每秒鐘擷取四張快照，所以你會感覺能夠看到更寬廣的區域。眼球的運動稱爲「跳視」（saccade；出自意爲「猛力地拉」的法文）；你一天大約會進行二十五萬次的跳視，而且完全沒有意識到它的存在。（我們同樣不會注意到其他人的跳視。）

除此之外，所有的神經纖維會經由眼底上的單一管道離開眼球，由此在我們的視野中形成距離中心大約十五度的一個盲點。視神經可說相當巨大（大約如同一支鉛筆那麼粗），這縮減了相當大的視覺空間。你可以透過一個簡單的小技巧，體驗到這個盲點的存在。首先，遮住你的左眼，以右眼直直凝視前方。現在，舉起右手的一根手指，盡可能遠離臉部。然後，慢慢移動手指通過你的視野，在此同時，你的右眼依然堅定地直視前方。相當奇妙地，在某個點上，手指頭會消失不見。你看到它消失了嗎？恭喜。你已經找到了你的盲點的位置。

正常而言，你並不會有盲點困擾，因爲腦部會不斷幫你塡補空缺。這個過程稱爲「知覺插補」（perceptual interpolation）。值得一提的是，盲點遠遠不只是一個小點而已；它占有你的中心視野的一個可觀比例。你所看見的每個東西，都有一個不算小的部分實際上是想像出來的結果——這可說相當令人歎服。維多利亞時代的英國博物學家有時也會以此爲例，作爲上帝慈心善行的又一明證——但是他們顯然沒有停下來思考過，爲何祂一開始給了我們有缺陷的眼睛。

聽覺

聽覺是另一個被嚴重低估的奇蹟。想像一下，有人給你三根微小的骨頭、幾束肌肉與韌帶、一片精細的薄膜與一些神經細胞，然後要你試著從這些物件打造出一個裝置，能夠大致以恰當的準確度去捕捉完整而多樣化的聽覺經驗，比如：親密的耳語、交響曲的優美樂音、雨水打在樹葉上使人放鬆的聲響、另一個房間中水龍頭的滴水聲。當你在耳朵上戴上一組價值六百英鎊的耳機，並驚嘆於豐富而細緻的音響質地時，請牢記在心，那個昂貴的科技產品所做的一切，正是要傳達給你一種可以讓人接受的聽覺模擬效果，亦即，它在模擬你的雙耳無償給予你的聽覺經驗。

耳朵由三個部分所組成。最外層的部分，亦即位於頭部兩側、我們稱之爲「耳朵」的柔軟殼狀物，它的正式名稱是耳廓（pinna；衍生自字意爲「鰭」或「羽毛」的拉丁文，這著實有點奇怪）。乍看之下，耳廓似乎設計不良，無法勝任它的職責。任何一名工程師，如果從頭開始發想，應該會設計一個更爲寬大、堅固的東西，比較像是碟形衛星信號接收器那般的器具，而且肯定不會讓如瀑長髮可以蓋住它。然而，事實上，外耳的肉質螺旋形狀在捕捉稍縱即逝的聲音上，功能出奇地強大，而且，不僅如此，它還極爲擅長以立體實境的方式去理解，聲音傳自何處與是否值得予以關注。所以，你不僅可以在一個雞尾酒派對上，聽見房間另外一頭的某個人說到你的名字，而且還能以任誰也難以解釋的精確性，轉頭去指認說話者是誰。你的先祖作爲獵物度過漫長無盡的時期，正是爲了讓你生來便擁有這項優勢。

雖然所有人的外耳功能都相同，但每一雙耳朵似乎皆具有獨一無二的形構，如同指紋一般因人而異。德斯蒙德・莫利斯（Desmond Morris）指出，三分之二的歐洲人擁有與臉頰分離的懸垂耳垂，而另外三分之一則有緊貼臉頰的耳垂。耳垂無論是緊貼或懸垂，都對你的聽力或其他任何能力毫無影響。

耳廓連接的通道，亦即耳道，它的盡頭是一片緋緊的堅固組織，科學上稱爲鼓膜（tympanic membrane），而一般人稱爲耳膜（eardrum）；它標示出外耳與中耳的分界。鼓膜上的微小振動會傳遞給人體最小的三根骨頭，合在一起稱爲「聽小骨」，個別名稱則依序爲鍾骨（malleus）、砧骨（incus）與鐙骨（stapes）。（三塊聽小骨的英文名稱又稱爲「hammer」（鐵鎚）、「anvil」（鐵砧）、「stirrup」（馬鐙）；命名原因是這些骨頭大致形似那些器物。）聽小骨可說完美演示了，演化過程所經常發生的「將就著用、能用就行」的邏輯。聽小骨原本是我們先祖的顎骨，然後逐漸遷移至耳部的新位置上。在這三根骨頭的歷史中，大部分時間皆與聽覺功能毫無關係。

聽小骨的存在是爲了放大聲音，以便經由蝸牛狀的結構——耳蝸（cochlea；字意即爲「蝸牛」）傳送至內耳；耳蝸內長滿二千七百根纖細的毛髮狀細絲，稱為靜纖毛（stereocilia），當聲波穿越其上時，會如同海草般款擺波動。腦部接著便將所有訊號收集起來，對剛剛聽到的訊息進行理解。這一切都在極端微小的空間中完成——耳蝸不比一粒葵花籽大，而三根聽小骨加起來剛好如同一顆襯衫鈕釦的大小——但是，運作成效卻極為優異。一個壓力波即便只能使鼓膜移動不到一顆原子的寬度，也能啓動聽小骨的運作，並以聲音的形式抵達腦部。你眞的沒辦法再對這樣的良好表現進行改善了。一如聲學科學家邁克．戈德史密斯（Mike Goldsmith）所說：「假使我們還能進一步聽見更為輕微的聲響，那麼，我們就會生活在雜音永不間斷的世界之中，因為，無處不在的氣體分子的隨機運動，都可以被我們聽見。我們的聽力眞的不能再變得更靈敏了。」從我們可以察覺的最輕微的聲音，直至最響亮的聲音所形成的範疇中，最低與最高的振幅兩者間大約相差一兆倍。

為了保護我們免於遭受眞正巨響噪音的傷害，我們擁有一種稱為「聽覺反射」的功能，亦即，只要我們知覺到強烈聲響，就會有一束肌肉猛然拉扯鐙骨，使它與耳蝸斷開連結，徹底切斷迴路；而且，在聲響過後，還會維持如此的狀態幾秒鐘之久——所以，在爆炸過後，我們通常會暫時聽不到聲音。不幸的是，這個過程並不完美。如同任何的反射作用一般，它雖然反應快速，但卻並非立即發生；為了讓肌肉收縮，大約需要三分之一秒的時間，而這個短短的延宕，卻足以造成許多傷害。

人耳是為了安靜的世界而設。演化沒有預見到，人類有一天會將耳塞式耳機塞進耳朵裡，讓自己的耳膜隔著幾毫米的距離，承受高達一百分貝的音樂旋律的咆哮。人只要老化，靜纖毛終究會磨損；而遺憾的是，它無法再生。一旦你讓一根靜纖毛失去功能，你就永遠失去了它。關於這一點，沒有任何特別的理由可供說明。鳥類的靜纖毛可以完美地長回來，但在人類身上的靜纖毛就是沒辦法如此。負責高頻率聲音的靜纖毛長在前面，而負責低頻率的靜纖毛則長在比較裡面的位置。也就是說，所有的聲波，無論高低，都會先通過高頻率靜纖毛，而如此龐大的流量也意謂著，這種靜纖毛會磨損得快一點。

為了測量不同聲音的功率、強度與響度，一九二〇年代的聲學科學家提出了「分貝」這個概念。英國郵局的首席工程師陸軍上校湯瑪斯．佛虔．沛弗斯爵士（Colonel Sir Thomas Fortune Purves）首次使用了這個術語（在那個年代，英國郵局還負責電話系統的業務，因此會涉及擴音設備）。分貝屬於對數（logarithm）運算，這個意思是說，分貝數值的增加不是一般意義的數學計算，它是成數量級（order of magnitude）的增加。所以，兩個十分貝的聲音加起來，並非二十分貝，而是十三分貝。音量大約每六分貝就增加一倍，也就是說，一個九十六分貝的噪音並非只是比九十分貝的噪音吵一點點而已，而是後者的兩倍。對於噪音的痛感臨界值大約是一百二十分貝，而超過一百五十分貝以上的噪音，則可以震破耳膜。以下列出幾個數值以便比較：寧靜的場所如圖書館或鄉間，大約是三十分貝；睡覺打鼾是六十至八十分貝；一個真的很近、很響的雷鳴，是一百二十分貝；而籠罩在噴射機起飛時引擎的轟隆聲之中，則大約是一百五十分貝。

藉由微小但靈巧的一系列半規管，與稱爲耳石器官的兩個相連的迷你囊袋——前後兩者合稱前庭系統——耳朵也負責保持你的平衡感。前庭系統的功能一如飛機上的陀螺儀，只不過出之以極爲迷你的形式。前庭的管路內含有一種膠狀液體，運作方式有點像是水平儀裡面的氣泡。這種膠狀液體會左右或是上下移動，據此便能告知腦部我們正在行進的方向（所以你甚至在缺乏視覺線索之下，也能感覺你所搭乘的電梯的運動方向是往上或往下）。而當我們從旋轉木馬跳下來時會感到暈眩的緣故是，即便頭部已經停止不動，但膠狀液體還是持續在動，所以身體暫時失去方向感。老化會使這個膠狀液體變得更稠，無法靈活晃動，這是年長者的雙腳經常無法穩定站立（以及爲何他們尤其不應從移動中的物體中跳下）的理由之一。當失去平衡感爲時較久或變得惡化，腦部就不太知道該怎麼來詮釋這種訊息，它於是會把這種情況理解爲身體中毒。這便是爲何失去平衡很容易導致噁心的原因。

我們偶爾會突然意識到的另一個耳朵部位是——耳咽管；它在中耳

與鼻腔之間，形成了某種像是給氣體使用的逃生通道。每個人都知道，當身體所處位置的高度快速變化時，耳朵會因此感到不適，比如當飛機行將降落之際。這個現象稱為「瓦爾薩瓦效應」（Valsalva effect）；它發生的原因是，你頭部內的氣壓無法跟上頭部外的氣壓變化。閉起嘴巴並捏緊鼻子，然後吹氣，就能使你原本塞住的耳朵打開，這個方法稱為「瓦爾薩瓦動作」（Valsalva manoeuvre）。這兩個名稱皆得名自，一位十七世紀義大利的解剖學家安東尼奧·馬里亞·瓦爾薩瓦（Antonio Maria Valsalva）；而且，並非出於偶然，「Eustachian tube」（耳咽管）這個名稱也是來自於他，不過他是依照他的解剖學前輩巴托羅梅奧·埃烏斯塔基（Bartolomeo Eustachi）的名字來命名。你的媽媽肯定也告訴過你，吹氣時，不應該吹得太過用力。有人因為這麼做因而使耳膜破裂。

嗅覺

假定我們不得不放棄某個感官，幾乎每個人都說他們會放棄嗅覺。

依照某項調查顯示，年紀在三十歲以下的人，有一半比例的受訪者指出，他們寧願犧牲嗅覺，也不想與喜愛的電子裝置分開。我真希望我不用說出這樣的評語：那麼做可能有點愚蠢。事實上，對於我們的幸福與滿足而言，嗅覺所扮演的角色，遠比大多數人所理解的要更爲重要許多。

位於費城（Philadelphia）的蒙內爾化學感覺中心（Monell Chemical Senses Center），在研究上致力於理解嗅覺運作的原理——感謝老天，因爲，並沒有很多專攻這個領域的研究單位。就投入於備受忽視、錯綜複雜的味覺與嗅覺的研究方面，坐落於賓夕法尼亞大學（University of Pennsylvania）校園旁一棟不起眼的磚造建築中的蒙內爾中心，是全球最大的研究機構。

我在二〇一六年秋天拜訪該中心時，蓋瑞・博雄（Gary Beauchamp）這麼說道：「嗅覺研究可說是個冷門的科學。」話聲柔和、面容友善的博雄蓄著整齊俐落的白鬍鬚，他是蒙內爾中心的榮譽主席。「有關視覺與聽覺的論文出版數目，每年約有幾萬篇的規模，」他對我說：「但是，研究嗅覺的論文最多只有幾百篇而已。研究經費的取得也是同樣的情況：視覺、聽覺的資助金額，與嗅覺研究相比，至少是十比一。」

如此的狀況所造成的一個後果是，有關嗅覺，存在大量我們仍舊並不了解的問題，包括嗅覺的實際運作機制在內。當我們嗅聞或吸氣，空氣中的氣味分子會飄入我們的鼻腔通道中，然後與嗅上皮（olfactory epithelium）產生接觸——這個塊狀區域中的神經細胞，包含有三百五十至四百種的氣味接受器。某種氣味分子如果啓動了相對應的接受器，後者就會把訊號傳送至腦部進行解析，並將它詮釋爲某種氣味。而這個過程的實際機制爲何，正是學界目前的爭議所在。許多專家認爲，氣味分子與相應的接受器所形成的嵌合關係，如同鑰匙與鎖孔一般。但這個理論存在一個難題：有時不同化學形構的分子卻擁有相同的氣味，而某些形構幾乎相符的分子卻又氣味不同——這暗示了，單就形構上來解釋，肯定有所不足。所以，另外一個與之競爭的理論，內容就較爲複雜，它認爲，接受器是由某種共振所促動。亦即，基本上，並非是分子的形構，而是它的振動方式，才能激發接受器產生動作。

對於我們這些不是科學家的人來說，這是個無關緊要的問題，因爲，無論是哪個理論，反正解釋的結果都沒有什麼差別。然而，其中的重點是，氣味無比複雜，而且很難進行解構分析。香氣分子一般上並非只是啓動一種氣味接受器，而是一次啓動許多種，有點像是鋼琴師彈奏和弦的方式，只不過鍵盤上的琴鍵數目多上許多。比如，一根香蕉含有三百種「揮發性分子」（亦即，香氣中具活性的分子）。而番茄有四百種，咖啡則不少於六百種。這些揮發性分子在怎樣的程度上如何凝聚成一種香氣，在解析上並不容易。甚至在最簡單的層次上，結果經常與預期相反，讓人跌破眼鏡。如果你將果香味的異丁酸乙酯與酷似焦糖味的乙基麥芽酚，以及散發紫羅蘭香氣的 α-烯丙基紫羅蘭酮（allyl alpha-ionone）組合在一起，你將獲得鳳梨的香味，聞起來全然不同於那三個組成成分。而且，還存在有另外一些結構非常不同的化學分子，卻能產生相同的氣味——同樣無人了解其中機制。烤杏仁的焦味能夠從七十五種不同的化合作用中製造出來，而除了讓人類的鼻子聞起來氣味一樣之外，這些化合作用彼此之間毫無共同之處。由於實在太過深奧，我們對氣味的了解可說完全處於萌芽階段。比如，甘草的氣味組成，直至二〇一六年才完成解碼。而許許多多常見的氣味也還尚未破解。

幾十年來，學者普遍同意，人類可以辨別的不同氣味大約有一萬種左右，不過，有人決定去研究這個說法的起源，結果發現，那是在一九二七年由兩位波士頓的化學工程師所首度提出，只不過他們的估算純屬猜測。二〇一四年，位於巴黎的巴黎第六大學（Pierre and Marie Curie University）與紐約的洛克斐勒大學（Rockefeller University）的研究員，在《科學》（Science）期刊上所發表的一份報告指出：事實上，我們可以偵測到遠遠比那個數字更多的氣味，至少有一兆種，而且有可能不止於此。然而，該領域的其他科學家立刻出聲質疑他們在研究中所使用的統計方法。「他們的宣稱毫無基礎。」——加州理工學院（California Institute of Technology）的生物科學教授馬庫斯·麥斯特

（Markus Meister）直截了當地公開說道。

我們的嗅覺有一個有趣但重要的奇妙之處是，它是五個基本感官中唯一沒有經由視丘中介的感覺。當我們嗅聞到什麼氣味，出於不明原因，氣味的訊息會直接傳送至嗅覺皮層中；它位於接近海馬迴的位置，而海馬迴與記憶的形塑有關，所以，有些神經科學家認爲，這也許解釋了，爲何某些氣味可以如此強而有力地喚醒我們的記憶。

嗅覺的確是一種強烈的個人體驗。「我認爲，嗅覺的一個最不尋常的面向是，每個人都以不同的方式在嗅聞這個世界。」博雄對我說：「雖然所有人都有三百五十至四百種的氣味接受器，但其中大約只有一半是所有人共有。也就是說，我們不會聞到相同的氣味。」

他走到書桌取出一小只玻璃瓶，然後他打開瓶蓋，遞給我聞一聞。我完全沒有聞到任何氣味。

「那是一種賀爾蒙，稱爲雄酮（androsterone），」博雄解釋道：「大約有三分之一的人像您一樣，無法聞到它的氣味。另外三分之一的人會聞到類似尿味，而其餘三分之一的人則會聞到檀香木的味道。」他笑逐顏開。「如果您碰到三個人，對於聞到的氣味究竟是會讓人開心、使人反感或根本毫無味道而彼此僵持不下時，那麼，您就開始明白嗅覺這門科學的複雜性了。」

人們在偵測氣味的表現上，比大多數人以爲的水準還要更好。在一個有趣的實驗中，加州大學柏克萊分校的研究人員在一片遼闊的草地上留下巧克力的氣味，然後要求志願受試者如同獵犬般，手掌與膝蓋著地，鼻子貼在地面，努力追蹤氣味的痕跡往前爬。令人驚訝的是，大約三分之二的受試者可以極爲準確地跟隨氣味前進。在針對十五個氣味的測試中，其中有五個氣味，人類的表現比狗更好。其他的測試結果也顯示，被要求去嗅聞一堆T恤的人，一般上都可以指認出他們的配偶穿過的那一件。嬰兒與母親在以氣味辨識對方的實驗中，同樣表現極爲出色。簡單來說，對人類而言，嗅覺遠比我們所理解的要更爲重要許多。

完全失去嗅覺，稱爲嗅覺喪失（anosmia），而失去部分嗅覺，則稱爲嗅覺減退（hyposmia）。全球大約有介於百分之二至五的人遭受這兩種嗅覺問題；這個比例可說相當高。少數特別不幸的人總是會聞到惡臭，所有東西聞起來都像是糞便，據說實際的情況正如你所能想像得那般可怕。蒙內爾化學感覺中心將嗅覺喪失視爲一種「無形的殘障」。

「人們幾乎不會喪失味覺，」博雄說：「味覺由三條不同的神經所支持，所以，總是有可以彌補替代的可能性。但我們的嗅覺就相當脆弱。」嗅覺喪失的主因是由於罹患感染性疾病，比如流感與鼻竇炎，但頭部受到撞擊或是神經功能退化也可能使人失去嗅覺。阿茲海默症早期的一個症狀正是嗅覺喪失。經由頭部外傷導致嗅覺喪失的人，有百分之九十的比例完全不會恢復嗅覺；而經由感染而喪失嗅覺的人，則有稍微小一點的比例——大約百分之七十——會遭受永久喪失之苦。

「喪失嗅覺的人，通常會對人生居然因此減少這麼多樂趣，感到相當震驚。」博雄指出：「我們依賴嗅覺來理解這個世界，而且，也從中獲取樂趣——而這一點並非完全無足輕重。」

這對於食物來說尤爲眞切。而爲了如此重要的主題，我們需要另外一章來好好加以說明。

6

一探究竟：口腔與咽喉

想活久一點，就吃少一點。

——班傑明・富蘭克林（Benjamin Franklin）

一八四三年春，偉大的工程師伊桑巴德·金登·布魯內爾（Isambard Kingdom Brunel）正在建造大不列顛號蒸汽船（SS Great Britain）；此前還一直停留在紙上草圖階段，這樣一艘大船，堪稱那個年代最大型與最具難度的造船工程。布魯內爾難得忙裡偷閒，爲了取悅孩子們，於是表演了一個小魔術。不過，事情的進行與預期有所出入。布魯內爾表演到一半，竟意外吞下一枚他原本藏在舌頭底下的半英鎊金幣。當布魯內爾感覺到硬幣滑下喉嚨，卡在氣管下面，我們完全可以想像他當時一臉吃驚的神色，以及隨之而來的驚愕不安，或許還有一點驚慌失措。這個情況並沒有引發他太大的疼痛，但很不舒服，也令人緊張，因爲他知道，硬幣即使只是略微移動一下，也有機會使他窒息而死。

接下來幾天，布魯內爾與他的友人、同事、家人、醫生，嘗試了每一種想像得到的解決辦法，從用力拍背，到抓住他的腳踝讓他懸空倒吊（他的身材矮小，很容易被舉起），然後激烈地搖晃他——但都沒有任何方法見效。爲了找出一個精心設想的萬全方案，布魯內爾設計了一部古怪的裝置，讓他可以倒吊起來，然後像鐘擺一樣大幅度擺動，希望藉由運動與重力兩者之助，讓硬幣掉出來。但這個方法也同樣行不通。

布魯內爾的困境於是成爲全國的話題。從國內各地與國外湧入許多建議，可惜，嘗試過的每個解救方法都宣告失敗。後來，名聲顯赫的醫生班傑明．布羅迪爵士（Sir Benjamin Brodie）決定試看看氣管切開術——這是個帶有風險、令人難受的手術。在沒有麻醉劑相助的情況下（英國首次使用麻醉劑是在三年之後），布羅迪直接切開了布魯內爾的喉部，試圖藉由長型鑷子伸進氣管中把硬幣夾出來，不過，布魯內爾無法呼吸，而且劇烈咳嗽，以致布羅迪不得不中途放棄。

最後，五月十六日，在他的苦難持續超過六週之後，布魯內爾再度把自己綁在那個搖擺裝置上，並且啓動機器運作。硬幣幾乎瞬間就掉了出來，沿著地板一路滾了開去。

傑出的歷史學家湯瑪斯．巴賓頓．麥考利（Thomas Babington Macaulay）在布魯內爾脫離苦海後不久，馬上奔進了位於帕摩爾街（Pall

Mall）上的雅典娜神廟俱樂部（Athenaeum Club），並且大喊：「掉出來了！」在場的每個人均立即了解他的意思。這個事件並沒有爲布魯內爾帶來任何的併發症，他此後安度了餘生，而據信，他再也沒有將硬幣放進嘴裡過。

假使需要明說的話，我在此談及這個故事的用意是，口腔是個危險之地。我們比起任何其他的哺乳類動物來說，更容易噎死。的確，去說人類的器官配置恰恰適合窒息，並非沒有道理；而我們顯然將帶著這樣奇怪的特點度過一生——無論有沒有一枚硬幣卡在氣管裡。

¶

往你的嘴裡一探，你所發現的大多數器官組織，皆屬耳熟能詳的部位，比如：舌頭、牙齒、牙齦，以及彷彿管轄後方黑洞的那個稱爲「懸雍垂」（uvula）的古怪小肉塊。不過，處於幕後的許多重要組織，在某個程度上，卻是大多數人聞所未聞，比如：腭舌肌、頦舌骨肌、會厭谷、提腭帆肌（levator palatini）等等。如同頭部的其他每個部位，口腔也是一個複雜難解的奧秘之所。

以扁桃腺爲例來說明。所有人都對它很熟悉，但有多少人明白扁桃腺的作用何在？事實上，沒有人徹底明瞭它的機制。扁桃腺是兩顆肉質小丘，如同衛兵般戍守在喉部後方兩側。（令人困惑的是，在十九世紀，它經常被稱爲杏仁核，即使後者這個名稱已經被使用在指稱腦部的結構體上亦然。）腺樣體（adenoids）也是類似的組織，不過藏在鼻腔內無法得見。扁桃腺與腺樣體皆屬於免疫系統，但必須指明，兩者的表現並不特別讓人眼睛一亮。腺樣體通常到了青少年時期便會萎縮消失，而摘除腺樣體與扁桃腺，並不會對你整體的健康產生任何明顯可見的差異⓭。扁桃腺屬於稱爲魏氏扁桃體環（Waldeyer's tonsillar ring）這個較大結構的一部分；而它得名自，德國的解剖學家海因里希·威廉·格特弗里德·馮·魏爾代爾—哈爾茨（Heinrich Wilhelm Gottfried von Waldeyer-Hartz, 1836-1921）。這位學者由於創造了「染色體」（一八八八年）與「神經元」（一八九一年）這兩個術語，而更爲人所知。

就解剖學的領域來說，幾乎到處都可以見到他留下的痕跡。在種種的發現中，比如，史上第一位假定了——早在一八七〇年——女性生來即擁有全部的卵子，已經完整成形，而且可以使用的人，便是他。

解剖學家指稱呑嚥（swallowing）的用字是「deglutition」；這是一個我們做得相當多的動作，平均而言，一天大約兩千次，或每三十秒一次。呑嚥是一件比你以爲的要困難許多的事。當你呑下食物，它並非藉助重力直接掉進你的胃裡面，而是經由肌肉收縮把它推下去。所以，如果你願意的話，即使採取倒立姿勢，你也能順利吃吃喝喝。僅僅爲了

⑬ 或許值得在此一提：二〇一一年，位於斯德哥爾摩（Stockholm）的卡羅琳斯卡學院（Karolinska Institute）的一名研究員注意到，年輕時切除扁桃腺的人，在往後一生中心臟病發作的比率，比一般人高出大約百分之四十四。當然，這兩個生理事件可能只是碰巧相關而已；儘管缺乏確切的證據，但該報告建議，也許保留扁桃腺才是謹慎的作法。同一項研究也發現，保留了闌尾的人，在中年時心臟病發作的比率降低了大約百分之三十三。

讓一小塊食物從嘴唇一路到達胃部，你需要動用總計五十條肌肉的運作；而這些肌肉必須注意依照既定程序精確地快速進行，以確保你無論送入消化系統什麼東西，都不會弄錯路徑，以免導致如同布魯內爾的硬幣卡在氣管中的後果。

人類吞嚥動作的複雜性，主要是起因於，相較於其他靈長類動物，我們的喉頭（larynx）處於咽喉較低的位置上。當我們成爲兩足動物，爲了適應直立的姿勢，我們的頸部於是變得較長、較直，並且移到顱骨下方比較中央的位置上，而非如同其他猿類偏向後方。這些改變，碰巧賦予了我們更好的說話能力，但依照丹尼爾．李伯曼所言，這也同時增加了發生「氣管阻塞」的危險。哺乳類動物中，我們是唯一一個將食物與空氣送入同一個通道中的物種。爲了防止災難的發生，我們僅能依靠一個稱爲會厭的小結構物，它的作用如同咽喉的某種活板門。當我們呼吸時，會厭會打開，而當我們吞嚥時，會厭就闔上，於是食物與空氣就能沿著兩個方向，各走各的路，但偶爾它會出錯，因此造成的後果有時也很嚴重。

當你在社交晚宴的餐桌上，盡情享受美好時光，一邊用餐、說話、大笑、呼吸，還一邊咕嚕咕嚕喝酒，而你的鼻咽部上那些守衛們，將把每樣東西依照兩個方向，分別送進正確的地方，完全不用你付出片刻的關注——只要想想這一切，不禁令人嘆爲觀止，這在在是一項了不起的表現。不過還不止於此。當你一邊在閒聊工作瑣事、學校學區，或羽衣甘藍的價格，你的腦部不僅嚴密監控你吃下肚的食物的味道與新鮮度，而且還包括它的分量與質感。所以，腦部將允許你吞下一大塊濕糊糊的團狀物（比如生蠔或一球冰淇淋），但對於可能不會如此順利通過食道的那些尺寸較小、較乾硬、外型銳利的單品（比如堅果與種子），則堅持你要進行更爲仔細的咀嚼。

在此同時，完全沒有參與這個重要過程的你，只是不斷一口又一口灌下紅酒，擾亂了一整個內在系統，大大損害了腦部的運作能力。去說你的身體是一名長期遭受你折磨的僕人，還只是輕描淡寫而已。

只要想想這個系統所需要的精確性，以及它在你一生之中所面臨的挑戰的次數，如果我們竟然沒有經常嗆到、噎住，可說極不尋常。來自官方的資料顯示，每年由於噎到食物窒息而死的人數，美國大約有五千人，而英國則在兩百人左右。這些數據如果依照兩國人口數求得比率，那麼，美國人在進食中窒息致死的可能性是英國人的五倍——這個比例說來有點奇怪。

甚至在考慮到我的美國鄉親大快朵頤的那種豪氣與熱情，這個比例似乎也不太可信。箇中原因大概是出在，許多噎死的案例被錯誤歸因於心臟病發。許多年前，一名佛羅里達州的驗屍官羅伯特·豪根（Robert Haugen），同樣對此抱持懷疑態度，於是開始調查據稱在餐館中死於心臟病發的死者案例，不費多少功夫，他便發現，有九位死者其實是死於哽塞。他在一篇刊載於《美國醫學會雜誌》（Journal of the American Medical Association）上的文章中表明，噎死遠比人們一般以爲的更爲普遍常見。不過，即便使用最嚴謹的估算，在今日美國的意外死亡常見原因中，噎死也才排到第四位。

著名的哽塞危機解決辦法——哈姆立克急救法（Heimlich manoeuvre），得名自亨利・猶大・哈姆立克（Henry Judah Heimlich, 1920-2016）；他是一名紐約的外科醫生，在一九七〇年代創立了這個方法。哈姆立克急救法的實施步驟如下：從背後環抱噎到異物的受害者，從肚臍之上給受害者一連串力道猛烈的擁抱，迫使堵塞物排出，如同軟木塞噴出瓶子的方式一般。（特別說明一下，這種氣體猛然迸發的現象，稱爲咳嗽氣浪〔bechic blast〕。）

亨利・哈姆立克這個人有點像個演藝人士。他毫不間斷地推廣急救法——與他自己。他參加強尼・卡森（Johnny Carson）主持的《今夜秀》（The Tonight Show）節目；販售海報與T恤；走遍美國各地與大大小小的團體對談。他吹噓說，自己的急救法已經挽救了羅納德・雷根（Ronald Reagan）、雪兒（Cher）、紐約市長艾德・柯屈（Ed Koch）等名人與其他幾十萬人的性命。但對於他身邊的人來說，他卻不算非常受到歡迎。哈姆立克的一名前同事說他是個「騙子與小偷」；而他的一個兒子指控他進行了「牽涉範圍廣泛、長達五十年的詐欺勾當」。哈姆立克後來由於支持一種稱爲「瘧疾療法」（malariatherapy）的治療方式，因而聲名掃地；瘧疾療法是故意讓人感染上症狀輕微的瘧疾，據稱可以因此治癒癌症、萊姆病（Lyme disease）與後天免疫缺乏症候群，以及其他種種疾病。他對於該療法的諸多說法，並沒有獲得任何科學上的實際證據。在某個程度上，由於他已經成爲令人尷尬的人物，美國紅十字會於是在二〇〇六年停止使用「哈姆立克急救法」這個名稱，改爲「腹部衝擊法」（abdominal thrusts）。

二〇一六年，哈姆立克以高齡九十六歲辭世。在過世前不久，他在所住的養老院中，以自己的急救法挽救了一名老婦的性命——這是他一生中唯一一次有機會親自上場演練該法。然而，實情或許並非如此。因爲，他之後也曾經聲稱，在另一個場合下救過某個人的命。哈姆立克似乎既能處理卡住的食物團塊，又會操弄眞相。

¶ 穿越古今最偉大的哽噎權威人物，幾乎肯定是這名言行冷峻的美國醫生：他有個堂皇華麗的名字——舍瓦利耶·吉訶德·傑克遜（Chevalier Quixote Jackson，譯按：「Chevalier Quixote」即「吉訶德騎士」，是小說《唐吉訶德》的主人翁），生於一八六五年，而卒於一九五八年。傑克遜擁有「美國支氣管食道內視鏡檢查之父」的美譽（這是胸腔外科醫師協會〔Society of Thoracic Surgeons〕對他的稱呼），而且的確非他莫屬，儘管，也必須指明，當時這項技術並沒有很多競爭者。他的專長（或說他的癡迷）是處理那些被人吞下或吸入的異物。傑克遜在持續幾近七十五年的職業生涯中，專門針對爲了取出體內異物，而去設計器具與改良既有方法，而在此過程中，他也建立起了一個不尋常的收藏項目——總計有二千三百七十四項被大意吞入人體的物件。今天，「舍瓦利耶·吉訶德·傑克遜異物藏品」（Chevalier Jackson Foreign Body Collection）被置放於馬特博物館（Mütter Museum）地下室的一個陳列櫃中，而該博物館隸屬於賓州的費城醫學院（College of Physicians of Philadelphia）。每個物件皆一絲不苟地以下列屬性進行編目：呑嚥者的年齡與性別；遭呑嚥的物品類型；它是卡在氣管、喉頭、食道、支氣管、胃部、胸膜腔（pleural cavity）或其他部位；它是否使呑嚥者死亡；藉由何種方法被取出。有關人們由於粗心意外或出於古怪意圖因而呑下的異物，據信那是全球最大的此類物品收藏。傑克遜從生者或死者的食道中取出的物件包括有：一支手錶、一個附有念珠的十字架、一部迷你型雙筒望遠鏡、一個小掛鎖、一只玩具小喇叭、一把完整的串燒叉子、一個管式暖氣裝置的鑰匙、幾把湯匙、一枚撲克籌碼，以及一塊上面寫著「戴我迎好運」的圓形墜子（這或許容有一抹諷刺意味）。

根據各方面的報導，傑克遜爲人冷淡、沒有朋友，但內心似乎藏有某些善意。他在自傳中記錄了，他有一次爲了一名女孩移除了卡在喉嚨裡的「一團灰色的東西，或許是食物，或許是壞死的組織」，那使她好幾天無法呑嚥東西；結束後，他請助手給女孩一杯水。女孩先是小心地啜了一口水，等到吞下去後，便再喝了較大的一口。「她接著把護士手中的水杯輕輕推開，然後握住我的手，親吻了一下。」就傑克遜所言，在他的人生中，似乎僅有這麼一個事件觸動到他。

傑克遜在執業的七十五年期間，挽救了數以百計的人命，並提供訓練課程，使其他人救治了無以數計的病患。假使他對待病人與同事多展現一點魅力，他今日無疑會更爲人所知。

¶

你絕對早就留意到，口腔是一個潮濕得發亮的拱頂狀空間。那是因爲沿著它分布有十二個唾液腺。一般成人一天會分泌大約一點五品脫（少於一點五公升）的唾液。依照某個估算，我們一生中大約分泌三萬公升的唾液（約莫如同你泡澡兩百次左右的用水量）。

唾液幾乎完全由水分組成。唾液中僅含有千分之五其他的成分，而如此微量的部分全是有用的酶，亦即可以加速化學反應的蛋白質。而在種種的酶類中，即包括有澱粉酶（amylase）與唾液澱粉酶（ptyalin）；

只要碳水化合物還停留在口腔中，這兩種酶便會開始分解它。諸如麵包或馬鈴薯等澱粉類食物，當在嘴裡咀嚼比正常情況多一點時間，你很快就會察覺到一股甜味。對於我們來說，不幸的是，口腔中的細菌也很喜歡這股甜味；細菌會狼吞虎嚥那些解離的糖，然後排出酸性物質，而這些酸會鑽蝕我們的牙齒，讓我們蛀牙。而其他的酶類，比如很重要的溶菌酶——它是亞歷山大·弗萊明在偶然察覺青黴素之前所發現的酶——它會攻擊許多入侵的病原體，可惜並不包括會造成齲齒的那些種類。我們的處境可說相當怪異：我們不僅無法殺死造成我們許多麻煩的細菌，而且還主動提供食物滋養這些小東西。

就在不算太久之前，研究人員發現唾液中也含有一種強效的止痛成分（稱爲「opiorphin」）。它的效力是嗎啡的六倍，不過，在唾液中的含量極低，所以你並不會處於長期亢奮狀態，而在咬到臉頰裡面的肉與燙到舌頭時，也無法完全免於疼痛。由於它的濃度如此稀薄，完全沒有人確切明瞭它爲何會存在於唾液中。它的行蹤如此低調，以至於直到二〇〇六年才被注意到。

在我們的睡眠期間，唾液的分泌量極少，於是微生物便趁機繁殖激增，讓你醒來時一嘴惡臭。所以，睡前刷牙是個明智的作法，可以降低伴你入眠的細菌數目。假使你曾想過爲何沒有人會立即親吻一早醒來的你，箇中原因大抵是，你呼出的氣息中可能含有將近一百五十種不同的化合物，而且，並非每一個都如同我們所希望的那般清新迷人與散發薄荷香。那些合力創造早晨口氣的常見化學物質包括有：甲基硫醇（聞起來很像放久了的捲心菜）、硫化氫（氣味如同腐爛的雞蛋）、二甲基硫醚（黏黏的海藻味）、二甲胺與三甲胺（魚腥味），以及不言自明的屍胺（cadaverine）。

一九二〇年代，賓夕法尼亞大學牙醫學院的教授喬瑟夫．艾普頓（Joseph Appleton），是首位研究口腔中的細菌菌落的學者；他發現，就微生物來說，你的舌頭、牙齒與牙齦，如同分離的大陸，每個部位都有各自在地的微生物族群。甚至，落居於牙齒裸露部位與牙齦線之下的細菌，兩者所形成的菌落之間也有所差別。人類口腔總計發現有大約一千種的細菌，雖然，在任一時刻中，你不可能擁有超過兩百種的細菌。

口腔不僅是病菌的溫床，而且，對於那些想要遷徙至別處的細菌來說，嘴巴也是不可多得的中途站。保羅·道森（Paul Dawson）是一名位於南卡羅萊納州（South Carolina）克萊門森大學（Clemson University）鑽研食品科學的教授；他的研究生涯看起來均致力在探討人們自身散播細菌至其他物體表面的途徑，比如，當人們共用一只水瓶，或共享玉米脆片與莎莎醬時「反覆沾醬」等等行爲所導致的後果。在〈與生日蛋糕吹蠟燭行爲有關的細菌轉移問題〉（Bacterial Transfer Associated With Blowing Out Candles on a Birthday Cake）的研究中，道森的團隊發現，吹遍蛋糕上的蠟燭，將使蛋糕的細菌覆蓋率增加將近十四倍；這聽起來很恐怖，不過，比起我們日常生活中種種與細菌的接觸，其實並沒有糟糕多少。大量的病菌飄浮在世界之上，或是在各種物體的表面上悄悄扭動爬行，而那些物體正是包括——許多你會放進嘴裡的東西，以及幾乎你摸過的每樣東西。

¶

口腔中最爲人熟悉的部位當然就是牙齒與舌頭。我們的牙齒是令人敬畏的創造物，而且功能多元，著實令人驚豔。牙齒分爲三種：犬齒（呈尖形）、門齒（呈鏟狀）與臼齒（型態約略介於前二者之間）。牙齒的外層是琺瑯質。它是人體最堅硬的物質，但僅形成薄薄一層，而且受損後無法更新。所以你才不得不爲了蛀牙的牙洞去看牙醫。在琺瑯質的下面是另一個礦物化的組織，稱爲象牙質；這一層就厚多了，而且可以自主更新。在牙齒的正中心，則是肉質的牙髓，其中含有神經與血管。由於牙齒的質地如此堅固，於是被稱爲「現成的化石」。當你身軀的其餘部分皆分解淨盡或化爲塵土，你在地球上存在過的最後有形殘跡，也許就是一顆成爲化石的臼齒。

我們的咬勁很大。咬合力的測量單位稱爲「牛頓」（newton；這是爲了對艾薩克．牛頓創立第二運動定律表示敬意，而非因爲他有一口凶猛的尖牙利齒）；如果你是一名典型的成年男性，你咬緊牙關可以使出大約四百牛頓力；這個數值相當可觀，儘管完全不如紅毛猩猩厲害，牠的咬合力可以有我們的五倍大。而且，只要想想，你在咬碎比如說冰塊的表現上是多麼優秀（試著用拳頭擊碎冰塊，看看你可以得到怎樣的結果），以及，下巴的五條肌肉占據的空間有多麼窄仄，你就會領會到，人類的咀嚼能力不容小覷。

¶

舌頭是一條肌肉，但與其他任何肌肉都不相像。首先，它極爲靈敏——想一下，你可以多麼靈巧地挑出不該出現在食物裡的某個東西，比如一小片蛋殼或一粒沙子。而且，舌頭密切地參與在我們的重要活動之中，比如，說話的發音方式與品嚐食物。當你在用餐之際，舌頭忙來忙去如同雞尾酒派對上緊張兮兮的主人，檢查每一口食物的味道與形狀，以準備往前發送到食道去。眾人皆知，舌面上布滿了味蕾。這些一簇簇的味覺接受器細胞，存在於你的舌頭上的小小突起中；而這些突起的正式名稱是舌乳頭（lingual papillae）。舌乳頭有三種不同的型態：輪廓乳頭（circumvallate papillae）、蕈狀乳頭（fungiform papillae）與葉狀乳頭（foliate papillae）。這些組織是人體內最具再生能力的細胞之一，每隔十天便會全部更新一次。

許多年來，甚至在教科書上也會提及的舌部地圖，它會將每一種基本味道標示成占有一個界線分明的區域，比如：甜味位於舌尖，酸味位於舌的兩側，苦味位於舌根。事實上，這是一個毫無根據的迷思，可以追溯到一九四二年一名哈佛大學的心理學家艾德溫．鮑林（Edwin G. Boring）所撰寫的一本教科書；眞相是，他當時曲解了，由某位德國研究員發表於四十年前的一篇論文。我們總計擁有大約一萬顆味蕾，大部分分布在舌面各處，除開舌部正中央——那兒一顆味蕾都沒有。另有一些味蕾可以在口腔頂部與咽喉下部找到，據稱這是某些藥物在吞下時會感到苦味的原因。

身體不僅在口腔內有味覺接受器，我們也可以在腸道與喉嚨中找到它（它在那兒有助於辨別變質或有毒的物質），不過，這些味覺接受器連結腦部的方式，與舌頭上的那些接受器並不相同，而這有充分的理由，因爲，我們不會想要品嚐我們的胃正在品嚐的東西。味覺接受器也存在於心臟、肺臟，甚至睪丸當中。沒有人完全了解這些接受器在那些部位有何功能。它們會傳送訊號給胰臟，以調節胰島素的輸出量——也許存在於那兒的原因，就跟這件事有關。

一般上假定，味覺接受器的演化，是針對兩個非常實際的目的：協助我們找到富含能量的食物（比如甜美熟透的水果），以及，規避危險的食物。然而，在此也必須指明，就這兩個任務而言，味覺接受器並非總是使命必達。英國探險家庫克船長（Captain James Cook）在一七七四年第二次穿越太平洋的漫長旅程中所發生的一件事，正好可以對此加以充分說明。庫克的一名水手捕獲到一隻肥美多肉的魚，船上沒有人認得那是隻什麼魚。經過烹煮後，自豪的船員將這道鮮魚料理送來給船長與其他兩位長官品嚐，不過，由於他們已經用過晚餐，於是只是簡單地嚐了一口，然後把剩下的佳餚留待隔日享用。他們可說極爲走運，因爲，到了半夜，三個人都發現自己「整個人異常虛弱，而且四肢麻木」。庫克有好幾個小時幾乎處於麻痺狀態，甚至無法舉起一隻鉛筆。三個人都服用了催吐劑，把胃部清空。他們幸運地活了下來，因爲他們嚐了一口的魚肉是河豚肉。而河豚含有劇毒的河豚毒素（tetrodotoxin），它的毒性是氰化物的一千倍。

河豚儘管含有劇毒，在日本卻是一道享有盛名的美食（河豚在日本稱爲「fugu」）。處理河豚肉的工作，會交付給一些受過專門訓練的廚師；他們在料理之前，必須小心移除魚肝、魚腸與魚皮；這些部位尤其飽含毒素。甚至在經過這樣處理過後，還是有毒素留下，足以麻木口腔，並且使整個晚餐過程感覺暈陶陶。一九七五年發生了一件轟動各界的事例，一位著名演員坂東三津五郎在吃了四小份的河豚料理——儘管有人規勸他別這麼做——的四小時過後，不幸地窒息而死。河豚持續造成大約每年一人送命。

醫治河豚中毒的難度是，在不舒服的反應變得明顯之際，想進行怎樣的搶救措施都已經太遲。同樣的情況也見於種種其他毒物，從顛茄（belladonna；或稱「deadly nightshade」〔致命的茄科植物〕）到種類廣泛的眞菌不等。一個在二〇〇八年受到大量報導的案例中，英國作家尼古拉斯·埃文斯（Nicholas Evans）與三名家人在蘇格蘭度假時先後病重，因爲他們把一種致命的蘑菇細鱗絲膜菌（Cortinarius speciosissimus），錯認爲它的無害美味的表親牛肝菌菇（ceps）。食用該菌的後果很恐怖——埃文斯需要進行腎臟移植，而當時所有參與派對的人都遭受長期的傷害——然而，我們的味覺系統完全沒有警告任何人危險當頭。眞相是，被認爲具有防衛作用的味覺，只不過是一種假設而已。

¶

我們擁有大約一萬個味覺接受器，不過，我們的口腔實際上卻含有數量更多的痛覺與其他軀體感覺的接受器。由於這些不同的接受器一個挨著一個長在舌頭上，有時會讓人混淆弄錯。當你描述辣椒有灼熱感，你其實一點也沒有誇大。你的腦部實際上將辣椒所引發的感受，解析為「被燒傷」。如同科羅拉多大學（University of Colorado）的約書亞・杜克斯博瑞（Joshua Tewksbury）所指出：「辣椒所啓動的神經元，就是當你觸摸到三百三十五度的高溫煤氣爐時所啓動的神經元。我們的腦子基本上在告訴我們說，你把自己的舌頭放到爐子上了。」同樣地，薄荷醇會引起清涼的感受，即使是在香菸溫熱的煙氣中也一樣。

所有辣椒中的活躍成分，是一種稱為辣椒素（capsaicin）的化學物質。當你攝入辣椒素，身體——出於全然未明的因素——會釋放出內啡肽（endorphin），而那能提供我們一種實實在在、洋溢溫暖光輝的愉悅感。然而，如同任何讓人暖熱的例子一樣，辣椒素也可能很快會變得讓人不適，然後無法忍受。

測量辣椒中的辣熱感高低的單位稱為「史高維爾」，得名自美國人威爾伯・史高維爾（Wilbur Scoville, 1865-1942）；他是一名作風低調的藥劑師，據說對於辣味菜餚毫無興趣，而且很可能一生中從未品嚐過任何眞正辛辣的食物。史高維爾的職業生涯中，大部分時間都在麻州藥科大學（Massachusetts College of Pharmacy）教導學生，並炮製一篇又一篇學院式的論文，有著如同〈對於甘油栓劑的一些觀察〉（Some Observations on Glycerin Suppositories）之類的題目。不過，一九〇七年，在他四十二歲之時，明顯受到一份高薪職位的吸引，他搬至底特律（Detroit），開始在一間大型製藥廠派克與戴維斯公司（Parke, Davis and Co.）工作。他在那兒負責的業務之一是，監督一種稱爲「熱力」（Heet）的熱銷肌肉藥膏的生產流程。熱力藥膏的溫熱感來自於辣椒（與一般食用的種類相同）。每次生產時，由於所投放的辣椒在辣熱感上差異甚大，而當時卻毫無可靠的方法可以判別，在任一批次的生產中該使用多少分量的辣椒，於是，史高維爾提出了一個稱爲「史高維爾感官測試」（Scoville Organoleptic Test）的辦法，以科學作法來量度各種辣椒的辣度。而這個方法至今仍是標準作法。

一只燈籠椒的史高維爾辣度級別，介於五十與一百個史高維爾單位之間。而墨西哥辣椒，通常位於二千五百至五千個史高維爾單位的範圍內。今天許多人栽培辣椒，特別專注在盡可能提高品種的辣度之上。在本書寫作期間，最辣辣椒的紀錄保持者是「卡羅萊納死神辣椒」（Carolina Reaper），它的辣度有二百二十萬個史高維爾單位。一種摩洛哥的大戟科植物（spurge plant；它是一種庭園中無害的常見開花植物大戟屬植物〔euphorbia〕的表親）的純化品種，經測量，擁有一百六十億個史高維爾單位的辣度。超辣的辣椒由於已經超過人類忍受的臨界值，所以在菜餚料理上毫無用武之地，不過，生產辣椒噴霧的廠商則興趣濃厚，因爲產品的成分中會用到辣椒素⓮。

據報導，辣椒素對一般人而言，有助於降低血壓、對抗發炎、改變罹癌的易感性體質，以及其他相當多的好處。《英國醫學期刊》上有一篇論文顯示，在該研究考察期間，攝食大量辣椒素的成年中國人比起比較不敢吃辣的人來說，有百分之十四的比例比較不會死於任何疾病。不過，如同這類研究發現總是會有的問題，喜食大量辛辣食物的受訪者與擁有百分之十四的活存率，這兩者之間可能只是碰巧相關而已。

附帶一提，偵測痛覺的接受器不僅存在於口腔中，而且也可以在眼睛、肛門與陰道中發現；這也是爲何辛辣的食物也會引發那些部位不適的原因。

單就味覺而言，我們的舌頭僅能辨識人們熟悉的基本味道，包括有：甜味、鹹味、酸味、苦味與鮮味（umami；這個日本字意謂「美味」或「肉香」）。某些專家認爲，我們也擁有專門分派給金屬、水、脂肪，以及另一種稱爲「厚味」（kokumi；此字意謂「濃烈」或「濃郁」）

⑭ 自然界中會有辣椒素的原因是，辣椒爲了防禦小型哺乳動物的攝食導致種子被牠們的牙齒嚼爛，從而演化出辣椒素來。然而，鳥類會呑下整顆種子，而且嚐不出辣椒素的味道，所以牠們會盡情攝食成熟辣椒的果實與種子。牠們之後會飛走，並在某個新地點排便，這時就會散播種子——而且種子會包裹在小小的白色鳥糞肥料袋中——這可說是對鳥類與種子的雙贏式安排。

的日式概念的味覺接受器，不過，普遍受到承認的味道還是僅指那五種基本味道而已。

就西方人而言，「鮮味」這個說法，仍然是個比較帶有異國情調的概念。實際上，甚至對日本人來說，那也是個相對上新近的詞彙，儘管那種味道爲人所知已經有數世紀之久。它是來自於一種以魚爲基底做成的大眾化高湯，稱爲昆布鰹魚高湯（dashi），由海藻與魚乾燉煮而成；把它加入其他的食物之中，可以使料理更爲可口，賦予菜餚難以言喻但自成一格的風味。在一九〇〇年代早期，東京的化學家池田菊苗決定要確認這種風味的來源，並試著去合成它。一九〇九年，他在一本東京的期刊上發表了一篇簡短的論文，指認出這種風味的來源是化學物質麩胺酸（glutamate；它是一種胺基酸）。他將這種味道稱爲「鮮味」，意即「美味的精華」。

在日本之外，幾乎沒有人注意到池田的發現。「umami」（鮮味）這個字直到一九六三年才出現在一篇學術論文中，從而才在英文世界留下了紀錄。而它首次出現在比較主流的出版物中，是在一九七九年的《新科學人》（New Scientist）期刊上。直到西方研究者肯認了鮮味的味覺接受器後，池田的那篇論文才在二〇〇二年被譯成英文發表。不過，在日本當地，池田早已家喻戶曉，但比較不是以科學家的身分聞名，而是作爲一間大公司味之素（Ajinomoto）的共同創辦人。這間公司的創立，是爲了利用他持有的專利，來生產合成的鮮味；而它的合成形式是麩胺酸鈉（monosodium glutamate，又稱味精），今日已經眾所周知。味之素公司如今已是超大企業，所生產的味精大約占有全球產量的三分之一。

在西方，自一九六八年後，味精可說命運多舛，因爲該年的《新英格蘭醫學雜誌》（New England Journal of Medicine）上，刊登了一篇來自一名博士的投書——那並非一篇文章或研究報告，而只是一封信——該博士指出，他在中國餐館用完餐後，有時會感到些許不適，他懷疑問題會不會是添加到菜餚中的味精惹的禍。該篇投書的標題是「中國餐館症候群」（Chinese-Restaurant Syndrome），而就從這個小小的標題開始，許多人的心中便對味精產生了難以改變的成見，認為它是某種毒素。事實並非如此。在許多食物中原本就存在這種成分，比如番茄，而且，從未發現有任何人在攝入正常分量後發生有害反應。依照歐雷・莫西森（Ole G. Mouritsen）與克拉夫斯・史帝貝克（Klavs Styrbæk）在他們那部令人激賞的研究著作《鮮味：解密第五種味道》（Umami: Unlocking the Secrets of the Fifth Taste）中所指出，「味精這種食品添加劑，已經經受了有史以來最為詳盡的檢視」，而且，沒有任何一位科學家曾經發現任何可以譴責它的理由，然而，它在西方所帶有的引發頭痛與輕微不適的名聲，今日看來卻似從未減退，而且歷久不衰。

舌頭與味蕾只是給予我們對於食物的基本質感與屬性的訊息，比如，食物是柔軟或滑順、是甜或鹹等等，然而，對於食物的整體感知，則依賴於我們的其他感官。去說食物嚐起來如何，這種表述方式幾乎總是似是而非，儘管我們所有人都會這麼說。我們在進食時所欣賞的特質，其實是「風味」，而它是味覺與嗅覺所共同造就的效果⓯。

嗅覺據稱在風味的形成上，至少占有百分之七十的比例，甚至可能高達百分之九十。我們直覺地領會各種風味，通常不會去思考它。如果有人遞給你一罐優格，然後問說：「那是草莓的嗎？」你的反應多半會去聞一聞它，而不是嚐一口。所以，草莓實際上是一種氣味，由鼻子去辨別，而非嘴裡的一種味道。

在你用餐時，大部分你所感知到的香氣並非從鼻孔送來，而是經由鼻腔通道的後部空間，亦即所謂的「鼻後通路」——相對於你鼻子裡的「鼻前通路」而言。想要體會味蕾的侷限性，有一個簡單的方法：閉上你的雙眼，捏緊鼻孔，然後從碗中摸上一顆那種經過調味的豆型軟心糖放進嘴裡。你會立刻知道它是甜的，但你幾乎肯定無法判斷它是哪種口味。但是當你打開眼睛與鼻孔，這種糖果的特殊水果口味便立即變得明

⓯ 不只是英文如此；至少還有其他十種語言，在表示「味道」（taste）與「風味」（flavour）的字詞上，可以互換通用。

顯可辨。

在我們評判食物的可口程度上，甚至聲響也扮演重要角色。受試者一邊從不同的碗裡拿取薯片品嚐，一邊透過耳機播放各種各樣的嘎吱嘎吱聲給他們聽；受試者總是會將嘎吱聲比較響的薯片，評定爲更新鮮、也更可口的薯片——即便所有的薯片都是同一種。

學者做過許多測試來說明，在食物的風味方面，我們多麼容易受到愚弄。在波爾多大學（University of Bordeaux）所進行的一項味覺盲測中，葡萄酒工藝學系的學生們都拿到兩杯酒，一杯是紅酒，而另一杯是白酒。這兩杯酒事實上是同一種酒，除開其中一杯摻入了沒有氣味、也沒有味道的添加物，做成濃郁的紅酒。毫無例外，學生們爲兩杯酒列出了截然相異的屬性特徵。原因並非他們經驗不足或個性天眞。而是因爲，視覺導引他們對兩杯酒做出了全然不同的期待，而這強烈地影響了他們在這兩杯酒各自啜飲一口時的感受。同樣地，當一杯柳橙口味的飲料卻呈現爲紅色的液體時，你會忍不住以爲嚐到了櫻桃的滋味。

真相是，氣味與風味全都源自於你腦內的創造。請想像一下某個讓你食指大動的美食，比如，一塊剛剛從烤箱拿出來的濕潤、軟黏、熱氣四溢的巧克力布朗尼蛋糕。咬下一口，細細品嚐那充溢你的腦際的天鵝絨般滑順的口感，與陣陣巧克力的濃郁香氣。然後，現在請思考一下，那些風味與香氣其實完全不存在。所有在你口腔裡面發生的事，只是食物的質感與化學物質的表現。而你的腦子解讀了這些無嗅無味的分子，並且讓它們活靈活現來討你的歡心。你的布朗尼是樂譜。而你的腦部使它成為一闕交響曲。如同許多其他事例，你所體驗到的世界，其實是你的腦子所允許你感知的世界。

¶

當然，另外一件我們運用口腔與咽喉所做的非凡之事，正是我們可以製造有意義的聲音。有能力創造與分享複雜的聲音，是人類存在的最大奇蹟之一，而且，恰恰是這個特點，使我們與世上其他萬物分道揚鑣。

依照丹尼爾．李伯曼所言，言語與它的發展，「或許比起人類演化上的任何其他主題，引發了更爲廣泛的爭論」。甚至沒有人能夠約略知道，言語何時開始出現在地球上；或者，言語是否是我們人類所獨有的造詣；或者，諸如尼安德塔人、直立人等原始人類是否也可以掌握這項技能。李伯曼認爲，尼安德塔人可能有運用複雜言語的能力，因爲他們有個大腦袋，而且能運用一系列的工具，但這是一個無法驗證的假說。

可以確定的是，言語的能力必須藉由許多微小肌肉、韌帶、骨骼與軟骨，依照確切的長度、緊繃度與位置，保持彼此協調與精細的平衡，以便能恰如其分地微微噴爆出經過調整的氣體。舌頭、牙齒與嘴唇同樣必須足夠靈活，才能掌控喉嚨送出來的微風，並把它轉變成許多具有微妙差異的音素（phoneme）。而完成這種種動作，還必須不能損害我們的吞嚥或呼吸的能力。這可眞是個相當艱鉅的任務——這麼說還屬輕描淡寫。我們並非只是擁有比較大的腦袋，還因爲一系列構造上的精巧安排，才得以使我們開口說話。黑猩猩無法說話的一個理由是，牠們似乎沒有辦法使用舌頭與嘴唇做出巧妙的形狀，以發出複雜的聲音。

或許，當我們成爲兩足動物時，爲了適應這個新姿勢，身體上半部於是進行了某種演化上的重新設計，而在此過程之中，所有上述一切碰巧發生；或者，經由緩慢而漸增的演化智慧，可能使某些特徵得以被挑選出來而獲得存在——但是，關鍵之鑰是，我們最終演化出夠大的頭腦，足以掌控複雜的想法與專爲講出這些想法的聲道。

喉頭基本上像個盒子，每邊的長度大約是一至一點五英寸（或三十至四十毫米）。在它的內部與四周，有九根軟骨、六條肌肉，與一組韌帶，包括兩個聲帶（vocal cord）——這是一般用語，而更恰當的術語稱爲「聲帶褶」（vocal fold）⑯。當氣體受到驅動通過聲帶褶時，聲帶褶會陡然顫動起來（據稱如同強風中的旗幟），由此產生了種種的聲響，然後再經由舌頭、牙齒與嘴唇的通力合作，修飾成絕妙而響亮、帶有訊息的吐氣聲——此即我們的話語。這個過程分成三個階段：呼吸、發

⑯ 嚴格而言，聲帶褶包含兩個發聲韌帶，再加上相連的肌肉與黏膜。

聲，與吐字。呼吸，指稱推送氣體經過發聲韌帶；發聲，是將這股氣體轉成聲音的過程；而吐字，則是將聲音純化成言語。如果你想要領會話語的神奇性，可以試著去唱首歌——〈雅克修士〉（Frère Jacques；譯按：亦即兒歌〈兩隻老虎〉）這首歌便很適合——然後留意人聲如何毫不費力就呈現出一種旋律感。事實上，你的喉嚨既是一把樂器，也是個水閘門與風洞。

當考慮到發聲說話機制的複雜性，幾乎不讓人意外的是，有些人很難完全到位。口吃是最令人痛苦也最不被了解的常見疾病之一。它影響了百分之一的成人與百分之四的孩童。出於不明原因，百分之八十的病患是男性。左撇子比右撇子更常見出現這個困擾，特別是那些被強迫改以右手寫字的人更易如此。深受口吃之苦的人當中，包括許許多多傑出的人物，比如：亞里斯多德、維吉爾（Virgil）、達爾文、路易斯．卡羅（Lewis Carroll）、年輕時的溫斯頓．邱吉爾（Winston Churchill）、亨利．詹姆斯（Henry James）、約翰．厄普代克（John

Updike）、瑪麗蓮・夢露，與英王喬治六世——在二〇一〇年的電影《王者之聲：宣戰時刻》（The King's Speech）一片中，由柯林・佛斯（Colin Firth）所飾演的喬治六世，博得了眾人的共鳴。

沒有人知道引發口吃的原因，或爲何不同的病患會在不同的字母，或一個句子中不同位置上的詞語，出現結巴現象。對於許多這樣的人來說，只要他們哼唱要講的話語，或是講外國話，或是自言自語，結巴的毛病便會奇蹟般地消失。大多數的口吃患者到了青少年時期就會不藥而癒（這是爲何孩童患者的比例遠比成人爲高的原因）。女性似乎也比男性更容易恢復正常。

口吃沒有可靠的療法。十九世紀德國名聲響亮的外科醫師之一約翰・迪芬巴克（Johann Dieffenbach）認爲，口吃完全只是一種肌肉上的疾病；他相信，只要切開某些患者的舌部肌肉，便能治癒口吃。儘管這種手術根本毫無效果，但有一陣子，整個歐洲與美國都廣泛在實施這樣的作法。許多人因此喪命；而所有人手術後的狀況都更爲嚴重。今天

——感謝老天——大多數的病患受益於語言療法與更富同理心、更有耐心的治療方式。

¶

在我們離開咽喉，進一步下潛至身體迷宮之前，有必要暫停片刻來思考那個古怪的小巧肉質附屬物；它如同一名衛兵，站在一切行將遁入黑暗隧道的入口，而我們方才也才跟著它展開了這一趟人體最大開口處之旅。我指的是那個始終成謎的小小的「懸雍垂」。（附帶一提，這個名稱衍生自詞意爲「小葡萄」的拉丁文，即便它完全跟葡萄大相逕庭。）

在很長的一段時期中，無人了解它的功能爲何。而我們迄今仍然沒有確定的答案，但它似乎像是某種給口腔使用的擋泥板。它導引食物進入喉嚨，遠離鼻腔通道（比如，當你吃東西時突然咳起嗽來）。它也有助於唾液分泌——這一點無論如何都很有用處——而且似乎在啓動嘔吐反射上扮演一定的角色。它可能也參與在我們說話的過程中，雖然，這個結論不過是基於，我們是唯一擁有懸雍垂的哺乳類動物，剛好也是唯一能講話的哺乳類動物。不過，是有一些事例說明，移除了懸雍垂的人確實喪失了某些控制喉音的能力；當事人有時也會指出，他們覺得自己唱歌不再如同之前那般悅耳。睡覺時懸雍垂的振動，似乎是造成打鼾的重要原因，而這也經常成爲摘除它的理由，不過，很少有人會摘除懸雍垂。絕大多數的人一輩子都甚少注意到它的存在。

簡單來說，懸雍垂是個怪奇小物。有鑑於它據守在人體最大洞口的正中心，一越過它便無回頭路，但它卻似乎無足輕重，這一點頗讓人玩味。然而，得知我們幾乎肯定不會失去懸雍垂，而且，即便你失去它，其實也不是多麼需要耿耿於懷的事——這或許可以帶給我們某種怪異的雙重撫慰。

7

心臟與血液

停了。

——英國外科醫生暨解剖學家喬瑟夫・亨利・格林（Joseph Henry Green, 1791-1863）臨終前觸摸自己的脈搏時，所說的最後一句話。

1

心臟是受到最多誤解的人體器官。首先，它看起來跟情人節所使用的傳統象徵毫不相像，當然也跟戀人們在樹幹上或其他地方刻上彼此名字的首字母，再用線條圈起來的那個形狀大異其趣。（如同無中生有一般，那個象徵圖形首次出現在十四世紀初義大利北部的圖畫當中，不過，無人知曉它的靈感來源。）其次，心臟也不是位於，我們在那些展現愛國情操的時刻中，會把右手放在胸膛上的那個位置；相比之下，心臟比較靠近胸部的中央。或許，最奇怪的一點是，我們把心臟當成是每個人自身的情感泉源，如同當我們表白時會說，我們「整顆心」都愛著某人，或在被拋棄時，聲稱自己「心都碎了」。請別弄錯我的意思。心臟是個無比絕妙的器官，完全配得上我們的讚美與感激，但是它與我們情感生活的幸福與否，卻毫無一絲瓜葛。

而那是好事一樁。心臟沒有時間分心他顧。它是人體中，心思最單一的部位。它只有一件事要做，而且表現得盡善盡美：它只須跳動。頻率每秒稍微多過一次，每天大約跳上十萬次，一輩子可以高達三十五億次之多，心臟就這麼規律地搏動，將血液推送至你的全身。它的推力毫不輕柔——假使主動脈被切開，推促力大到足以讓血液噴濺將近三公尺高的地方。

以如此堅定不移的工作效率默默跳動，大多數的心臟可以堅持運作的時間之久，堪稱是一項奇蹟。你的心臟每小時大約輸送二百六十公升的血液。一天則會有六千兩百四十公升——單單一日之內就有這麼多的血液被推送，可能比起你一年爲你的車子所加的油還多。心臟必須擁有足夠的力量來運作，原因不只是因爲要將血液送至身體最遠的末端部位，而且它還要能夠讓血液再次返回原處。當你處於站姿，心臟大約位在你的雙腳之上四英尺的地方，所以要將血液抽送回來便需要克服不小的重力。想像一下，你用力在壓一具葡萄柚大小的幫浦，力道要大到足以將液體沿著水管送至四英尺的高度上。現在，大約每一秒就重複一次這個壓送的動作，然後，日以繼夜、毫不間斷，如此持續數十年——想看看你會不會覺得有點累。根據計算（必須指出的是，只有老天知道怎麼會這麼厲害），心臟一輩子的工作量，足以將一公噸重的物體舉至離地一百五十英里的高度上。它眞是個非凡的用具。只不過它毫不在乎你的愛情生活而已。

心臟儘管工作表現突出，它本身卻出奇地低調。它的重量不超過一磅，分成簡單的四個腔室：兩個心房與兩個心室。血液從心房（atrium；拉丁文，字意爲「入口大廳」）流入，然後經由心室（ventricle；來自字意爲「房室」的拉丁文）流出。心臟並非只是一部幫浦，而是兩部：一部將血液送至肺部，另一部送至全身各處。兩邊的輸出量在每一次都必須保持平衡，以便整體能正確運作。從心臟送出的全部血液中，腦部會接收其中的百分之十五，而百分之二十的量會輸送至腎臟——它是身體中收受到最多血液的器官。血液環遊全身一次大約費時五十秒。奇怪的是，在心臟腔室內流進流出的血液，卻對心臟本身毫無貢獻。心臟所需的氧氣是由冠狀動脈輸送而來，一如氧氣抵達其他器官的方式。

心跳分為兩個階段，分別稱為收縮期（當心臟收縮，把血液推送出去至全身各處），與舒張期（當心臟鬆弛下來，血液再次充填心臟）。這兩個階段的差異之處，是你的血壓高低。在血壓計讀數上的這兩個數值（比如「120/80」），只是在測量，每一次心跳時，你的血管所經受到的最高與最低的壓力。為首的、較高的數值是收縮壓；而第二個數值則是舒張壓。這些數值，是特別以血壓計中的水銀，在帶有刻度的管子中被推升的高度所測定。

為了隨時供應身體各個部位都能有充足的血量，這可是一件棘手的作業。每一次你站起來，大約有一點五品脫的血液會試圖往下流去，而你的身體必須想辦法克服來自重力的沉甸甸拉力。為了控制這個問題，你的靜脈裡面有瓣膜可以阻止血液倒流，而雙腿的肌肉只要收縮起來，也會如同幫浦一樣，協助處於身體低處的血液回流至心臟。然而，肌肉如果要收縮，就需要處於活動狀態。所以，坐久了，定期起身走一走，便對你很重要。整體而言，身體在應對這些挑戰時，都處理得相當出色。「就健康的人來說，肩膀與腳踝兩處之間的血壓差異僅少於百分之二十。」諾丁漢大學醫學院的解剖學講師莎帆．勞娜（Siobhan Loughna）有一天這麼告訴我：「身體能解決這種問題眞是不簡單。」

如同你可能從那句話推測得知，血壓並非是個固定數值；身體各個部位的血壓有所不同，而在一天當中，身體整體的血壓也會有所變化。血壓在白天當我們（應該）處於活動狀態時，壓力最高，而在夜間便降低下來，直到凌晨時分降至最低點。長久以來，人們已經得知，心臟病發作比較常見於午夜，而某些專家認爲，夜間的血壓變化可能以某種方式成爲了促發因子。

早期大多數有關血壓的研究，皆來自於十八世紀初，一名英國國教會的助理牧師史蒂芬．黑爾斯（Stephen Hales）所進行的一系列無比恐怖的動物實驗；他本人住在靠近倫敦的米德爾塞克斯郡（Middlesex）的泰丁敦（Teddington）地區。在某個實驗中，黑爾斯捆綁住一頭老馬，然後藉助黃銅插管，將一只九英尺長的玻璃管固定在馬兒的頸動脈上。他接著讓動脈噴血；隨著每一次垂死老馬的脈搏跳動，他便測量血液噴射進管子中的壓力有多高。他因此在探索生理知識的過程中，殺死了相當多可憐的動物，並且爲此受到嚴厲譴責——也住在當地的詩人亞歷山大・波普（Alexander Pope）對此尤爲直言不諱——然而，他的成就卻備受科學界人士稱道。黑爾斯於是擁有了雙重的名聲：他一方面促進了科學的發展，一方面也給它染上了惡名。儘管他遭受愛護動物人士的痛斥，但是英國皇家學會（Royal Society）卻授予他最高榮譽科普利獎章（Copley Medal）；而持續大約有一世紀之久，黑爾斯的著作《血液靜力學》（Haemastaticks）始終是有關動物與人類的血壓研究方面的權威論著。

即便已經進入二十世紀，許多醫學專家仍然相信，高血壓是件好事，因爲它表明人的血流充滿活力。當然，我們今日已經了解，長期血壓偏高將會嚴重提高心臟病發作或中風的風險。不過，一個比較難以回答的問題是，所謂的高血壓究竟意指爲何。長久以來，血壓讀數「140/90」一般上被認爲是高血壓的基準線，不過，二〇一七年，美國心臟協會（American Heart Association）突然把數值下修到「130/80」，因而幾乎使眾人大受震驚。這個小小的降幅，將使年齡在四十五歲以下被認爲有高血壓的男性人數飆升至原本的三倍，而女性則倍增，且幾乎使所有六十五歲以上的人均被歸類成高危險族群。在這個新的血壓臨界值標準下，幾乎有一半的美國成人（一億零三百萬人）被判定爲高血壓，相較於先前的七千二百萬人，可說陡升不少。據稱，至少有五千萬名美國人，並未接受任何對此病症的適當的醫療照護。

有關心臟健康照護問題，是現代醫療成功處之一。罹患心臟病的死亡率，已經從一九五〇年的每十萬人六百例左右，降至今日每十萬人只有一百六十八例。直至不久前的二〇〇〇年，則是每十萬人中，有二百五十七點六人死於心臟病。但它仍然是人們的主要死因。單就美國而論，罹患心血管疾病的人數就超過八千萬人，而在治療費用上，全國每年花費高達三千億美元之譜。

有種種情況可以使心臟出問題。它可能少跳一拍，或者，更常出現的是多跳一拍，因為電子脈衝出錯之故。有些人可以每天出現高達一萬次這樣的心悸現象，卻毫無所覺。而有些人卻毫不間斷承受心律失常所帶來的不適與痛苦。當心跳的節拍太慢，如此的病症稱為「心搏過緩」，而太快的話，則稱為「心搏過速」。

經常被大多數人混淆的「心臟病發作」（heart attack）與「心搏停止」（cardiac arrest），兩者事實上並不相同。當冠狀動脈發生阻塞現象，導致帶氧的血流無法送至心臟的肌肉上，便會引發心臟病發作。心臟病發作經常突如其來（所以才稱為「發作」），而其他型態的心臟衰竭，則比較是漸進式惡化（但也並非必定如此）。當處於梗塞血管下游的心肌無法獲得氧氣供應，通常在大約六十分鐘內就會開始壞死。任何我們以這樣的方式所失去的心肌，都將永遠無法回復——只要想及構造遠比我們簡單許多的生物（比如，斑馬魚），都能再生受損的心臟組織，這一點不免有些令人氣惱。爲何演化剝奪了我們這個有用的能力，恰恰是人體諸多謎團中的另一個未解之謎。

心搏停止，則是指心臟完全停止抽送血液，原因通常是由於電子訊號傳送出錯。當心臟停止輸送血液，腦部便會缺氧，當事人很快會陷入昏迷，除非即刻救治，不然死亡就在一步之遙。心臟病發作經常會導致心搏停止，但是我們可能會遭受心搏停止，卻沒有心臟病發作。對兩者做出判別，在醫療上很重要，因爲兩者所需的治療方式不同，儘管對於受害人來說，這個區別可能有點學究味。

所有型態的心臟衰竭問題，可能都是無情地悄悄發生。對於四分之一左右的受害者來說，他們第一次知道自己的心臟出了問題（若更不走運的話，也會是最後一次），皆是在他們遭受致命的心臟病發作之時。而同樣糟糕的是，所有第一次心臟病發作的人當中（無論死亡與否），有超過一半以上的案例是發生在身材保養得宜、身體健康的人身上，而且這些人毫無任何已知的明顯罹患風險。他們不抽菸或飲酒不過量，體重沒有過度超重，沒有慢性高血壓病史或甚至膽固醇數值堪慮的問題，但他們終究還是遭受了心臟病發作。過著有所節制的良好生活，只能讓你的運氣好一點，但並不保證你的心臟可以高枕無憂。

似乎沒有兩次的心臟病發作的情況完全如出一轍。女性與男性在心臟病發作上的方式也不同。女性比男性更可能感受到腹痛與噁心，而這更容易造成誤診的可能性。這在某個程度上導致了，在五十五歲以下心臟病發作的女性的死亡率是男性的兩倍。女性比一般所假定的更容易遭受心臟病突襲。英國每年有二萬八千名女性死於心臟病發作；而該症的死亡率大約是乳癌的兩倍。

某些即將遭遇災難性的心臟衰竭的人，會突如其來受到極其可佈的死亡預感的衝擊。由於還算普遍常見，於是有了個指稱這種狀況的醫學術語「angor animi」——名稱出自拉丁文，意謂「靈魂的痛苦」。然而，對於某些幸運的受害者而言（僅就致命事件中可能存在的好運來說），死亡如此迅速降臨，以至於他們似乎沒有感受到任何痛苦。我的父親在一九八六年的某個晚上入睡之後，就再也沒有醒過來。可以指出的是，他在過世時可能毫無痛苦、悲傷，而且對此毫無意識。出於未知的原因，東南亞的佗蒙人（Hmong）特別容易受到一種稱爲「突發性夜間猝死症候群」的病症的影響。患者的心臟只是在入睡之後停止了跳動而已。驗屍報告幾乎總是顯示，死者的心臟看起來正常而健康。而肥厚型心肌症（hypertrophic cardiomyopathy）則是讓運動員突然死於運動場上的疾病。它是因爲一個心室出現了反常（而且幾乎總是無法診斷出來）的增厚現象以致；在美國四十五歲以下的人當中，該症一年造成一萬一千人突發性猝死。

比起任何其他器官，心臟大概擁有更多受到命名的病症，而每一種都是我們的壞消息。如果你活上一輩子都沒有親身體驗過變異性心絞痛（Prinzmetal angina）、川崎氏症（Kawasaki disease）、埃勃斯坦畸形（Ebstein's anomaly）、艾森門格氏症候群（Eisenmenger syndrome）、章魚壺心肌症（Takotsubo cardiomyopathy），以及其他許許多多的心臟病症，那麼，你大概確實可以自認爲是個幸運的人。

心臟病如今如此普遍常見，以至於，在知道它主要是現代人才關心的疾病時，不免令人有些訝異。直至一九四〇年代，健康照護的首要重心，是去戰勝白喉、傷寒與結核病等感染性疾病。唯有在許多這類疾病都被剷除一空後，另一個呈現增長態勢、出之以心血管疾病形式的流行病，才在我們眼前變得明朗起來。引發公眾產生對於心臟病的意識，似乎可以追溯至富蘭克林·德拉諾·羅斯福（Franklin Delano Roosevelt）的去世一事。一九四五年初，他的血壓飆升至300/190，這顯然並非表示他生命力旺盛，反而恰恰相反。他之後很快便與世長辭，享年僅六十三歲，世人似乎突然因此頓悟，心臟病已經成爲廣泛而嚴重的問題，實在到了必須著手應對的時機。

結果，著名的弗雷明翰心臟研究計畫（Framingham Heart Study）便應運而生；該研究所進行的地點，即是麻州小鎮弗雷明翰（Framingham）。從一九四八年秋天開始，弗雷明翰研究計畫召募了當地五千名成人，並且謹愼地持續追蹤他們此後的生活。雖然該項研究由於受訪者幾乎清一色是白人而受到批評（這個缺失業經改正），但它至少包含了女性，這在當時可說異乎尋常地極具遠見，尤其因爲當時認爲女性不會有過多的心臟毛病。該計畫從一開始的研究理念，便是去找出，導致某些人會有心臟問題，而其他人卻能倖免的影響因素。正是得益於弗雷明翰研究計畫，心臟病的大部分主要風險因子才得以被辨別或確認出來，比如：糖尿病、吸菸、肥胖、飲食不良、長期缺乏運動等等因素。實際上，「風險因子」這個術語，據說即是弗雷明翰研究計畫所首度使用。

¶

二十世紀相當有理由可以被稱爲「心臟的世紀」，因爲，其他的醫學領域均沒有如它一般，在醫療技術上，獲得了如此迅速且具革命性的進展。我們在有生之年便見識到，從幾乎沒有人有辦法去碰觸一顆跳動的心臟，演進至開心手術成爲常規化的醫療方式。如同任何錯綜複雜與具風險性的醫療手術一般，許多人費時經年耐心精進技術，並設計出能使手術得以實現的器械裝置。某些研究者的大膽作法，與因此所承擔的個人風險，有時顯得相當非比尋常。沃納・福斯曼（Werner Forssmann）便是一個明顯的例子。一九二九年，福斯曼是一名剛取得合格資格的年輕醫生，任職於柏林附近的一所醫院；他當時心生好奇，想知道是否藉助一條導管就能直接通往心臟。對於會有怎樣的後果毫無概念，他將導管插入手臂上的動脈之內，小心地將它推上肩膀，然後進入胸腔，直到導管抵達心臟；他這時欣喜地發現，心臟並沒有因爲異物入侵而停止跳動。福斯曼接著意識到，他應該爲這次的嘗試留下證據；他於是走到位於醫院另一樓層中的放射科，讓自己接受X光攝影，藉以拍攝出，導管實際處於心臟中的朦朧又驚人的影像。福斯曼的這個大膽作爲，最終揭開了心臟外科手術的新頁，不過，由於當年他在一份小型期刊上發表報告，所以幾乎沒有人注意到這個新發現。

福斯曼若非因爲，從一開始就熱情支持納粹黨與國家社會主義德國醫師聯盟（National Socialist German Physicians' League；這個組織爲了追求德國種族的純淨，因而參與了肅清猶太人的行動），不然他會是個更能引發眾人共鳴的人物。有關他個人在猶太人大屠殺中所參與的罪行究竟有多少，並不十分清楚，但至少在哲學層次上，他的想法誠屬可憎。戰後，某個程度上爲了逃避懲罰，他隱姓埋名在黑森林（Black Forest）地區的一個小鎮上，擔任家庭醫師度日。他很可能會完全被廣大的外在世界所遺忘，不過，紐約的哥倫比亞大學的兩名學者迪金森・理查茲（Dickinson Richards）與翁德黑・古爾農（André Cournand）追查到他的下落，並廣爲宣傳他在心臟病學上的貢獻——而那兩名學者的研究工作，正是直接仰賴福斯曼的突破性創見。一九五六年，三人共同獲得了諾貝爾生理醫學獎。

來自賓夕法尼亞大學的約翰・吉本博士（John H. Gibbon），在個人情操上遠比福斯曼高尚許多，但在對不舒服實驗的耐受力上則相差無幾。一九三〇年代早期，吉本展開了考驗耐性的漫長探索，他想要建造一部機器，可以藉由人工的方式使血液帶氧，以便能夠眞正施行開心手術。爲了測試人體深層血管的擴張或收縮的能力，吉本把一根體溫計塞進自己的直腸裡面，然後呑入一條胃管，接著從胃管灌入冰水，以此來測定對他的內在體溫所產生的影響。經過二十年的不斷修正，以及更多的灌冰水的英勇行爲，吉本在一九五三年於費城的傑弗遜醫學院附設醫院（Jefferson Medical College Hospital），對外展示了全球第一部人工心肺機，並且成功地修補了一名十八歲女性心臟上的一個破口，不然病人只能無助死去。幸虧有吉本的不懈努力，該名女性又活上了另外三十年。

不幸的是，接下來的四名病患相繼死亡，吉本於是放棄了使用這部機器。然後便輪到明尼亞波里斯市（Minneapolis）的一名外科醫師沃爾頓・李拉海（Walton Lillehei）登場；他同時針對設備技術與手術技巧進行了改良與修正。李拉海引介了一項稱爲「控制性交叉循環」的改良作法：將病人與一名暫時的捐血者（通常是一名近親家屬）兩者連通起來，使捐血者的血液在手術期間可以在病人體內循環流動。這項技巧運作效果優異，使得李拉海聲名大噪，被譽爲開心手術之父，備受各界稱頌，也使他收入豐厚。可惜的是，他在私人事務上不像他理應表現的那般無可挑剔。一九七三年，他被判犯有五宗逃稅與大量做假帳的罪行。而在種種其他的違法事例中也包括：他曾把嫖妓的一百美元支出申報爲慈善減稅之用。

雖然開心手術使得外科醫師得以修正許多他們先前無法處理的生理缺陷，但它卻無法解決心臟不能正確搏動的問題。這需要如今廣爲人知的一個稱爲「心律調節器」的小器具來解決。一九五八年，一名瑞典工程師儒尼・艾爾姆奎斯特（Rune Elmqvist），與斯德哥爾摩的卡羅琳斯卡學院的外科醫生奧克・森寧（Åke Senning）共同合作，在自家廚房的桌子上，組構出了兩只實驗用的心臟節律調整器。第一個調整器被植入阿恩・拉森（Arne Larsson）的胸腔中；這名四十三歲的患者，本身也是一名工程師，由於病毒感染導致心律失常，處於垂死邊緣。這只儀器在幾個鐘頭後便失效。立即再植入第二個備用調整器；它持續用了三年，雖然經常故障，而且每隔幾個鐘頭就需要爲電池充電。隨著科技日新月異，拉森定期配用最新款式的心律調節器，如此又活上另外四十三年。當他在二〇〇二年以高齡八十六歲過世之時，他身上配用的是第二十六只心律調節器，而且比起他的外科醫生森寧與同行工程師艾爾姆奎斯特都還長命。第一只節律調整器的大小約莫如同一盒香菸。今日的心律調節器則都比一英鎊硬幣還小，而且可以持續用上將近十年。

冠狀動脈繞道手術的作法，是從患者腿部取出一截健康的靜脈血管，然後將它嫁接在冠狀動脈上，藉以導引血流繞過冠狀動脈原本受損的段落；這個方法，是由任職於俄亥俄州（Ohio）克利夫蘭醫學中心（Cleveland Clinic）的勒內．法瓦洛羅（René Favaloro）所巧妙設計而成。法瓦洛羅的人生故事，既啓迪人心，又令人感傷。他從小家境清寒，在阿根廷長大成人，是家族內第一位接受高等教育的孩子。他取得醫師資格後，爲貧苦民眾服務長達十二年之久；一九六〇年代，他爲了精進醫術，因而前往美國進修。在克利夫蘭醫學中心，他一開始的職位與實習生相差無幾，但他很快便證明自己在心臟手術上的造詣過人，於一九六七年開創了繞道手術的技巧。那是個相對簡單但巧妙的手術，而且治療效果極爲出色。法瓦洛羅的第一名病患是位病情嚴重到無法爬樓梯的男人，但在經過手術之後，完全復原如初，又活上另外三十年。法瓦洛羅於是日漸富有而知名，但在職業生涯的晚期，他決定回到家鄉阿根廷，創辦一間心臟科診所與教學醫院，除了可供醫生受訓，而且也可以收治貧寒病人，無論他們是否有能力支付費用。他果眞如實達成這些目標，不過，由於阿根廷的經濟局勢陷入困境，醫院財務因而每下愈況。他看不見出路；二〇〇〇年，他輕生殞命。

有關心臟醫療的最大夢想是心臟移植，但在許多方面，它看似面對著不可跨越的阻礙：一個人的正式死亡，必須在該人的心臟停止跳動一段指定的時間之後，才得以宣告，而這幾乎肯定使死者的心臟無法被納入移植之用。無論心臟主人在所有其他方面的生命跡象有多低，取出一顆仍在跳動的心臟，都將有面臨謀殺起訴的風險。而唯一沒有制訂如此嚴格法條的地方是南非。一九六七年，正好就在勒內．法瓦洛羅在克利夫蘭醫學中心開創完美的冠狀動脈繞道手術的同一年，一名開普敦（Cape Town）的外科醫生克里斯蒂安．巴納德（Christiaan Barnard）遠遠更吸引住全球的目光，因爲他將一名車禍重創致死的年輕女性的心臟，移植至一名五十四歲名叫路易斯．沃許肯斯基（Louis Washkansky）的男人的胸腔內。這項手術被各界譽爲偉大的醫療創舉，雖然沃許肯斯基其實在僅僅十八天後便過世了。第二位巴納德施行移植手術的病患的運氣就好上許多；這名病人是名叫菲利普．布萊伯格（Philip Blaiberg）的退休牙醫師，他在手術過後倖存了十九個月⓱。

追隨巴納德的腳步，其他國家也開始修改法律，讓腦死作爲另一個

⓱ 巴納德是第一位施行人對人心臟移植的醫生。而第一起涉及人體的任何型態的心臟移植手術，則是發生於一九六四年一月；一名密西西比州（Mississippi）傑克遜市（Jackson）的醫生詹姆斯．哈迪（James D. Hardy），將一顆黑猩猩的心臟移植到一位名叫博伊德．拉什（Boyd Rush）的男人身上。而病人在不到一小時內便宣告死亡。

判別無法逆轉的死亡的測定標準，於是心臟移植手術很快便遍地開花，儘管手術結果幾乎總是令人洩氣。主要的難題在於，在處理排斥反應時，缺乏全然可靠的抑制免疫的藥物。稱爲硫唑嘌呤（azathioprine）的藥物有時頗有效，但卻無法完全指望它。一九六九年，一名瑞士藥廠山德士公司（Sandoz）的員工弗瑞（H. P. Frey），當他在挪威度假時，在當地收集了土壤樣本，然後帶回到山德士的實驗室中。公司先前即要求員工在旅遊時都要這麼做，希望集合眾人之力，看看能否發現具有潛力的新抗生素。弗瑞的樣本中含有一種眞菌多孔木黴（Tolypocladiuminatum），雖然毫無有用的抗生素特性，但被證明在抑制免疫反應上表現特出——這恰好是實現器官移植美夢所需要的藥物。山德士製藥公司將弗瑞先生的一小袋泥土，連同威斯康辛州隨後發現的相似樣本，一起轉變成暢銷藥物環孢素（ciclosporin；在美國稱爲「cyclosporine」，而在某些其他地方則叫作「cyclosporin」）。得力於這個新藥與某些相關的技術革新，在一九八〇年代早期，外科醫師可以控制心臟移植手術的成功率達至百分之八十，這是長達十五年來所獲得的非凡成就。今日全球每年實施了大約四至五千例的心臟移植，病患平均可再活上十五年。而迄今移植病患存活最久的人是，英國人約翰·麥克卡夫帝（John McCafferty）；他懷抱著一顆植入的心臟活了三十三年，直到二〇一六年去世，享年七十三歲。

附帶一提：人們後來發現，腦死並非如同原本以為的那般簡單。我們如今知道，腦部某些邊緣部位，在所有其餘部分一一靜止安息之後，還是有可能繼續活存下去。在本書走筆至此之際，有關腦死的定義，正是一個歷時長久的案例的爭議焦點所在：美國一名年輕女子在二〇一三年被宣告腦死，但她還是持續有月經來潮，而這個生理過程需要下視丘的運作——而下視丘是腦部的一個非常重要的部位。這名年輕女子的父母主張，即便腦部只有部分部位能夠運作的人，也不能被合理地宣告腦死。

至於克里斯蒂安·巴納德這個開啓這一切的男人，則被成功沖昏了頭。他旅行世界各地，與電影明星約會（引人注目者，如蘇菲亞．羅蘭〔Sophia Loren〕與珍娜．露露布莉姬妲〔Gina Lollobrigida〕）；以某個與他熟識的人的話來說，他成為了「一名世界級的好色鬼」。而更加讓他聲名掃地的是，他從一系列宣稱有回春特效的化粧品中發財致富，而他根本心知肚明那些產品不過是騙人之舉。二〇〇一年，他在賽普勒斯（Cyprus）享受歡愉時光之際，死於心臟病發作，得年七十六歲。而他的名聲再也不復從前。

¶

不可思議的是，即便考慮到在健康照護上的所有改善與革新，比起一九〇〇年來說，你在今日有百分之七十的比率，更可能死於心臟病。一部分的原因是在於，以前人們會先死於其他疾病，而另一部分的原因則是，一百多年前，人們不會拿上一支大湯匙與一桶冰淇淋，整晚窩在電視機前長達五、六個鐘頭。心臟病無疑是西方世界的頭號殺手。如同免疫學家麥可．金區寫道：「美國每年死於心臟病的人數，大約相當於死於癌症、流感、肺炎與意外事故的總人數。三分之一的美國人死於心臟病，每年有超過一百五十萬人遭受心臟病發作或中風。」

依照某些專家的說法，今日的難題是，如同可能有治療不足的情形，我們也可能會過度治療。作爲治療心絞痛（或胸痛）的氣球擴張術（balloon angioplasty），似乎就是一個明證。有關血管擴張術的作法如下：將一只小氣球置入變狹窄的冠狀動脈血管中，然後使它充氣膨脹，藉以擴張血管管徑，而血管支架[18]（或稱管狀支撐架）則會留在血管中，以維持血管持續保持通暢狀態。這個手術在情況危急時無疑是救命之舉，但它作爲可自選的非危急手術，結果也證明受到高度歡迎。在二〇〇〇年之前，美國每年施行了一百萬次預防性的血管擴張術，但沒有任何證據顯示它挽救了患者的性命。當最終進行了臨床試驗之後，結果令人警醒。依據《新英格蘭醫學雜誌》指出，美國每一千例非危急擴張術中，有兩名病患死在手術檯上，有二十八名遭受手術所引發的心臟病發作，有六十至九十人在健康上感受到「短暫的」好轉現象，而其餘的病患（大約八百人）則指出，既沒有獲益，卻也沒有受害（當然，除非你把手術的支出費用、所花費的時間與對手術的焦慮視爲傷害——而這在每個病患中卻是一點也不少）。

儘管有這樣的發現，但血管擴張術依舊讓人趨之若鶩。二〇一三年，美國前總統喬治・W・布希（George W. Bush）在六十七歲之際接

⓲「Stent」（血管支架）這個術語涉及一段有趣的故事。它得名自查爾斯・湯瑪斯・史騰特（Charles Thomas Stent）的姓氏；此人是一名十九世紀在倫敦執業的牙醫師，與心臟手術毫無瓜葛。史騰特發明了一種化合物，可以用來製作齒模；而外科醫師後來也發現，在修補參與波耳戰爭（Boer War）受傷的士兵口腔時，這種化合物做成的齒模也很有用處。隨著時間進展，「stent」這個詞也被使用於，任何一種在矯正手術中，能夠讓人體組織保持固定位置的裝置；而在缺乏更好的用語的情況下，它也逐漸在心臟手術中作爲指稱動脈支撐物的詞彙選擇。附帶一提，依照《貝勒大學醫學中心學報》（Baylor University Medical Center Proceedings）所指出，安裝血管支架的紀錄保持人似乎是一名五十六歲的紐約男性；在最後的報導中，他因爲心絞痛的問題，在十年的期間內，安插了六十七根血管支架。

受了這個手術，即使他身體狀況良好，而且毫無任何心臟問題的徵兆。外科醫生通常不會公開批評同行，不過，克利夫蘭醫學中心心臟科主任史帝文·尼森（Steve Nissen）卻嚴詞譴責。「這正是美國醫療最糟糕的表現，」他說道：「這也是我們在醫療上投入鉅額金錢，卻沒有因此獲得太多效益的原因之一。」

2

如同你可能以爲，一個人所擁有的血液量，取決於他的體型大小。新生兒僅有大約半品脫的血液，而正常成年男性的血液量則有九品脫左右。可以確定的是，你渾身充滿血液。無論是哪個部位被刺到，你的皮膚馬上會流血。即便我們的骨架不算龐然大物，但卻擁有大約二萬五千英里長的血管（主要是微血管），所以你的全身各處絕對不缺血紅素讓你恢復活力——正是血紅素這個分子，會運送氧氣至人體的所有部位。

眾人皆知血液攜帶氧氣給我們的細胞——這是每個人似乎均知曉的少數有關人體的知識之一——但血液的貢獻不止於此。它載送賀爾蒙與其他缺一不可的化學物質；它運走廢物；它追蹤並扼殺病原體；它確保氧氣正輸往身體最迫切需要的部位；它顯示我們的情緒狀態（比如，尷尬時微微臉紅，或憤怒時面紅耳赤）；它協助調節體溫；甚至，在男性勃起時啓動複雜的液壓運作系統。簡單來說，血液是個錯綜複雜的物質。根據某個估算顯示，單單一滴血中，便包含有四千種不同型態的分子。所以醫生才這麼喜歡抽血做檢驗：你的血液裡確實負載有許多訊息。

把裝在試管裡的血液放進離心機內旋轉，就能將血液分離成四層組成成分，分別是：紅血球、白血球、血小板與血漿。分量最多的是血漿，占有血液總量的一半多一些。血漿包含超過百分之九十的水分，以及懸浮其中的一些鹽類、脂肪與其他化學物質。然而，這並非意謂血漿不具重要性。恰恰相反。血漿中的抗體、凝血因子以及其他組成要素，可以被分離出來，並以濃縮的形式用於治療自體免疫疾病或血友病——而且這是椿利潤極高的生意。美國的血漿販售占有全部出口商品的千分之十六，比美國銷售飛機的所得還多。

紅血球（red blood cell；正式名稱爲「erythrocyte」〔紅細胞〕）占有血液總量大約百分之四十四，是第二多的成分。紅血球被完美設計成只從事單一任務，亦即運送氧氣。紅血球的體積很小，但數量非常多。一茶匙的人血含有大約二百五十億顆紅血球，而其中每一顆紅血球則含有二十五萬個血紅素分子——氧氣很樂意攀附在這種蛋白質上面。紅血球的外觀呈現雙凹狀，亦即，它類似一個圓盤，但兩面中央皆有凹陷；這個設計賦予它擁有最大可能的表面積。紅血球爲了發揮極致的工作效能，幾乎拋棄了組成一般細胞的所有元件，比如：DNA、RNA、粒線體、高基氏體（Golgi apparatus）、各種各樣的酶。一個完整的紅血球，幾乎完全布滿血紅素。它根本就是個海運貨櫃。紅血球的一個格外弔詭之處是，儘管它攜帶氧氣給身體所有其他的細胞，但它本身並不使用氧氣。紅血球以葡萄糖因應自身的能量需求。

血紅素有一個古怪而危險的癖好：它特別偏愛一氧化碳遠勝於氧氣。假使空氣中存在一氧化碳，血紅素便會把它納入懷中，情況如同尖峰時段的火車車廂湧進乘客一般，但血紅素會把氧氣留在月台上。這是一氧化碳致人於死的原因。（美國一年約有四百三十人死於非故意的一氧化碳中毒，與藉此輕生的死亡人數大約相同。）

每顆紅血球的壽命大約四個月；由於紅血球過著奔忙不歇的生活，這應該算是相當長壽。每顆紅血球因此將飛速周遊你全身大約十五萬次，在它筋疲力竭難以爲繼之前，行經的距離可達一百英里左右。然後，吞噬細胞會將這些垂死的紅血球收集起來，送到脾臟處理。你每天拋棄大約一千億顆的紅血球。這些廢棄物也是使你的糞便呈現棕色的主要原因。（膽紅素是紅血球代謝過程的副產品之一，會造成尿液呈現金黃色，以及瘀傷消退時的黃棕色。）[19]

白血球（white blood cell；正式名稱爲「leucocyte」〔白細胞〕）

對於抵抗感染至爲關鍵。由於白血球的角色是如此重要，所以我將在第十二章談論免疫系統時再來介紹它。而此刻，我們只要了解，白血球在數量上遠比它的紅色手足少上許多就已足夠。你的紅血球數目是白血球的七百倍。白血球占有血液總量的比例少於百分之一。

血液四騎士的最後一名主角是血小板（platelet，正式名稱爲「thrombocyte」（血栓細胞）），它占血液總量的比例同樣少於百分之一。有好長一段時間，解剖學家不明瞭血小板爲何物。一八四一年，英國解剖學家喬治・格里弗（George Gulliver）首次在顯微鏡下瞥見它的身影，但直到一九一〇年，位於波士頓的麻州總醫院（Massachusetts General Hospital）的首席病理學家詹姆斯・霍默・萊特（James

⑲ 附帶一提：如果我們有紅色的血液，爲何我們的靜脈呈現青色？這不過是光學上的把戲而已。當光線照上我們的皮膚，有較高比例的紅色光譜會被吸收，卻會反射出去比較多的藍光，所以我們就會看見青色。顏色並非物體本身固有的、可以由物體發散出去的某種屬性，而只標示著該物體所反射的光而已。

Homer Wright）推論出，血小板在凝血機制上的重要作用後，它才被予以命名，並獲得正確認識。如何使血液凝結起來，是一項棘手的工作。血液必須時時刻刻警戒，並立刻對凝結的通知做出反應，但在此同時，它也絕對不能擅自進行非必要的凝結。人體一旦開始流血，數以百萬計的血小板便會開始群集於傷口周圍，並與數量同樣龐大的蛋白質進行結合，後者會留下一種稱爲纖維蛋白的物質。隨同血小板而來的如此的聚集、黏合現象，最終會生成一個拴子來止血。爲了盡可能防範錯誤發生，這個過程建立起了不下於十二個萬一失效時的保險機制。凝血無法在主要的動脈中起作用，因爲血液奔流太過劇烈，任何結塊的血液都會被血流沖走，所以，在血流如注時，必須使用止血帶，以它所產生的壓力來制止出血。發生嚴重出血時，身體會想盡一切辦法維持血液持續流向維生器官，並使血流轉向，不再流向次要的邊遠部位，比如肌肉與表面組織。由此可知，嚴重失血的病患的膚色會轉爲死白，而且觸摸他們時會覺得他們渾身冰涼。血小板的壽命只有一星期左右，所以必須不斷補充更新。

大約在過去十年期間，科學家已經理解到，血小板的功能不只是管控凝血的過程而已。它在免疫反應與組織再生上也扮演重要角色。

¶

在漫長的歷史中，有關血液的用途，人們除了知道它肯定有益生命之外，其他則幾乎一無所知。普遍通行的理論，可以迴溯至德高望重但說法經常出錯的希臘醫學家蓋倫（Galen；〔生卒年約為〕129-210）的時代，而內容大致如下：血液經由肝臟持續不斷生產出來，而且，身體消耗血液的速度與製造的速度一樣快。無疑你將回想起早年學校所學到的故事：英國醫生威廉・哈維（William Harvey, 1578-1657）理解到，血液並非是無止盡的消耗品，而是在一個封閉系統中循環流動。在一部里程碑著作《動物心臟與血液運動的解剖研習》（Exercitatio Anatomica de Motu Cordis et Sanguinis in Animalibus）中，哈維以我們今日大約能理解的詞彙，勾勒出心臟與循環系統運作的所有細節。當我還是個中學生時，課本上總是將這段歷史呈現為，改變世界的重大發現時刻之一。其實，在哈維的時代，這個理論幾乎普遍受到嘲笑與排拒。幾乎所有哈維的同儕都認爲他「頭殼壞掉」——以日記體作家約翰．奧布里（John Aubrey）的話來說的話。哈維的大多數客戶後來都不再與他往來；他最後鬱鬱而終。

哈維不懂呼吸原理，所以無法解釋血液的用途，或爲何血液會循環流動——批評他的人很快就指出這兩個異常顯著的缺點。再加上，蓋倫派學者（Galenist）認爲，人體包含兩種不同的動脈系統，其中一種所含的血液是亮紅色，而另一種的血色則黯淡許多。我們今日已經知道，從肺部流出來的血液富含氧氣，所以呈現閃亮的深紅色，而返回肺部的血液已經耗盡了氧氣，於是血色深沉。哈維無法解釋，爲何在一個封閉系統中循環流動的血液會有兩種顏色，這也成爲他的理論受到蔑視的另一個原因。

哈維過世後不久，另一個英國人理查德．洛爾（Richard Lower）推論出呼吸作用的奧秘；洛爾理解到，血液返回心臟時顏色變暗的原因，是因爲血液已經卸載氧氣，或是「氮靈」（nitrous spirit）——這是他的說法。（氧氣直至下個世紀才會被發現。）洛爾推斷，這就是血液爲何會循環流動的道理；血液會持續不斷搭載與卸載一氧化氮——這著實是個非凡的洞見，本該讓他因此揚名立萬。不過，洛爾今日之所以爲人所知，卻比較是來自於另一項與血液有關的面向。在一六六〇年代，有好幾位傑出的科學家開始對輸血救命的可能性產生興趣，而洛爾是其中之一，他因此展開了一系列通常說來極爲可怖的實驗。一六六七年十一月，在位於倫敦的皇家學會一群「爲數眾多的有識之士」的觀眾面前，洛爾在對於實驗的任何可能後果毫無概念的情況下，當眾將一隻活羊大約半品脫的血液，輸入至一名模樣友善的志願受試者亞瑟．柯嘉（Arthur Coga）的手臂血管裡。然後，洛爾、柯嘉與所有那些才智不凡的旁觀者便坐下來，一起殷切地靜候會有怎樣的結果發生。令人開心的是，沒有任何事情發生。其中一名當日的出席者描述說，柯嘉之後「情況很好、心情愉快，喝了一兩杯甜白酒，還抽了菸斗」。

兩個星期之後，再度進行同樣的實驗，同樣沒有不良後果，這眞是叫人驚訝。正常而言，當有異物被大量引入血流之中，會導致當事人休克，所以，爲何柯嘉得以逃過慘劇，著實令人費解。不幸的是，這個實驗結果使歐洲其他地方的科學家勇氣大增，各自實施了自創的輸血試驗，而且，作法愈來愈有創意，甚至異想天開。受試者被輸入牛奶、葡萄酒、啤酒，甚至是水銀，還包括每一種家畜的血液。而這些實驗結果經常都導致令人提心吊膽的極度痛苦的場面，使旁觀者目睹難以忍受的死亡事件。輸血實驗很快便被禁止或擱置，並且在此後大約一個半世紀之久的時間遭到冷落。

然後便出現了古怪的事。正當科學界其他所有領域開始進入新發現、新觀點大爆發的時期——我們如今稱之爲啓蒙時代——然而，醫學領域卻沉入某種黑暗年代之中。你幾乎難以想像，還有什麼診療法比起十八世紀醫生緊抱不放的觀念與作法，會更具誤導性、更適得其反——甚至連十九世紀的大部分時期中亦是如此。如同大衛·伍頓（David

Wootton）在《壞醫學：希波克拉提斯以降傷害人的醫生們》（Bad Medicine: Doctors Doing Harm Since Hippocrates）一書中所言：「直至一八六五年，醫學在它肯定不會有害之處的表現，也幾乎徹底平庸無能。」

以喬治・華盛頓之死的不幸事件來加以說明。華盛頓自美國首任總統一職退休後不久，一七九九年十二月某日白天，他在惡劣天候下花了很長的時間騎馬視察，他位在維吉尼亞州（Virginia）的維農山莊（Mount Vernon）的農場。他比預期遲了一些時間才回到住處，在晚餐期間，他一直穿著潮濕的衣服。當晚，他便逐漸感到喉嚨痛。他不久就難以吞嚥，呼吸也變得吃力起來。

他們請來了三名醫生爲華盛頓看診。經過倉促的診察之後，三名醫生刺穿了他的手臂的一條靜脈，放流了大約十八盎司的血液，幾乎足以盛滿一只啤酒杯。然而，華盛頓的症狀只是更加惡化而已，於是他們在他的喉嚨上敷上以乾斑蝥粉（cantharides；更普遍的名稱是「西班牙蒼蠅」）做成的膏藥，促使皮膚形成水泡，藉以排出污濁的體液（humour）。另外，他們也讓他服下催吐劑，以引發嘔吐。當這些方法都沒有產生任何明顯的療效後，他又被放血了三次。在兩天之內，華盛頓總計失去身體內大約百分之四十的血液。

「我死得好慘。」——華盛頓聲音沙啞地說道；然而他那些心存善意的醫生們還是繼續在耗損他的元氣。沒有人確切知道華盛頓究竟罹患了什麼病，但他很可能只是一個輕微的喉嚨感染而已，只需要一點休息即可。實際上，是他的病加上治療方式共同讓他送命。他得年六十七歲。

在華盛頓去世之後，有另一名醫生前來訪視並提議，他們應該使過世的總統活起來——是的，使他起死回生——方法是，輕柔地搓揉他的肌膚，以刺激血液流動，並且同時爲他輸入羔羊血，藉以補足他所失去的血液，並更新尚存的血液。幸好他的家人做出慈悲的決定：讓他永遠長眠安息。

對於我們來說，爲一個已經病懨懨的人施予放血或連續拍打，可能顯而易見太過魯莽，但這樣的治療方式在歷史上卻持續了相當長的時間。放血不僅被認爲有益於改善病情，也能使病人鎮靜下來。德國國王腓特烈大帝（Frederick the Great）在出征之前都會進行放血，只爲了平撫煩亂的心緒。人們珍視放血用的盛血缽，把它當成傳家之寶一代代傳承下去。放血的重要性讓人想起英國備受敬重的醫學期刊《刺胳針》（The Lancet），它創刊於一八二三年，而刊名正是放血時用來刺穿靜脈的器具。

放血這個作法爲何會盛行如此之久？答案是，甚至已經進入十九世紀，大多數醫生的治病方式，並非把各種疾病視爲根源各異的困擾，需要個別專屬的治療，反而是認爲，疾病是一種全身受到影響的整體性不平衡狀態。比如，他們並不會給你某個藥物去治療頭痛，而用另一種藥物去治療耳鳴；但他們會努力爲身體排毒，重新讓整個身體返回平衡狀態，而使用的方法則是，開給病人清腸劑、催吐劑、利尿劑，或者給病人放個一兩缽的血。如同某個專家指出，刺穿靜脈「可以使血液通風變涼」，讓血流流動更爲通暢，「才不會有嚴重躁熱帶來的危險」。

最聞名的放血專家是美國人班傑明・洛希（Benjamin Rush），他甚至被稱爲「放血王子」。洛希曾在愛丁堡與倫敦受訓，在偉大的外科醫生與解剖學家威廉・杭特（William Hunter）的教導之下學習解剖知識，但他認爲所有疾病皆有單一肇因——「血液過熱」——這樣的想法，則主要是在他返回賓州後，在漫長的職業生涯中，由自己發展而成。必須指出的是，洛希爲人認眞盡責，而且學識淵博。他是美國獨立宣言的共同簽署人之一，而且在他那個年代中，他是新大陸醫術最爲精湛的醫生。不過，他也是放血療法的狂熱支持者。洛希每次會讓他的病人放流將近四品脫的血液，有時在僅僅一天之內會放血兩三次。部分的問題是在於，他相信，人體含有的血量是實際的兩倍左右，而且，他也以爲，一個人即使移除這個想像的血量將近百分之八十，也不會有不良反應。他不幸地在這兩個主張上都錯得離譜，但卻從未懷疑自己的作爲是否正確無誤。在費城流行黃熱病期間，他給數以百計的病人放血，而且深信自己挽救了許多人的性命，然而，他所做的一切其實只是沒有讓那些人全部送命罷了。他自豪地寫信告訴妻子：「我已經注意到，放血做得最多的人，最快從疾病恢復起來。」

而那正是有關放血的難題所在。如果你告訴自己說，那些人之所以活了下來是由於你的努力，而那些死去的人則是因爲，在你來到他們身邊時已經爲時已晚，那麼，放血似乎始終是個謹慎的治療選項。甚至在進入現代時期以後，放血依然在醫療處置上占有一席之地。十九世紀最具影響力的醫學教科書《醫學的原理與實踐》（The Principles and Practice of Medicine, 1893）的作者威廉·奧斯勒（William Osler），正是在我們視之爲現代的時期中，爲支持放血療法而發聲。

至於洛希，一八一三年，六十七歲的他，有一天發了燒。由於症狀一直沒有改善，他催促主治醫生們爲他放血，他們點頭照辦。而洛希隨後不治。

¶

對於血液的現代觀點，或許可以說是肇始於一九〇〇年；當年在維也納有一名年輕的醫學研究者，聰敏地發現了血液的奧秘。卡爾・蘭德施泰納（Karl Landsteiner）留意到，當來自不同人的血液混合在一起時，有時會凝結成塊，有時則否。他記錄了不同血液樣本之間的相互作用，由此將所有樣本分成三種類型，他分別標示爲「A」、「B」與「0」。雖然如今大家都將最後一類讀成字母「O」，但蘭德施泰納的原意是把它看成「零」、「什麼都沒有」，亦即，它完全不會凝結成塊。在蘭德施泰納的實驗室的另兩名研究者，隨後發現了血液的第四個類型，他們稱之爲「AB」，而蘭德施泰納本身在四十年之後，又與人共同發現了「Rh因子」——Rh是「rhesus」（恆河猴）的縮寫，正是在這種猴子身上找到了這種因子[20]。血型的發現，解釋了輸血爲何經常會失敗的原理：因爲捐贈者與受贈者的血型彼此不相容。這是個無比重要的發現，可惜當時幾乎沒有人對此多加關注。等到蘭德施泰納對醫療科學的貢獻在一九三〇年受到諾貝爾獎的表揚之時，三十年就這麼過去了。

血型分類的機制如下：所有的紅血球在細胞內的組成均相同，但細胞表面卻覆蓋著不同種類的抗原（抗原是細胞表面向外伸出的蛋白質），而正是這些不同的抗原造就了不同的血型。總計有四百種抗原左右，但僅有其中一些會對能否輸血有顯著影響，所以我們總是聽到血型A、B、AB與O，卻不會聽到比如說凱爾（Kell）血型、吉布列特（Giblett）血型與E型（Type E）——在此僅提及眾多血型系統的其中幾個。血型A的人可以捐血給血型A或AB的人，但不能捐給血型B；血型B的人可以捐血給血型B或AB，但不能捐給血型A；而血型AB的人僅能捐血給相同血型的人。血型O的人可以捐血給其他所有血型的人，所以也被稱為萬用捐血人。血型A的紅血球，在細胞表面上有A抗原；血型B的紅血球，在細胞表面上有B抗原；而血型AB的紅血球，在細胞表面上則兩者

⑳ Rh因子是，種種被稱為抗原的表面蛋白質的其中一種。擁有Rh抗原的人（就歐美白人來說，大約占有百分之八十四），被稱為Rh陽性。而沒有的人（即歐美其餘的百分之十六）則被稱為Rh陰性。

都有。把A型血液輸入血型B的人體內，收受者的身體會將前者視爲異物入侵，進而攻擊這些新血液。

我們在實際上一點也不懂，爲何會存在血型分野這樣的事。在某個程度上，原因可能只是因爲，也沒有任何理由不能有血型這樣的表現。也就是說，我們沒有理由假定，這個世界上一定會發生某個人的血液最後出現在另一個人的體內這樣的事，於是，人體也就沒有理由需要演化出某種機制來處理這個問題。在此同時，藉由血液偏好某些抗原的方式，我們在對抗特別的疾病上的能力可以獲得改善，雖然經常也會因此付出某種代價。比如，O型的人對瘧疾更有抵抗力，但抵禦霍亂的能力就偏低。發展種種的血型，並使這些血型在人群中擴展開來，便會有利於整體人類，儘管並非總是使每個個人獲益。

血型分類帶來了一個次要的、非預期的好處：進行親子關係鑑定。一九三〇年，芝加哥曾發生一起著名的案例：兩對父母班柏格氏夫婦（Bambergers）與沃特金斯氏夫婦（Watkinses）在相同時間於同一家醫院喜獲麟兒。他們在回到家後，各自沮喪地發現，自己的小嬰兒配戴著另一家夫婦姓名的標籤。問題於是變成：究竟兩名母親是抱錯小孩回家，或者，小孩實屬親生，只是標示錯誤而已？隨後幾週，這兩家人籠罩在茫然的氣氛中，但在此同時，這兩對父母也表現出爲人父母者的自然天性：他們紛紛愛上了各自所照護的嬰孩。最後，一名來自西北大學（Northwestern University）的專家漢彌爾頓・菲什貝克（Hamilton Fishback）——名字聽起來頗似出自馬克思兄弟（Marx Brothers）的喜劇電影人物——被延請來爲這四名父母進行血液測定——在當時看來似乎屬於非常複雜的高端技術。檢驗的結果顯示，沃特金斯氏夫婦兩人的血型皆爲O型，所以他們的子代血型也僅能是O型，但他們抱回家中的小孩的血型卻是AB型。所以，幸虧有醫療科學相助，兩名嬰孩被換回正確的親生父母的懷抱中，儘管交換的過程不是沒有伴隨一把鼻涕一把淚。

¶

輸血療法每年救人無數，然而抽血與儲存血液卻是昂貴甚至帶有風險的事。「血液是活組織，」聖路易斯華盛頓大學的博士亞倫·達克德（Allan Doctor）說道：「它就像是你的心臟、肺臟或其他器官一樣活生生。血液一旦從人體抽取出來，便會開始降解，而所有問題也就隨之而來。」我們相約在牛津碰面；達克德為人嚴肅而友善，蓄著一把俐落的白鬍鬚，他來牛津參加由一氧化氮學會（Nitric Oxide Society）所舉辦的會議；這間學會成立於一九九六年，在時間上也算新近，因為在那時之前，沒有人理解到，一氧化氮也值得讓眾人為它齊聚一堂；它對人體生物學的重要性，此前幾乎完全不為人知。事實上，一氧化氮（nitric oxide；請勿與「nitrous oxide」〔氧化亞氮，亦即笑氣〕相互混淆），是專司訊息傳遞的基本分子之一，在所有種類的生理過程中均扮演關鍵角色，比如，維持血壓穩定、對抗感染、驅動陰莖勃起，與調節血流——而這正是達克德所關注之處。他的人生抱負是做出人造血，但在此同時，他也希望能讓用於輸血的眞正血液可以更安全。大多數人在聽到這個說法時都分外驚訝，但我們所輸的血液卻眞的可能致人於死。

箇中的問題是在於，沒有人知道血液在儲存下的有效期限可以維持多久。「在美國，法律規定輸血用的血液可以保存四十二天，」達克德指出：「但是實際上，血液的品質大概僅能維持兩週半左右。而過了這個時間後的血液，沒有人可以保證它是否還能維持效用，或維持到怎樣的程度。」這個四十二天的規則，是來自美國食品藥品監督管理局的規定，而那是依據紅血球一般上持續保持循環流動的時間所做出的決定。達克德說：「長久以來一直假定，如果紅血球還可以流通，那麼它就還具有功能，但是我們現在知道，情況並不必然如此。」

傳統上，醫生在輸血上的標準作法是，必須把嚴重外傷中所喪失的血液補充回來。「如果你失血了三品脫的量，他們就會給你輸血三品脫補回去。但是後來出現了後天免疫缺乏症候群與C型肝炎，捐贈的血液有時會受到污染，所以他們在進行輸血時，用量就比較節制，然後，他們驚訝地發現，沒有接受輸血的病人反而復原的狀況經常會更好。」結果證明，在某些個案中，讓病人維持貧血狀態，比起爲他輸入別人的血液，可能是較佳的作法，特別是如果血液已經儲存了一段時間（情況幾乎總是這樣），則更是如此。當血液銀行接到調血的請求，正常而言，它會先配送儲存最久的血液，以便在過期前用光放久了的存貨，也就是說，幾乎每個接受輸血的人都是輸入陳血。更糟的是，研究者發現，甚至輸血用的是新鮮血液，實際上也會妨礙接受者體內既存血液的功能展現。而正是在此處，我們可以來談談一氧化氮的作用。

大多數學者均認爲，血液大概隨時都平均分布全身。你此時手臂上有多少血量，就是它隨時會有的量。達克德對我解釋，實際上，情況完全不是如此。「如果你坐著，你的兩條腿就不需要太多的血量，因爲兩腿的組織對氧氣的需求並沒有那麼大。如果你突然跳起來開始跑步，那麼兩條腿很快就需要大量的血液。在很大的程度上，是由你的紅血球決定該往哪兒派送血液，因爲身體的需求隨時都在改變；而紅血球使用一氧化氮作爲傳遞訊息的分子。然而，從輸血輸入的血液卻會使訊息傳遞系統產生混亂。它會妨礙血液的運作。」

除此之外，在儲存血液上，也有某些實務上的困難。首先，血液必須以冷藏保存。這使得在戰地或事故現場上使用血液的難度變高；這相當令人遺憾，因爲正是這些地點會發生大量失血的慘況。在美國，每年有兩萬人在能夠送達醫院之前，便因失血致死。就全球來說，每年因失血致死的人數，據估計，可以高達二百五十萬人之譜。如果可以快速又安全地進行輸血，是可能挽救其中許多人的性命，也因此才會有人造產品的構想。

理論上，製作人造血應該相當容易，尤其因爲它並不需要具備眞正血液在運作上的許多功能，除開攜帶血紅素這項任務之外。達克德臉上掠過一絲微笑說道：「但在實務上，結果證明並非如此易如反掌。」他把紅血球類比成廢棄物回收場中那種可以吸住車子的電磁起重機，來解釋所涉及的困難。像個磁鐵的紅血球必須與肺臟中的氧分子產生連結，然後把它運送至目標細胞上。爲了達成這個任務，紅血球必須了解去哪裡取得氧氣，以及何時要釋放氧氣，而最重要的是，它不能半途就丟包氧氣。而這一點始終是人造血所遭遇的難題。甚至是製作最精良的人造血，也會偶爾發生扔下氧分子的事情，而如此一來，就會釋放鐵到血流之中。而鐵是個毒素。由於循環系統極端忙碌，即使意外發生的比率極爲微小，也會很快便累積到產生毒害的水平，所以運送系統必須相當精確完美。而在眞實人體上，確實如此。

研究者埋頭努力製造人造血，已經超過五十年之久，儘管已經耗費數百萬美元，但依然尚未實現那樣的目標。確實，其中的挫敗比突破還多。一九九〇年代，某些血液產品得以進入臨床試驗，但隨後就明顯見到，參加測試的病人發生多起令人擔憂的心臟病發作與中風。由於測試結果相當糟糕，二〇〇六年，美國食品藥品監督管理局便暫時停止了所有臨床試驗。自此以後，幾家藥廠便放棄了研發合成血液。如今，最佳作法只是去降低輸血的血量。加州的史丹佛醫院（Stanford Hospital）旗下的所有單位曾經進行一項實驗，他們鼓勵臨床醫師，除非絕對無法避免，不然就減少輸入紅血球這樣的治療方式。五年內，醫院的輸血降低了四分之一。結果不僅節省了一百六十萬美元的醫療開支，而且也使病人更少死亡、平均而言更快出院，連帶也減少了治療後的併發症。

然而，達克德與聖路易斯華盛頓大學的同事如今卻認爲，他們幾乎已經找到解方。他說：「我們現在可以運用奈米技術，這是以前沒有的事。」達克德的團隊發展出一套系統，可以將血紅素保持在一個聚合體殼狀物的內部。這個殼狀物的外型如同一般的紅血球，但大小縮減至大約五十分之一。這個產品的一個最大優勢是，它能以冷凍乾燥法進行處理，然後便可以在室溫下儲存將近兩年之久。在達克德與我會面之時，他相信他們在三年後就可以進行人體試驗，或許十年後便能在臨床上實際運用。

在此同時，只要想到，我們的身體每秒進行大約一百萬次的事情，但在全球科學界通力合作之下，迄今仍舊毫無辦法可以依樣畫葫蘆——這不禁令人有點汗顏。

8

化學部門

如果上帝恩准的話，我希望結石的毛病可以不要再復發了，直接排尿排掉就好。不過我會再去看醫生。

——山繆爾·皮普斯（Samuel Pepys）

1

糖尿病是個可怕的疾病，但它曾經更駭人，因爲人們幾乎對它束手無策。患有糖尿病的青少年一般在確診後一年內便會過世，而且死狀悽慘。以前，唯一降低人體內的血糖水平，因此而得以稍微延長一點壽命的作法是，使患者隨時保持在飢餓邊緣。有個十二歲的男孩是如此飢腸轆轆，結果被抓到他偷吃金絲雀籠子裡飼料盤上的鳥食。他最後如同所有糖尿病患者一般，在極度飢餓之下病懨懨死去。他死時的體重是二點五英石（stone；譯按：一英石約等於六點三五公斤）。

然後，一九二〇年代晚期，科學史上出現了一個堪稱最大快人心、最不可能美夢成眞的進展：加拿大安大略省（Ontario）倫敦市（London）的一名積極向上的年輕家庭醫師，在一本醫學期刊上讀到了一篇有關胰臟的文章，他頓時對治療方法心生一個點子。他名叫弗雷德里克・班廷（Frederick Banting）；由於對糖尿病所知甚少，他在筆記上甚至把

「diabetes」（糖尿病）錯拼成「diabetus」。他全無醫學研究的經驗，卻深信自己的想法值得實現。

任何想要治療糖尿病的人所要面對的挑戰是，人體的胰臟具有兩個截然不同的功能。胰臟主要致力於製造與分泌協助消化作用的酶，但它也包含稱爲胰島或蘭格爾翰斯島（Islets of Langerhans）的細胞叢集。一八六八年，柏林的一名醫學院學生保羅・蘭格爾翰斯（Paul Langerhans）發現了這些細胞；他坦率地承認，他不知道胰臟裡的這些細胞的作用何在。二十年後，一名法國人艾都瓦爾・拉格斯（Édouard Laguesse）推導出，這些細胞具有生產某種化學物質的功能。一開始，這種物質被稱爲「島素」（isletin），而如今則稱爲胰島素（insulin）。

胰島素是微小的蛋白質分子，在維持人體血糖極其微妙的平衡問題上，具有關鍵作用。血糖太多或太少都會造成嚴重後果。人體可說使用大量的胰島素。每個胰島素分子的壽命，僅維持五至十五分鐘左右，所以人體持續不斷有重新補充的需求。

在班廷的時代，學者已經熟知胰島素在控制糖尿病上的角色，但箇中難題是，如何從消化液中把它分離出來。班廷深信的（毫無根據的）主張是，如果你可以把胰管紮起來，不讓消化液進到腸道，那麼胰臟就會停止分泌。毫無任何理由可以假定，結果必然如此，但他說服了多倫多大學（University of Toronto）的一名教授麥克勞德（J. J. R. Macleod），讓他可以擁有實驗室的一些空間，以及一名助理，與幾隻實驗用的狗兒。

這位助理是加拿大裔美國人，名叫查爾斯·赫伯特·貝斯特（Charles Herbert Best）；他在緬因州（Maine）長大成人，父親是一名小鎮家庭醫師。貝斯特爲人認眞負責，而且態度積極，但如同班廷一般，他對糖尿病幾乎毫無認識，而且對實驗方法更是一無所知。然而，他們就這樣開始投入研究，把狗兒的胰管紮起來，而令人驚喜的是，實驗結果相當好。他們確實在每個實驗程序上都做錯了——如同某個觀察者所言，他們的實驗「構想錯誤、執行錯誤、詮釋錯誤」，但是，在幾週之內，他們便製造出純化的胰島素。

當糖尿病患者使用了這個胰島素後，效果僅能以奇蹟來形容。原本無精打彩、骨瘦如柴的病患，只能勉強稱爲還活著的這些人，迅速恢復到精力充沛的狀態。借用邁可．布利斯（Michael Bliss）完整可靠的著作《胰島素的發現》（The Discovery of Insulin）一書中所言，這是現代醫學迄今所帶來的最接近死而復生的空前事件。實驗室的另一名研究者科利普（J. B. Collip），提出了一個更有效的萃取胰島素的方法；很快地，人們便能大量生產胰島素，由此挽救了全世界糖尿病病人的性命。諾貝爾獎得主彼得．梅達沃宣告：「胰島素的發現，可能可以列爲現代醫學的第一個偉大勝利。」

對所有相關人士來說，這原本應該是個皆大歡喜的故事。一九二三年，班廷與實驗室的負責人麥克勞德一同榮獲諾貝爾生理醫學獎。班廷在得知消息時大感震驚。不只是因爲麥克勞德並未參與實驗工作，他甚至在班廷獲得突破性的實驗結果時，人不在國內；他當時在故鄉蘇格蘭過每年一次的長假。班廷明顯認爲，麥克勞德不配獲得這份榮耀；他宣布要與爲人可靠的助理貝斯特分享獎金。在此同時，科利普拒絕向團隊其他成員透露經過他改良的萃取方法；他也對外宣布說，他有意以自己的名字申請這個萃取程序的專利，因此激怒了其他人。至少有一次，班廷似乎突然怒火中燒，在出手攻擊科利普時被旁人拉開。

至於貝斯特，他無法忍受科利普或麥克勞德，而且，最後也不喜歡班廷的作爲。簡單來說，他們最終大概所有人彼此怨懟。不過，至少世人獲得了胰島素。

¶

糖尿病分成兩類。甚至可以說，這兩類其實分屬兩種疾病，雖然兩者都具有相同的併發症與症狀管理問題，但整體而言，在病理學層次上彼此相異。第一型糖尿病，身體完全停止製造胰島素。而第二型糖尿病，則是胰島素在表現上較無效率；原因通常由於胰島素的分泌量降低，或胰島素作用的對象細胞在反應上不達正常水準——這稱爲胰島素的阻抗現象。第一型糖尿病傾向於由遺傳而來，而第二型則通常是生活形態所導致的結果。不過，實際的致病機轉並非這般簡單。儘管第二型毫無疑義與不良生活方式有關，但它也往往會在家族內發生，這暗示有遺傳的成分在內。同樣地，雖然第一型與人體的人類白血球抗原（human leukocyte antigen）基因上的出錯有關，但卻只有某部分有該基因缺陷的人會罹患糖尿病——這意謂著，還有另外一些未被指認出來的促發因子。許多研究者懷疑，也許與病人早期曾經接觸各種各樣的病原體有所關連。有些研究者也暗示，與病人腸道的微生物失衡有關，或甚至可能與病人還處於胎兒時期，在子宮內孕育時的舒適感與營養充分與否有關。

而能夠指出的是，世界各地的糖尿病罹患率都在飆升中。在一九八〇與二〇一四年之間，全球罹患這兩型糖尿病的成人人數，從只是略微超過一億人，陡升至超過四億人以上。其中百分之九十的人是第二型糖尿病。第二型在發展中國家中的增長尤爲快速，因爲他們採行了，西方人那種飲食不均衡與缺乏運動的生活型態等不良習慣。但是，第一型的病人也在快速增加中；在芬蘭，自一九五〇年起至今，病患數已經上升了百分之五百五十。全球各地幾乎以每年百分之三至五左右的比率持續往上攀升，而無人了解箇中原因何在。

胰島素即便已經改善了數以百萬計的糖尿病患者的生活，但它並非是徹底的解決之道。首先，由於胰島素進入腸道後在未被吸收與利用之前便會被分解，所以無法口服，僅能透過注射給藥，而這個方式既煩人又粗野。在健康人體中，胰島素的水平時時受到監控與調節。而在糖尿病病人中，胰島素則只會在患者自行給藥之後，週期性地受到調節。這意謂著，胰島素的水平在大多數時間中依舊並不是那麼標準，而這可能會導致日積月累的負面效應。

胰島素是一種賀爾蒙。而賀爾蒙是身體的單車快遞員，穿梭在你這座人聲鼎沸的大都市中，到處傳送化學訊息。賀爾蒙（又稱激素）的定義是，在身體某部位製造出來，而能引發其他部位產生行動的任何物質；但除此之外，其他的特徵就不容易歸納出來。賀爾蒙的分子大小各異，具有不同的化學特性，作用的地點所在多有，而當它抵達目的地後也會產生相異的效應。有些賀爾蒙是蛋白質，有些是類固醇，有些則是來自一群稱爲胺（amine）的分子。賀爾蒙皆與用途，而非它的化學特性相關連。我們對於它的了解遠遠稱不上完整，而且，大多數已知的部分也不過是晚近才得知的知識——這一點著實令人驚訝。

牛津大學內分泌學教授約翰．華斯（John Wass）號稱是賀爾蒙的粉絲。他喜歡這麼說：「我愛賀爾蒙。」我們在牛津的一間咖啡館碰面，時間是週間一個冗長的工作日近晚，他緊抱著一落雜七雜八的文件走進來，但氣色看上去出奇地容光煥發，雖然他當天早上才剛飛抵國門；他之前去美國參加內分泌學會（Endocrine Society）的二〇一八年年度會議。

「簡直太瘋狂了，」他語調輕快地對我說：「總計有八千或一萬名的內分泌學學者從世界各地過來開會。會議從早上五點半開始，可以一直開到晚上九點鐘，所以就有許多要了解的東西，你最後就會有一大堆的東西要讀。」——他抖了抖那些文件——「是很有用，但就是有點瘋狂。」

爲了促進大眾對賀爾蒙本身與作用機制有更好的認識，華斯可說是個不知疲倦的活動家。「人體最後一個被發現的重要系統就是賀爾蒙。」他說：「而且我們依舊時時都有更新的發現。我知道我有偏見，但賀爾蒙眞的是非常讓人興奮的一門知識。」

甚至遲至一九五八年，我們也才獲悉有二十個左右的賀爾蒙。而如今，幾乎無人確切知道，到底存在有多少種賀爾蒙。「哦，我想，肯定至少有八十種，」華斯說：「但是，或許也可能多達一百種。我們眞的隨時都有更進一步的發現。」

直到最近，學者依然認爲，賀爾蒙是僅僅由人體的內分泌腺所製造（因此，有關醫學的這門分支領域的研究，才稱爲內分泌學）。內分泌腺是指直接將分泌物注入血流之中的腺體；相對而言，外分泌腺則是把分泌物流入某個表面之上（比如，汗腺分泌汗液到皮膚上，或唾液腺分泌唾液到口腔中）。主要的內分泌腺有：甲狀腺、副甲狀腺、腦下垂體、松果體、下視丘、胸腺、睪丸（男性）、卵巢（女性）與胰臟；這些腺體分布在全身各處，但彼此緊密合作。它們大多體積迷你，而且全部加總起來的總重量也不超過幾盎司，但對你的健康幸福所具有的重要性，完全與它們不起眼的大小不成比例。

腦下垂體深埋在你的腦部之內，就位在眼球的正後方，它的大小大約如同一顆焗豆（baked beans），但是它的作用卻可以無比巨大——這個說法毫不誇張。伊利諾伊州奧爾頓市（Alton）的羅伯特·瓦德羅（Robert Wadlow），是迄今世上身高最高的人；他罹患一種腦下垂體的病症，會不斷過度分泌生長激素，致使他不停成長。這名害羞而開朗的高個子，在八歲時，便長得比（正常身高的）父親還高，十二歲時的身高是六英尺十一英寸，當他在一九三六年高中畢業之時，身長已經超過八英尺——這一切全因爲，那顆位於他的頭顱中央的小焗豆在化學作用上，有點過度運作使然。他從未停止長高，在他最高之時，已經長到只比九英尺少一點。雖然他並不胖，但體重重達五百磅左右（幾乎等於三十五英石）。他穿的鞋子是美國尺寸的四十號鞋。在他剛過二十歲不久，他走起路來開始困難重重。爲了支撐自己，他的兩腿必須配戴支架，這造成他的皮膚經常擦傷，導致嚴重感染，後來引發敗血症；他於是在一九四〇年七月十五日入睡之後，就沒有再度醒來。他年僅二十二歲便英年早逝。他過世時的身高是八英尺十一英寸。他深得鄉親們的喜愛，至今依然備受歡迎與懷念。

非常諷刺的是，如此一副龐大的身軀，居然是肇因於一個極微小腺體上的功能失調。腦下垂體由於掌控如此之多的功能，經常被稱爲主腺體。它可以分泌（或調節其他腺體分泌）生長激素、皮質醇（cortisol）、雌激素、睪酮、催產素（oxytocin）、腎上腺素，以及許多其他的賀爾蒙。當你進行劇烈運動時，腦下垂體會大量釋放內啡肽到血液中。當你進食或做愛時，被釋放的化學物質同樣是內啡肽。它與鴉片劑有緊密的親緣性。它也是造就「跑者的亢奮感」（runner's high）的原因。你的生活幾乎在每一個面向上都有腦下垂體觸及的痕跡，但是一直要等到進入二十世紀之後，它的功能才獲得廣泛了解。

¶ 現代內分泌學這門學科，在起步階段時可說有點顛簸崎嶇，原因主要是出在，夏爾勒・艾都瓦爾・布朗—賽卡爾（Charles Édouard Brown-Séquard, 1817-94）這位頗富才氣的學者身上——他在研究上極有熱情，但在方向上卻帶有誤導性。布朗—賽卡爾名符其實是個多國籍人士。他出生在印度洋的島嶼模里西斯（Mauritius），使他既是模里西斯人又是英國人，因爲模里西斯當時屬於英國的殖民地；但他的母親是法國人，而父親是美國人，所以他宣稱，從他呱呱落地那一天起，他便擁有四個國籍。他從未見過父親一面，因爲他的父親是名船長，在兒子誕生之前就在海上失蹤。布朗—賽卡爾在法國長大成人，並受訓成爲一名醫生，但他之後經常往返美國、歐洲兩地，而且在兩地都很少久留。在一段長達二十五年的期間內，他橫渡了大西洋六十趟——在那個年代中，一生搭一次船都屬難得——他在英國、法國、瑞士與美國等地承接過許多不同職位的工作，而且在職時的表現大多卓越出眾。而在同一段時期內，他發表了九部著作與超過五百篇的論文，同時編輯三份期刊，並任教於哈佛大學、日內瓦大學（University of Geneva）、巴黎當時的醫學院（Faculté de Médecine）；他也到處講學，成爲癲癇、神經學、屍僵（rigor mortis）與腺體分泌等主題的首屈一指的權威專家。然而，他卻是在堂堂進入七十二歲之際的一八八九年，由於在巴黎所進行的一項實驗，讓他永久地保住了自己的盛名——雖然同時也帶點滑稽感。

布朗—賽卡爾研磨了家畜動物的睪丸（最常被提及的動物是狗與豬，但對於他偏好哪種動物，任何資料來源的作者似乎皆無共識），然後將萃取物注射到自己身上；他之後指出，他感覺自己如同四十歲一般生龍活虎。事實上，任何他所感受到的精力改善，全然是心理層面的效果。哺乳類動物的睪丸幾乎不含睪酮，因爲睪酮一經生成，就立刻送進身體裡面；無論如何，我們都很難從中榨出睪酮來。假使布朗—賽卡爾果眞吸收到了任何的睪酮，那也是微乎其微。儘管布朗—

賽卡爾在睪酮的回春效果上的說法大錯特錯，但他卻正確指出了睪酮所具有的潛力，而且，它的效力如此之強，以至於，今日人工合成的產品被視爲管制藥物。

布朗—賽卡爾對於睪酮的熱情，嚴重傷害了他在科學上的可信度；不過，反正他之後不久便過世了，但諷刺的是，他的努力卻促使了其他學者更爲嚴謹與系統化地去審視，控制我們生命的化學過程。

一九〇五年，在布朗—賽卡爾去世後十年，英國生理學家史塔林（E. H. Starling）創造了「賀爾蒙」（hormone）這個術語（這是來自劍橋大學一名研究古典文學的學者的建議；它出自字意爲「啓動」的希臘文），雖然科學界直到再過十年之後，才眞正在這個學門上有所進展。第一本專門談論內分泌學的期刊，在一九一七年才出刊問世，而總稱身體的無管腺體的「內分泌系統」這個名稱，則甚至更晚出現。它是由英國科學家霍爾丹（J. B. S. Haldane）在一九二七年所首度使用。

眞正的內分泌學之父可能是比布朗—賽卡爾還早一個世代的學者。

一八三〇年代，倫敦的蓋伊醫院（Guy's Hospital）有三位號稱「三巨擘」的傑出醫生，而湯瑪斯・艾迪森（Thomas Addison, 1793-1860）是其中之一。另兩人分別是：理查德・布萊特（Richard Bright）與湯瑪斯・何杰金（Thomas Hodgkin）。前者發現了布萊特氏病（Bright's disease；現今稱爲腎炎）；後者專攻淋巴系統的失調病症，而何杰金氏淋巴瘤（Hodgkin's lymphoma）與非何杰金氏淋巴瘤（non-Hodgkin's lymphoma）的命名，正是爲了紀念他的貢獻。三人中，大概就屬艾迪森最爲優異；而絕對可以肯定的是，他是三人之中最具生產力的研究者。他是第一位爲闌尾炎做出詳盡說明的學者，而且也是各種型態的貧血疾病的權威專家。至少有五種嚴重的醫學病症的名稱，以他的姓氏來命名，比如，最知名者爲艾迪森氏病（Addison's disease；至今仍通行此名）；艾迪森在一八五五年描述了這種腎上腺退化疾病，使該病成爲史上第一個被確認出來的賀爾蒙失調病症。艾迪森儘管名氣響亮，卻蒙受憂鬱症發作之苦；一八六〇年，在他鑑定出艾迪森氏病的五年之後，他辦理退休，去到布萊頓（Brighton）一地，並了結了自己的生命。

艾迪森氏病至今依然是嚴重的罕見疾病。每一萬人中大約會出現一例。羅患該病最知名的歷史人物即是約翰．甘迺迪；他在一九四七年被診斷患病，雖然他與家人總是斷然否認。事實上，甘迺迪不僅患有艾迪森氏病，而且還幸運地存活了下來。在那個年代，在糖皮質素（glucocorticoid；一種類固醇）尚未引進之前，百分之八十的患者在確診後一年內便會病故。

在我們會面之時，約翰．華斯特別關心艾迪森氏病。「它可能是個非常悲慘的病，因爲醫生很容易誤判它的症狀——主要是食慾喪失與體重減輕。」他對我說：「我最近談到了有關一名可愛的年輕女子的案例；她才二十三歲，前程似錦，卻死於艾迪森氏病，因爲她的醫生認爲她有厭食症，所以把她轉介給精神科醫師看診。艾迪森氏病實際上是由於皮質醇的水平失衡所引起——皮質醇是一種壓力賀爾蒙，負責調節血壓。有關皮質醇的悲劇是，如果你導正了皮質醇的問題，病患可以在短短三十分鐘內恢復成健康的正常人。她完全沒必要死。我大部分的工作都在對家庭醫生授課，我努力讓他們小心察覺那些常見的賀爾蒙失調問題。我們太容易視而不見了。」

¶

一九九五年，當紐約的洛克斐勒大學的一名遺傳學家傑弗里·弗里德曼（Jeffrey Friedman）發現了，一種沒有人認為可能存在的賀爾蒙時，內分泌學領域經歷了一場翻天覆地的騷動。弗里德曼將它命名為「瘦體素」（leptin；衍生自字意為「瘦」的希臘文）。瘦體素並非由內分泌腺所製造，而是來自脂肪細胞。正是這一點最受人矚目。沒有人曾經想過，賀爾蒙除了在專屬的腺體上分泌出來，是否還能在其他地方製造的問題。事實上，現今得知，人體周身各處都可以製造賀爾蒙，比如，胃部、肺臟、腎臟、胰臟、腦部、骨骼，總之，到處都可以。

瘦體素吸引各界廣泛而立即的關注，不只是因為它的產地令人訝異，更因為它所具有的功能使然：它有助於調節食慾。假使我們能控制瘦體素，那麼我們大概能夠幫助人們控制體重。在以老鼠所進行的研究中，科學家如其所願地發現了，藉由操控瘦體素的水平高低，他們可以讓老鼠臃腫或苗條。由此便誕生了一種特效藥。

接著，在萬眾期待之下，很快展開了人體的臨床試驗。本身有體重過重問題的志願受試者，每日接受瘦體素的注射藥劑，如此持續一年。然而，在一年終了時，這些人的體重還是與當初一樣過重。結果證明，瘦體素的作用完全不像所希望的那般簡單。在發現瘦體素的二十五年後的今天，我們依舊無法確切釐清它的作用機制，而且，想要利用它來協助控制體重的問題，也還未見明朗。

問題的關鍵點是，經由演化，我們的身體可以面對飲食匱乏的挑戰，而非過度富足。所以，瘦體素並非設計來告訴你停止進食。身體裡面沒有任何化學物質會告訴你這麼做。這也是為何你往往只會持續大吃大喝的主要原因。我們在面對食物時，只要情況許可，早已養成貪婪地狼吞虎嚥的習慣，而這是假定食物不虞匱乏的情形只會偶爾出現使然。

當身體完全沒有瘦體素時，你就會不停吃了又吃，因爲你的身體認爲你餓得要命。但當它被添加進飲食之中，在正常的情況下，它就不會對食慾造成任何可資辨別的影響。瘦體素的主要作用是告訴大腦，你是否有足夠的能量儲備，可以進行相對上較耗費精力的挑戰，比如懷孕或進入青春期。如果你的賀爾蒙認爲你處於挨餓狀態，便不會允許展開那些過程。由此也可知，那些罹患厭食症的年輕人經常會不斷推遲進入青春期的進程。「幾乎可以肯定的是，這也是爲什麼，比起古早時代來說，現在人們的青春期會提早幾年啓動的原因。」華斯說：「在英王亨利八世統治的時代，青春期開始在十六或十七歲。現在經常見到是十一歲。這幾乎肯定是營養改善所造成的影響。」

而使事態更加複雜的是，推動身體的生理過程，幾乎總是有超過一種以上的賀爾蒙在施加影響。在瘦體素面世的四年之後，科學家又發現了另一個參與調節食慾的賀爾蒙。它被稱爲「飢餓素」（ghrelin；前三個字母分別是「growth-hormone related」〔與成長激素相關的〕

的首字母），主要由胃部分泌，但也見於幾個其他的器官。當我們飢餓時，飢餓素的水平上升，但學者並不清楚究竟是飢餓素引發飢餓，抑或只是伴隨飢餓感發生。而影響食慾的因子還包括：甲狀腺、遺傳與文化因素、心情狀態與取得食物的難易程度（一碗放在桌上的花生，就讓人很難抗拒）、意志力、一天當中所處時段、季節，以及許多其他原因。沒有人知道，該如何把以上這一切因素濃縮製成一顆萬靈丹。

除此之外，大多數賀爾蒙都具有多重功能，這使得我們更難解析它的化學特性，進而也使改良更帶有風險。比如，飢餓素並不只在飢餓上有所作用，它也協助控制胰島素的水平與釋放生長激素。擅自改動其中一項功能，可能會擾亂其他功能的表現。

任何賀爾蒙所從事的調節任務，在種類上的多種多樣，可能令人困惑莫名。舉例而言，「催產素」爲人所知在促使人們產生依戀與關愛的感受上，扮演重要角色——有時也被稱爲「擁抱賀爾蒙」（hug hormone）——但它也在臉部辨識、分娩時促使子宮收縮、詮釋旁人心情狀態，與啓動哺乳母親的乳汁分泌等事情上，同樣具有重要作用。催產素爲何將這些特殊的專門化任務全都兜在一起，沒有人知道答案。它在親密關係與愛情上所起的作用，無疑是它最引人注目的特點，但同時間，人們對這一點的了解也是最爲欠缺。給母鼠投以催產素，會使牠爲不是自身子女的小鼠築巢，並且展現關愛呵護的行爲。然而，在以人爲對象的臨床試驗中則顯示，催產素的效用極低或完全不起作用。在某些個案中，催產素甚至違背常理地，使受試者表現更多的攻擊性與較不願合作的行爲。總之，賀爾蒙是一種錯綜複雜的分子。如同催產素，有些賀爾蒙本身既是賀爾蒙，也是神經傳導物質——亦即，分派給神經系統使用的訊息傳遞分子。簡單來說，賀爾蒙能者多勞，但幾乎每件事都複雜莫測。

¶

對於賀爾蒙這種無窮的複雜性，或許沒有人比得上德國生化學家阿道夫．布特南特（Adolf Butenandt, 1903-95）認識得更深了。他土生土長於布萊梅港（Bremerhaven），在馬爾堡大學（University of Marburg）與哥廷根大學（University of Göttingen）鑽研物理、生物與化學，但同時也會找時間從事相當耗費體力的活動。他熱愛劍術運動，而且不穿戴防護裝備，其中原因似乎是，德國當時的年輕男性流行展現「視謹愼爲無物」的氣魄，結果導致他在左邊臉頰上留下一條鋸齒狀的傷疤，但他看起來深深以此爲豪。他的人生熱情所繫是生物學（含括動物與人類），尤其是賀爾蒙這個領域，他以無比的耐性進行提煉與合成的研究工作。一九三一年，他收集了由哥廷根的警察所捐贈的海量尿液；有些資料來源指出，尿液量高達一萬五千公升，有些則說是二萬五千公升，但無論是哪個數字，肯定是遠超過大多數人所願意經手的數量，然而，他從這些尿液中提煉出了十五毫克的賀爾蒙雄酮。他也以同樣堅決的毅力，提煉出了其他好幾種賀爾蒙。比如，爲了分離出黃體素，他需要使用到五萬頭豬隻的卵巢。而爲了分離出第一個費洛蒙（性誘惑物質），則需要五十萬隻日本蠶的性腺。

由於布特南特非比尋常的專注力，他的種種發現促使了各種有用藥物的發展，比如，醫療用的合成類固醇、避孕藥等等。一九三九年，他在年僅三十六歲之際，便榮獲諾貝爾化學獎，但由於希特勒在見到諾貝爾和平獎授予一名猶太人後，便禁止德國人領取諾貝爾獎，以致布特南特無法前往領獎。（但他最後在一九四九年領到該獎項，只不過無法領取獎金。根據諾貝爾的遺囑所定下的條件，獲獎者如果未在一年內領取獎項的獎金部分，即喪失領取獎金的資格。）

長久以來，內分泌學家皆認為，睪酮是專屬於男性的賀爾蒙，而雌激素則專屬於女性，但事實上，男女兩性皆有製造與運用這兩種賀爾蒙。就男性來說，睪酮主要由睪丸製造，但也有一些來自腎上腺，而睪酮的任務有三：使男性具有生育能力；賦予男性比如低沉的嗓音與刮鬍子的需要等性別特徵；並且，它也深深影響男性的行為，不僅給予他們性驅力，也使他們偏愛冒險與攻擊。至於女性，睪酮則是由卵巢與腎上腺各製造一半，但總量比起男性少上許多；它也會增強女性的性慾，但幸運的是，不會導致她們的理智陷入混亂。

睪酮在一個面向上似乎對男性毫無好處，此即長壽與否的問題。想當然爾，決定壽命長短的因素很多，但有事實指出，遭閹割的男人的壽命，大約與女性一般長。睪酮究竟在哪一方面可能縮短男性的壽命，迄今尚未獲得解答。男性的睪酮水平在他們進入四十幾歲之後，開始每年下降百分之一左右，這促使許多男人服用補充劑，希望可以增強性衝動與精力水平。這麼做是否改善了性能力或整體魅力的展現，證據顯示至多也是極爲薄弱；但卻有遠遠更多的證據指出，服用補充劑可能導致心臟病發作或中風的風險增加。

2

當然，並非所有的腺體都很迷你。（提醒一下，腺體是指人體內任何會分泌化學物質的器官。）肝臟即是一個腺體，而相較於其餘的腺體，它可說超級巨大。全然發育成熟的肝臟，重達一點五公斤（大致與腦部的重量相當）；它填滿腹部中央的大部分空間，就位在橫隔膜的下方。嬰兒的肝臟不成比例地巨大，使得小嬰孩的肚子如此圓滾滾，相當討人喜歡。

肝臟在各個方面也是體內最繁忙的器官，而且它的功能是如此重要，一旦停止運作，你不出幾個鐘頭便會歸西。在它的諸多任務中，包括有製造賀爾蒙、蛋白質，與稱爲膽汁的消化液。它也過濾毒素、處理淘汰的紅血球、儲存與吸收維生素、將脂肪與蛋白質轉化爲碳水化合物，以及管理葡萄糖——這個過程對身體無比重要，只要葡萄糖的濃度降低幾分鐘，就足以引發器官衰竭，甚至腦傷。（確切而言，肝臟會將葡萄糖轉化爲肝醣——一種更爲緊密的化學物質。肝醣有點像是那種用收縮膜包裝的食物，所以你可以一次把好多個一起裝入冷凍庫中。當身體需要能量時，肝臟便會把肝醣重新轉回葡萄糖的形式，並把它釋放進血液之中。）肝臟參與了總計五百種左右的代謝過程。它基本上是個身體的實驗室。就在眼下此刻，你身體的全部血液便有大約四分之一是位在你的肝臟之中。

或許肝臟最神奇的特點是，它具有再生能力。你可以摘除三分之二的肝臟，然後，只要過了幾週，它又會長回原來的大小。「相較於原本的肝臟，新生的部分並不美觀，」荷蘭的遺傳學家漢斯・克萊弗斯（Hans Clevers）對我這麼說道：「它看起來有點破損與粗糙，但它在功能運作上，卻也算夠好了。這個再生的過程差不多還是個謎。我們不了解，肝臟如何知道要剛剛好長回原來的大小，然後就停止生長，但它有這個能力，對某些人來說，眞是件幸運的事。」

然而，肝臟的復原能力並非毫無止境。它可能遭受超過一百種的失調症狀，而且，其中許多病症皆屬嚴重等級。大多數人想到肝病，都以爲是過度飲酒所造成的後果，不過，酒精其實僅涉及慢性肝臟病症的三分之一左右。許多人從未聽過「非酒精性脂肪肝疾病」（non-alcoholic fatty liver disease），但它比肝硬化更常見，而且更令人困惑。比如，它與體重過重或肥胖強烈相關，但卻又有明顯的比例是發生在身材勻稱與苗條的病人身上。沒有人可以解釋箇中源由。總計有三分之一左右的人被認爲罹患該病的早期階段，但幸好其中大部分人從未進一步發展成疾。然而，對於其餘比較不走運的少數人來說，非酒精性脂肪肝疾病便意謂著，最終會惡化爲肝臟衰竭或其他的嚴重疾病。爲何某些人會惡化，而其他人卻可以逃過一劫，同樣還是個謎。或許最讓人緊張的面向是，病人通常完全不會遭受症狀折磨之苦，如此持續至肝臟大部分均受損病變爲止。而更加令人擔憂的是，該病已經開始在年輕孩童身上出現——在不久之前，還從未見識過如此的現象。就孩童與青少年來說，據估計，在美國有百分之十點七的比例，而全球則有百分之七點六，被認爲患有脂肪肝的病症。

另外一個許多人沒有充分意識到的風險，則是C型肝炎。依照美國的疾病管制與預防中心（Centers for Disease Control and Prevention）的統計，在一九四五至六五年間出生的美國人中，大約每三十人便有一人感染C型肝炎（總計有兩百萬人），卻對此渾然不覺。在那段時期出生的人之所以有較高的染病風險，主要是因爲，輸血用的血液遭受污染，以及吸毒人士共用針頭使然。C型肝炎可以在病患身上存在超過四十年或更久的時間，悄悄蠶食肝臟，而不爲病患所知。美國疾管中心估計，假使那些人皆能經由診斷確認並接受治療，單單美國就能挽救十二萬人的性命。

肝臟長久以來被視爲勇氣之所，這使得膽怯的人會被說成有「蒼白無血的肝」（lily-livered）。肝臟也被認爲是四種「體液」中的黑膽汁與黃膽汁的源頭；這兩種膽汁，分別代表憂鬱與怒氣，於是也被認爲對應於憂傷與憤怒。（另外兩種體液是血液與黏液。）古代的人們相信，體液這種液體會在人體內循環流動，並使一切保持平衡。有兩千年之久的時間，對體液的看法被運用於解釋人體的健康、長相、品味、性情等無所不包。在這個脈絡中，「humour」（體液）完全與娛樂無關。它來自字意爲「濕氣」的拉丁文。當我們今天說「humouring someone」（迎合某人），或某人「ill-humoured」（脾氣不好），並非在談使人發笑的能力，至少在詞源學上不是如此。

¶ 被置放於肝臟旁邊的兩個器官是胰臟與脾臟；兩者經常成對介紹，因爲它們彼此挨著彼此，而且尺寸類似，不過，這兩者實際上迥然有別。胰臟是個腺體，而脾臟不是。胰臟對生命至爲關鍵，而脾臟則是消耗品。胰臟是個如同果凍一般的器官，大約有六英寸（十五公分）長，形似一根香蕉，被塞在腹部上方的胃部後面。它除了分泌胰島素之外，也會分泌賀爾蒙升糖素（作用涉及調節血糖），以及消化酶，包括有胰蛋白酶、脂酶、澱粉酶（這些酶類有助於消化膽固醇與脂肪）。胰臟每天總計分泌超過一公升的胰液；就這種尺寸的器官來說，可說相當巨量。供烹煮食用的動物胰臟稱爲「sweetbread」（該字〔結合「sweet」與「bread」二字，直譯爲「甜麵包」〕首次在英文中留下紀錄是在一五六五年），不過，沒有人明白爲何如此命名，因爲它的滋味既不甜，也不像麵包。

而「pancreas」（胰臟）一字必須等到接近十年之後才被記錄於英文中，所以，「sweetbread」其實是更古遠的詞彙。

脾臟的大小大致與你的拳頭相當，重達半磅（二百二十克），位置比較高，位在你的胸腔左側下方。它的重責大任是，監控循環流動的血球狀況，並派遣白血球去對抗感染。它也協助免疫系統運作，並且擔任血液的庫存地，在身體突然有需要時，便能有更多的血液去供應肌肉使用。一個人如果被說成是「splenetic」（脾臟的），意指他生氣或憤怒，所以，我們生氣時，就會發「脾」氣。醫學院學生在學習如何記誦脾臟的主要特點時，會從一數到十一，但只數奇數：「1、3、5、7、9、11」。原因是，脾臟的大小是「1x3x5」（以英寸爲單位），重量約爲「7」盎司，位於第「9」與「11」根的肋骨之間——不過，所有數字除了最後兩個之外，其實都只是平均數而已。

位於肝臟下方，也與它緊密相連的器官是膽囊（gall bladder；也拼成「gallbladder」或「gall-bladder」，因爲拼寫上莫衷一是）。它是個奇怪的器官，因爲許多動物有膽囊，但也有很多動物沒有。而更離奇的是，長頸鹿有時有膽囊，有時則沒有。就人類來說，膽囊儲存肝臟分泌的膽汁，並把它注入腸道之中。（「gall」是膽汁〔bile〕的古字。）出於種種理由，相關的化學過程有時可能出錯，最後便導致了膽結石的發生。膽結石是一個常見疾病，傳統上認爲最常發生在具有「4F」特質的女性身上：「fat」（肥胖）、「fair」（白人）、「fertile」（未停經）、「forty」（四十歲以上）——這是一個醫生間非常流行的記憶口訣，但有人告訴我，這個判準可說高度不準確。多達四分之一的成人有膽結石，但通常無所察覺。只在偶爾有一顆結石堵住了膽囊的管道出口，才會引發腹痛。

膽結石（gallstone；正式名稱是「calculi」〔結石〕）的移除手術，如今已是常規化的治療方法，然而，膽結石曾經是一個經常危及生命的病症。直到十九世紀晚期，外科醫生才敢在上腹部動刀，因爲必須在那兒的所有重要器官與動脈之間摸索探尋，如此的手術風險太高。美國外科醫生威廉．史都華．豪斯泰德（William Stewart Halsted,1852-1922）是首波嘗試膽囊手術的醫生之一，他的醫術精湛，但行徑古怪（我將在第二十一章更全面地講述他的傳奇故事）。一八八二年，豪斯泰德還是一名年輕醫師，他便進行了史上首批的膽囊摘除手術，而其中一次的病人正是他自己的母親；在位於紐約州北部的老家住宅中，他在一張廚房的桌子上，爲母親動刀。而使這一切更受人矚目的是，在此時期，對於沒有膽囊的人是否可以繼續存活的問題，依舊毫無定論。當兒子在她的臉上蒙上浸濕氯仿的手帕時，豪斯泰德夫人是否清楚知道這個情況，並沒有任何紀錄可供查考。無論實況如何，她在手術過後最終也全然康復起來。（既諷刺又不幸的是，作爲該手術的先鋒人物豪斯泰德，卻在四十年後，自己接受膽囊手術過後病逝，而當時，這種手術已經普遍常見。）

豪斯泰德爲自己的母親動刀的故事，令人回想起更早幾年由一名德國外科醫生古斯塔夫．西蒙（Gustav Simon）所施行的一項手術：他在對後果毫無概念的情況下，摘除了一名女性病患的一顆受損的腎臟，結果，他開心地發現——想必病人也很開心——只剩下一顆腎臟並沒有讓她送命。那是史上首次有人理解到，只有一顆腎臟的人也能繼續存活。至於我們爲何有兩顆腎臟，則迄今多少還是個謎。當然，有個備胎是件很棒的事，但我們怎麼沒有兩顆心臟、肝臟或腦子呢？所以，有關我們爲何多出一顆腎臟，是一個讓人得以沾沾自喜的謎團。

腎臟總是被稱爲人體中一部經久耐用的機器。腎臟每天大約處理一百八十公升的水分（相當於浴缸盛滿至不能再滿的量），與一點五公斤的鹽分。相較於這樣的工作量，腎臟可說出奇地小；每個腎臟僅重達五盎司（一百四十克）。腎臟並非如同每個人所以爲的位於後腰部；它的位置要高一些，大約在胸腔的底部。右腎的位置總是較低一些，因爲它被呈非對稱性的肝臟往下壓。腎臟的主要功能是過濾廢物，但它也負責調節血液的化學組成、協助維持血壓、代謝維生素D，以及保持體內至爲緊要的水分與鹽分之間的平衡。攝食太多鹽分，你的腎臟便會從血液中濾除過多的部分，並送入膀胱，以便你可以經由排尿排除。如果鹽分攝取過少，腎臟就會從尿液中回收，以免鹽分流失。而箇中的難題是，如果你讓腎臟爲期過久地進行過多的濾除工作，腎臟就會疲憊不堪，並停止正常運作。當腎臟的效能降低，你血液中的鈉含量便會攀升，導致你的血壓飆升至危險等級。

比起大部分的其他器官，腎臟更容易在你行年漸長時喪失功能。在四十至七十歲之間，腎臟的過濾能力大約下降百分之五十。腎結石愈來愈常見，而罹患危及生命的其他病症的比例也在提高。美國自一九九〇年起，慢性腎病的死亡率即跳升百分之七十以上，而在某些發展中國家，比率更是有增無減。糖尿病是導致腎臟衰竭的首要病因，肥胖與高血壓也是重要的促發因子。

所有腎臟不會回收，不會再經由血液轉給身體運用的物質，便流向人體的第二個囊袋狀器官——即更爲人所熟知的膀胱來排出。兩顆腎臟都藉由稱爲輸尿管的管道與膀胱相連。而膀胱與本章所討論的其他器官有所不同的是，它沒有製造賀爾蒙（至少迄今尚未發現）或在身體的化學過程中具有任何作用，不過，它確實也擁有某種值得我們的尊敬之處。「Bladder」（膀胱；囊狀物）是有關人體詞彙最古老的字眼之一，可以追溯至盎格魯—撒克遜人的時代，比「kidney」（腎臟）與「urine」（尿液）這兩個字還更早出現六百年以上。古英語大多數中間帶有「d」音的文字，都變形成一個較輕柔的「th」音，所以，「feder」變成「feather」（羽毛），而「fader」變成「father」（父親），但是，出於不明原因，「bladder」抗拒了這個通用法則的拉力，始終如一維持原初的發音，如此持續超過一千年——很少有身體其他部位能夠宣稱擁有這樣的詞源學特色。

膀胱與氣球非常相像；它的用意是，當我們填滿它，它就會膨脹。（一名體型中等的男性，膀胱的容量大約一品脫；而女性則少上許多。）當年紀增長，膀胱會喪失彈性，無法如同先前那般擴張，這在某個程度上造成，年長者花費很多時間在尋找洗手間——依照許爾文・努蘭

（Sherwin Nuland）在《死亡的臉》（How We Die）一書中所言。直到最近，學者依然認爲，尿液與膀胱正常而言均爲無菌。某些細菌可能偶爾會潛入其中，引發輸尿管感染，但膀胱內並無長久存在的菌落。因此，二〇〇八年發起的「人類微生物群系計畫」（Human Microbiome Project）——該計畫旨在追查人體的所有微生物，並予以編目建檔——便把膀胱排除在探查之外。而我們現在知道，雖然數量上並非那麼顯而易見，但是在泌尿世界裡，至少也是有一些微生物出沒其中。

與膽囊、腎臟兩者一樣，膀胱的一個不走運的特點，即是往往會形成結石——由鈣與鹽類形成的硬化球狀物。今日幾乎難以想像，有好幾個世紀的時間，結石使人們備受煎熬的那種痛苦。因爲，結石非常難以處理，而且，結石在病人最終不得不接受風險極高的手術治療之前，經常已經長到相當大的尺寸。手術過程堪稱恐怖：單單這麼一個手術，便結合了讓人徹底難以忍受的疼痛、危險與屈辱感。病人會喝下鴉片劑與茄蔘屬植物（mandragora，某種毒茄蔘〔mandrake〕）所浸泡而成的茶湯，以便盡可能保持鎮靜，然後仰躺在一張桌子上，兩條腿整個朝頭部方向推去，接著，兩個膝蓋會被綁在胸部上，而兩條手臂則被綁在桌子上。在外科醫生探尋與清除結石時，通常會召來四名壯漢抓住病人以防躁動。不無意外的是，進行這項手術的外科醫生，更會由於他們速戰速決的表現而受到讚賞，而比較不是因爲他們的其他任何長處。

歷史上最著名的截石術（lithotomy），或稱移除結石的手術，大概是日記體作家山繆爾・皮普斯於一六五八年，在他二十五歲之時，所經歷的那檯手術。那是在皮普斯開始撰寫日記前兩年發生的事，所以我們看不到那個經驗的第一手報導，不過他之後經常生動地重提這場往事（包括他最後開始提筆寫日記時的第一篇在內），而且在滔滔不絕的講述中，他深陷在自己還會再度經歷那樣慘事的恐懼之中。

而箇中原因，並不難理解。皮普斯的結石有一顆網球那麼大（儘管一顆十七世紀的網球比現代網球還小上一點點，但是，平心而論，對於任何一個體內帶著那麼一顆網球的人來說，這樣的分辨眞的可說是學究味十足）。當四名壯漢按住皮普斯，外科醫生湯瑪斯．侯利爾（Thomas Hollyer）便從陰莖插入一只稱爲導向儀（itinerarium）的器具，伸進膀胱之中，用以固定住結石的位置。醫生然後拿起一把手術刀快速而熟練地——但會引發劇烈疼痛——在會陰部（介於陰囊與肛門之間的部位）切下三英寸長的切口。他接著剝開切口，可以看見抖動的膀胱，輕輕地在上面劃上一刀，然後穿過這個切口伸進一支鴨嘴鉗，把結石夾取出來。整場手術從開始到結束僅費時五十秒，但卻使皮普斯臥床數週，留下終生的精神創傷㉑。

侯利爾給皮普斯開出的手術費用是二十五先令，但這筆錢花得眞值得。侯利爾赫赫有名的原因，不僅是因爲他快刀斬亂麻的功力，而且也因爲他的病人絕大部分都會活下來。他可以在一年之內開上四十檯截石手術，而沒有任何一個病人術後不治——這堪稱是個不凡的成就。古時候的醫生並非總是像我們有時人云亦云以爲的那般危險與無能。他們可能對殺菌消毒完全沒有概念，但是一流的醫生並不會欠缺技巧與智慧。

至於皮普斯，他在手術過後的幾年之中，每到了大難不死的週年紀念日，都會特別進行祈禱，並安排晚宴。他把那顆結石保存在一只漆盒中；在往後的日子，只要一有機會，便會展示給任何樂意讚嘆一番的人瞧一瞧。而誰可以爲此責怪他呢？

21 皮普斯的病症經常被錯誤地說成是腎結石。很遺憾地，我也在拙作《家居生活簡史》（At Home: A Short History of Private Life）中，犯了同樣的錯誤。皮普斯本人是也有很多腎結石——他一輩子經常排出結石——但侯利爾醫生（在其他的報導中，他的姓氏有時也拼成「Hollier」）應該不可能從腎臟取出這樣一顆大結石，而不會同時使皮普斯送命。這則令人難忘的故事，完整地記錄在克蕾爾．托馬琳（Claire Tomalin）頗受好評的傳記著作《山繆爾．皮普斯：獨一無二的自我》（Samuel Pepys: The Unequalled Self）之中。

9

解剖室：骨骼

上天接走我的靈魂，而英格蘭埋藏我的骸骨！

——莎士比亞，《約翰王》（*The Life and Death of King John*）

1

當你走進一間解剖室，心中最強烈的印象是，人類的身體並非是一件巧奪天工的設計成品。它只是一攤肉而已。它與排列在房間周圍層架上那些教學用的軀幹塑膠模型，毫無相像之處。那些模型盡皆色彩斑斕、閃閃發光，如同兒童玩具一般。而解剖室中一具實際的人體，跟玩具簡直相差不可以道里計。它只是一具黯淡的肉體骨架，塞滿蒼白的無生命器官。我們會有點尷尬地意識到：平常能見到的生肉，是那些將會烹煮與品嚐的禽畜屠肉；而一支手臂的肌肉，一旦剝除了外部的皮膚，看起來與雞肉或火雞肉幾乎毫無二致。你只有在看見肌肉的末端連接著帶有手指、指甲的手掌時，才會恍然大悟那其實是人肉。而你可能還因此感到些許作嘔。

「摸摸看。」——班・歐利維爾博士對我這麼說。我們當時人在諾丁漢大學醫學院的解剖室內，站在一具男性大體之前，他正叫我注意胸腔上部一個已經分離開來的管狀物。這個東西之所以被切割出來，顯然是爲了展示說明之用。班指示我用戴著手套的手指伸進管子裡面摸看看。觸感硬邦邦，就像尚未下鍋煮的義大利麵，更仔細一點來說的話，就像是義大利粗管麵。這根管子爲何物，我毫無概念。

「那是大動脈。」班流露幾分自豪的神情說道。

坦白說，我大感訝異。「所以，那個是心臟囉？」我一邊指著管子旁邊一團不成形的東西，一邊問。

班點點頭。「而這個是肝臟……胰臟……腎臟……脾臟。」他依次對我指出腹部裡的其他器官；而在此同時，他有時會輕輕推開某個器官，以便讓我看到在它後面或下面的另一個器官。這些器官通通不像塑膠教學模型那般位置固定與質感堅硬，反而很容易移動。這令我聯想起，約莫就像是一堆水球的感覺。那兒當然還有許多其他的東西，比如一條條的血管、神經與肌腱，還有多到不行的腸子，看起來有點像是被隨便塞進來，彷彿這個可憐的無名氏還活著時，在忙亂之中不得不這樣爲自己打包。很難想像，如此紊亂無序的內裝，過去如何能夠執行所需要的任務，讓我們眼前這具一動不動的身體，可以坐起來、思考、大笑與生活。

「死了就死了，你不會弄錯。」班對我說：「活人看起來活生生，但其實裡面比外面更活躍。當你經由手術將裡面的器官掀開來看，它們散發著光澤，還會跳動。這些器官確切無疑就是活生生的東西。但只要人一死，它們就失去了這些特性。」

我的老朋友班，是一名傑出的學者與外科醫師。他是諾丁漢大學創傷外科的臨床副教授，也是市區裡的女王醫學中心（Queen's Medical Centre）的創傷外科專科醫師。人體完全沒有不讓他著迷的部位或組織。當他努力告訴我「所有一切」他所感興趣的人體細節，我們似乎不斷在同樣的字眼上打轉，因爲眞的是「所有一切」的人體面向都讓他充滿興致。

他說：「只要想想手部跟手腕的功能表現，你就會知道我的意思。」

他輕輕拉動那具大體前臂上靠近手肘的一條外露的肌腱，然後我吃驚地發現，大體的小手指動了起來。班對我的驚訝表情微微一笑，便解釋說，我們在手部的小小空間內配置了太多的零件，使得許多功能不得不由遠端來調控，就像操縱牽線木偶一樣。「如果你握緊拳頭，你也會感覺自己的前臂上也同樣緊繃起來。原因就是，手臂上的肌肉擔負起了大多數的功能。」

他接著用戴著藍色塑膠手套的手，輕輕轉動那具大體的手腕，宛如在進行某種檢查程序。「手腕本身就是個美妙的部位，」他繼續說：「每樣東西都經過這裡，比如肌肉、神經、血管，反正應有盡有，但是，手腕同時間又必須完全活動自如。想想看你的手腕所必須做的所有動作，比如，轉開果醬瓶蓋、向人揮手說再見、往門鎖轉動鑰匙、更換燈泡。它本身就是一件經過精密構思的絕妙設計。」

班的專業領域是骨外科（orthopaedics），所以他熱愛骨骼、肌腱與軟骨（亦即人體賴以生存的基礎結構），一如其他人珍愛天價房車或佳釀名酒。「看到這個了嗎？」他一邊說，一邊輕敲位於拇指底部的一塊小小的、顏色極白、外觀光滑的突出物；我以爲是一小截裸露的骨頭。「不是。這是軟骨。」他更正我的說法。「軟骨同樣是非常出色的東西。它比玻璃還要光滑好幾倍，而它的摩擦係數小於冰塊的五分之一。想像一下一個表面非常光滑的場地，可以使冰上曲棍球的球員溜冰的速度快上十六倍——這就是軟骨。但它不像冰塊那麼易碎。它在壓力之下不會如同冰塊那樣裂開。我們居然可以自動長出這樣的玩意兒。而且它還是活的東西。在工程學或科學中，完全找不到可以跟它相提並論的東西。地球上現存的大多數最佳的工程設計產品，恰巧就長在我們的身體裡面。而所有人竟然幾乎都認爲這是天經地義的事情。」

在我們離開前，班更爲仔細地檢查了那個手腕一會兒。「順便說一下，我們絕對不應該企圖割腕自殺。」他說：「所有經過手腕的東西，都包裹在一個叫作筋膜鞘的保護套裡面，這會使得想要切到動脈變得困難重重。大多數割腕的人都沒有成功，這無疑是件好事。」他若有所思，然後又加了一句：「從高樓跳下，同樣也很難輕生。雙腿會成爲某種緩衝裝置。你會把自己弄得又慘又糟，但卻非常有可能活了下來。自殺其實難度很高。我們不是被設計成來死的。」在一間存放許多死屍的大房間中，這些話聽起來有些嘲諷，但我了解他的意思。

¶

諾丁漢大學的解剖室在大多數時間中都擠滿了醫學院學生，但是在班．歐利維爾帶我四處參觀的時候，正值暑假期間。有時候會有另外兩人加入我們的行列：一位是大學裡的解剖學講師莎帆．勞娜，另一位是解剖學副教授瑪格麗特．普拉頓（Margaret Pratten；暱稱「瑪姬」〔Margy〕），而她也是解剖學教學部門的主任。

解剖室的空間寬敞、照明充足，乾淨程度符合醫療標準，而且室溫涼冷；而沿著室內各處，則放置了十二張解剖工作檯。一股類似鎮痛藥膏的防腐劑的氣味飄浮在空氣中。「我們剛剛改變了藥劑配方，」莎帆解釋說：「它的保存效果更好，但就是味道有點濃。防腐劑的主要成分是甲醛與酒精。」

大多數的屍體都被切分開來（正式用語是「橫切」〔transect〕），以方便學生可以聚焦在特別的部位上，比如，一條腿、一塊肩膀或一截頸子。這裡每年大約需要使用五十具人體。我請教瑪姬是否很難找到大體的捐贈者。「不會。恰恰相反。」她回答道：「捐贈量還超過我們的需求量。我們不得不婉拒一些捐贈的大體，比如，如果死者生前罹患了庫賈氏症（Creutzfeldt-Jakob disease），就不會接受，因爲屍體仍有引發感染的風險；或是，如果死者過度肥胖也不行。」（過於龐大的屍身會造成實際處理上的困難。）

瑪姬補充說明：在諾丁漢大學，有一個不成文的規定：對於任一具經過裁切的屍體，他們只會保留其中的三分之一。這些留下來的部分可能會被保存許多年。「而其餘的部分，則會返還給家屬，好讓他們可以辦理喪葬儀式。」完整的屍身一般上不會保存超過三年的時間，之後便會送去火化。醫學院的教職員與學生通常都會出席悼祭儀式。瑪姬始終堅持要前往參加。

在討論這些已經被小心切分的大體——它們之後還會轉給學生們進行進一步的切割與探究——瑪姬的話聽來似乎有些奇怪，但是，在諾丁漢大學，他們嚴格要求自己要對這些遺體保持敬意。並非所有的教學機構的作法均如此嚴謹。在我到訪諾丁漢大學不久之後，美國就發生一件一時甚囂塵上的醜聞：來自康乃狄克大學（University of Connecticut）的一名助理教授與幾名研究生，被拍到在耶魯大學的解剖室中，拎著兩顆被切下來的頭顱擺姿勢玩自拍。英國的法律規定，解剖室內禁止攝影。在諾丁漢大學，你甚至不能攜帶手機入內。

瑪姬對我說：「這些大體都是真實的人，他們曾經懷抱希望與夢想，有家人相伴，擁有所有人之所以為人的一切特質，而他們捐贈自己的身體來幫助其他人，他們的精神可說是無比崇高，所以我們非常努力提醒自己，一定不要忘記這一點。」

¶

說來令人訝異，醫療科學經過了相當漫長的時間之後，才對人體內部的組成物件與功能運作，產生濃厚的探究興趣。一直到文藝復興時期，人體解剖仍舊廣泛受到禁止，即便到了對此比較寬容的時代，仍然沒有太多人有膽一試。只有少數無畏之士出於知識之名才下刀切開了人體，達文西便是其中最知名的一位，但甚至是他，也在筆記中寫道：腐爛的屍體眞是令人厭惡。

而在過去，獲取屍體樣本也幾乎總是困難重重。偉大的解剖學家安德雷亞斯．維薩里斯（Andreas Vesalius）在年輕時，想要取得一具遺體來做研究，他只好回到他的家鄉魯汶（Leuven；位於布魯塞爾〔Brussels〕東邊的法蘭德斯〔Flanders〕地區）的郊區，去偷取遭絞刑架處決的殺人犯屍首。而英格蘭的威廉．哈維，他是如此渴求一具遺體，使他乾脆解剖自己往生的父親與姊姊。同樣詭異的是，義大利的解剖學家加布里瓦．法羅皮奧（Gabriele Fallopio〔亦拼作Fallopio〕；輸卵管〔fallopian tube〕，即是依他的姓氏命名）獲得了一名尚未受刑的罪犯，並且收到指示說，他可以按照最適合他的需要的方式來讓罪犯送命。法羅皮奧與罪犯看來一同採取了相對上較爲人道的作法：吞下過量的鴉片劑。

在英國，因謀殺而被施以絞刑的罪犯遺體，都會分發給當地醫學院作爲解剖之用，但是屍體數量始終供不應求。由於屍體短缺，從教堂墓地偷出遺體的非法交易便應運而生。許多人活在深怕他們死後的屍身被挖出、被凌辱的嚴重恐懼當中。號稱「愛爾蘭巨人」、當時遠近馳名的查爾斯・柏恩（Charles Byrne, 1761-83）的故事，即是其中一樁著名的事例。柏恩的身高有七英尺七英寸，是當時歐洲身形最高的人。而解剖學家與收藏家約翰・亨特（John Hunter）覬覦起了他的一身骨骼。柏恩深怕自己遭到解剖切割，於是進行了生前安排：在他死後，他的棺材會被運往大海，然後沉入深不見底的汪洋之中。但是，亨特設法賄賂了與柏恩達成協定的船東，於是，柏恩的遺體後來被運送至亨特位於倫敦的伯爵府區（Earl's Court）的宅邸中，幾乎在屍身猶有餘溫之時，便被大卸八塊。而在數十年之久的期間中，柏恩高瘦的骸骨一直懸掛在倫敦的皇家外科學院（Royal College of Surgeons）裡面的亨特博物館（Hunterian Museum）中的一個展示櫃內。不過，二〇一八年，該博物館爲了進行整修工程因而閉館三年，於是人們談論起了，應該依照柏恩的遺願，爲他進行海葬一事。

由於醫學院的數量激增，有關大體供應的難題只是更加雪上加霜。一八三一年，倫敦有九百名醫學院學生，但僅有十一具遭處決的屍體可以讓他們共用於研究與學習。隔年，國會通過了「解剖法案」（Anatomy Act），對於盜墓行爲祭出更爲嚴厲的懲罰，但同時也允許解剖教學機構可以要求擁有，在勞動濟貧所中一文不名死去的人們的屍體，這使得許多窮人非常不滿，但卻大大增加了遺體的供應量。

隨著學院的人體解剖數量的增加，有關醫學與解剖的教科書水平也同時有所提升。在這個時期中，最具權威性的解剖學著作——而且影響力迄今不歇——是《解剖學的描述分析與外科應用》（Anatomy,

Descriptive and Surgical）一書，初版於一八五八年在倫敦面世，此後則以作者亨利．格雷（Henry Gray）之名，將該書稱為《格雷氏解剖學》（Gray's Anatomy）而廣為人知。

亨利．格雷，是位於倫敦的海德公園角（Hyde Park Corner）上的聖喬治醫院（St George's Hospital；這棟建築依然矗立在此，不過如今已是一間豪華飯店）裡一名年輕的解剖教學人員，前程似錦，而他決定要製作一本最完整可靠的現代解剖學指南。一八五五年，格雷年僅二十幾歲即展開了這項志業。在插圖繪製方面，他委託給聖喬治醫院一名醫科學生亨利．范戴克．卡特（Henry Vandyke Carter）負責，為期十五個月，並允諾支付他一百五十英鎊的費用。卡特本人害羞成性，但天賦異稟。所有插圖必須以相反方向畫成，如此才能在紙上印成方位正確的圖樣——這堪稱是個不可能的任務。然而，卡特不僅繪製出三百六十三幅圖畫，而且也完成了幾乎所有的解剖作業與其他事前準備工作。儘管市面上已經有許多其他的解剖學書籍，但根據某位傳記作者指出，《格雷氏解剖學》「使所有其他著作相形失色，某部分原因是它在細節上一絲不苟，或是它對外科解剖上的強調，但主要原因或許是傑出的插圖以致」。

作爲合作者，格雷的參與根本微不足道。如今並不清楚他最後是否支付了卡特全額的費用，或者完全沒付錢。可以確定的是，他從未與卡特分享版稅。他指示印刷廠縮小書名頁上卡特名字的字級，並移除提及卡特醫學學歷的文字，使卡特看起來就像個短期雇用的插圖繪者。而書背上，則僅出現格雷的名字，這也是爲何人們會稱呼該書爲《格雷氏解剖學》，而非《格雷氏與卡特氏解剖學》的原因，儘管理當後者才合理。

該書甫一上市，立即有口皆碑，但格雷並沒有享受太久成功的滋味。在出版三年後的一八六一年，他便死於天花，得年僅三十四歲。而卡特的境況則好上一些。他在該書出版那年便遷往印度，成爲格蘭特醫學院（Grant Medical College）的解剖學與生理學教授，之後也擔任該校校長。他在印度悠悠度過三十載的人生，然後在退休後，回到北約克郡（North Yorkshire）的海岸城市斯卡布羅（Scarborough）享受餘生。一八九七年，他在六十六歲生日的兩週前，因肺結核病逝。

2

我們對身體骨架的要求相當多。骨骼必須既牢固，但又具有柔韌度。我們需要穩定站立，而且又能彎曲與扭動。如同班．歐利維爾所說：「人體既柔軟又堅固。」當你站立時，膝蓋必須卡進既定位置，但是爲了讓我們可以坐下、跪下或到處走動，膝蓋又必須立刻可以鬆開，並彎曲將近一百四十度——而且，我們還必須以某種優雅與流暢來進行所有這些動作，如此日復一日，持續數十多年。可以想一想你曾經看過的大多數的機器人，在動作上與眞人相距甚遠的那種忽動忽停的模樣：它們走動吃力；在爬樓梯或在非平坦地面行走時，姿勢東歪西斜；而在遊樂場中，爲了趕上任何一名三歲孩童，一副不知所措的絕望表現——那麼，你便能領會，我們果眞是技藝高超的造物。

一般上都說我們擁有二百零六根骨頭，但實際數字可能約略因人而異。每八人就有一人長有多出來的第十三對肋骨，而患有唐氏症的人則通常會少一對肋骨。所以，對許多人來說，「二百零六」這個數字只是近似值；而且，這個數字並沒有納入那些迷你的籽骨（sesamoid）——這些小骨頭散布在我們的肌腱之中，主要可見於手部與足部。（「sesamoid」這個字，意指「如同芝麻〔sesame〕籽一般」；在大多數時候，這是個恰當的描述，但並非總是如此。比如，膝蓋骨，又稱髕骨，也屬於籽骨，儘管幾乎與芝麻毫不相像。）

你的骨頭絕非平均分布全身。單單你的雙腳就有五十二塊骨頭，是你的脊椎骨的兩倍。雙手與雙腳總計占有全身骨頭的一半以上。那些由相當多骨頭所組成的部位，並不必然意謂那兒比起其他部位更迫切需要骨頭，原因只是演化的過程以致，就這麼留在那裡。

我們的骨頭並不僅止於使我們免於散架崩塌。除了提供支撐之外，骨頭也保護我們的內在臟器、製造血球、儲存化學物質、傳導聲音（比如中耳內的聽小骨），甚至也可能改善我們的記憶力與鼓舞我們的精神——這是奠基於近來對賀爾蒙「骨鈣素」（osteocalcin）的發現。直到二十一世紀初，依舊無人知道骨頭也能分泌賀爾蒙，但是之後，哥倫比亞大學的醫學中心的遺傳學家杰拉德．卡森帝（Gerard Karsenty）理解到，由骨骼所製造的骨鈣素，不僅是一種賀爾蒙，而且似乎涉及身體各處大多數重要的調節機能：從協助管理葡萄糖水平、增強男性的生育力、影響我們的心情狀態，到維持記憶的運作能力不等。先不論其他種種，骨鈣素可能有助於解釋一個長久以來的謎團，亦即，為何規律運動能夠延緩阿茲海默症的惡化：運動能使骨骼更為強健，而強化的骨骼則會分泌更多的骨鈣素。

一般而言，一根骨頭含有大約百分之七十的無機質，與百分之三十的有機質。而骨頭中最基本的成分是膠原蛋白。膠原蛋白是人體內最為豐富的蛋白質，占有全部蛋白質的百分之四十；它具有很強的適應能力。膠原蛋白組成了眼球的眼白（鞏膜）與透明的角膜。就肌肉來說，它形成肌肉纖維，而肌肉纖維的表現同繩索一般，被拉伸時，可以展現強勁的韌性，而整個被推在一起時，就會鬆垮下來。如此的特性，對肌肉來說很好，但就會不利於你的牙齒。所以，如果需要維持恆久的堅硬度，膠原蛋白經常會結合一種在被緊壓時能展現強勁抗力的礦物質「羥磷灰石」（hydroxyapatite），而如此一來，身體便能製造出如同骨骼與牙齒這般表現良好的堅固結構。

我們往往會以爲骨頭有點像是一堆死氣沉沉的鷹架，不過，骨骼當然也是活生生的組織。骨頭如同肌肉一般，經由運動鍛鍊與經常使用，也會成長茁壯。瑪姬．普拉頓對我說：「職業網球選手發球的那隻手臂裡的骨頭，可以比另一隻手裡的骨頭更粗更壯百分之三十。」而且她還是引用拉斐爾．納達爾（Rafael Nadal）作爲例子來說明。從顯微鏡觀看骨組織，你會見到大量錯綜複雜的具生產力的細胞，如同任何其他活物一般。而骨頭的建構方式，則使這些細胞出奇地既強健又輕盈。

「骨頭比鋼筋混凝土還要強而有力，」班說：「但又足夠輕巧，可以讓我們短跑衝刺。」你全身骨頭的總重量不超過二十磅（九公斤）左右，但大多數都能承受將近一公噸重的壓力。「骨頭也是人體中唯一不會留下疤痕的組織，」班繼續說：「如果你骨折跌斷了腿，當它復原之後，你無法辨別骨頭是在哪裡斷掉。不過，這項特點完全沒有什麼實際上的特別益處；骨頭似乎只是想要一切完美無缺而已。」更引人注目的是，骨頭會填補空缺，長回原狀。「你可以從一條腿拿走將近三十公分長的骨頭，然後使用外部固定支架與某種支撐器具，就能使骨頭長回來。」班說：「人體沒有任何其他部位可以做到這件事。」總之，骨頭分外富有活力。

¶

使你能夠直立與活動的重要基礎結構，想當然爾，骨骼只是其中之一。你還需要來自大量的肌肉與各種各樣的肌腱、韌帶與軟骨的巧妙配合。大多數人並不十分清楚這些各式組織對我們究竟功能何在，而它們之間又有何相異之處。我想，這麼說應該八九不離十。所以，在此提供一份簡短的介紹。

肌腱與韌帶屬於結締組織。肌腱連結肌肉與骨骼，而韌帶則負責骨骼之間的連結。肌腱具有彈性，而韌帶的彈性程度較低。肌腱基本上是肌肉的延伸。當人們談及筋肉（sinew），其實就是指稱肌腱。如果你想看見肌腱，可以這麼做：首先，將手掌朝上，然後握拳，就會看見手腕下方形成了一條凸脊，那就是肌腱。

肌腱強而有力，一般上要花很大的力氣才能撕裂肌腱，不過，供應肌腱的血液少之又少，所以受傷後需要較長的時間才能康復。但它至少比軟骨好一點，因爲，軟骨毫無血液供應，以致幾乎沒有復原能力。

無論你的骨架多麼嬌小，你都有大量的肌肉。你總計擁有超過六百條肌肉。我們往往只有在肌肉痠痛時，才會注意到肌肉的存在。然而，肌肉毫無疑義日以繼夜在爲我們服務，項目有上千種，但卻得不到我們的青睞：比如，噘起嘴唇、眨動眼皮、讓食物往消化管道前進等等。只是爲了讓我們站起來，便必須動用到一百條肌肉。而爲了讓你此刻可以閱讀眼下的這些文字，你需要十二條肌肉來轉動眼珠。最簡單的手部動作，比如，動一動大拇指，就涉及十條肌肉參與其中。而且，人體還有許多肌肉是我們從未想過那原來也是肌肉之一，比如，舌頭與心臟。解剖學者以功能來爲肌肉分類。屈肌讓關節彎曲，伸肌讓關節展開；提肌可以抬高身體部位，降肌則使身體部位下降；外展肌能使身體部位向外展開，內收肌則將它收回來；括約肌的收縮，可以關閉身體的管腔。

如果你是一名身材苗條但不致清瘦的男性，那麼你的肌肉大約占有全身的百分之四十，而如果你是身材比例類似的女性，則肌肉含量會略微少一些；而爲了維持這麼多肌肉的運作，在你處於休息狀態時，會消耗你可用能量的百分之四十，而如果你處於活動狀態，消耗量則會多上許多。由於維繫肌肉的成本高昂，只要我們不使用肌肉，它很快便會喪失結實度。根據美國國家航太總署（NASA）的研究指出，即便是執行五至十一天不等的短期任務的太空人，也會喪失將近百分之二十的肌肉量。（他們的骨密度也會下降。）

宛如高超靈巧的編舞設計一般，肌肉、骨骼、肌腱等所有舞者會相互協同運作。而你的手部正是說明這個機制的最佳範例。你的兩隻手各有二十九根骨頭、十七束肌肉（再加上另外十八束位於前臂但控制手部動作的肌肉）、兩條主要動脈、三條主要神經（其中一條是尺神經；那是當你的「有趣的骨頭」〔funny bone，亦即手肘上的尺骨端〕遭撞擊時，會讓你產生酥麻感的神經），以及另外四十五條各有名稱的神經，與一百二十三條同樣各有名稱的韌帶，所有這些元件皆必須精確而巧妙地協調彼此的每一個動作。十九世紀蘇格蘭偉大的外科醫生與解剖學家查爾斯·貝爾爵士（Sir Charles Bell）認爲，雙手是人體最完美的創造，甚至比眼睛更盡善盡美。他把他的經典著作命名爲《手的機制與彰顯巧思的天賦大能》（The Hand: Its Mechanism and Vital Endowments as Evincing Design），他使用這個書名的意思是，雙手是上帝造物的明證。

手部的確是個絕妙的創造，但並非其中每個部分盡皆如此。如果你彎曲手指形成拳頭，然後試著一次伸直一根指頭，你便會發現，前兩隻手指還算可以順利彈出，但無名指似乎一點都不願意伸直。無名指植根於手部的位置，意謂著它無法對精確動作著力太多，所以它在肌肉系統中可資辨別的特色也就比較少。令人訝異的是，並非所有人的手部都擁有相同的組成部件。大約有百分之十四的人缺乏一條稱爲掌長肌（palmaris longus muscle）的肌肉；該肌肉有助於手掌維持緊繃狀態。對於需要展現強勁抓握力的頂尖男女運動員來說，罕見有人失去這條肌肉，不然它其實可有可無。事實上，該肌肉的肌腱端可說並非不可或缺，所以外科醫生經常取用它來作爲移植肌腱之用。

很多書上經常指出，我們的拇指在位置上與其他手指相對而望（如此一來，拇指便能碰觸其他手指，賦予我們更好的抓握能力），彷彿這是人類所獨有的特徵。其實，大部分的靈長類動物都擁有與其他手指相對的拇指。我們的拇指只是更爲柔軟易彎，也更靈活自如。人類的拇指確實擁有未在任何其他動物身上發現的三條小巧但名稱搶眼的肌肉，甚至連黑猩猩都沒有：伸拇短肌（extensor pollicis brevis muscle）、屈拇長肌（flexor pollicis longus muscle）與第一亨勒氏掌側骨間肌（first volar interosseous of Henle）[22]。這些肌肉協力合作，讓我們可以既穩固又精確地抓握與操弄工具。你可能從未聽過這三條肌肉的名字，但它們是人類文明發展的關鍵所在。如果沒有這三條肌肉，我們至今最傑出的集體成就恐怕只是，拿棍子從蟻窩裡掏出螞蟻。

「拇指不只是與其他手指不同、形狀比較粗短而已。」班對我說：「它實際上與手掌連接的方式也不一樣。幾乎沒有人注意到這一點，但

22 人類身體充滿以「亨勒氏」命名的部位。眼睛裡有亨勒氏結膜隱窩（crypts of Henle）、子宮裡有亨勒氏壺腹（Henle's ampulla）、腹部裡有亨勒氏韌帶（Henle's ligament）、腎臟裡有亨勒氏小管（Henle's tubule），另外還有好幾個如此的名稱，可說不勝枚舉。這些全部出自一位忙於研究的德國解剖學家雅各布．亨勒（Jakob Henle, 1809-85）的發現所得，不過，他卻出奇地籍籍無名。

我們的拇指是斜向一邊。拇指的指甲並沒有與其他手指一樣面對同一個方向。你會用手指的指尖敲打電腦鍵盤，而輪到拇指時，則只能使用拇指的側邊。這正是所謂『與其他手指相對的拇指』所要表達的意思。這意謂著我們擅長抓握。拇指也很會旋轉；相比於其他手指，拇指搖擺畫圈的幅度也相當大。」

有鑑於手指的重要性，我們在手指的命名上卻令人意外地敷衍。詢問大多數人說，我們有幾根手指，答案一例是十根。再問他們說，第一根手指是哪一根，幾乎所有人都會伸出食指，如此一來就忽略了緊鄰的拇指，並編派給了它不同的地位。然後再問說，他們如何稱呼下一根手指，他們的回答是中指——但是，如果它眞是位居中間的手指，那麼我們就必須有五根手指，而不是四根。最後，甚至大多數的辭典也無法斷定，到底我們有八根手指或是十根。大多數的定義都指稱手指是「手部的五個終端部位之一，或是拇指除外的四個分支之一」。出於這種不確定性，甚至醫生也無法爲手指編號，因爲對於「一號手指」是指哪一根，並沒有共識。對於手部的大部分構成單元，醫生通常會使用拉丁文醫學術語來表達，然而，詭異的是，手指除外；他們對五根手指的稱呼，依序是「thumb」（拇指）、「index」（食指）、「long」（中指）、「ring」（無名指）與「little」（小指）。

我們對於手部與手腕兩者在力度上大小的了解，大部分是來自於，一九三〇年代一名法國醫生皮耶·巴貝（Pierre Barbet）所進行的一系列令人難以置信的實驗。巴貝是巴黎的聖喬瑟夫醫院（Saint-Joseph Hospital）的外科醫師，他日漸沉迷於釘在十字架上的人體所承受的肉體挑戰與限制的問題。爲了測試釘在十字架上的人體能否有效維持吊掛狀態，他把死者遺體釘上木製十字架，然後選用各種不同的釘子試釘看看，並且每次所釘穿的手部與手腕的區位也各有不同。他發現，傳統畫作中所描繪的方法，亦即，用釘子釘穿手掌的作法，釘子將無法支撐人體的重量，會導致手部完全裂開。但是如果是釘穿手腕，人體便會始終待在十字架上，由此證明了手腕遠比手部更爲結實有力。而藉由如此誇張的實驗作法，人類的知識卻也緩步向前邁進了一點點。

¶　當我們討論起人類之所以不同凡響的特點時，另一個同樣不成比例擁有許多骨頭的邊遠部位，卻受到遠遠較少的關注與稱頌，那便是我們的雙腳。然而，足部的表現其實同樣可圈可點。足部具有三種不同的功能：吸震緩衝、支撐體重與運動，以及推動血液循環。你每踏出一步，就會依序行使這三個功能。而在你的一生之中，你大概會走上兩億步左右。足弓的形狀，如同羅馬建築的拱頂，非常強而有力，但同時也柔韌易彎，讓每一個步伐增添回彈的力量。拱形與彈力兩者造就了足部的緩衝機制；相較於其他猿類較為笨拙的運動方式，這有助於使我們走路更有韻律感與彈性，也更有效率。一般人走路的平均速度是每秒一百零三公分（大約四英尺三英寸），或是每分鐘一百二十步，儘管顯而易見這個數字會大大取決於年齡、身高、緊急與否等等因素而異。

足部原本的用途是為了抓握，所以你的雙腳裡面才會有這麼多的骨頭。而足部的原本目的並非用來支撐重量，這是爲何當你站立或行走一整天之後，雙腳會發疼的理由之一。如同傑瑞米·泰勒（Jeremy Taylor）於《達爾文眼中的身體》（Body by Darwin）一書中所指出，鴕鳥藉由接合足部與腳踝兩者的骨頭，因而解決了這項難題，不過，鴕鳥花費了兩億五千萬年的演化時間來適應直立走路的發展，這個時間跨度差不多是我們的四十倍之多。

無論是動物或人類的身體，都是力度與活動度兩者相互妥協的結果。身形愈龐大的動物，骨骼也必須更粗壯。所以，大象的骨骼在全身占比上是百分之十三，而迷你的鼩鼱則只有百分之四分派給骨骼。人類介在兩者之間，骨骼占有百分之八點五的比例。如果我們的骨架更爲強壯，靈活度便會降低。我們爲了能夠跑跳與衝刺所付出的代價是，許多人到了晚年就容易背痛與膝疼——實際上也不用等到晚年才會如此。這是由於我們的直立姿勢對脊椎造成壓力使然；彼得·梅達沃指出，脊椎出現病理上的變化可以在「十八歲這樣年輕的年紀」便察覺出來。

當然，箇中的難題是，在時間的長廊中，我們衍生自一系列的動物，而這些先祖的骨骼是設計成用四肢來支撐體重。我將在下一章中更為仔細地審視，採行直立姿勢的這個巨變，對人類身體結構的益處與後果，而我們目前僅須記得，身軀變成直立行走，意謂著載重布局必須全面重新編派，而如此一來，便導致了我們原本無須承受的大量疼痛的發生。就現代人類的身體來說，沒有任何部位比起背部難受的程度更為明顯的了。直立的姿勢會讓支撐脊椎與起緩衝作用的椎間盤軟骨產生額外的壓力，而這會導致椎間盤移位或突出（在英文中，俗稱「slipped disc」〔滑位的椎間盤，亦即椎間盤突出〕）。介於百分之一至三的成人會有這個困擾。當我們行年漸長，背痛是最常見的慢性病症；據估計，大約有百分之六十的成人，在某段時期中，都會因背痛而無法工作，申請過至少一週的病假。

我們的雙腿關節同樣高度脆弱。美國的外科醫生每年會施行超過八十萬例的關節置換手術，主要是髖關節與膝關節，而大多數的病因都是由於關節內襯的軟骨磨損或破裂以致。只要考慮到軟骨無法自行修復或填補，但卻盡其所能經久耐用，說起來相當令人嘆服。想想看我們的一生會穿壞多少雙鞋子，你就會開始對軟骨耐磨的持久性大爲激賞。

由於軟骨無法受到血液的滋養，保養軟骨的最佳方法便是多多到處活動，讓軟骨浸泡在它的滑液（synovial fluid）之中。而最糟的作法則是背負太多額外的「體重」。試試看在腰部皮帶綁上幾顆保齡球四處走動一整天，然後到了晚餐時間，看看你的臀部與膝蓋有何感覺。如果你已經體重過重十幾或二十幾公斤，那麼，你已經算是每天都帶著保齡球在活動。難怪許多人一旦年紀到了，最後就會走上矯正手術這條路。

對於大多數人來說，身體基礎結構中最成問題的部位，便是臀部。臀部由於必須行使兩項互不相容的功能，以致容易磨損：它必須爲下肢提供靈活度，卻也必須能夠支撐體重。這將對兩支股骨的球形頭部與它所嵌合的髖骨關節窩之間的軟骨，施加巨大的摩擦上的壓力。如果無法滑順地轉動，股骨頭與關節窩就可能開始令人發疼地相互碾磨，如同杵與研缽的關係一般。直到一九五〇年代，仍舊沒有太多醫療上的科學處置，得以解決這個問題。髖關節手術的併發症如此嚴重，以至於，一般的作法是將髖關節「熔接」起來；這樣的手術雖然可以解除疼痛，但卻會使病人的腿呈現永久僵直狀態。

手術所帶來的緩解效果，始終為期甚短，因為，每一種被試用的合成物質很快就會磨損，然後骨頭又會再度令人發疼地相互碾磨。在某些個案中，髖關節置換手術所使用的塑膠製品，在病人走動時會嘎吱作響，聲響之大，使得病人出門在外會覺得尷尬。後來，曼徹斯特（Manchester）的一名骨外科醫生約翰・尚恩利（John Charnley），意志堅定地以極大的心力專注在找出適合的材料，並設計出方法，以便能一次解決所有難題。他基本上理解到，假使股骨置換成不銹鋼的球形頭部，而關節窩（正式名稱為「髖臼」）墊上塑膠，那麼將會大大降低磨損程度。在骨外科界，尚恩利備受敬重，但在這個圈子之外，幾乎沒有人聽聞過他的名號，雖然，罕見有人可以如他一般讓如此多的病人脫離疼痛深淵。

從中年晚期開始，我們的骨頭每年以大約百分之一的速率流失骨質，這當然是年長者會成爲骨折的同義詞的不幸原因。臀部骨折對年長者而言尤其具有挑戰性。超過七十五歲的人發生臀部骨折後，大約有百分之四十的病人不再能夠自我照護。而對許多人來說，那就像是最後一根稻草。百分之十的病人會在三十日內不治，而接近百分之三十的病人會在十二個月內病故。如同英國外科醫生與解剖學家艾斯特利．庫柏爵士（Sir Astley Cooper）所喜歡說的俏皮話：「我們從骨盆降生，然後經由髖骨離世。」

幸運的是，庫柏誇大其詞。四分之三的男性與二分之一的女性，完全沒有在老年之際發生骨折；而不分性別來說的話，四分之三的人走完一生，並沒有在膝蓋上發生任何嚴重的問題，所以，並非全是壞消息。總之，在下一章中，我們便會明瞭：只要想想，我們的先祖所經歷的好幾百萬年的危險與艱難，才得以讓我們今日可以舒服地挺立於天地之間，我們眞的毫無太多怨天尤人之處。

10

馬不停蹄：雙足行走與健身運動

每天應該有不少於兩小時用於活動筋骨，而且應該盡量風雨無阻。身體如果虛弱無力，心靈也不會強健有勁。

——湯瑪斯・傑弗遜（Thomas Jefferson）

沒有人知道我們爲何會走路。在大約兩百五十種靈長類動物之中，只有我們選擇站起身來，並且僅依靠兩條腿四處趴趴走。某些權威專家認爲，兩足行走的能力，至少應該如同功能強大的大腦一般，被視爲是界定人之所以爲人的重要特點。

有關我們的遙遠先祖爲何從樹上爬下來，改採直立姿勢的理由，已經有許多理論試圖解釋：比如，可以空出雙手來抱小孩與攜帶其他物件；處身在開闊平地上，可以讓視野更佳；可以更有效發揮投擲物件的能力等等。但是，在種種的說法中，我們只能夠確定一點，亦即，採取兩足行走必須付出某種代價。在地面走動會使我們的先祖異常脆弱，因爲，至少可以這麼說，他們的模樣並不令人生畏。眾所周知的年輕、瘦小的原始人類露西（Lucy），大約在三百二十萬年前，生活在今日的衣索比亞境內，她經常被視爲早期兩足步行的典型代表；她的身高僅達大約三點五英尺，而體重只有二十七公斤——如此的外表看起來幾乎不可能恫嚇獅子或獵豹。

露西與她的部落親族很可能別無選擇，只能冒險踩著步子走入空曠的平疇綠野。由於氣候變遷已經使他們的森林棲地縮小，他們非常可能必須穿行在更爲廣大的地域之中覓食求生，不過，幾乎可以肯定的是，只要情況許可，他們還是會奔回林木之間。甚至露西似乎也並非全面改換爲地面生活型態。二〇一六年，德州大學（University of Texas）的人類學家獲得這樣的結論：露西最後從樹上摔下致死（或按照他們的說法，她發生了「垂直減速傷害事件」〔vertical deceleration event〕，只是聽起來有點滑稽）；這暗示，她仍有大量時間棲居在樹冠層中；或者，她大概待在樹上家中與待在地面的時間不相上下。或者，至少可以這麼說，她在生命的最後三、四秒鐘時，肯定是待在樹上高處沒錯。

行走這項能力所需要的技藝水準，比起我們一般上所理解的更高。僅僅藉由兩腳支撐來保持平衡，我們無時無刻不在對抗著重力的牽引。如同令人發笑的學步幼童所顯示的方式，走路基本上是，先把身體拋向前，然後兩條腿再趕緊奔上去。對正在行走的人來說，左腳或右腳會有多達百分之九十的時間是離開地面，於是行走者會無意識地一直在進行保持平衡的調節過程。再加上，我們的身體重心很高，就在腰部上方，這更使我們注定容易傾倒翻覆。

爲了從樹棲猿類演進成直立的現代人，我們必須在解剖形構上進行某些相當重大的變化。如同早前曾經指出，我們的頸部變得較長、較直，並且移到顱骨下方比較中央的位置上，而非如同其他猿類偏向後方。我們擁有可以彎曲的柔軟背部、相當大的膝蓋，與可以靈巧歪斜的股骨。你可能以爲你的雙腿是筆直從腰部往下伸去——猿類正是如此——但是，股骨其實從骨盆往膝蓋伸去時，是朝內傾斜而去。這使得我們的小腿可以彼此更爲靠近，使我們的行走步伐更爲流暢優雅。沒有任何猿類可以訓練成如同人類一般走路。牠們受限於骨骼結構，走起路來不得不搖搖擺擺，而且使得行進非常沒有效率。黑猩猩於地面四處移動時，需要消耗人類的四倍之多的能量。

爲了讓我們的前進動作強而有力，我們在臀部上擁有獨特的巨大肌肉「臀大肌」；而我們還有猿類沒有的跟腱。我們的雙腳有足弓（可以增加彈力），我們也有彎曲的脊柱（可以分散體重），並且重新配置了神經與血管的路徑——在將我們的頭部遠遠置於腳部上方的演化律令的安排下，所有這些變化盡皆不可或缺，或至少堪稱是可取的作法。當我們在出力使勁時，爲了防止身體過熱，我們在相對上變得較無毛髮覆蓋，並且發展出大量的汗腺。

尤其，我們演化出非常不同於其他靈長類動物的頭部。人臉扁平，明顯沒有突出的口鼻部。而高聳的前額，讓我們可以容納那個不同凡響的腦部。烹煮食物的作法使我們的牙齒變小，並長出較爲纖細的下顎。而在頭部裡面，我們有短小的口腔，因此也就有較短、較圓的舌頭，與位於咽喉較低位置上的喉頭。這些解剖形構上的變化，所帶來的一個幸運的意外效果是，我們獲得了唯一可以清楚講話的發聲管道。走路與說話這兩個能力，大概是同時發展而成。如果你個頭矮小卻想要捕獵大型動物，具有溝通能力顯然是一項利多。

在你的頭部後方有一條不起眼的韌帶，從未出現在其他猿類身上，卻立刻透顯出，使作爲一個物種的人類發達興旺的特點——那就是「頸韌帶」（nuchal ligament）。它的任務只有一個：在我們奔跑時，保持頭部的穩定。而奔跑——意志堅定的長距離跑步——是我們非常擅長的事。

任何人只要追過狗、貓，或甚至是一隻逃脫的倉鼠，就會知道，我們並非是速度最快的生物。速度最快的人每小時大約可以跑上二十英里，儘管只能短時間這麼做。不過，如果在一個炎熱的日子裡，讓我們跟在一隻羚羊或牛羚的後面來比賽跑步，那麼，我們最後會讓這些動物筋疲力竭。我們可以大量出汗來保持身體涼爽，但是四足動物則依靠呼吸來散熱——也就是藉由喘氣的方式。如果牠們無法停下來讓自己恢復正常，身體便會因爲過熱而無力回天。大多數大型動物在宣告放棄之前，都能跑上不超過十五公里左右。不過，我們的先祖還會組織狩獵小隊合力出擊，從各個方向不斷騷擾獵物，或驅趕獵物逃進一個沒有出路的空間——這個作法使我們的表現更加具有效率。

這些解剖形構上的改變是如此巨大，以致形成了一個嶄新的「屬」（這個生物分類層級，是位在「科」之下、「種」之上），稱爲人屬（Homo）。哈佛大學的丹尼爾・李伯曼強調指出，這個轉型過程涉及兩個階段。首先，我們成爲既會走路又會爬樹，但還不會奔跑的個體。然後，我們日漸成爲既會走路又會奔跑的個體，但不再爬樹。與走路相較，奔跑不只是比較快速的運動方式；兩者在機制上可說迥然有別。他說：「行走有著如同踩高蹺的步伐，涉及與奔跑非常不同的適應過程。」露西可以走路與爬樹，但她缺乏適合跑步的體格。奔跑能力的發展是更爲日後的事：在氣候變遷使大部分的非洲地區變成開闊的林地與長滿青草的稀樹草原，並且促使我們的素食祖先調整飲食內容，成爲食肉動物（實際上是雜食動物）之後，我們才跑動起來。

所有這些在生活形態與解剖形構上的變遷，是以極其緩慢的步調發生。化石上的證據暗示，早期人類大約在六百萬年前開始以兩足行走，但還需要另外的四百萬年，才得以獲得在奔跑上的耐力，以及隨之而來的在狩獵上的毅力。然後，不得不還要度過另外一百五十萬年，這些原始人類才能積聚起足夠的腦力，去製造尖頭長矛。那是一段遙遙漫長的時間，只為了在一個敵意環伺、充斥餓虎饑鷹的世界中，等待完整的求生技能一一到位。儘管有種種不足之處，我們的遙遠先祖還是在一百九十萬年前，成功地獵捕了大型動物。

他們之所以有能力獲得這樣的戰績，是因為在人屬動物的技能庫中的另一項技巧——「投擲」使然。投擲的動作，需要人體在三個重要層面上進行改變。我們需要一個位置較高、活動自如的腰部（以創造強大的扭力），一雙鬆動與靈活的肩膀，以及，可以如同鞭子般猛然甩動的上臂。人類的肩關節的組構方式，並非如同髖關節一般是個比較貼合的球窩關節，它在配置上反而較為鬆散與開放；這使得肩膀更為靈巧，可以自由轉動，而這正是在用力拋擲時所需要的特性。不過，這也意謂著，我們的肩膀很容易脫臼。

我們動用整個身軀來進行投擲。試看看站著不動用力丟東西，你會發現幾乎沒辦法做到。一個好的拋擲動作，包括有：向前踏出一步；輕快地轉動腰部與軀幹；與肩膀相連的手臂大幅向後伸張；然後猛然一擲。當完美執行這個動作後，我們就能輕易地以超過每小時九十英里的速度，相當準確地投擲出物體，如同職業棒球投手所反覆展示的效能一般。從一個相對上安全的距離，丟擲石塊去傷害與折磨一隻精疲力盡的獵物——這樣的能力，想必對於早期的獵人來說，是一項高度有用的技術。

採行雙腳步行，當然也導致一些負面後果；直至今日，我們依然活在這些影響之中，任何有慢性背痛或膝蓋問題的人都可以證明這一點。尤其，為了適應新的步態因而採用較為狹窄的骨盆設計，導致女性在分娩時會伴隨巨大的疼痛與危險。直至相當晚近的時期，地球上沒有任何動物比人類更容易在生產時死亡；或許，即便今日，也沒有任何動物如同人類產子這般痛苦難熬。

¶

長久以來，幾乎沒有人理解，四處閒逛走動對於健康所具有的無比重要性。不過，在一九四〇年代晚期，英國的醫學研究委員會（Medical Research Council）裡的一名醫生傑瑞米．莫里斯（Jeremy Morris）開始相信，不斷增加的心臟病發作與冠狀動脈疾病的發病率，不只是與年齡或慢性壓力相關（雖然當時學界幾乎普遍以爲這是主因），而也與人們的體能活動水平有所關連。由於英國當時還處於戰後復原時期，研究經費捉襟見肘，所以，爲了執行一個有效的大型研究，莫里斯不得不思考如何以低成本進行的作法。有一天，在通勤上班途中，他突然福至心靈想到，倫敦的每一輛雙層巴士，正是符合研究目的的完美實驗室，因爲，每部公車上，都有一名在整個職業生涯中上班時成天坐著的駕駛員，以及另外一名成天站著的售票員。售票員除了需要横向四處走動之外，在每次當班時，都會爬上爬下平均六百個台階。莫里斯幾乎不可能創造出，任何比這兩個可以用來相互比較的群體更理想的觀察族群了。莫里斯持續兩年追蹤了三萬五千名駕駛員與售票員，然後發現，在對所有其他變數進行調整之後，無論健康狀況如何良好的駕駛員，心臟病發作的可能機率都是售票員的兩倍。這是第一次有人揭示出，在運動與健康之間具有直接與可量度的關連性。

自此以後，一個又一個的研究表明，運動對人的效益非凡。規律性的走路，可以降低心臟病發作與中風的風險百分之三十一。二〇一二年，一項針對六十五萬五千人的研究分析發現，在四十歲之後，每日只要活動十一分鐘，預期壽命可以增加一點八年。而每日活動一小時或更多時間，預期壽命則可以延長四點二年。

運動除了能夠強化骨骼之外，也可以增強免疫系統、促進賀爾蒙運作、降低罹患糖尿病與多種癌症（包括乳癌與大腸直腸癌在內）的風險、改善情緒狀態，甚至延緩老化。如同學者已經多次指出，人體大概沒有任何器官或系統不會受益於運動。假使有人發明出某種藥丸，能夠帶來適度運動所達到的功效，那麼大概會登時成爲史上最暢銷的藥物。

而我們的運動量該有多少才適當呢？這個問題並不容易回答。大體上，普遍相信我們應該每日走上一萬步（大約是五英里）——這是個相當不錯的想法，不過並沒有特別建立在科學研究的基礎之上。毫無疑問，任何的步行都可能有益無害，但是，認爲存在一個可以爲我們帶來健康與長壽的一體適用的神奇步數，則是毫無根據的觀念。這個一萬步的說法，經常歸諸於一九六〇年代日本所進行的一項研究——儘管這個資訊似乎也屬謬誤。美國的疾病管制與預防中心對運動健身的建議是，每週一百五十分鐘的適度運動。然而，這同樣並非是奠基於健康所需的最佳運動量而提出，因爲，沒有人知道最佳運動量爲何。每週一百五十分鐘這個數字，只是疾管中心的顧問們以爲，人們將認爲那是個可以達到的務實目標。

有關運動，能夠清楚指出的一點是，大多數人幾乎都做得不夠。僅有大約百分之二十的人努力做到了適度的規律運動。許多人幾乎完全不運動。今天，一般美國人一天大約僅走了三分之一英里（半公里）的距離；這包括了各種型態的步行在內，比如在家中與工作場所的走動，也算是其中一種。甚至在生性懶散的社會中，似乎也不可能走得比這個程度更少了。依據《經濟學人》（The Economist）的報導，某些美國公司已經開始獎勵一年走了一百萬步的員工；他們是依賴諸如穿戴品牌「Fitbit」等所推出的活動記錄器來計算步數。那似乎是個相當雄心勃勃的數字，不過，實際算下來，一天只要走上兩千七百四十步，約莫比一英里多一點。然而，甚至是這樣的期待，對許多人來說，似乎也力有未逮。《經濟學人》指出：「據說有些員工把活動記錄器綁在自己的狗兒身上，以提高他們的活動積分。」相對而言，現代的狩獵採集者平均一天要跑跑走走十九英里（三十一公里）左右，才能獲得當日所需的食物，所以，可以合理地假定，我們的先祖的運動量大約也相仿。

總之，我們的遙遠祖先勤奮地張羅食物果腹，最後使得身體演進成因應兩個有點矛盾的目的：身體必須在大部分時間中保持活躍狀態，但又只在絕對必要時才活動，而不會過量。如同丹尼爾·李伯曼解釋道：「如果你想要了解人類的身體，就必須了解我們演化成狩獵採集者這件事。那意謂著，準備好花上大量的精力去獲取食物，但如果不必要，也不會浪費精力。」所以，健身鍛鍊至關緊要，但休息同樣不可或缺。李伯曼說：「首先，當你在運動時，便不可能消化食物，因爲你的身體會把血液從消化系統撤走，以便滿足肌肉對氧氣供應的不斷增加的需求。所以，你有時不得不爲了新陳代謝的需要而稍事休息，並讓運動過後的身體恢復體力。」

由於並非隨時都有充足的食物，我們的祖先更需要安度食物匱乏的時期，於是他們演化出以儲存脂肪作爲能量儲備的特性——這個爲了存活的本能反應，如今卻經常會讓我們送命。如此的結果導致了，數以百萬計的人一輩子都在努力維持，專爲舊石器時代設計的身體，與現代人大快朵頤的生活形態，兩者間的平衡。這是一場太多人正在節節敗退的戰役。

在已開發國家中，最如實反映如此狀況的國家，非美國莫屬。依據世界衛生組織的資料顯示，超過百分之八十的美國男性與百分之七十七的美國女性的體重過重，而這些人當中有百分之三十五則屬於肥胖等級——這個數字在不算太久之前的一九八八年，才只有百分之二十三。而在大略相同的時期中，美國兒童的肥胖率增加至原本的兩倍以上，而青少年則陡增至原本的四倍。如果世界上其他人都變成美國人的身材，那麼，全球人口便會有另外十億人進入肥胖行列。

過重的定義是，身體質量指數（Body Mass Index，簡稱「BMI」）的數值介於「25」至「30」之間，而肥胖的數值則超過「30」。BMI數值的計算方式是：體重（以公斤計）除以身高（以公尺計）的平方。美國的疾病管制與預防中心有一個非常實用的BMI計算器；你只須輸入身高與體重，便能立即算出你的BMI數值。然而，也必須指出的是，BMI只是對於肥胖與否的粗略測量工具，因爲它無法辨別，你究竟是肌肉過度結實，或只是圓滾滾而已。健美人士與不愛動的「沙發馬鈴薯」兩者可能會有相同的BMI數值，但卻有全然相異的健康展望。不過，BMI即便作爲測量工具並非毫無缺點，但你只須對它了解一下，便能確認自己全身上下是否有過多贅肉。

或許，最能反映體重增加的眞實情況的統計資料是，美國今日一般女性的體重已經與一九六〇年的男性體重相當。在大致半個世紀的時期內，女性的平均體重從六十三點五公斤，上升至七十五點三公斤。而男性則從七十三點五公斤，上升至八十九公斤。對於過重人群的額外健康照護，美國經濟每年所投入的支出費用是一千五百億美元。更糟糕的是，依照哈佛大學新近的模擬演算所示，今日超過一半以上的兒童，預計在三十五歲時會淪爲肥胖族群。而根據預測，當前這一代的年輕人將是有歷史紀錄以來，首次出現不會與自己父母同樣長壽的子代，而箇中原因正是，與體重相關的健康問題以致。

而如此的難題並非美國人專有。世界各地的人們皆愈來愈肥頭大耳。就經濟合作暨發展組織（Organization for Economic Cooperation and Development）中的富裕國家來說，平均的肥胖率是百分之十九點五，不過不同國家間的差異極大。英國人是繼美國人之後最爲肥碩者，大約有三分之二的成人體重超過理想值，而其中的百分之二十七則屬於肥胖等級——這個數值在一九九〇年時，只有百分之十四。智利以百分之七十四點二的比率，擁有最高比例的過重人民，而墨西哥以百分之七十二點五緊追其後。甚至相對上身材苗條的法國人，也有百分之四十九的成人過重，而其中的百分之十五點三屬於肥胖等級——相比於二十五年前，這個數值還小於百分之六。而全球人口的肥胖率是百分之十三。

¶

如何減重，無疑困難重重。依照某個計算指出，你必須走上三十五英里的路或慢跑七小時，才能減少區區一磅的體重。運動的一個巨大難處是，我們很難嚴格執行。美國的一項研究發現，對於運動鍛鍊所燃燒的實際卡路里數，人們容易高估至四倍之多。而平均來說，人們在運動之後所攝入的卡路里，會是剛剛的燃燒量的兩倍左右。如同丹尼爾・李伯曼在《從叢林到文明，人類身體的演化和疾病的產生》一書所言，工廠工人比起辦公室員工一年多消耗大約十七萬五千大卡——那相當於六十次馬拉松比賽的熱量消耗量。這個數字可說十分令人吃驚，於是可以合理一問：有多少工廠工人看起來像是每六天就跑上一次馬拉松？雖然答案有點傷人，但我們還是坦率直說——並不太多。因爲，大部分的工人，就像大多數的我們一樣，會把燃燒掉的卡路里整個補回來，甚至在他們不上工時還吃得更多。實際上，你只要吃下大量食物，便會立刻解消大量運動所帶來的成果，而大多數人都會這麼做。

至少——這眞的不費吹灰之力——你應該站起身來，四處轉一轉。依照某項研究指出，作爲一個頑固的「沙發馬鈴薯」（它的定義是，每天坐上六個鐘頭或更久的人），對男性來說，死亡風險增加將近百分之二十，而對於女性而言，則幾乎是百分之四十。（並不清楚爲何久坐對女性的危險性高出如許之多。）久坐的人罹患糖尿病的可能性是一般人的兩倍，致命性心臟病發作的機率同樣也是兩倍，而罹患冠狀動脈疾病則是二點五倍。令人既吃驚又憂慮的是，久坐的人在其餘時間做了多少運動似乎都無濟於事——假使你一整晚都攤在臀大肌誘人的暖窩裡面，你將一筆勾消你在活躍的白天期間所獲得的任何好處。如同記者詹姆斯・哈布林（James Hamblin）在《大西洋》（The Atlantic）雜誌中所言：「你沒辦法解消久坐的不良後果。」事實上，有著久坐型工作與久坐型生活形態的人——亦即，大多數的我們——很容易一天坐上十四、十五個鐘頭，而如此一來，生活中的大部分時間都是完全不動，因此也有害健康。

任職於梅奧診所醫學中心（Mayo Clinic）與亞利桑那州立大學（Arizona State University）的詹姆斯・勒溫（James Levine）是一名肥胖問題專家，他創造了「非運動活動產熱」（Non-Exercise Activity Thermogenesis；簡稱「NEAT」）這個術語，用來描述我們在一般日常生活中所消耗的能量。我們只是活著，其實也會燃燒相當大量的卡路里。心臟、腦部與腎臟每日分別都會消耗四百大卡左右，肝臟則是大約二百大卡。單單進食與消化的過程，便會消耗身體每日所需能量的十分之一左右。但我們只要站起身來，就能消耗得更多。甚至只是站在那裡，每小時也會額外燃燒一百零七大卡。四處走走可以消耗一百八十大卡。在某個研究中，志願受試者被指示說，如同平日一般整個晚上看電視，不過在每個廣告時段期間，必須起身在房間裡繞繞。僅僅如此的作法就能每小時額外消耗六十五大卡，而整個晚上下來，可以消耗大約二百四十大卡的能量。

勒溫發現，苗條的人比肥胖的人每天多站立二點五小時，他們並非有意活動筋骨，而只是四處轉轉，而正是這樣的作法使他們不會累積脂肪。然而，另一項研究發現，日本與挪威的人們如同美國人一樣活動度低，但成爲肥胖的可能性卻只有美國人的一半，這意謂著，運動只是身材苗條的部分原因。

況且，一點點過重可能也不是如此糟糕的事。幾年前，《美國醫學會雜誌》報導說，體重微微過重，特別是對於中年人或更爲年長的人來說，可能比起苗條或肥胖的人，更能安度某些嚴重疾病——此說一出，立即引起騷動。這樣的論點被說成是「肥胖悖論」而廣爲人知，引發許多科學家激烈爭論。哈佛大學的一名研究者沃爾特．威利特（Walter Willett），便指稱那些說法「只是一堆垃圾，沒有人應該浪費時間去讀」。

運動毫無疑義有益健康，但卻很難斷定能改善到什麼程度。丹麥一項針對一萬八千名跑者所做的研究獲得以下結論：平均而言，規律性慢跑的人，預期壽命可以比不做慢跑的人，多上五至六年。不過，這是因爲慢跑果眞如此裨益良多嗎？或者是因爲，慢跑人士往往就會過著健康、均衡的生活，有沒有穿上運動褲去跑步，肯定都會比懶散成性的人較爲長命？

可以確定的是，至多在數十年後，我們將永遠闔上雙眼，不再能四處跑跳。所以，在還有活動力的時候，爲了健康與快樂，把握機會動一動，應該也是個不壞的主意。

11

體內平衡

生命是一連串無休無止的化學反應。

——史帝夫・瓊斯（Steve Jones）

表面積法則（Surface Law）從來都不是大多數人有必要去思考的定律，不過，它卻能夠解釋許多有關你的道理。該法則簡要地指出，當物體的體積變大時，它的相對表面積會隨之縮小。以一顆氣球爲例來說明。當氣球並未充氣時，它主要就是一團橡膠，裡頭含有微量的空氣。但是當我們吹起氣球，讓它膨脹，它就會變成以空氣爲主體，而相對上少量的橡膠則環繞在外部。當你愈往氣球吹氣，它的內部就愈成爲氣球整體的首要部分。

體熱會在體表散失，所以，相對於體積來說，如果你擁有愈多的表面積，你就必須更加努力去維持身體的熱度。這意謂著，小型動物不得不比大型動物更快速產熱。因此，小型動物會有著全然相異的生活型態。大象的心跳每分鐘只有三十六下，人類有六十下，牛則介於五十與八十下之間，但是老鼠的心跳是每分鐘六百下——心臟一秒就要跳十下。老鼠每天只是爲了存活下來，便必須攝食相當於體重一半左右重量的食物。相較而言，人類只需要進食大約體重的百分之二的食物，就可以提供我們所需的能量。而動物之間，存在著一個古怪得近乎離奇的一致性傾向，是跟牠們一生的心跳數有關。儘管在心律上差異甚大，但在假定都擁有平均壽命的條件下，幾乎所有的哺乳類動物的一生心跳數皆在八億次左右。不過，人類除外。我們在二十五歲後，心跳數便超過了八億次，而且會繼續活上大約另外的五十年與搏動十六億次的心跳數。我們也許忍不住想要將如此不同凡響的活力表現，歸因於人類某些固有的優勢使然，然而，事實上，我們只在最近十代或十二代由於預期壽命的增加，才偏離了那個屬於哺乳類動物的典型模式。在人類漫長歷史的大部分時期之中，一生心跳八億次大抵也是人類的平均數。

假使我們選擇成爲冷血動物，便能大幅降低能量需求。典型的哺乳類動物一天所消耗的能量，大約高達典型的爬蟲類動物的三十倍，這意謂著，我們每天必須吃下一隻鱷魚一個月所需要的食物量。而我們從如此作法所獲得的能力是，早上醒來就可以跳下床，而不是蹲在某塊石頭上曬太陽，直到周身溫暖起來；而我們也能在夜間或冷天在外閒晃。也就是說，比起爬蟲類遠親，我們一般更有精力、反應更敏捷。

我們擁有非比尋常的良好耐受力。儘管我們的體溫在一天之間會有些許變化（早晨時體溫最低，而午後近晚或晚間體溫最高），但它只會在攝氏三十六與三十八度之間的狹小範圍內變動。只要或上或下偏離幾度，便可能招致災難。體溫只是比正常值降低兩度，或是升高四度，就可能為腦部帶來危機，可以很快導致不可回復的傷害或死亡。為了避免憾事發生，腦部擁有可靠的溫控中心下視丘，它會告知身體出汗來降溫，或是為了產熱的話，通知身體發抖，並將血流從皮膚撤走，改輸往更脆弱的器官去。

為了處理體溫如此重要的機制，上述作法聽起來可能並非多麼複雜，不過，我們的身體在運作上相當稱職。英國學者史帝夫·瓊斯曾經提過一個著名的實驗：一名受試者在跑步機上跑馬拉松，而室溫將從攝氏負四十五度，逐漸升高至攝氏五十五度——這兩個溫度大略是人類所能忍受的極限溫度。儘管室溫大幅變化，而且受試者持續努力奔跑，但他的核心體溫在整個跑動過程中，僅偏離不到一度。

這個實驗在很大的程度上使人想起，早在兩百多年前，由醫生查爾斯・布拉格登（Charles Blagden）爲倫敦的皇家學會所進行的一系列實驗。布拉格登建造了一間能夠加熱的房間（就像是一座人可以直接入內的烤爐）；他之後與樂意配合的同事會在可以忍受的程度內，竭盡所能停留在房間之中。布拉格登可以在攝氏九十二點二度的室溫中，努力停留十分鐘。而他的友人，植物學家喬瑟夫・班克斯（Joseph Banks）——才剛與庫克船長從周遊世界返抵國門，而且不久之後便會擔任皇家學會會長——則嘗試待在攝氏九十八點九度的室溫中，不過只維持了三分鐘。「爲了證明溫度計所顯示的熱度數値毫無謬誤，」布拉格登在紀錄文件中寫道：「我們在一塊錫製的板子上面放了幾只雞蛋與一塊牛排，然後把它放在靠近標準溫度計的附近……大約二十分鐘後，把雞蛋拿出來看，已經被烘烤得相當徹底；而在四十七分鐘時，牛排不只已經熟了，而且幾乎乾透。」這個實驗也在實施前與後立即測量參與者的尿液溫度，而且發現，儘管身處高溫的環境，但尿液溫度並無變化。布拉格登另外還推論出，爲了使身體降溫，出汗具有關鍵作用——這是他最重要的洞見，事實上也是他唯一持續至今對科學知識的貢獻。

眾所周知，體溫偶爾會在稱爲「發燒」的病症中，上升至超過正常值以上。奇怪的是，沒有人完全了解引起發燒的原因——究竟發燒是我們固有的防衛機制，目的是爲了殲滅入侵的病原體，抑或，發燒只是身體在奮力對抗感染時所附帶產生的症狀，無人對此有正確的答案。然而，這個問題至關重要，因爲，如果發燒是身體的防衛機制，那麼，任何壓制或消除發燒的作法可能都適得其反。於是，順其自然讓發燒運作（當然是在某個限度以內），也許才屬明智的選擇。已經有研究指出，體溫升高一度左右，可以使病毒的複製率降低至原本的兩百分之一——身體僅僅些微增溫，便能驚人地使自我防禦能力大爲增加。不過，箇中的難題是，我們並不全然理解發燒運作的原理。如同愛荷華大學（University of Iowa）的教授馬克．布倫伯格（Mark S. Blumberg）所說：「如果發燒是對感染的古老反應，那麼，我們不免會以爲，它使當事人獲益的機制應該很容易釐清。不過卻恰恰相反。」

假使體溫提高一兩度，是如此有助於擊退入侵的微生物，體溫爲何不乾脆永遠提高呢？答案是，如此一來，我們會付出太高的代價。如果我們可以永遠提高比如說僅僅兩度的體溫，能量需求便會因此陡升大約百分之二十。我們的正常體溫是在效用與代價兩者之間合理妥協的結果；人體的大部分特質亦是如此。不過，甚至是我們的正常體溫，對於抑制微生物來說，表現也算相當出色。只要想想，當我們死去，微生物是多麼快速地湧入屍身並大快朵頤的景象，即可見一斑。那是因爲，失去生命力的屍體正好落入美味可口的「大家來吃吧」的溫度，一如在窗台上放涼的派餅一般。

附帶一提，認爲我們主要經由頭頂散失大部分體熱的想法，似乎並無根據。頭頂占全身表面積不超過百分之二左右，而且，就大多數人來說，又有頭髮帶來的相當不錯的絕緣效果，所以頭頂絕非是個好的散熱器。然而，假使你在冷天置身室外，而你的腦袋是唯一暴露在外的部位，那麼在體熱散失上，頭部將不成比例地成為散熱主角，所以，當你的母親叮嚀你應該戴上帽子時，最好聽話照辦。

¶

身體保持體內平衡的特性，稱為恆定狀態（homeostasis）。哈佛大學的生理學家沃爾特·布拉德福德·坎農（Walter Bradford Cannon, 1871-1945）創造了這個術語，而一般也認為他是這個學術領域的奠基者。在照片中，這名流露嚴肅而堅定眼神的身材結實的紳士，其實本人和藹可親、待人熱情。坎農毫無疑問是個天才，但在他的過人天賦中，似乎有一部分的才能是，能夠以科學之名說服他人輕率從事讓人不適的事情。由於滿心好奇，想了解為何飢餓時肚子會咕嚕咕嚕叫，他於是說服了一位名叫亞瑟·瓦胥本（Arthur L. Washburn）的學生，讓瓦胥本訓練自己克服嘔吐反射，以便能沿著喉嚨放入一條橡皮管進到胃部；而橡皮管的末端接有一只小氣球，可以充氣膨脹，用以測量在飲食剝奪的條件下，胃部的收縮狀況。瓦胥本吞下這條管子後，白天一切如常進行既有事務（上課、到實驗室工作、四處跑腿），而胃裡的氣球令人不舒服地或膨脹或消氣；在他所到之處，人們都因爲他所發出的奇怪聲響，以及有一條管子從嘴巴伸出來的奇景，而盯著他瞧。

坎農說服另一名學生一邊吃東西，一邊對他進行X光攝影，如此一來，坎農便能看見食物從口腔經由食道，再往下進入消化系統的過程。這個作法讓他成爲了，史上首位觀察到「蠕動」的動作——肌肉推動食物經過消化管道的方式——的學者。以上這些實驗，再加上種種新奇的其他實驗，爲坎農的經典著作《疼痛、飢餓、恐懼與憤怒之下的身體變化》（Bodily Changes in Pain, Hunger, Fear, and Rage）奠下了基礎；該書並在許多年間成爲生理學的權威典籍。

坎農的興趣似乎毫無止境。他成爲自主神經系統與血漿領域的世界級頂尖專家。（自主神經系統管控著所有身體自主運作的活動，比如呼吸、輸送血液、消化食物等。）他進行了有關杏仁核與下視丘的開創性研究，推論出腎上腺素在求生反應上所扮演的角色（因此創造了「戰鬥或逃跑反應」這個術語），發展了第一個針對休克的有效療法，他甚至還撥出時間撰寫了有關巫毒教（voodoo）儀式的論文，並且見解頗具權威性，備受各界敬重。他在空閒時，熱衷戶外運動。蒙大拿州（Montana）有一座如今位於冰河國家公園（Glacier National Park）內的山峰，被命名爲坎農山（Mount Cannon），以紀念他與妻子在一九〇一年蜜月期間成爲該山首批的登山客。第一次世界大戰爆發之際，他儘管已經四十五歲，而且是五名子女的父親，依然志願入伍，服役於哈佛醫院部隊（Harvard Hospital Unit）。他擔任戰地醫生在歐洲度過兩年的時間。一九三二年，坎農特別將他畢生的研究心血去蕪存菁，寫成了一本大眾讀物《人體的智慧》（The Wisdom of the Body），提綱挈領論述了人體調節自身的非凡能耐。瑞典生理學家烏爾夫·馮·奧伊勒（Ulf von Euler）追隨坎農對於人類的「戰鬥或逃跑反應」的研究，由此榮獲了一九七〇年的諾貝爾生理醫學獎。而坎農本人在去世很久之後，研究成果的重要性才獲得全面認可，儘管如今他已然備受各界崇敬。

坎農不理解——當時也無人了解——爲何在細胞的層次上，身體爲了維持運作所需要的能量是如此驚人。這個問題經過相當漫長的時間後才獲得破解，而解答並非由某些實力強大的研究機構所提出，而是來自一名古怪的英國人；他在英格蘭西部一棟舒適的鄉間宅院中，獨自一人勤奮進行研究。

我們如今知道，在細胞內外，存在有稱爲離子的帶電粒子。而在細胞膜兩側的離子之間，設有一組類似那種雙門式氣閘（airlock）的迷你裝置，稱爲離子通道。當氣閘打開，離子即可穿行通過，而這會產生出一點點電能——不過，這裡所謂的「一點點」，純然是個觀點問題。在細胞的層面上，每一次的電流顫動儘管只會產生一百毫伏特的能量，但若以每公尺計算，這將轉化成三千萬伏特，幾乎與一次閃電的能量相當。換句話說，在你的細胞內所流動的電能，高達你的住家用電的一千倍。在微觀的層次上，你可說是極度電力四射。

這一切都只是比例問題而已。爲了說明起見，請想像朝我的肚子射擊一發子彈。子彈讓我痛不欲生，並且造成很大的傷害。現在請想像朝一名身高高達五十英里的巨人，擊發相同的一顆子彈。子彈甚至無法射穿他的皮膚。子彈與手槍都相同，只是比例大小不同。這大致就是你的細胞內的電能狀況。

負責細胞內能量傳遞的物質，是一種稱爲三磷酸腺苷（adenosine triphosphate）的化學分子，簡稱「ATP」；它可能是你從未聽聞過的人體內的物質中最重要的一種。每一個ATP分子就像顆微型電池，因爲它可以儲存能量，而它之後會將能量釋放出來，從而爲你的細胞所需要進行的所有活動提供動力——確實無論是動物或植物，所有的細胞都需要它。而其中所涉及的化學作用極端複雜。以下是從某本稍微解釋了ATP運作機制的化學教科書中，所摘錄的句子：「ATP本身是聚陰離子（polyanion），而且是具有螯合（chelatable）潛能的多磷酸基團，它可以與具高度親合性的金屬陽離子發生鍵結。」在動力供應上，我們依賴ATP讓細胞得以運作——我們在此只須知道這個概念就已足夠。你每天生產與使用相當於你的體重的ATP分子——大約是兩百兆兆個ATP分子。從ATP的視角來看，你真的只是一部生產ATP的機器。而你的其他所有東西不過是副產品而已。由於ATP幾乎一經生產出來便會被消耗一空，所以在任一給定的時間上，你的體內只有六十公克（比兩盎司多一點）的ATP。

爲了釐清上述一切底細，可說經歷了漫長的時間，而當答案擺在眼前，一開始卻幾乎沒有人相信。發現解答的人，是一名自費進行研究的科學怪才，名叫彼得．米契爾（Peter Mitchell）；他在一九六〇年代早期從溫沛建設公司（Wimpey housebuilding company）繼承了一大筆財產，於是他運用這些錢在康瓦爾郡（Cornwall）的一棟豪華古宅中，設立起了一個研究中心。米契爾留著一頭及肩長髮，並佩戴一只耳環；在那個年代，如此的打扮方式在道貌岸然的科學家之間尤屬特立獨行。而他健忘成性的特點，也非常出名。他在女兒的婚禮上，走近另一名賓客身邊，坦白對對方說，她看起來很眼熟，但他不太記得是怎麼認識她的。對方回答說：「我是你的第一任太太。」

米契爾的想法全然被視而不見，並不特別令人意外。如同某位歷史作家所指出：「在米契爾提出他的假說之際，幾乎沒有什麼支持的證據。」但他最後被證明正確無誤，並在一九七八年榮獲諾貝爾化學獎——對於一個在自家實驗室從事研究的人來說，這無疑是個無與倫比的成就。傑出的英國生化學家尼克・連恩（Nick Lane）認爲，米契爾應該與詹姆斯・華生（James Watson）、弗朗西斯・克里克（Francis Crick）兩人齊名，才合情合理。

¶

表面積法則也揭示出，我們的體型能長到多大的問題。如同身兼作家的英國科學家霍爾丹在幾乎一世紀前的著名論文〈論適當的體型〉（On Being the Right Size）中所注意到，一個人的身高如果增高到如同《格列佛遊記》(Gulliver's Travels)中，住在布羅丁納格(Brobdingnag)一地的巨人那般一百英尺高，那麼他的體重將重達二百八十公噸，是正常體型的人的體重的四千六百倍，然而，他的骨骼卻只會增粗三百倍，幾乎不夠結實，無法支撐如此龐大的噸位。總之，我們之所以是目前這般的體型，原因只是，這大約就是我們唯一可以長成的大小。

體型大小的問題，與重力影響我們的方式息息相關。你八成已經注意過，一隻從桌子上掉落的小蟲子，著地後毫髮無傷，繼續平靜地往前爬行。那是因爲，牠的微小體型（嚴格來說，應該是牠的表面積與體積的比率）意謂著，牠幾乎不會被重力所影響。而比較不爲人所知的是，身高同樣的情況也可以在體型嬌小的人身上見到，儘管比例並不相同。身高僅及你的一半的孩童，如果從高處跌落並撞到頭部，他所遭受的衝擊力只會是成人的三十二分之一，這在某個程度上，似乎也是孩童經常容易大難不死的理由。

而成人則幾乎不會如此幸運。正常而言，從超過二十五或三十英尺的高處墜落，很少有成年人可以倖免於難，儘管還是有一些明顯的例外——或許最令人難忘的例子，莫過於第二次世界大戰時，一位名叫尼古拉斯·阿爾克梅德（Nicholas Alkemade）的英國空軍士兵的故事。

一九四四年冬末，擔任蘭開斯特轟炸機（Lancaster bomber）機尾炮手的空軍上士阿爾克梅德，在執行轟炸德國的任務時，發現自己處境艱險進退兩難，因爲他所乘坐的飛機被敵軍的高射砲擊中，機艙裡很快充斥濃煙與火焰。由於這種轟炸機的機尾炮手的操作空間已經過於窄仄，所以他並無穿戴降落傘；在這般十萬火急之際，阿爾克梅德設法爬出旋轉槍架，找到自己的降落傘，卻發現它已經著火，根本無法使用。他不願可怕地被火活活燒死，於是決定，無論如何也要跳下飛機，所以他拉開了艙門，縱身一躍，墜入了夜空之中。

他那時距離地面有三英里，並以每小時一百二十英里的速度下墜。「當時四周很安靜，」阿爾克梅德多年後回憶道：「唯一的聲音是遠處飛機的引擎隆隆聲。我一點也沒有往下掉的感覺。我覺得自己懸浮在半空中。」讓他大感訝異的是，他發現自己出奇地鎮靜與平和。他當然為死感到難過，但卻冷靜地接受，就像那是一件有時會發生在空軍士兵身上的事一樣。這個經驗是如此離奇空幻，以至於，阿爾克梅德之後完全無法確定，是否他當時已經失去意識；但當他撞向幾株高聳的松樹枝條往下掉落，並以坐姿墜入雪堆，發出重重落地的響亮聲音——他又很清楚自己被猛然拉回現實。他不知怎麼地弄掉了兩隻靴子；他有一邊的膝蓋很痛，還有幾處小擦傷，但除此之外，整個人安然無恙。

阿爾克梅德九死一生的歷險故事，並沒有在此畫下句點。戰後，他在英格蘭中部地區的拉夫堡（Loughborough）的一間化學工廠，找到一份差事。在處理氯氣的時候，他的防毒面具鬆脫，他登時暴露在危險的高濃度化學氣體之中。他昏迷了十五分鐘後，同事才發現，趕緊把他拖至安全的地方。他奇蹟般地倖免於難。而在這起事件過後某日，他在調整一根管子時，管子突然破裂，頓時噴出硫酸，從頭到腳淋了他全身都是。他遭受大面積的灼傷，但他再次逃過死劫。而他在事故後返回工作崗位後不久，一根長達九英尺的金屬柱子從高處掉落下來，砸中他，幾乎要了他的命，但他再一次劫後重生。不過，這一回，他決定不再如此玩命了。他找了另一份安全一些的工作，擔任家具銷售員，而此後餘生再無任何意外發生。一九八七年，他在臥榻中安詳離世，享壽六十五歲。

我在此並非暗示，從高空掉落而大難不死，是一件任何人皆可指望發生的事情，不過，它可能比你所料想的更常發生。一九七二年，一位服務於南斯拉夫航空公司（Yugoslav Airlines）的空姊，名叫維斯娜·烏洛維奇（Vesna Vulović），當她值勤的道格拉斯 DC-9 型飛機於捷克斯洛伐克（Czechoslovakia）的境內上空爆炸解體後，她從三萬三千英尺的高空往下墜，卻幸運生還。二〇〇七年，紐約曼哈頓的一名厄瓜多（Ecuador）裔洗窗工人艾爾西迪斯·莫雷諾（Alcides Moreno），當他腳下的支撐平台塌落後，他便從四百七十二英尺高的地方墜落。與他相伴工作的哥哥，在衝撞之下當場死亡，不過，莫雷諾卻不可思議地躲過一劫。總之，人類的身體是可能具有神奇的韌性的。

確實，似乎沒有任何挑戰，是人類的耐力所無法克服。加拿大亞伯達省（Alberta）艾德蒙頓（Edmonton）的一名還在學走路的小小孩艾麗卡・諾德比（Erika Nordby），就是一個好例子：她在隆冬的夜裡醒來，僅僅穿著尿布與一件輕薄上衣，打開了沒有鎖好的後門，獨自走出了屋子。幾個小時之後，當人們找到她，她的心臟已經停止跳動至少兩小時，但送往當地醫院後，她被小心翼翼回溫保暖，最後奇蹟般地恢復生命徵象。她後來完全康復起來，並且，可說名正言順地，以「奇蹟寶寶」之名廣爲人知。不可思議的是，僅僅幾個星期過後，威斯康辛州某個農場的兩歲男孩也幾乎遭遇相同的事，同樣也成功恢復心跳，最後也完全獲得康復。套句老話，身體最不願做的事，就是送死。

幼童在應對酷寒的表現，遠比應對酷熱好上許多。由於他們的汗腺尚未完全發育完成，所以他們無法如同成人一般輕易流汗。這也是爲何會有這麼多的幼童，在炎熱天氣下被單獨留在車子裡面，如此快速喪命的主要原因。處在室外氣溫攝氏三十度之下的密閉車輛，車內氣溫可以上升至攝氏五十四度，而沒有任何幼童可以應對這樣的溫度太長的時間。在一九九八至二〇一八年八月期間，美國總計有八百名左右的幼童，因爲被單獨留置於悶熱的車內而死亡。其中一半的年紀都只在兩歲以下。不可思議的是——我其實是想說「令人憤怒的是」——比起留置無人照料的幼童在車上，美國有更多的州立法將留置無人照料的動物在車上視爲非法。兩者的數目差別如下：前者是二十一州，而後者是二十九州。

¶

由於人類本身的脆弱性，地球上大部分的地方都不宜人居。一般上，地球似乎可能是個友善寬大的地方，但是大部分地區若不是太冷，就是太熱、太乾旱或地勢太高，以至於無法讓人順利定居。人類儘管有保暖的衣物、遮風避雨的屋舍與無比的聰明才智等種種優勢，但我們想方設法所能落腳之地，僅占陸地面積的百分之十二左右，而如果把海洋面積也算進來，則僅占地球全部表面積的百分之四。

大氣的稀薄與否，限制了我們能生活在地勢多高的地方。世界上海拔最高的常在居住地是位於智利北部的安地斯山脈（Andes）中的奧坎基爾查峰（Mount Aucanquilcha）；那裡的礦工生活在海拔五千三百四十公尺的地方，而那兒似乎已經是人類耐受力的極限之處。礦工本身會選擇每天再沿著斜坡往上跋涉另外四百六十公尺的高度，去到位於海拔五千八百公尺的工作地點上工，而非連夜間休息睡覺也直接待在礦場附近。出於比較之用：聖母峰（Mount Everest）大約有海拔八千八百五十公尺。

在海拔非常高的地方，任何的體力勞動均會極端吃力，讓人精疲力竭。在海拔四千公尺以上的地方，大約有百分之四十的人會有高山症症狀，而且，我們無法事先預測誰會遭受這個困擾，因爲它跟健康狀況無關。在極高之地，每個人都爲存活奮鬥。弗朗西絲·阿什克羅夫特（Frances Ashcroft）在《極端處境下的生命》（Life at the

Extremes）一書中記述了，丹增・諾蓋（Tenzing Norgay）與雷蒙德・蘭伯特（Raymond Lambert）在一九五二年攀登聖母峰南坳（South Col）時，如何花了五個半小時，才前進了僅僅兩百公尺的距離。

在海平面的高度，紅血球占有總血量的百分之四十左右，而當你適應了較高的海拔，這個比例可以增加大約一半，儘管也必須付出某種代價。紅血球的增多會使血液變稠、流速變慢，使心臟在抽送血液時增加額外的壓力，而這個現象甚至同樣發生在，那些一輩子都生活在高海拔地區的人們身上。高地城市的住民，比如生活在玻利維亞（Bolivia）的拉巴斯（La Paz；位於海拔三千五百公尺）的人，有時會罹患稱爲「慢性高山症」（Monge's disease）的疾病，使他們有藍嘴唇與杵狀指，這是由於他們長久以來血液黏稠、流動不順之故。假使他們搬遷到低海拔地區，如此的困擾旋即迎刃而解。許多患者因此被迫永遠流放在山谷地帶，遠離自己的家人與朋友。

出於經濟上的考量，航空公司一般會將機艙氣壓維持在相當於海拔一千五百至二千四百公尺（四千九百至七千九百英尺）的氣壓，這使得在飛行中飲酒，酒精更可能上到你的頭部去。這也說明了，爲何在飛機降落期間，你的耳朵會脹痛——因爲，當你的高度降低，氣壓會隨之改變。班機正常的巡航高度是三萬五千英尺，而在這樣的高度上，如果機艙突然失壓，乘客與機組人員可以在短短的八或十秒內，便陷入意識混亂與行動失能的狀態。阿什克羅夫特提過一名飛機駕駛的案例：駕駛停下來想在戴上氧氣面罩之前，先戴上眼鏡，結果卻因此昏迷過去。幸運的是，副駕駛並未失去行動能力，立即接手控制飛機。

有關缺氧（hypoxia；這是氧氣缺乏的正式名稱）的一個慘不忍聞的例子發生在一九九九年十月，美國職業高爾夫球選手沛恩．史都華（Payne Stewart）隨同三名工作伙伴與兩名飛行員，所共同搭乘的一架租用而來的里爾噴射機（Learjet）上。他們在從奧蘭多（Orlando）飛往達拉斯（Dallas）的途中，飛機突然失壓，機上所有人因此全都失去知覺。飛機最後與航管人員的聯繫是在早上九點二十七分，當時機師確認了獲得許可後，便將飛機爬升至三萬九千英尺的高度上。六分鐘之後，當航管人員再次聯繫飛機，便沒有收到任何回應。這架噴射機並無西轉飛向德州，而是以自動駕駛模式持續飛在西北航道上，飛越了美國中部地帶，最後在燃料耗盡之後，墜毀在南達科他州（South Dakota）的一處農地上。機上六人全數罹難。

令人難受不安的是，有關人類的生存能力表現，目前已知的大量資料，都是來自於第二次世界大戰期間，針對軍事囚俘、集中營拘留人員與一般平民所施行的一系列實驗。在納粹德國，健康的囚犯會遭受截肢或實驗性的四肢與骨頭移植，希望可以從中發現對於德國傷殘人員更好的治療方法。蘇聯戰俘會被推入冰水池中，用以測定被擊落墜海的德國飛行員可以活上多長時間。出於相同目的，他們也會讓其他囚犯在寒冷天候下赤身裸體站在戶外將近十四個小時。而某些實驗看起來則似乎只是出自病態的好奇心。其中一個是，將染料注射進受試者的眼球內，以便了解這些人的眼睛顏色是否可以因此永久改變。很多受試者遭受各種各樣的毒物與神經毒氣的試驗，或是被注射進瘧疾、黃熱病、斑疹傷寒、天花等的病原體。喬治・安納斯（George J. Annas）與邁可・葛羅丹（Michael A. Grodin）在合著的《納粹醫生與紐倫堡守則》（The Nazi Doctors and the Nuremberg Code）一書中寫道：「與這些醫生在戰後所做的辯解恰恰相反的是，他們從來都不是被迫去進行這些實驗。」他們是出於自願㉓。

德國人的實驗儘管駭人，但日本人在規模上則比他們更勝一籌，甚至手法殘虐更是無以復加。在名爲石井四郎的醫生的領導下，日本人建構起了超過一百五十棟建物的龐大建築群，散布在滿州的哈爾濱市六百平方公里的地盤之上；他們公開宣稱，他們的目的是藉由任何必

㉓ 納粹德國中的那種漠然麻木的態度，是可能嚴重到讓人毛骨悚然的程度。一九四一年，位在林堡（Limburg）附近的哈達馬爾（Hadamar）的一家精神病院，因爲達到了處死第一萬名有認知缺陷的患者這樣的里程碑，因而舉辦了正式的慶祝會，有長官上台演說，員工們也豪飲啤酒歡慶。

要手段，來測定人體的生理極限。而該軍事機構稱爲七三一部隊（Unit 731）。

在一個典型的實驗中，一群中國囚犯彼此錯開，分別被綁在與一枚霰彈炮相距距離不等的木樁上。當炸彈引爆之後，日本科學家會在這些囚犯之間走動，一邊仔細記錄囚犯受傷的種類與傷勢大小，然後觀察這些人需要花上多久時間死去。出於相同目的，他們也會拿噴火器射擊其他囚犯，以審視武器效果；他們也會進行讓囚犯挨餓、受凍與中毒等等的實驗。而令人費解的是，日本人會在囚犯還有意識時進行活體解剖。大多數的受害者是被逮捕的中國軍人，不過，七三一部隊也會對經過挑選的同盟國戰俘進行實驗，以便確認，病原體毒素與神經毒劑是否對西方人也會如同對亞洲人般，產生相同效應。如果實驗需要孕婦或幼童，日軍就直接到哈爾濱的街上隨機綁架。沒有人知道究竟有多少人慘死在日本七三一部隊的毒手之下，但某個估算指出，受害人數高達二十五萬人。

這一切殘酷作爲的結果是，在戰爭結束之時，日本與德國在微生物學、人體營養、凍傷、武器傷害，尤其是神經毒氣、病原體毒素與感染性疾病對人的影響等領域上的知識，領先全球其他國家。儘管許多德國人因爲這些戰爭罪行遭到逮捕與審判，但日本人幾乎全身而退，躲過了法辦嚴懲。大多數日本人被授予豁免起訴，而交換條件是，他們必須與戰勝國美國人分享他們所得知的科學知識。七三一部隊的創建者與營運人石井四郎醫生，在歷經了徹底而詳細的盤問後，便被批准回歸平民生活。

有關七三一部隊的存在事實，之後便被日本官員嚴加保密，而美國官員同樣守口如瓶。假使，一九八四年，東京一名慶應義塾大學的學生，沒有在一家二手書店碰巧發現一盒罪證文件，並且予以公諸於世，那麼，七三一部隊恐將永遠不爲世人所知。而當眞相大白之時，想緝捕石井四郎繩之以法，卻早已爲時已晚。他早在一九五九年於睡眠中安詳死去，得年六十七歲；他幾乎度過了十五年歲月靜好的戰後生活。

12

免疫系統

免疫系統，是人體中最趣味盎然的器官。

——麥可·金區

1

免疫系統架構龐大，說起來有點紛亂無序，而且存在人體周身各處。它包含了許多我們通常在談及免疫的脈絡中，不會想到的東西，比如：耳垢、皮膚與眼淚。任何越過這些外層防護網的入侵物—相對上鮮少如此—很快就會遭遇一大群「專屬的」免疫細胞的包圍；它們會從淋巴結、骨髓、脾臟、胸腺與身體其他角落中蜂湧而出。而其中涉及大量的化學過程。你如果想要了解免疫系統，便需要理解：抗體、淋巴球（lymphocyte）、細胞激素（cytokine）、趨化激素（chemokine）、組織胺、嗜中性球（neutrophil）、B細胞、T細胞、自然殺手細胞（natural killer cell，簡稱「NK cell」）、巨噬細胞（macrophage）、吞噬細胞（phagocyte）、顆粒球（granulocyte）、嗜鹼性球（basophil）、干擾素（interferon）、攝護腺素（prostaglandin）、多能（pluripotent）造血幹細胞，以及許許多多其他的防禦元件—真的多到令人咋舌的地步。其中有一些彼此間的任務重疊，而有一些則能者多勞，可以進行多重任務。比如，「介白素1族」（interleukin-1），不僅能攻擊病原體，而且也在睡眠機制中起作用；這在某種程度上可以解釋，爲何我們在身體不適時，會如此經常感到昏昏欲睡的原因。依據某個估算，我們大約有三百種類型不同的免疫細胞在體內運作，不過，曼徹斯特大學（University of Manchester）的免疫學教授丹尼爾．戴韋斯（Daniel Davis）認爲，實際的數目根本難以計算。他指出：「比如，皮膚裡的樹突狀細胞（dendritic cell），就與淋巴結裡的樹突狀細胞非常不一樣，所以，想要明確界定出各種類型，會讓人相當困惑與混亂。」

除此之外，每個人皆有獨一無二的免疫系統，這使得它更難以歸納與理解，而當它出問題時，也就更難以治療。而且，免疫系統不只是在應對病菌問題。它也必須對毒素、藥物、癌症、異物，甚至是你本身的心理狀態，有所反應。比如，假使你壓力過大或精疲力竭，你將更可能染疫致病。

由於防範病害入侵的挑戰可說永無止境，免疫系統難免有時出錯，對無辜的細胞發動攻擊。相較於免疫細胞日復一日所進行的偵察次數，錯誤率說起來其實相當低。然而，極爲諷刺的是，我們所受到的傷害，有很高的比例是我們自身的防禦機制所施加的後果，這稱爲「自體免疫性疾病」，比如：多發性硬化症、狼瘡、類風濕性關節炎、克隆氏症（Crohn's disease），以及其他許多無趣的病症。總計大約有百分之五的人罹患某種形式的自體免疫性疾病——對於種種症狀如此令人苦惱的這種疾病來說，這個比例算是非常高——而且，病患人數快速增加，但診治療法卻始終左支右絀。「你可能想了一下這種病，然後認爲，眞是瘋了，免疫系統居然會攻擊自己。」戴韋斯說：「或者，你也可能想了想免疫系統所必須從事的所有大小事，然後訝異地發現，它居然沒有經常這樣出錯。你的免疫系統持續不斷遭到它從未見識過的東西的攻擊——那些東西有可能才剛剛問世，比如最新的流感病毒株；我們知道，病毒始終在進行突變形成新品種。所以，你的免疫系統必須能夠識別並擊退的東西，說起來簡直是無窮無盡。」

戴韋斯身形高大，待人親切有禮，年紀四十來歲，笑聲低沉而響亮，渾身洋溢著那種已經覓得一生志業的輕快氣息。他在曼徹斯特大學與斯特拉斯克萊德大學（University of Strathclyde）研讀物理學，之後在一九九〇年代中期負笈哈佛求學，確定了生物學才是他的眞正志趣所在。出於偶然的機緣，他最後落腳哈佛大學的免疫學實驗室，並且深受精巧複雜的免疫系統所吸引，甘心接受盡一切努力揭開其中奧秘的挑戰。

免疫系統儘管在分子層次上錯綜複雜，但它轄下的所有成員皆致力於單獨一項任務：找出不該出現在人體內的任何物質，而如果必要的話，便殲滅它。不過，其中所涉及的過程遠非如此直截了當。大多數存在體內的東西都對你無害，或甚至對你有益；擊滅這些東西可能太過魯莽，或浪費了你的能量與資源。因此，免疫系統必須有點像是機場中的安檢人員，專心盯著輸送帶上的物品，然後只盤查那些帶有罪惡意圖的物件。

免疫系統的核心成員是五種類型的白血球：淋巴球、單核球（monocyte）、嗜鹼性球、嗜中性球、嗜酸性球（eosinophil）。這五種個個皆重要，但淋巴球最能激起免疫學家的興趣。大衛．班布里奇（David Bainbridge）認爲，淋巴球幾乎是「整個身體內最聰明的小細胞」，因爲，淋巴球有能力識別幾乎任何一種不受歡迎的入侵者，並且可以啓動快速鎖定目標的反應。

淋巴球主要分爲兩種：B細胞與T細胞。B細胞的「B」，有點奇怪地，是指代「bursa of Fabricius」（腔上囊）；那是鳥類的一個類似闌尾的器官，而也是B細胞首次被發現的地方㉔。人類與其他哺乳類動物並沒有腔上囊。我們的B細胞是在骨髓中製造，然而，巧合的是，「bone marrow」（骨髓）也是以「b」字母開頭。T細胞在命名上就比較如實呈現它的產地。T細胞雖然也是在骨髓中孕育而成，但它最後會從胸腺（thymus；以字母「t」開頭）中生產出來。胸腺是胸腔中的一個小器官，位置處在心臟上方，並介於肺臟中間。長久以

㉔「bursa of Fabricius」（腔上囊）得名自，義大利解剖學家西羅尼姆斯．法布里休斯（Hieronymus Fabricius, 1537-1619）；他當時以爲，這個器官與產卵機制有關。法布里休斯的看法有誤，不過，腔上囊的實際用途，一直到一九五五年發生了一則幸運的意外事件，才解開了謎底。一名俄亥俄州立大學（Ohio State University）的研究生布魯斯．葛利克（Bruce Glick），他從雞隻身上摘除了腔上囊，想看看這會對雞產生何種效應，希望可以因此揭曉腔上囊的奧秘。結果，摘除程序對雞隻毫無任何可資辨別的影響，他便放棄了研究這個問題。這些實驗雞隻後來轉到了另一名研究生張湯尼（Tony Chang）的手上，而他的研究主題是抗體。張湯尼發現，這些沒有腔上囊的雞隻體內完全沒有抗體產生。這兩名年輕的研究員於是理解到，腔上囊負責抗體的生產——這是免疫學上一個貨眞價實的大發現。他們合寫了一篇論文投稿至《科學》（Science）期刊，但被以爲「內容索然無趣」而遭到退回。他們最後發表在《家禽科學》（Poultry Science）這本期刊上。依照英國免疫學學會（British Society for Immunology）的資料顯示，這篇文章此後成爲免疫學領域受到最多徵引的論文之一。附帶一提，「bursa」一字來自拉丁文，意指袋子或提包；解剖上，以它來描述多種構造。人體中的「bursa」（滑液囊；出問題就會引發「滑囊炎」），是一些小形囊狀構造，可以讓關節獲得緩衝效果。

來，人體中的胸腺角色，完全不為人所知，因為那兒似乎充滿著死亡的免疫細胞——如同丹尼爾．戴韋斯在他傑出的著作《相容性基因》（The Compatibility Gene）中所說：「那是一個細胞前往受死之處」。一九六一年，一名在倫敦工作的法裔澳大利亞籍的年輕科學研究員雅克．米勒（Jacques Miller），揭開了胸腺的底細。米勒所廓清的事實是，胸腺本身如同一間T細胞的幼兒園。T細胞堪稱免疫系統中的菁英部隊；在胸腺中所發現的死亡細胞，皆是沒有達到標準的淋巴球，而淘汰它們的原因有二：這些淋巴球在鑑別與攻擊體外入侵者的表現上並不稱職，或者，行徑太過莽撞，會攻擊身體自身健康的細胞。總之，就是這些淋巴球沒有資格過關。這是個無比重大的發現。誠如醫學期刊《刺胳針》所言，這個發現使米勒成為「最後一位確認出某個人體器官功能運作的學者」。許多人頗為疑惑，為何他沒有獲得諾貝爾獎的殊榮。

T細胞還可以再進一步分成兩類：助手T細胞，與殺手T細胞。殺手T細胞，顧名思義，亦即它可以撲殺那些已經被病原體入侵的細胞。

而助手T細胞則會協助其他免疫細胞的行動，包括幫助B細胞產生抗體。另有一種「記憶T細胞」（Memory T cells），它可以記得早前入侵者的細節；因此，假使有同樣的病原體再次現身，它便能協調免疫大軍進行快速反應——這稱為「適應性免疫」作用。

記憶T細胞的警覺性，可說非比尋常。我之所以不會感染流行性腮腺炎，是因為在我體內某處的記憶T細胞在超過六十年的時間中，始終保護我免於第二次遭殃。當記憶T細胞指認出了一個入侵物，它會指示B細胞去生產稱為抗體的蛋白質，而這些抗體會群起對抗來犯的微生物。抗體天生聰明伶俐，假使早前的入侵者膽敢再度跨越雷池一步，它可以快速識別並一舉擊退。所以，如此之多的疾病只能使你中標一次。這也是疫苗接種的核心概念。施打疫苗其實是一種促使身體產生有用抗體的方式，以便對抗某種特定的病原體，而不用一開始先讓身體染病受難。

微生物已經發展出多種方法來欺騙免疫系統，比如，傳送出混亂的化學訊息，或者把自己偽裝成良性或友善的細菌。某些病原體，比如大腸桿菌與沙門氏菌，可以哄騙免疫系統去攻擊錯誤的微生物。外界存在大量可以感染人類的病原體，而大部分這些小東西皆致力於，演化出可以進入人體的新穎而狡詐的途徑。而奇妙之處，並非是我們只會偶爾生病，而是我們並沒有更爲頻繁地掛病號。此外，免疫系統除了會擊殺入侵的細胞，它也必須努力消滅我們體內行爲失常的細胞，比如當正常細胞異變成癌細胞之時。

發炎，基本上是身體在防禦自身免於受害時，所進行的激烈的戰鬥過程。傷口周圍的血管會擴張，讓更多血液流入傷口所在地，帶來白血球以便擊退入侵者。這個過程會導致傷口腫脹，增加周圍神經的壓力，並且引發觸痛感。與紅血球不同的是，白血球可以離開循環系統，穿越周圍的組織，如同在叢林中進行搜索任務的巡邏部隊。當白血球遭遇入侵者，它們會釋放稱爲細胞激素的攻擊性化學分子，而這會使你感到發熱與不舒服，因爲你的身體正在與病原體交戰。使你感到不適的原因，並非來自病原體的感染，而是你的身體所進行的防禦過程。從傷口滲出的膿汁，純粹只是為了保護你而慷慨捐軀的白血球死屍。

發炎，說起來是頗為棘手的事。發炎太過嚴重，會破壞鄰近組織，並導致不必要的疼痛，但是，如果太過輕微，卻又無法阻退感染。不當的發炎，被視為與每一種疾病皆有關連，從糖尿病、阿茲海默症到心臟病發作與中風等不一而足。聖路易斯華盛頓大學的麥可．金區對我解釋說：「有時候，免疫系統在防禦力度上會進行總動員，導致精銳盡出，萬箭齊發，就會形成所謂的『細胞激素風暴』。而那將讓你送命。我們在許多大規模流行的疾病中，一再見識到細胞激素風暴的威力，而它也會發生在，比如遭到蜂螫等的這種極端過敏反應的事件上。」

免疫系統在細胞層次上的運作過程，大多數仍舊未被充分了解。而其中完全無人能解的機制，亦不在少數。在我拜訪曼徹斯特大學期間，戴韋斯領我參觀他的實驗室，那兒有一整組博士後的研究員各自盯著電腦螢幕，解讀從高解析度顯微鏡下所擷取的影像。一位博士後研究員喬納森．沃伯斯（Jonathan Worboys）讓我一睹他們才剛剛發現的東西

——那是由分散在細胞表面上的蛋白質所形成的環狀構造物，看起來就像是舷窗一般。在這間實驗室之外，還未有任何人見識過這些環狀物。

「之所以形成了這種形狀，絕對會有一個原因，」戴韋斯說：「不過，我們還不知道那個原因是什麼。這個環狀物看起來很重要，不過也可能微不足道。我們還處於未知狀態。可能要花上四、五年的時間，才能眞正明白它的成因。正是這樣的過程，讓科學研究既令人興奮，卻又困難重重。」

¶

免疫系統假使有個守護神，無疑非彼得．梅達沃莫屬；他是二十世紀最偉大的英國科學家之一，而且很可能還是出身最具異國情調的學者。父親是黎巴嫩人，母親是英國人，梅達沃於一九一五年出生於巴西，因爲他的父親在那兒經商，不過在他還年幼時，便舉家搬來英國。梅達沃的身形魁梧，而且長相俊秀。他的一名同輩，學者馬克斯．佩魯茨（Max Perutz）在描述梅達沃時，說他「熱情迷人、八面玲瓏、風度翩翩，經常妙語如珠，完全沒有架子，而且始終不知疲倦，心懷凌雲壯志」。史帝芬・傑伊・古爾德則說：「在我至今所認識的人當中，就屬他最聰明絕頂。」雖然梅達沃接受動物學的訓練，但卻是在二戰期間針對人類的研究工作，爲他贏得歷久不衰的盛名。

一九四〇年的夏季某日，梅達沃與妻子、小女兒坐在位於牛津自宅的庭院中，享受陽光明媚的午後時光；他們突然聽到，頭頂傳來飛機所發出的劈啪劈啪的響聲，於是抬起頭，就看到一架英國皇家空軍的轟炸機從高空下墜俯衝。飛機最後著火墜毀在只離他家兩百碼遠的地方。一名機組人員倖免於難，但遭到嚴重燒傷。大約過了一天之後，梅達沃大概頗爲驚訝，居然接到來自軍方醫生的詢問；他們問他是否可以前來檢視一下那名年輕空軍士兵的傷勢。梅達沃說起來是名動物學家，不過他已經投入在抗生素的研究中，說不定也能有助上一臂之力的機會。而就從這天開始，展開了一段極富成效的合作關係，研究成果最終以榮獲一座諾貝爾獎畫下皆大歡喜的句點。

軍方醫生對於用來移植的皮膚問題，特別感到無所適從。每當從某個人身上取下一層皮膚移植到另一個人身上，一開始這張皮膚可以被患者接納，但很快便會萎縮並壞死。梅達沃立即埋首專注在這項難題之上，但卻無法理解，身體爲何會拒絕明顯對它有益的東西。他寫道：「儘管出於臨床上的善意，或甚至是攸關生死的迫切性，才會施行皮膚移植，但是，身體對待同種移植用的皮膚（skin homograft），卻彷彿那是一種疾病，唯有摧毀它才能獲得痊癒。」

丹尼爾．戴韋斯指出：「當時人們認爲，問題是出在外科手術上，如果外科醫師能夠改良技術，問題就會迎刃而解。」然而，梅達沃理解到，事情並非如此簡單。每當他與同事再次重複施行皮膚移植，第二回的皮膚總是更快被患者的身體所排斥。梅達沃隨後所發現的事實是，免疫系統在生命早期便習得，不要去攻擊自身正常與健康的細胞。如同戴韋斯對我所做的闡述：「梅達沃發現，如果一隻老鼠在非常年幼時，就接受過來自另一隻老鼠的皮膚，那麼，當這隻老鼠變成成鼠之後，牠就能接納來自那第二隻老鼠的皮膚作爲移植之用。換句話說，梅達沃發現了，身體在幼年時期就會學到，屬於自身的事物，就是不能去攻擊的東西。你可以順利移植一隻老鼠的皮膚到另一隻老鼠身上，只要後者在小鼠階段就被訓練成，不要對前者的皮膚有所反應即可。」正是這個洞見，在十幾年後，讓梅達沃獲頒諾貝爾獎。一如大衛．班布里奇所指出：「移植手術與免疫系統兩者，如此意外地連結起來，可說是醫療科學上的一個關鍵時刻，儘管今日已被視爲理所當然。這個新概念向我們揭示了，免疫實際上的運作道理。」

2

一九五四年，在耶誕節的兩天前，住在麻州的馬爾伯勒市（Marlborough）的理查德．赫里克（Richard Herrick），年方二十三歲，卻因爲腎臟衰竭而處於垂死邊緣，然而，在他接受全球首例的腎臟移植之後，他又喜獲重生。赫里克極其幸運，因為他有位同卵雙胞胎兄弟羅納德（Ronald），所以他的捐贈者與他在組織型態上完美匹配。

儘管如此，但在此之前，從未有人嘗試過這類移植手術，赫里克的醫生們對於後果是好是壞毫無把握。一個顯而易見的可能性是，兩兄弟皆會因此送命。如同當時團隊的首席外科醫生喬瑟夫．莫瑞（Joseph Murray）於多年後解釋道：「我們之中沒有任何人曾經請求過一名健康人士，僅僅為了挽救另外一人的性命，去承擔如此巨大的風險。」令人欣慰的是，手術結果讓所有人喜出望外——事實上，整個故事也沾染某種童話色彩。理查德．赫里克不僅順利度過手術危機，並恢復健康，而且他還迎娶了照顧他的護士，並與她育有二子。他在手術後還活上八年的時間，最後因為不敵腎絲球腎炎（glomerulonephritis）舊病復發，因而與世長辭。他的兄弟羅納德則帶著僅剩的一顆腎臟，再活上五十六年。一九九〇年，赫里克的外科醫生喬瑟夫．莫瑞被授予諾貝爾生理醫學獎的榮耀，雖然主要是表彰他後來對於「免疫抑制」的研究成果。

然而，有關排斥的問題，卻導致了，大部分其他的移植嘗試都以失敗收場。在隨後的十年期間，計有二百一十一人接受腎臟移植，而其中大多數患者至多存活不到幾週的時間。只有六人活上長達一年之久，而原因主要也是由於捐贈者是雙胞胎手足之故。一直到從一份偶然來自挪威假期中所收集的土壤樣本，所研發而成的特效藥環孢素的出現（詳情參見第七章），器官移植才開始成爲例行性醫療項目。

過去數十年來，移植手術日新月異，成果令人驚嘆。舉例而言，現今美國每年接受器官移植的三萬人當中，超過百分之九十五的病患存活至少一年的時間，而百分之八十的病患則至少可以活上五年。然而，有關移植手術的不利的一面是，對於器官置換的需求遠遠超過供給量。截至二〇一八年末，美國等待移植手術的人數計有十一萬四千名。每十分鐘，就有新的一人加入等候的行列當中；而每一天，則有二十人因爲無法找到捐贈器官而死去。洗腎病患的平均餘命是八年，但如果換腎成功，壽命則可再多上二十三年。

大約有三分之一的腎臟移植，是來自活體捐贈（通常是來自患者近親），而所有其他的移植用器官則來自大體捐贈——而這無疑是個挑戰。任何需要器官的人不得不去期待，有人在過世之時可以滿足下列條件：身後留下一個狀態健康、大小合適與能夠再利用的器官；去世地點與需求者相距並不遙遠；並且有兩組專科外科醫師隨時待命（一組是從捐贈方那兒取出器官，另一組則是將器官重新置入收受方的體內）。今日美國等待可用腎臟的時間中位數是三點六年，而在二〇〇四年，這個數字還只是二點九年，不過，許多患者皆無法等待這麼長的時間。在美國，平均每年有七千人因爲無法及時進行器官移植而死亡。英國則大約每年有一千三百人。（這兩個國家在估算上使用略微不同的標準，因此數據無法直接進行比較。）

一個可能的解決辦法是，使用動物器官來進行移植。比如，從豬隻身上取下的器官，可以讓它先成長至適當尺寸，然後在有需要時，便能隨時取用。移植手術因此便能排定時間進行，而非總是只能緊急處理。

原則上，這是個極佳的解套方法，但在實務上卻會產生兩個大問題。首先，來自另一種動物的器官將引發凶猛的免疫反應——假使有一件你的免疫系統瞭若指掌的事，那就是，你的體內不應該出現比如說一隻豬的肝臟——其次，豬隻體內充滿一種稱爲「豬內源性反轉錄病毒」（porcine endogenous retroviruses；簡稱「PERVs」）的病毒，可以感染任何置入豬隻組織的人。寄望在不久的將來，都能一一克服這兩項難題，屆時將使數以千計的人的命運一夕改觀。

另一個性質不同卻同樣棘手的難題是：出於諸多理由，免疫抑制藥物並非理想用藥。首先，這種藥物會影響一整個免疫系統，而非僅僅作用在移植來的器官之上。所以，患者後來會始終容易受到感染與罹患癌症，不然免疫系統正常來說原本都有辦法應付這些問題。救命的藥物有可能也是毒藥。

幸好大多數人永遠都不需要進行移植手術。然而，免疫系統還是有很多可能對我們產生傷害的方式。我們總計可能罹患大約五十種自體免疫性疾病，而這個數目還在不斷增加中。以克隆氏症爲例來說明。這是一種愈來愈常見的發炎性腸道疾病（inflammatory bowel disease）。一九三二年，紐約的醫生伯瑞爾．克隆（Burrill Crohn）在《美國醫學會雜誌》的一篇論文中，描述了這種病症；然而，在此之前，它甚至還不是一種公認的疾病㉕。在那個年代，每五萬人會有一人罹患克隆氏症。然後，罹患率變爲萬分之一，然後，又增加爲五千分之一。今日的比率是每二百五十人有一人罹病，而且還在持續增加中。無人了解爲何會有如此的情況。丹尼爾．李伯曼暗示，抗生素的濫用與隨之而來的人體微生物儲備數量的減少，可能使我們更容易受到所有自體免疫性疾病的影

㉕ 克隆本身並不使用疾病這個詞彙，而比較偏好稱它爲局部性迴腸炎、局部性小腸炎或瘢痕性小腸結腸炎（cicatrizing enterocolitis）。之後發現，幾乎早在二十年前，一名格拉斯哥（Glasgow）的外科醫生湯瑪斯．甘迺迪．達爾齊爾（Thomas Kennedy Dalziel）就已經描述過相同的病症。他稱呼它爲慢性間質性小腸炎（chronic interstitial enteritis）。

響，不過他承認，「詳細原因仍然不得而知」。

同樣令人困惑的是，自體免疫性疾病存在嚴重的性別差異。女性罹患多發性硬化症的可能性是男性的兩倍，罹患狼瘡是男性的十倍，罹患一種稱爲橋本氏甲狀腺炎（Hashimoto's thyroiditis）的甲狀腺疾病是男性的五十倍。總計有百分之八十的自體免疫性疾病會發生在女性身上。賀爾蒙被認爲是罪魁禍首，不過，女性賀爾蒙究竟如何使免疫系統出錯，而男性賀爾蒙卻不致如此，迄今則仍舊不知其所以然。

在許多方面最爲神秘難解，而且牽涉範圍最爲廣大的免疫失調類別是——過敏反應。過敏其實就是身體對於正常來說無害的入侵物做出了不恰當的反應。令人訝異的是，過敏也是一個晚近才發展而成的概念。過敏（allergy）首次出現在英文中（當時拼成「allergie」）是在《美國醫學會雜誌》上，距今不過略微超過一個世紀而已。然而，過敏卻已經成爲現代生活的掃把星。大約有百分之五十的人聲稱對至少一樣東西會有過敏反應，而很多人則聲稱對許多東西都會過敏（醫學上把這種病症稱爲「特異反應」（atopy））。

人們在世界各地的過敏罹患率並不相同，大約介於百分之十至四十之間，而且與該地的經濟表現緊密相關。愈富裕的國家，國民遭受過敏困擾的比例便愈高。沒有人知道，爲何有錢會對人產生如此糟糕的影響。也許是因爲，富裕而都市化的國家中的人們，比較容易接觸到污染物——有證據顯示，來自柴油燃料所產生的氮氧化物與高比例的過敏發生率相關——或者，也許是因爲，富裕國家使用抗生素愈來愈多，直接或間接影響了我們的免疫反應。其他的可能促發因素是，人們缺乏運動與肥胖比例增高。據已知的資料顯示，過敏並非特別是遺傳上的問題，不過，你的基因可能會使你更容易引發某種過敏反應。假使你的父母皆有某種特定的過敏反應，那麼，你將有百分之四十的機會也會如此——所以，只是有比較大的可能性，而非必定如此。

大多數的過敏反應只會引發不適，不過也有一些可能會危及生命。美國每年大約有七百人死於「過敏性休克」（anaphylaxis；這是極端過敏反應的正式名稱），它經常會引發氣道受阻。抗生素、食物、昆蟲叮咬與乳膠，依次是最易引發過敏性休克的原因。有些人對某些物質極端敏感。查爾斯．巴斯特納克（Charles A. Pasternak）在《我們體內的分子》（The Molecules Within Us）一書中，記述了，有一名幼童在搭飛機途中，由於座位兩排之外的某個乘客吃了花生，使他後來住院兩天。一九九九年，僅有百分之零點五的幼童對花生過敏；二十年後的今天，花生過敏率增加至當初的四倍。

二〇一七年，美國的國家過敏和傳染病研究所（National Institute of Allergy and Infectious Diseases）做出了聲明：避免或極小化對花生過敏的最佳方法，並非如同數十年來所相信的作法那般，讓幼兒完全不碰花生，反而是給予他們少量的接觸，以強化他們的身體對花生的熟悉度。不過，其他專家則認爲，讓父母自行對子女進行實驗的作法，實際上並不明智；施行任何使幼兒習慣化的計畫，只能在合格人士小心的監督之下進行。

有關過敏率飆升的成因，最常見的解釋即是著名的「衛生假說」；它在一九八九年首度出現在《英國醫學期刊》上的一篇短文中，作者是來自倫敦大學衛生與熱帶醫學院（London School of Hygiene and Tropical Medicine）的流行病學家大衛・史壯（David Strachan；雖然他當時並非使用衛生假說這樣的措辭——那是後來才如此稱呼）。該假說的概念大致是：比較起較早年代的孩童，已開發國家現今的孩童成長在遠遠更為乾淨的環境之中，所以，在發展對於傳染病的抵抗力上，他們無法如同那些與泥土、寄生蟲有較為親密接觸的孩子的表現一樣好。

然而，衛生假說存在某些問題。其中一個問題是，過敏現象的劇增，主要可以追溯自一九八〇年代，而那時我們已經養成清潔的習慣很長的時間了，所以，單單衛生這個指標無法說明飆升率的成因。而衛生假說的一個擴大版本，被稱為「老朋友假說」，如今在很大的程度上，取代了原本的理論。老朋友假說假定，我們的敏感性並非只是奠基在童年的接觸史，而是可以回溯至新石器時代以降，生活形態的改變在漫長時間中積累下來的結果。

然而，這兩個假說所共同透露的基本事實是，我們對於過敏存在的成因仍舊一無所知。畢竟，死於吃了一顆花生，並不能帶來任何明顯的演化利益，因此，有關這種極端的敏感性爲何保存在某些人身上的原因，一如如此之多的其他人體謎團，同樣令人費解。

釐清錯綜複雜的免疫系統機制，遠遠不只是一場腦力體操而已。去找出運用身體自有的免疫系統來對抗疾病的方法——這稱爲「免疫療法」——相當有希望可以一舉改變整個醫療領域的作法。近年來，有兩個作法特別吸引了眾人關注。其中之一是，免疫檢查點療法（immune checkpoint therapy）。它所根據的概念是，免疫系統基本上是被設定去解決某項問題（比如，擊殺某個病原體），然後結束工作後便撤走。在這一點上，免疫系統有點像是消防隊。一旦它撲滅了火勢，繼續對灰燼灑水便沒有意義，因此就會有已經內建的信號告訴它停止工作，返回消防站去，然後等待下一場火災發生。然而，癌細胞已經懂得如何利用這套機制：它會自行送出停止工作的信號去欺騙免疫系統，使免疫系統永遠處於停機狀態。而免疫檢查點療法會使這樣的停止信號失效。該療法對於某些癌症的療效可說不可思議——某些面臨死亡的黑色素瘤晚期患者，後來居然完全康復起來——不過，出於一些仍然並不十分清楚的原因，這種療法只是有時候起作用而已。而且，它也可能引發嚴重的副作用。

而另一個受到注目的免疫療法，稱爲「嵌合抗原受體T細胞療法」（chimeric antigen receptor T-cell therapy；簡稱「CAR T-cell therapy」）。「嵌合抗原受體」這個名稱，聽起來就知道既複雜又專門；基本上，這項技術涉及了，改變癌症患者的T細胞的基因，然後把這些經過改造的T細胞送回患者體內，讓它去擊殺癌細胞。這個療法對某些形態的白血病的療效表現特出，不過，這種T細胞在撲殺癌細胞的同時，也會攻擊白血球，因此會使病患易於受到感染。

然而，以上這些療法的眞正問題，可能是在費用支出上。比如，以嵌合抗原受體T細胞療法去治療一個病人，便要價高達五十萬美元之譜。丹尼爾·戴韋斯問道：「難道我們在做的事情是，治療幾名有錢人，然後對其他人說，這個作法可望而不可求嗎？不過，這當然完全是另外的問題了。」

13

深呼吸：肺臟與呼吸

每當我的雙眼開始迷濛，一而再察覺到肺部的起伏，便會按照老習慣出海去。

——赫曼．梅爾維爾（Herman Melville），《白鯨記》

1

無論清醒或入睡，通常不會有所意識，你每天靜靜而有規律地呼氣與吸氣，如此大約兩萬次，穩定地處理一萬二千五百公升左右的空氣——詳細數量取決於你的身形大小與活動度高低。你在兩次生日之間，大約呼吸了七百三十萬次，而在整個一生當中，則約莫有五億五千萬次。

就呼吸而言，如同生命體中的每一種機制，相關的數字頗爲驚人，甚至相當怪異。你每次呼吸時，大約呼出去「2.5×10^{22}」個氧氣分子——這個數量是如此之多，使得你在一天當中幾乎肯定會吸進，來自每個曾經活在世上的人所呼出的至少一顆的氧氣分子。而從現在起算，直至太陽燃燒殆盡爲止的每一個人，都將會偶爾吸進一點點的你。在原子的層次上，我們在某種程度上堪稱永生不朽。

對大多數人來說，那些分子是從鼻孔湧入（必須明說，解剖學家把「nostril」（鼻孔）稱爲「nare」的理由，並沒有多麼高明）。從鼻孔進入的空氣，會穿行你的頭部裡面最神秘的迷宮——鼻竇腔。相較於頭部其餘部位，鼻竇占有的空間可說極爲龐大，而無人確切了解原因何在。

「鼻竇很奇怪。」任職於諾丁漢大學與女王醫學中心的班．歐利維爾這麼對我說：「鼻竇只是你頭部裡面一些像是洞穴的空間。要是你的頭部沒有留下那麼多空間給鼻竇使用，你就會有地方可以容納更多更多的灰質。」這些空間並非空無一物，反而布滿複雜的骨骼網絡，被認爲以某種方式增進了呼吸的效率。無論鼻竇的眞正功能爲何，它都給我們帶來許多苦惱。每年美國有三千五百萬人罹患鼻竇炎，而處方藥抗生素中大約有百分之二十，是用在治療患有鼻竇病症的病人（即使這些疾病幾乎由病毒所引起，抗生素根本派不上用場，醫生卻依然開給患者服用）。

附帶一提，寒冷天候會使你流鼻涕的理由，一如你的浴室窗玻璃在冷天會有水滴凝結的道理一般。就你的鼻子來說，來自你的肺部的暖空氣遇到進入鼻孔內的冷空氣後，便會凝結成液體，然後往下滴流出來。

肺臟在清淨空氣的效果上表現優異。依照某項估算顯示，一般城市居民每天會吸入大約兩百億個異物顆粒，比如：灰塵、工業污染物、花粉、眞菌孢子，以及其他飄浮在白天空氣中的所有細物微粒。大部分這些東西都會使你非常難受，但大體上你並不會因此遭殃，因爲你的身體正常來說非常擅長驅離這些入侵物。假使某個入侵顆粒很大或特別惱人，你幾乎肯定會咳嗽或打噴嚏，直接把它趕出去（而在如此的過程中，經常會使它變成其他人的困擾）。假使它太小而無法引發身體如此強烈的反應，那麼，它幾乎肯定會陷在鋪襯在鼻腔通道的黏液中，或是被支氣管或小管（tubule）所攔截。這些微細的氣道覆有數以百千萬計的毛髮狀的纖毛，運動方式如同船槳（但卻以每秒十六次的高速激烈拍打）；纖毛會擊打入侵物退回至喉嚨之中，而這些異物之後會轉往胃部，由鹽酸溶解消滅。假使有任何的入侵物試圖通過這群揮舞拍動的纖毛，便會遭遇稱爲肺泡巨噬細胞（alveolar macrophage）的微型吞噬機器的進擊，將它們一口接一口吞食掉。儘管有以上這些防禦工事，偶爾還是會有某些病原體溜進來使你生病。當然，這便是人生。

直到最近才有學者發現，噴嚏遠比任何人所以爲的都更像是一場類似如瀑大雨的現象。《自然》（Nature）期刊上報導，由麻省理工學院（Massachusetts Institute of Technology）的教授莉蒂亞．布魯依芭（Lydia Bourouiba）所帶領的團隊，比起前人所曾經選擇的作法，更爲仔細地去研究噴嚏這個問題，然後他們發現，噴嚏的飛沫能夠飄飛將近八公尺的距離，並且可以懸浮在空氣中飄動長達十分鐘，然後才慢慢降落至附近的物體表面。藉由超慢動作攝影的方法，他們也發現，噴嚏並非如同向來所以爲的只是一大團飛沫，而比較像是一大片液滴，像是某種液狀的保鮮膜一般，之後會在鄰近的物體表面上破裂；這提供了進一步的證據——如果我們還需要證據的話——顯示，你不應該與打噴嚏的人距離太近。一個有趣的理論指出，天氣與氣溫可能會影響噴嚏中的液滴結合的方式，而這解釋了，爲何流感與傷風在冷天比較常見的原因——但卻仍舊無法說明，爲何經由觸摸而沾染到這種具感染性的飛沫，比起經由呼吸吸入（比如親吻），更容易使人致病。附帶一提，「sneeze」

（打噴嚏）的正式名稱是「sternutation」，雖然某些專家在比較輕鬆的時刻中，會把打噴嚏說成是，「體細胞顯性遺傳強迫性日光視神經性噴發」（autosomal dominant compelling helio-ophthalmic outburst），而這一串字的首字母縮寫是「ACHOO」（讀起來有點像「啊啾！」）。

肺臟的總重量大略是一點一公斤，而且它在胸腔中所占有的空間，可能比你所想的還大。肺臟的坐落範圍，最高可伸到你的脖子，最低則大約在胸骨附近。我們往往以爲肺臟獨自進行充氣、洩氣，如同風箱一樣，但它其實大大受益於，人體內最不受重視的肌肉之一「橫隔膜」的協助。橫隔膜是哺乳類動物才有的肌肉，而且作用特出。橫隔膜從下方將肺臟往下拉，有助於提高肺臟的運作效果。橫隔膜所帶來的呼吸效率的提升，可以使我們獲得更多的氧氣來供應肌肉之用，使我們變得更強壯，而供應腦部的氧氣也會因而增加，這則使我們變得更聰明。呼吸效率也得益於，存在於外界與肺臟所處空間——稱爲「胸膜腔」——兩者間在氣壓上的些微差距。胸腔內的氣壓比大氣壓力低，這可以順利使肺臟充氣。假使胸腔由於比如受到戳刺傷害而滲入空氣，內外的氣壓差距便會消失，肺臟將因而塌陷，僅剩原本正常大小的三分之一左右。

呼吸是少數你可以有意控制的自主功能之一，雖然也只到一定的限度而已。你可以隨意閉上雙眼，要多久就可以有多久，但是，你停止呼吸的時間，只能持續到自主系統再度發揮作用為止，它會強迫你去呼吸。當你屏住呼吸太久，你會愈來愈感到不適的原因，並非因為體內的氧氣減少，而是由於二氧化碳的增加使然。因此，當你停止閉氣後所做的第一件事便是——呼氣出去。你可能認為，最要緊的需求應該是趕快吸進新鮮空氣，而非吐出廢氣，但事實恰恰相反。身體非常厭惡二氧化碳，使得你必須立刻驅散它，然後再大口吸氣補充氧氣。

我們的閉氣能力很差；總體而言，我們的呼吸效率其實並不好。肺臟大約可以容納六公升的氣體，但是，一般而言，我們每次吸氣只有半公升左右，所以還有很大的改善空間。人類主動閉氣的最長紀錄，是由西班牙人阿萊克斯·塞古拉·文德雷利（Aleix Segura Vendrell）所創下的二十四分鐘又三秒；這是他在二〇一六年二月於巴塞隆納的一座泳池中所締造的成績，不過，他事先已經吸入純氧一段時間，之後則在水中靜臥不動，將能量需求降至最低。相較於大多數的水生哺乳類動物，這個表現著實差勁。某些海豹可以停留在水下兩個小時。大多數人最多不會持續超過一分鐘，可能還更少。甚至是著名的日本採集珍珠的婦女（稱爲「海女」〔Ama〕），正常來說，也不會待在水下超過兩分鐘左右的時間（不過她們確實一天可以下潛一百次以上）。

總而言之，爲了讓人體可以運作無間，你需要很大的肺臟。假使你是屬於一般體型的成人，你大概會有二十平方英尺的皮膚，但你會有大約一千平方英尺的肺部組織，而其中容納了大約一千五百英里長的氣道。將如此大量的呼吸組織裝進空間不算太大的胸腔裡面，卻是針對一項重大難題的巧妙解決辦法：如何更有效率地獲取更多的氧氣，以供應數十億顆細胞的需求。假使沒有肺臟如此複雜精細的包裝方式，我們可能不得不長得跟海草一樣——身長好幾百英尺長，讓所有的細胞非常靠近身體表面，以促進氧氣交換。

有鑑於呼吸過程的複雜度，肺臟如果也會引發我們的許多苦惱，可說不足為奇。不過，或許令人驚訝的是，我們有時對於這些苦惱的成因，在了解上少之又少，而所有病症中，又以氣喘最讓人摸不著腦袋。

2

假使你必須指定某個人來作為氣喘的海報人物，那麼，傑出的法國小說家馬塞爾·普魯斯特（Marcel Proust, 1871-1922）將是不二人選。不過，仔細想想，你其實可以指定普魯斯特作為許多病痛的海報人物，因為他所罹患的病症可說不勝枚舉。他有失眠、消化不良、背痛、頭痛、疲憊、暈眩，與嚴重倦怠。然而，最困擾他的疾病則是氣喘。他在九歲時，第一次氣喘發作，由此終身受盡折磨。而與氣喘相伴而生的是，他的嚴重潔癖的傾向。他在打開郵件之前，會請助手先把信件放入一只密封的箱子裡，然後用甲醛蒸氣熏上兩小時。無論他身處何地，他每天都會寄給母親一封信，詳細報告他的睡眠品質、肺功能、心理平靜程度，與排便狀況。如同你的推測，他這個人有些過度關注自己的健康問題。

雖然他的某些憂慮或許帶有慮病症的色彩，但氣喘卻算是如假包換。普魯斯特拼命想發現治療方法，他於是用過數不清（毫無意義）的灌腸劑；飲用含有嗎啡、鴉片、咖啡因、亞硝酸戊酯（amyl）、甲基索佛拿（trional）、纈草、阿托品（atropine）等成分的各式藥茶；抽摻有藥物的香菸；以鼻子吸入雜酚油（creosote）與氯仿等藥劑；經歷過超過一百次疼痛的鼻腔燒灼處理；採用牛奶飲食法（milk diet）；切斷家裡的煤氣供應；而且，一生中大部分時間都盡可能居住在礦泉療養地與度假山莊中，以便呼吸清新空氣。但卻盡皆無效。一九二二年秋天，他的肺部喪失功能，死於肺炎，享年僅五十一歲。

在普魯斯特的年代，氣喘屬於罕見疾病，因此對它的了解不多。而今日，氣喘很常見，但對它的了解仍舊不足。二十世紀下半期，大多數已開發國家的氣喘罹患率均快速增加，而無人了解何以致此。據估計，全球今日約有三億人患有氣喘；而在那些經過仔細評量的國家中，大約有百分之五的成人與百分之十五左右的孩童患有氣喘，雖然這個比率明顯隨著地區與國家的不同而有所變動，甚至不同城市間的比率也並不相同。中國的廣州是個高度污染的城市，然而，火車車程僅僅一個小時外的香港，雖然屬於鄰近城市，但由於少有工業設施，而且因爲靠海而有大量清新空氣，所以，相對而言，污染程度較低。但是，香港的氣喘罹患率是百分之十五，而高度污染的廣州卻只有百分之三，正好與人們的預期相反。沒有人可以對此解釋一二。

以全世界來說，在青春期之前，男孩的氣喘罹患率比女孩常見，而在青春期之後，女孩則比男孩更多。黑人比白人更常見氣喘的發生（僅是一般而言，而非各地皆然），而城市居民則比鄉村居民更多。就孩童來說，氣喘緊密相關於肥胖與過瘦這兩個因素；肥胖孩童更易患有氣喘，但過瘦孩童若有氣喘則會更嚴重。英國擁有全球最高的氣喘罹患率；在過去的一年，計有百分之三十的英國孩童表現出氣喘症狀。而全球最低的氣喘罹患率，則見於中國、希臘、喬治亞（Georgia）、羅馬尼亞與俄羅斯等國，皆只有百分之三。全球英語系國家的氣喘盛行率很高，拉丁美洲國家亦然。氣喘並無療方，不過，百分之七十五的年輕人在進入成年後不久便會自行痊癒。沒有人了解爲何會如此或其中機制如何，而對於那些不走運的少數人，爲何他們的氣喘不會自行消失，也同樣無人能解。實際上，就氣喘而言，我們所知不多。

氣喘（asthma；這個字來自希臘文意爲「喘氣」的詞彙）不僅盛行率愈來愈高，而且也更常致命——經常出其不意使人死亡。氣喘是英國幼童的第四大死因。就美國來說，在一九八〇與二〇〇〇年之間，氣喘的罹患率倍增，而住院率增至原本的三倍，這顯示出，氣喘已經更爲普遍，同時也更爲嚴重。大多數已開發國家皆可見到同樣的上升趨勢，比如北歐國家、澳洲、紐西蘭與亞洲一些較爲富裕的地區，然而，奇怪的是，如此的現象並非四處皆然。比如，日本的氣喘罹患率並無大幅揚升。

「你大概以爲，氣喘是由塵蟎、貓、化學物質、二手菸或空氣污染所引起的。」倫敦大學衛生與熱帶醫學院的流行病學與生物統計學教授尼爾·皮爾斯（Neil Pearce）說：「我花了三十年的時間研究氣喘，而我所獲得的主要成果顯示，人們所認爲的引發氣喘的事物，幾乎沒有一個眞的起作用。如果你本身患有氣喘，那些東西是可以造成氣喘發作，但並非你的氣喘成因。有關基本成因爲何，我們沒有多少概念。而如何預防這種病，我們也毫無對策可言。」

原籍紐西蘭的皮爾斯，是全球有關氣喘散布問題的頂尖專家之一，但他之所以鑽研這個領域則是出於偶然，而且在時間上也相當晚近。「我在二十幾歲時得過布氏桿菌病（brucellosis；這是一種細菌性傳染疾病，會使染病者始終以爲自己罹患流感），而這使我在學習上改變了興趣。」他說：「我來自威靈頓（Wellington），而布氏桿菌病在城市地區並不常見，所以醫生花了三年的時間才診斷出我得了這種病。好笑的是，當他們一發現病因，我只服用了療程兩週的抗生素後，就痊癒了。」他當時已經獲得數學的學士學位，卻錯過了就讀醫學院的機會，所以他放棄繼續深造的打算，擔任公車駕駛與工廠工人度過了兩年的時間。

巧合的是，當他在尋找更有趣的差事時，他輕易獲得了威靈頓醫學院（Wellington Medical School）的一份工作，擔任生物統計學者。而從這裡出發，他最後成爲威靈頓的梅西大學（Massey University）公共衛生研究中心（Centre for Public Health Research）的主任。他之所以產生對氣喘流行病學的興趣，是由於見到，在年輕的氣喘患者間爆發了難以解釋的相繼死亡事件之後。皮爾斯所屬的研究團隊追查出，這些人的死亡原因與一種稱爲非諾特羅（fenoterol；與臭名昭彰的類鴉片藥物芬太尼〔fentanyl〕毫不相干）的吸入型藥物有關。皮爾斯由此與氣喘結下了不解之緣，儘管這只是他今日眾多感興趣項目的其中之一。二〇一〇年，他搬遷至英格蘭，任職於位在布魯姆斯伯里（Bloomsbury）、久負盛名的倫敦大學衛生與熱帶醫學院。

在我拜訪皮爾斯時，他告訴我：「長久以來，對氣喘的教條式解釋是，它是一種神經性的疾病，也就是說，神經系統向肺臟傳送了錯誤的訊息。然後，在一九五〇與六〇年代，出現了氣喘是過敏反應的概念，從此就幾乎固定不變。甚至今天的教科書上也這麼說：人們會罹患氣喘，是因爲早年曾經與過敏原有所接觸的關係。基本上，這個理論的所有內容都是錯的。我們現在已經明白，氣喘的病因遠遠更爲複雜。我們今天知道，全世界有半數的案例涉及過敏，但有半數則完全由於其他原因所造成，也就是所謂的『非過敏機制』。不過，我們並不清楚這個機制爲何。」

對很多病人來說，氣喘可以由冷空氣、心理壓力、體育活動，或其他一些與過敏原或空氣中的飄浮物無關的因素所誘發。皮爾斯補充說明：「更爲一般而言，教條式的解釋是，過敏性與非過敏性的氣喘，這兩種都與肺部的發炎症狀有所關連。但是，如果你將某些氣喘患者的兩隻腳都放入一只裝著冰水的水桶中，他們會立刻開始大聲喘起氣來。於是，這就不可能是由發炎所引起的結果，因爲喘氣發生的速度太快了。

它只會是神經性的原因。而如此一來，我們就兜了一個大圈子回到原點，不過至少獲得了部分的答案。」

氣喘迥然有別於其他的肺部病症，因爲，一般而言，它只有某段時間存在而已。「如果你去檢查氣喘病人的肺功能，大部分病人在大多數時間中的肺部，都完全正常。只有在他們的氣喘發作時，肺功能上的問題才會變得明顯起來，可以加以檢測。對於一個疾病來說，這可說極不尋常。所謂的疾病，甚至在完全沒有呈現出任何症狀時，也幾乎總是可以在血液或痰裡面見到疾病的蹤跡。但是，在某些案例中，氣喘作爲疾病的種種病徵就只是消失無蹤而已。」

病人在氣喘發作時，氣道會變窄，而病人會拼命吸氣、吐氣，特別是努力吐氣。對於罹患輕微形式氣喘的病人，類固醇在控制發作上幾乎總是見效，然而，對於較爲嚴重的病人來說，類固醇則很少起作用。

「有關氣喘，我們所能眞正指出的是，基本上，它是一種西方的疾病。」皮爾斯說：「西方生活形態中的某些因素，會將你的免疫系統設定成，使你更加敏感。我們並不眞的了解其中原因。」在解釋上，一個可能的建議來自「衛生假說」；該假說以爲，在生命早期對病原體的接觸，可以強化我們往後對氣喘與過敏的抵抗力。「那是個很不錯的理論，」皮爾斯說：「但並沒有完全切中問題。有些國家的氣喘罹患率很高，但傳染病的致病率同樣也很高，比如巴西。」

氣喘初次病發的高峰年齡是十三歲，但是，有很大一部分的患者初次發作則是在成年時期。「醫生都會告訴你，出生後頭幾年是罹患氣喘與否的關鍵時期，但那並不十分正確。」皮爾斯說：「應該是接觸史的頭幾年才對。如果你換了工作或前往其他國家生活，你即便已經是個成人，卻依然可能患上氣喘。」

幾年前，皮爾斯有個有趣的發現：幼年養過貓的人似乎獲得某種保護力，終生都不會罹患氣喘。他說：「我喜歡開玩笑說，我研究氣喘三十年，從未使任何人可以不得病，但我卻挽救了許多貓咪的性命。」

西方的生活形態是如何得以引發氣喘的發生，這個問題並不容易回答。在農場裡長大成人似乎可以保護你，而搬往城市生活則會增加你罹病的風險，然而，必須再度指出，我們並不清楚箇中原因爲何。維吉尼亞大學（University of Virginia）的湯瑪斯．普拉茨—米爾斯（Thomas Platts-Mills）提出了一個頗有吸引力的理論，將氣喘罹患率的增加，連結上孩童較少在戶外跑動的現象。如同普拉茨—米爾斯所注意到，過去的小孩在放學後習慣在戶外玩耍。而如今的小孩往往走進室內，而且待在那裡。他接受《自然》期刊的訪問時說：「我們現在所有人都坐在屋裡，而且坐著不動，以前的小孩絕不會如此。」坐著看電視的幼童，不僅無法如同在玩耍中那般鍛鍊他們的肺臟，而且，他們的呼吸方式甚至與不會受制於螢幕的孩童有所不同。具體而言，相較於看電視的兒童，閱讀書籍的兒童的呼吸較爲深長，也更經常吐氣；依照這個理論，這種在呼吸活動上的些微差異，便足以增加更易罹患氣喘的可能性。

其他研究者已經提示，病毒可能是造成氣喘病發的原因。二〇一五年，一份來自英屬哥倫比亞大學（University of British Columbia）

的研究顯示，嬰孩時期如果缺少四種腸道微生物（亦即，毛螺菌屬〔Lachnospira〕、韋榮氏球菌屬〔Veillonella〕、普拉梭菌屬〔Faecalibacterium〕與羅氏菌屬〔Rothia〕），與幼年時期罹患氣喘密切相關。不過，以上這些想法，迄今依然只是假說。皮爾斯說：「最基本的實情是，我們對這一切依舊一無所知。」

3

肺部的另一個再常見不過的病症，頗值得一提，但箇中原因與其說是因爲它對我們做出的傷害，倒不如說是因爲，我們居然花了這麼長的時間才接受它是禍害。我指的是吸菸與肺癌。

我們幾乎無法忽略這兩者的關連性。規律抽菸的人（大約一天一包）罹患肺癌的可能性，是非吸菸者的五十倍。從一九二〇至五〇年的三十年期間，香菸在全球開始大規模攻城掠地，而肺癌確診數也隨之飆升。就美國來說，肺癌人數陡升至原本的三倍。同樣的上升現象也見於其他各地。然而，人們卻花了太久的時間，才對吸菸導致肺癌產生共識。

在我們眼中，這件事似乎太過荒唐，但是，對於當時的人們來說，則不盡然如此。其中所涉及的焦點問題是，在高比例的吸菸人口中——一九四〇年代末，百分之八十的男性都是菸槍——卻只有其中一些人罹患肺癌。而某些不抽菸的人也會出現肺癌。因此，在吸菸與癌症之間，特別難以建立直截了當的因果關係。當許多人都在做某件事，而只有其中某些人因此送命，我們便很難將罪過歸諸於這個單一因素。某些專家認爲，肺癌人數的增加，空氣污染難辭其咎。另外一些專家則懷疑，愈來愈常使用瀝青作爲鋪路材料，可能也是肇因之一。

聖路易斯華盛頓大學的胸腔外科醫師與教授埃瓦茨・安布羅斯・葛瑞姆（Evarts Ambrose Graham, 1883-1957），是主要的懷疑論者之一。葛瑞姆曾經說過一句著名（但滑稽）的話：我們同樣也可以將肺癌怪罪到尼龍絲襪的出現，因爲，這種絲襪普及起來的時間正好與香菸相同。不過，當他的一名學生，德裔出身的恩斯特・淮德（Ernst Wynder），在一九四〇年代末爲了鑽研這個主題而請求許可，葛瑞姆卻予以同意，雖然他主要是希望，研究結果可以一勞永逸地證明，吸菸與癌症的相關性並不成立。實際上，淮德反而不容置疑地展示了兩者的關連性——以至於，葛瑞姆被證據說服，因而想法徹底翻轉。一九五〇年，兩人以淮德的發現成果爲基礎，聯名撰寫了一篇論文，發表在《美國醫學會雜誌》上。不久之後，《英國醫學期刊》刊登了一篇相關研究，作者是倫敦大學衛生與熱帶醫學院的理查德・達爾（Richard Doll）與布拉德福德・希爾（A. Bradford Hill），而他們的發現也大致相同㉖。

儘管全世界最有聲望的兩本醫學期刊如今都已展示出，吸菸與肺癌兩者間清楚的關連性，但是，這些研究成果幾乎毫無任何影響力。人們只是太過熱愛抽菸，以致很難戒除。倫敦的理查德・達爾與聖路易斯的

㉖ 布拉德福德・希爾對醫療科學貢獻卓著。早前兩年，他在研究鏈黴素（streptomycin）的療效時，創造了「隨機對照試驗」（randomized control trial）的方法。

埃瓦茨・安布羅斯・葛瑞姆，兩人都是老菸槍，但也都戒了菸，不過，對葛瑞姆來說，已經為時已晚。他在發表那篇論文的七年之後，死於肺癌。世界各地的吸菸人口依然不斷上升中。在一九五〇年代，美國的吸菸者總數甚至增加了百分之二十。

許多評論者在菸草業的慫恿之下，對這些科學研究報以冷嘲熱諷。由於葛瑞姆與淮德很難訓練老鼠抽菸，他們於是設計了一部機器，可以從燃燒的香菸提取焦油，然後再將這些提取物塗抹在實驗室的老鼠皮膚上，之後便會看見塗抹處長出腫瘤。《富比士》（Forbes）雜誌上的一名作者尖刻地問道（必須明說，這個人的筆調還帶點愚蠢）：「有多少男人會從自己的菸草提煉出焦油，然後抹在自己的背上？」政府部門幾乎對這個問題絲毫不感興趣。儘管英國的衛生大臣伊恩・麥可勞德（Iain Macleod）在一場新聞發布會上正式宣布，吸菸與肺癌間存在有清楚明確的關連性，但他在這麼說的同時，卻明目張膽地抽著菸，無異大大削弱了自己的立場。

菸草工業研究委員會（Tobacco Industry Research Committee）——一個由香菸生產廠商所贊助的科學專家小組——認爲，雖然由菸草所引發的癌症已經在實驗室老鼠身上產生出來，但這卻從未證明也會在人類身上發生。一九五七年，這個專家小組的主席寫道：「沒有人已經確認出了，香菸的煙霧，或任何一個已知的香菸成分，是人體的致癌因子」；但是他便宜行事，忽略了永遠都不可能會有合於倫理的作法，可以在活生生的人體身上進行誘發癌症的實驗。

香菸生產廠商爲了進一步消除人們的疑慮（並使產品對女性更具吸引力），於是在一九五〇年代初引入了濾嘴。濾嘴使廠商可以大大宣稱，他們的香菸如今對人們更爲安全。大多數廠商在推出這種濾嘴香菸時都提高了售價，即便濾嘴的成本低於爲了加裝濾嘴所移除的那部分菸草。而且，大部分的濾嘴在濾除焦油與尼古丁的效果上，並不比菸草本身好多少；而爲了彌補可察覺出的口感變差的問題，廠商也開始改用更爲濃烈的菸草。如此導致了，一九五〇年代末，一般的吸菸者攝入了，比尚未引入濾嘴前還要多的焦油與尼古丁。而在此之時，一般的美國成人一年會抽上四千根香菸。有趣的是，在一九五〇年代，相當多具有價值的癌症研究是由香菸工業贊助的科學家所完成，因爲這些廠商急於找出香菸之外的致癌因素。只要沒有直接涉及菸草，這些研究通常都無可挑剔。

一九六四年，美國的衛生局長宣布，在吸菸與肺癌之間存在有明確關連，但這則宣告對大眾的影響甚微。在宣布之前，十六歲以上的一般美國人的吸菸量是一年四千三百四十根，而宣布之後，則稍微降低至四千兩百根，不過，之後又回升至四千五百根左右，由此保持好多年。不可思議的是，美國醫學會（American Medical Association）花了十五年的時間，才爲衛生局長的研究發現背書。在這一段時期，美國癌症協會（American Cancer Society）的一名董事會成員本身就是菸草業大亨。甚至遲至一九七三年，《自然》期刊還刊登了一篇社論，支持婦女於懷孕期間吸菸，而所持的理由是，香菸能平撫她們的緊張情緒。

不過，時移勢轉，如今僅有百分之十八的美國人吸菸，而這很容易讓人以爲，我們已經大大地解決了問題。可惜事情並非如此簡單。處於貧窮線下的人口，約莫有三分之一仍舊吸菸，而這個習慣持續成爲死亡總人數中的五分之一的死因。想要徹底改正這個問題，仍有很長的路要走。

¶

最後，讓我們以一個常見的呼吸困擾作結，儘管它也同樣神秘難解，但（至少對於大多數人在大部分的時間中）遠遠比較不會使人驚恐，此即——打嗝。

打嗝是突發的橫隔膜的間歇性收縮，在根本上造成喉頭因爲驚跳而出其不意閉合起來，發出了眾所周知的狀似「嘻嗝」的響聲。沒有人知道我們爲何會打嗝。打嗝的世界紀錄保持人，似乎是愛荷華州西北部地區的一名農人查爾斯·奧斯本（Charles Osborne）；他持續打嗝打了六十七年。打嗝開始在一九二二年：他有一天想吊起一隻三百五十磅重的豬隻送去屠宰，結果出於不明原因，引逗他的打嗝反應。起初，他每分鐘打嗝四十次左右。最後，打嗝減爲每分鐘二十次。據估計，在近乎七十年期間，他總共打嗝打了四億三千萬次。他從未在睡覺期間打嗝。一九九〇年夏天，就在他去世的前一年，奧斯本的打嗝突然神秘地停了下來㉗。

如果你打起嗝來，而且過了幾分鐘後還沒有停下來，醫療科學基本上毫無任何辦法可以幫你。任何一位醫生能夠給你的最佳建議，正是你從小就知道的那些作法：驚嚇打嗝當事人（比如，悄悄現身，然後大喊一聲「哇！」）；搓揉他們的頸背；給他們吃一口檸檬，或喝一大口冰水，或拉住他們的舌頭——至少還有十幾個其他的妙招。醫療科學同

㉗ 奧斯本住在愛荷華州的安森（Anthon）。這個小鎭儘管人口僅有六百人左右，但曾經名列全球身高最高的人也出身此地。一九二一年，二十三歲的柏納德·柯因（Bernard Coyne）過世時，身高已經超過八英尺，而在他過世後不久，奧斯本便展開他的打嗝馬拉松。

樣也沒有去檢視，這些古老的治療方法是否真的有效的問題。更耐人尋味的是，似乎也沒有人針對有多少人遭受慢性或持久的打嗝問題，做出紀錄，然而，這個症狀似乎並非微不足道。一名外科醫師告訴我說，做過胸腔手術後，患者經常出現打嗝的現象——他加了一句：「而且很常見，只是我們不想承認而已」。

14

食物，繽紛的食物

告訴我你吃什麼，我就告訴你，你是怎樣的人。

——翁德樂姆・布希亞—薩瓦杭（Anthelme Brillat-Savarin）《美味的饗宴：法國美食家談吃》（*The Physiology of Taste*）

眾人皆知，假使我們大吃大喝啤酒、蛋糕、披薩、乳酪漢堡，以及種種讓人不枉此生的美食佳餚，我們會因爲攝入太多的卡路里而變胖。但是，卡路里那小小的奇妙數字究竟意謂爲何，怎麼那麼容易讓我們的體態變得圓滾滾、走路蹣跚起來？

卡路里（calorie）是一個既奇怪又複雜的食物熱量測量單位。正式來說，應該是「千卡」（kilocalorie；或稱「大卡」）；它的定義是，加熱一公斤的水上升攝氏一度所需要的能量。不過，可以十分肯定的是，在決定吃下什麼食物之前，沒有人會以這樣的術語來進行思考。每個人需要多少卡路里這樣的問題，可說人各有異，不能一概而論。直至一九六四年，美國的官方指南建議，對活動量適中的男性來說，每日需要三千二百大卡，而對於條件相同的女性來說，則需要二千三百大卡。不過，今日的這些數值已經降低：對活動量適中的男性來說，每日大約需要二千六百大卡，而對活動量適中的女性來說，則需要二千大卡。這個降幅頗爲可觀。就一名男性來說，一整年幾乎減少了二十五萬大卡。

然而，人們實際上的攝取量卻是不減反增——這個事實大概並不讓人意外。今日美國人所攝入的卡路里，比一九七〇年還要多上大約百分之二十五（讓我們面對這個事實吧：一九七〇年的人們完全沒有挨餓度日）。

美國學者威爾伯・奧林・艾特華特（Wilbur Olin Atwater），是卡路里熱量測量之父，而且也是現代食品科學之父。一八四四年，艾特華特出生於紐約州北部，父親是衛理公會的巡迴牧師。艾特華特為人虔誠和藹，蓄著一副海象鬍鬚，體格粗壯結實，看起來本人應該對食品儲物櫃並不陌生；他後來在康乃狄克州的維思大學（Wesleyan University）攻讀農業化學。在一次前往德國的考察訪問期間，經人介紹，他得知了有關卡路里的令人振奮的新概念，於是在回國之後，他懷抱著傳播福音般的熱情，以嚴謹的科學方法投入在這門尚處於起步階段的營養研究之中㉘。當他在母校獲得化學教授一職後，他便展開了一系列的實驗，去檢測食品科學每一個面向的可能性。其中一些實驗有點逸出正規作法，甚至帶有風險。比如，他有一次吃下一些被屍鹼（ptomaine）污染的魚肉，想看看會對自己產生什麼影響。結果是，他差點因此送命。

艾特華特最著名的研究計畫是，他建造了一部取名爲「呼吸熱量儀」的奇怪機器。這部機器是個密封的小房間，並不比一個大型碗櫃大上多少；受試者會被關進裡面將近五天，而艾特華特與他的助手則會仔細測量，受試者在新陳代謝上的種種表現，比如，食物與氧氣的攝入量，以及二氧化碳、尿素、氨、糞便等的排出量，然後由此計算出卡路里的攝取量。研究工作是如此辛苦，需要將近十六人來記錄所有儀表盤上的

28 對於實際上是誰發明了有關飲食的卡路里概念的問題，出乎意料地並未取得共識。有些食物歷史學家認爲，法國人尼古拉·克萊蒙（Nicolas Clément）早在一八一九年便提出了這個概念。其他學者指出，草創者是德國人尤利烏斯·邁爾（Julius Mayer），他在一八四八年揭示出這個想法；另有一些學者則相信，是由兩名法國人伐弗爾（P. A. Favre）與西貝爾曼（J. T. Silbermann）於一八五二年所共同提出。可以確定的是，當艾特華特在一八六〇年代初次得知時，卡路里的概念已經在歐洲的營養學家之間蔚爲風潮。

數據，並進行演算。大部分的受試者都是學生，雖然實驗室管理員施威德·奧斯特伯格（Swede Osterberg）有時也被徵召加入；而這些人是否出於自願，則不得而知。對於艾特華特的這部熱量儀所爲何來，維思大學的校長感到困惑不解——畢竟，卡路里是個全新的概念——但有關實驗的費用支出，則特別令他訝異。他要求艾特華特選擇薪資減半，或者自行吸收聘用一名助理的費用。艾特華特選擇了後者，但並沒有因此氣餒，他繼續針對幾乎所有已知的食物——總數有四千種左右——去測定每一種所具有的卡路里與營養的數值。一八九六年，艾特華特出版了他的代表作《美國食材的化學組成》（The Chemical Composition of American Food Materials）；該書此後成爲一整個世代有關飲食與營養的權威巨著。而他一度是美國含括各類科別的科學家中最具知名度者之一。

大多數艾特華特所獲得的結論最終都並不正確，但這並非全是他的錯。當時還沒有人了解維生素與礦物質的概念，或甚至對均衡飲食的需求也一無所知。對於艾特華特與他的同時代人來說，判定食物優劣的理由，僅僅是在於食物能否提供有用的能量。所以，他認為，水果與蔬菜提供相對上少之又少的熱量，於是在一般人的飲食內容上毫無作用。相反地，他建議，我們應該食用大量肉類——每天兩磅（近乎一公斤），每年七百三十磅（三百三十公斤）。今日一般美國人每年食用二百六十八磅（一百二十二公斤）的肉品，大約是艾特華特的建議量的三分之一，而大多數的專家認為這樣還是太多。（出於比較之用：一般英國人每年食用一百八十五磅（八十四公斤）的肉品，幾乎比艾特華特的建議量少了百分之七十。但這樣依然還是太多。）

艾特華特最令人不安的發現是——對他自己與對一般人皆然——酒精飲料的卡路里特別豐富，因此也是極具效率的熱量來源。身為牧師的兒子與反對飲酒人士，他對於這樣的發現備感震驚，但作為一名勤奮的科學家，儘管眞相如此棘手，他卻以為，他的第一要務是忠於眞理，於是還是將它發表出來。結果，這間虔誠的衛理公會的大學以及早就對他嗤之以鼻的校長，立刻聲明與他斷絕關係。不過，就在爭議得以解決之前，上天插手攪局。一九〇四年，艾特華特嚴重中風。他纏綿病榻三年，無法恢復身體機能，於六十九歲病逝。不過，得益於他長期的努力，卡路里確保了在營養科學中的核心地位，則顯然將永世長存。

¶

作爲膳食攝取量的測量方法，卡路里存在若干缺點。首先，卡路里完全無法表明，某種食物實際上對你的好壞。某些食物僅僅「空有熱量」（empty calorie）的概念，在二十世紀初，尚不爲人知。而常規的卡路里測量，同樣無法說明，食物如何通過人體被吸收的過程。比如，比起許多食物來說，大多數堅果難以完全消化，也就是說，我們在吃下堅果後，無法百分之百獲得它可以提供的熱量。你可能吃下相當於一百七十大卡熱量的杏仁，但只獲得其中的一百三十大卡。而其餘的四十大卡可以說白白地流失掉。

無論運用什麼測量方法，我們在從食物提取熱量的表現上均十分良好，這並非由於我們擁有特別活躍的代謝機制，而是因爲我們在久遠之前便已習得的一項訣竅——烹煮使然。即便粗略而言，也無人知曉人類何時開始烹煮食物。已有證據明確顯示，人類先祖在三十萬年前就會用火，然而，來自哈佛大學、大部分研究生涯皆致力於探討這項問題的理查德·蘭漢姆（Richard Wrangham），卻認爲，人類用火的時間點，比那個時間還早上一百五十萬年——亦即，遠遠早在我們成爲眞正的人類之前，便已存在用火技巧。

烹煮食物給予我們種種的好處：它可以消滅毒素、提升口感、使質地堅硬的食材變得容易入口，並且擴大了可食用之物的範疇，而最重要的是，大大提高了我們從進食中所獲得的卡路里量。學者如今普遍認爲，烹煮食物給予我們能量，從而使我們長出更大的腦袋，並讓我們有多出來的空閒時間，得以去動動腦筋。

而爲了烹調食物，就需要我們能夠更有效率地採集食物與進行料理準備，而哈佛大學的丹尼爾·李伯曼相信，這正是我們之所以演變成現代人的重點所在。「除非你可以提供足夠的能量，不然，你幾乎不可能擁有一顆大腦袋。」在我拜訪李伯曼時，他對我說：「而爲了讓腦部獲得足夠的能量，你就必須精通狩獵與採集技術。而這比人們所理解的更具挑戰性。那並不只是摘摘漿果或挖挖塊莖而已，那還牽涉到處理食物的問題——使食物更容易入口與消化，也使食物更安全——而這又包含了工具製作、人際溝通與相互合作等面向。這正是促使原始人朝向現代人演進的關鍵要素。」

就人類的特質而言，我們其實很容易餓死。我們無法從大多數植物的大部分部位中獲得營養。我們尤其無法運用「纖維素」這種植物的基本組成成分。我們能夠吃下的少數幾種植物，我們稱之爲蔬菜。除此之外，我們只限於食用一些植物的終端產物，比如種子與果實，甚至其中有很多對我們來說都具有毒性。不過，一旦經過烹煮，我們便能從大量的食物中獲益。比如，一顆煮過的馬鈴薯，比起生馬鈴薯，大約更容易消化二十倍。

烹煮為我們釋放了大量的時間。其他的靈長類動物，僅僅在咀嚼食物上，每天就要用上多達七小時的時間。我們不需要為了確保活下去而不斷進食。當然，我們的悲劇便是，我們如今依舊或多或少不停地吃吃喝喝。

人類膳食的基本組成成分——所謂的「巨量營養素」（macronutrient），包括有：水分、碳水化合物、脂肪與蛋白質——幾乎在兩百年前，即由英國化學家威廉・普洛特（William Prout）指認出來；儘管如此，當時仍然不清楚，完整而健康的飲食內容需要包含某些其他更難以發現的要素。長久以來，無人確切了解這些要素為何，然而，顯而易見的是，只要缺乏這些東西，便可能罹患營養缺乏性疾病，比如腳氣病或壞血病。

如今當然已經十分明白，這些要素即是維生素與礦物質。維生素是有機化合物，亦即，來自有生命或一度活著的生物，比如植物與動物；而礦物質則是無機化學物質，來自土壤或水。總計有大約四十種這樣的小粒子，我們必須從食物中取得，因爲我們自己無法製造。

出奇的是，維生素這個概念相當晚近才得以面世。威爾伯・艾特華特過世四年後不久，一名移居倫敦的波蘭化學家卡西米爾・方克（Casimir Funk）提出了維生素（vitamin）這個想法，儘管他當時的拼寫是「vitamine」——這是結合「vital」（生命的）與「amine」（胺；一種有機化合物）兩字。後來發現，僅有一些維生素屬於胺類，所以「vitamine」一字之後便被縮短成「vitamin」。（學者也曾嘗試過其他名稱，比如，「nutramine」（滋養素）、「food hormone」（食物賀爾蒙）、「accessory food factor」（附屬性食物要素）等不一而足，不過這些名稱均無法普及起來。）方克並沒有發現維生素，他只是推測有這樣的物質存在，不過事後證明他正確無誤。然而，由於當時沒有人可以製造出這些奇怪的成分，所以很多專家拒絕接受這些東西的眞實性。英國醫學會（British Medical Association）主席詹姆斯・巴爾（James Barr）爵士便認爲，那不過是一些「憑空捏造的東西」，因而不屑一顧。

維生素的發現與命名，幾乎直到一九二〇年才得以展開，而且，委婉一點來說的話，過程有點好壞參半。一開始，維生素大體上嚴格按照字母順序加以命名，如同A、B、C、D等等，不過，這個系統很快便開始瓦解。學者發現維生素B並非只有一種，而是好幾種，於是重新將這些維生素取名爲B1、B2、B3等等直至B12。然後，B群維生素又被認爲並非如此彼此相異，所以有些被刪除，有些被重新歸類，以至於，我們今日只有六個半連續的B群維生素：B1、B2、B3、B5、B6與B12。而其他的各種維生素則時有時無，導致科學文獻上充滿許多可稱之爲「幽靈維生素」的命名，比如M、P、PP、S、U與另外好幾個。一九三五年，哥本哈根（Copenhagen）的一名研究者亨利克·達姆（Henrik Dam）發現了一種對於血液凝結至關重要的維生素，並把它稱爲維生素K（取自丹麥文的「koagulere」〔凝結〕）。隔年，其他一些研究者提出了維生素P（取自「permeability」〔滲透性〕）。這個發現與命名的過程迄今並未完全底定。舉例而言，生物素（biotin）

有一段時間稱爲維生素H，不過之後又變成維生素B7，而今天則通常稱爲生物素。

方克儘管因爲創造了維生素這個名稱，經常被譽爲維生素的發現者，不過，決定維生素的化學性質的實際研究工作，大部分皆由他人完成，特別是來自弗雷德里克．侯普金斯（Frederick Hopkins）爵士的努力，他因此還榮獲了諾貝爾獎的殊榮——這個事實使方克（Funk）永久鬱鬱寡歡，無法「funk」（放克）起來。

即便是今日，維生素在定義上，依舊並不十分明確。維生素涵蓋了爲了人體順利運作所需的十三種小小化學分子，而且全都無法經由人體自行製造。雖然我們往往以爲這些物質彼此相關，然而，除開對人體有益之外，它們之間甚少擁有共同點。維生素有時被描述爲「在人體外部所生成的賀爾蒙」，儘管只有部分爲眞，但作爲定義還算適用。所有維生素中最必不可少的一個——維生素D，既可以由人體製造（它便是一種賀爾蒙），也能經由攝取而來（它又變成維生素）。

令人驚訝的是，大量有關維生素與它的表親礦物質的知識，皆是新近的研究所得。比如，膽鹼（choline），是一種你大概未曾聽聞的「微量營養素」（micronutrient），它在生成神經傳導物質與使你的腦部順利運轉上，具有關鍵作用，但我們直到一九九八年才知道它的存在。膽鹼在我們一般上不會吃太多的食物上（比如，禽畜肝臟、球芽甘藍〔Brussels sprout〕與皇帝豆）含量豐富，而這無疑解釋了，為何學者會認為，大約百分之九十的人至少在某種程度上缺乏膽鹼。

就許多微量營養素來說，科學家並不十分清楚，我們的需求量為何，或在攝取之後，對人會發揮何種效用。比如，人體中到處都可以發現溴元素的蹤跡，但沒有人確定它在那兒是因為人體需要它，或者，它只是某種偶然的過客。對某些動物來說，砷元素是重要的微量元素，但我們不知道那是否也包含人類在內。而我們確實需要鉻元素，但它即便數量稀少，也很快會變成具有毒性。當我們行年漸長，鉻的濃度水平會逐漸降低，而無人了解為何如此，或這對人體來說意謂為何。

對於幾乎所有的維生素與礦物質來說，攝取太多或太少，兩者的危險同樣巨大。我們需要維生素A來維持視力、皮膚的健康，與提高擊退感染的能力，所以攝取維生素A可說是當務之急。幸好在許多常見的食物中，維生素A的含量豐富，比如雞蛋與乳製品，於是，我們很容易就會攝取過量。維生素A的每日建議量是，女性七百微克，男性九百微克；而對兩性來說的攝取上限是三千微克左右，如果經常超過這個數值，便可能會造成危害。然而，令人困惑的是：即便粗略去計算，有多少人可以猜測得出，自己的攝取量是否已經接近適當的平衡狀態？另外，對健康的紅血球來說，鐵元素可說不可或缺。鐵元素太少，你會貧血，但太多，就會毒害你，而有些專家以爲，有很大一部分的人可能攝取了太多的鐵。奇怪的是，鐵元素太多或太少，都會造成相同的無精打彩的症狀。「從保健食品中攝取了太多的鐵元素，可能會累積在我們的組織裡面，使我們的器官名副其實地『生鏽』起來。」任職於新罕布夏州的達特茅斯—希區考克醫學中心（Dartmouth-Hitchcock Medical

Center）的李歐．薩卡爾斯基（Leo Zacharski），在二〇一四年接受《新科學人》期刊的訪問時說：「對於各種的臨床病症來說，它遠比吸菸還是更大的風險因子。」

二〇一三年，備受敬重的美國《內科醫學年鑑》（Annals of Internal Medicine）刊登了一篇社論，援引了由約翰．霍普金斯大學（Johns Hopkins University）的研究者所進行的一項研究指出，在高收入國家中，幾乎每個人在營養攝取上都已足夠完整，不需要再補充維生素或其他保健食品，人們應該停止浪費金錢在這些營養補充劑上頭。不過，該文立刻招致某些尖刻的批評。哈佛醫學院的教授麥爾．施坦普菲爾（Meir Stampfer）認爲，「如此粗製濫造的文章竟然刊登在一份著名的期刊之上」，眞令人遺憾。根據疾病管制與預防中心的資料，人們的飲食根本不算充分完整，大約有百分之九十的美國成人在維生素D與E的攝取上，沒有達到每日建議量，而有一半左右的人沒有攝取足夠的維生素A。同樣依照疾管中心的資料顯示，至少有百分之九十七的人沒有獲取足夠的鉀元素；這一點特別令人不安，因爲，鉀有助於你的心臟順利搏動，並且使你的血壓保持在可接受的範圍內。儘管如此，但是確切而言，有關我們究竟需要補充什麼營養素的問題，學者總是無法取得共識。美國對維生素E的每日攝取建議量是十五毫克，不過英國則是三至四毫克——兩者差距可謂不小。

我們能夠有點把握指出的是，很多人對於保健食品的信念，已經走上不全然理智的方向。美國人能夠選擇的種種膳食補充劑，計有八萬七千種之多，說來令人咋舌；而爲了購買這些健康食品，美國人每年豪擲了至少四百億美元。

成就卓越的美國化學家萊納斯・保林（Linus Pauling, 1901-94），他不只贏得一座諾貝爾獎，而是兩座（一九五四年贏得化學獎，而八年後贏得和平獎），但他挑起了最大一宗的維生素爭議。保林相信，大量攝取維生素C可以有效對抗感冒、流感，甚至某些癌症。他每天服用將近四萬毫克的維生素C（每日攝取建議量是六十毫克），並且認爲，正是如此的大劑量使他在二十年期間沒有罹患攝護腺癌。對於他的種種宣稱，他都毫無證據支持，而且，之後的研究結果皆極爲有力地一一質疑他的說法。由於保林的關係，直至今日，許多人仍舊相信攝取大量維生素C有助於治療傷風感冒。不過，事實並非如此。

¶

在我們從食物所攝入的諸多營養素（比如鹽分、水分、礦物質等）中，只有三種在經過消化管道時，分子結構會遭到改變，此即：蛋白質、碳水化合物，與脂肪。我們將在底下的段落中逐一審視。

蛋白質

蛋白質本身屬於複雜的分子。人體體重的五分之一左右，即由蛋白質所組成。從最簡單的形式來看，蛋白質是一系列串接的胺基酸。迄今已經確認出大約一百萬種不同的蛋白質，而沒有人知道還有多少種尚待發現。所有的蛋白質僅僅由二十種胺基酸所組構而成，雖然，自然界中存在有其他數以百計、同樣足以勝任工作的胺基酸。有關演化爲何將我們與這麼少數的胺基酸結合起來的理由，是生物學上最大的謎團之一。儘管蛋白質的重要性不言而喻，但是在定義上，卻出奇地並不十分明確。雖然所有的蛋白質皆由胺基酸而來，然而，在一個被界定成蛋白質的分子鏈上，你到底需要多少個胺基酸，卻毫無定論。可以指出的只是，由少數幾個（但數目並未限定）胺基酸所串接而成的分子，稱爲肽（peptide）。如果有十個或二十個胺基酸串接起來，則稱爲多肽（polypeptide）。而當一個多肽開始變得更大，到達某個難以明說的分界點之後，就變成蛋白質。

古怪的是，人體會分解所有我們攝入的蛋白質，以便重新組裝成新的蛋白質，彷彿這些蛋白質是樂高玩具一般。在那二十種胺基酸中的其中八種，人體無法自行合成，必須藉由飲食攝取獲得❷❾。假使我們所吃的食物中沒有這些胺基酸，那麼，人體便無法合成某些重要的蛋白質。對於吃肉的人來說，幾乎不會缺乏蛋白質，不過在素食人士中就可能發生這種問題，因爲，並非所有的植物皆能提供我們所必需的胺基酸。有趣的是，全世界大多數的傳統飲食都是奠基於植物性食品的組合之上，但卻能提供所有的必需胺基酸。所以，亞洲人食用大量的米與黃豆，而美洲原住民長久以來在料理中會以玉米搭配黑豆或斑豆。這似乎並不只是味道口感的問題，而是本能上對於完整飲食需求的肯認。

碳水化合物

碳水化合物是由碳、氫、氧所組成的化合物；這三種元素鍵結起來形成各種各樣的糖，包括有：葡萄糖、半乳糖、果糖、麥芽糖、蔗糖、去氧核糖（deoxyribose：可以在DNA中找到）等等。其中一些在化

㉙ 這八種胺基酸分別是：異白胺酸（isoleucine）、白胺酸（leucine）、離胺酸（lysine）、甲硫胺酸（methionine）、苯丙胺酸（phenylalanine）、色胺酸（tryptophan）、蘇胺酸（threonine）與纈胺酸（valine）。在生物之中，大腸桿菌可說非比尋常，它能夠使用第二十一種胺基酸，稱爲硒半胱氨酸（selenocysteine）。

學結構上很複雜，稱爲「多醣」；較簡單者，稱爲「單醣」；而介於以上兩者之間的糖，則稱爲「雙醣」。雖然所有這些醣類都是糖，但並非個個都是甜味。比如，義大利麵與馬鈴薯所含有的澱粉，由於分子太大，無法啓動舌頭的甜味接受器。在我們的飲食中，所有的碳水化合物實際上皆來自於植物，除了一個明顯的例外——乳糖，它來自奶類。

我們攝取大量的碳水化合物，不過，因爲我們很快就會用光它，所以在任一給定的時間中，人體中所含有的總量其實並不算多——通常都少於一磅。可以謹記在心的重點是，碳水化合物一經消化後，只是變成更多的糖——經常都遠遠多上更多。這意謂著，一份一百五十克的白米飯或一小碗玉米片對你的血糖水平的影響，一如九茶匙的糖。

脂肪

三重奏中的第三位主角是脂肪，它同樣由碳、氫、氧所組成，不過其間比例並不相同，可以使脂肪更易於人體儲存。當脂肪在體內分解後，它會結合膽固醇與蛋白質形成一種新的分子，稱爲「脂蛋白」，而脂蛋白可以經由血流穿行周身各處。脂蛋白有「低密度」與「高密度」兩種型態。低密度脂蛋白，即是經常被指稱爲「壞膽固醇」的那種分子，因爲，它往往會在血管壁上形成斑塊沉積物（plaque deposit）。膽固醇並非如同我們印象中那般作惡多端。在維持人體的健康上，它其實也是重要的一員。你的體內所含有的膽固醇，大部分都被緊鎖在細胞裡面，從事它該做的日常任務。只有一小部分（大約百分之七）的膽固醇會漂流在血液之中。而在這百分之七的膽固醇中，占有三分之一屬於「好膽固醇」，而其餘三分之二便是「壞膽固醇」。

所以，處理膽固醇的訣竅，並非是消滅它，而是如何將它維持在健康水平。一個方法是，進食大量的植物纖維，或稱粗糙食物。纖維是水果、蔬菜與其他植物性食品中，無法被人體完全分解的物質。纖維沒有熱量，不含維生素，但它有助於降低膽固醇，與減緩糖分進入血液然後被肝臟轉變成脂肪的速率，而且還有其他種種益處。

碳水化合物與脂肪都是人體主要的能量儲備，不過，在儲存與運用上的方式彼此相異。當人體需要能量，總是會先燃燒可用的碳水化合物，而把任何多餘的脂肪儲存起來。可以謹記在心的重點是——你每次脫掉上衣後，無疑也對此十分清楚——人體特別喜歡保留脂肪。人體會燃燒一些我們攝入的脂肪作爲能量之用，但其餘的大部分脂肪會被送入數以百億計的微型倉儲站點——此即分布周身各處的「脂肪細胞」。人體於是被設計成，可以在體內容納燃料，需要多少就使用多少，而其餘部分會先儲存起來，以待日後所需，再行取用。這使我們可以一次忙碌好幾個鐘頭而不用進食。你的身體在頸子以下的部分並不會深思熟慮，它只是很開心可以保留任何你給它的多餘脂肪。它甚至在你大吃大喝之後，以一種愉悅的幸福感來獎勵你。

依照脂肪最後的停駐之地，分爲皮下脂肪（位於皮膚之下）與內臟脂肪（位在肚子周邊）。出於複雜的化學上的理由，內臟脂肪遠比皮下脂肪對你更不妙。脂肪可以分成幾類。「飽和脂肪」聽起來既油膩膩又不健康，但實際上，那只是對碳氫鍵的一種專門描述，而非當你一口咬下肥肉，順著你的下巴淌流而下的油脂。通常而言，動物性油脂多半是飽和脂肪，而植物性油脂則是不飽和脂肪，但是有許多例外，你無法憑外觀判定某種食物是否富含飽和脂肪。比如，誰想像得到，一顆酪梨的飽和脂肪含量，是一小袋馬鈴薯片的五倍？或是，一杯大杯拿鐵咖啡居然比幾乎每一種糕餅更為油滋滋？或是，椰子油幾乎只含有飽和脂肪？

而反式脂肪則更為引人反感，它是由植物油製成的人造脂肪。反式脂肪在一九〇二年由德國化學家威廉．諾曼（Wilhelm Normann）發明出來後，長久以來被視為是，有別於奶油或動物油脂的健康選擇，不過，我們如今已經了解，事實恰恰相反。反式脂肪也稱作氫化油，比起任何其他種類的脂肪，對你的心臟更有危害性。反式脂肪可以升高壞膽固醇、降低好膽固醇的水平，而且會損害肝臟。一如丹尼爾．李伯曼讓人毛骨悚然的說法：「反式脂肪基本上是一種緩效型毒藥。」

早在一九五〇年代中期，伊利諾大學的生化學家弗雷德．庫默羅

（Fred A. Kummerow）即出示了，在反式脂肪的高攝取量與冠狀動脈栓塞兩者之間，存在清楚關連性的證據，不過，他的研究成果不受眾人重視，尤其因爲在食品加工業的遊說影響之下，更加受到漠視。直到二〇〇四年，美國心臟協會才承認庫默羅言之有理，而直到二〇一五年——幾乎在庫默羅提示了反式脂肪的危害性的六十年後——美國食品藥品監督管理局終於公開宣布，食用反式脂肪有害健康。儘管如此，但美國直至二〇一八年七月，依然可以在食品中合法添加反式脂肪。

我們最後將簡單談及，巨量營養素中最必不可少的「水」。我們每日攝入大約二點五公升的水分，雖然我們一般上並未察覺到有這麼多，原因是，其中有一半左右是包含在我們吃下的食物之中。有關每個人應該每天喝上八杯水的主張，是飲食建議中最歷久不衰的誤解。這個想法可以追溯至，美國的食品與營養委員會（Food and Nutrition Board）於一九四五年所發表的一篇論文；該文指出，上述那個建議是一般人每天的水分攝取量。賓夕法尼亞大學的博士史丹利·葛德法布（Stanley

Goldfarb），在二〇一七年接受英國廣播公司廣播四台（BBC Radio 4）的節目「大概差不多」（More or Less）的訪問時說：「結果發現，人們對於『人所需要的攝取量』這樣的概念有點不太了解。於是，出現了另一個混淆：人們以爲，並不是說你每天應該喝上八杯八盎司的水就好，而是，除了日常飲食、餐點之中所攝入的任何流質的食物之外，你還要喝上那個量的水。但是從來都沒有任何證據支持這樣的說法。」

另一個有關喝水的經久長存的迷思是，人們相信，含咖啡因的飲料是利尿劑，會讓你的排尿量多於你所喝下的水分。含咖啡因的飲品可能不是液體飲料中最健康的選擇，但它確實對你個人的水分平衡具有眞正的貢獻。奇怪的是，口渴並非是你需要多少水分的可靠指標。讓人們在感到非常乾渴之後，允許他們飲用他們想喝的水量，這些人通常在喝上他們經由排汗所喪失的水分總量的僅僅五分之一後，便會表示已經解渴。

喝太多的水其實可能導致危害。正常來說，你的身體非常擅長控制體液平衡，不過，人們有時會攝取如此之多的水分，導致腎臟無法夠快地排除水分，最後使他們的血液中的鈉濃度水平過低而產生危險——這會觸發一種稱為低血鈉症的疾病。二〇〇七年，加州一位名叫珍妮佛．史荃琪（Jennifer Strange）的年輕女子，參加了由一個當地廣播電台所舉辦的一項顯然並不明智的喝水競賽，在三小時的期間內喝下六公升的水後，便因此送命。同樣地，在二〇一四年，喬治亞州（State of Georgia）的一名中學美式足球選手在練習過後抱怨抽筋，狂灌了七點五公升的水與七點五公升的開特力（Gatorade）運動飲料，不久之後便陷入昏迷，最後一命嗚呼。

¶

我們在一生之中，大約把六十噸的食物吃下肚；卡爾．齊默（Carl Zimmer）在《微觀世界》（Microcosm）一書中指出，那相當於吃下六十輛小型房車。一九一五年，一般美國人會花上一半的週薪購買食物；今天則僅占週薪的百分之六。然而，我們卻陷入一個弔詭的處境中。幾個世紀以來，人們由於經濟上並不寬裕，因而飲食不健康。然而，我們如今依然飲食不健康，卻是出於選擇以致。我們正身處歷史上一個不尋常的時間點：遠遠有更多的人遭受肥胖之苦，而不是飢餓。平心而論，發胖並不用吃下太多東西。每週一片巧克力豆脆片餅乾，加上不去做任何額外可以抵銷熱量的運動，一年便可以使你的體重多增加兩磅左右。

令人驚訝的是，我們花了相當漫長的時間才理解到，我們吃下的大量食物，都可能使健康亮起紅燈。而讓我們豁然開悟的智者，當屬一名來自明尼蘇達大學（University of Minnesota）的營養學家，他名叫安賽爾．基斯（Ancel Keys）。

一九〇四年，基斯出生在加州一個略有名望的家族（他的舅舅是電影明星朗．錢尼〔Lon Chaney〕；兩人在相貌上驚人神似）。他是個聰明的孩子，不過成就動機低落。研究兒少智力問題的史丹佛大學教授路易斯．特曼（Lewis Terman，他就是使「史丹佛」這個名字能夠置入「史丹佛—比奈智力測驗」〔Stanford-Binet IQ test〕名稱中的學者），他公開聲稱年輕的基斯是個具有潛力的天才，不過，基斯卻選擇不去發揮潛力。他反而在十五歲時遭到退學，然後做過各種各樣的怪奇工作，從商船船隊的水手，到在亞利桑那州擔任剷蝙蝠糞便的工人不等。他之後才遲遲踏上學術生涯，但卻以極快的速度彌補失去的時光：他很快獲得了加州大學柏克萊分校的生物學與經濟學學位，然後在加州的拉霍亞（La Jolla）的斯克里普斯研究所（Scripps Institution）獲得海洋學博士學位，他接著又在劍橋大學攻讀生理學，獲得第二個博士學位。他在短暫停留哈佛大學期間，成爲高海拔生理學領域的世界級專家，之後，他被延請到明尼蘇達大學，擔任生理衛生學實驗室（Laboratory of Physiological Hygiene）的創始主任。他在這兒撰寫了日後成爲經典著作的《人類飢餓生物學》（The Biology of Human Starvation）。由於基斯在飲食與人類逆境求生等領域上的專長，在美國加入二戰戰局後，戰爭部委託他設計專爲傘兵準備的營養食糧包。結果他開發出不易變質的軍隊食物，稱爲「K口糧」（K rations）。這個「K」便代表基斯（Keys）。

一九四四年，歐洲大部分地區由於戰爭造成生產中斷與物資匱乏，不得不面對爆發飢荒的可能性，所以，基斯著手進行後來成爲眾所周知的「明尼蘇達飢餓實驗」（Minnesota Starvation Experiment）。他召募了三十六名健康的男性志願者（全是出於道義原則而拒服兵役者），在持續六個月期間，僅給予他們一天兩餐（週日則僅給一餐），而且餐點質量不多，每日的總攝取量大約一千五百大卡。在實驗期間，這些受試者的體重平均來說從一百五十二磅降至一百一十五磅。實驗的構想是企圖探討，人們如何因應慢性飢餓經驗，而之後又會如何恢復起來。基本上，實驗結果只是肯認了人們一開始的猜想：長期飢餓使受試者變得脾氣暴躁、無精打彩與消沉沮喪，也使他們更容易感染疾病。從好的一面來看，當這些人恢復正常飲食，可以很快重新獲得所喪失的體重與活力。基斯以這個研究爲基礎，撰寫了兩巨冊的《人類飢餓生物學》；該書受到各界高度敬重，儘管並非立刻博得掌聲。該書於一九五〇年面世之時，歐洲人幾乎再度不愁食物，飢餓已經不再是個問題。

基斯之後不久所開展的研究，則將使他的聲名持續不墜。「七國研究計畫」（Seven Countries Study）比較了七個國家中的一萬兩千人的飲食習慣與健康表現，而這些國家包括有：義大利、希臘、荷蘭、南斯拉夫（Yugoslavia）、芬蘭、日本與美國。基斯發現，膳食中的脂肪含量水平與心臟病兩者，存在有直接的關連性。一九五九年，基斯與妻子瑪格麗特（Margaret）合寫了一本大眾書籍，書名是《吃得好，健康也好》（Eat Well and Stay Well），他們在書中推廣了我們如今熟知的「地中海飲食法」。儘管這本書激怒了乳製品與肉品工業廠商，但卻使基斯成名致富，而該書也成爲飲食科學史上的里程碑。在基斯之前，有關膳食的營養研究，幾乎全然由如何戰勝營養缺乏症的切入角度所主導。如今人們理解到，過度營養一如缺乏營養，同樣可能對人體產生危害。

近年來，基斯的研究成果招致某些尖銳的批評。一個經常聽到的抱怨是，基斯挑選了可以支持他的理論的國家來做研究，而忽略了那些與他的論點相左的國家。比如，比起世界上其他國家來說，法國人食用更多的乳酪，也飲用更多的酒，然而，他們在心臟病的罹患率上，也位在全球最低者之列。評論家宣稱，這個廣為人知的「法式悖論」，使基斯將法國排除在他的研究之外，因為它無法切合他的發現。丹尼爾・李伯曼指出：「當基斯不喜歡數據資料，他便直接刪掉。就今天的標準來看，他可能會因為沒有遵守科學研究規範，而遭到指責與免職。」

然而，基斯的辯護者認為，法國人在飲食上的非比尋常的表現，直到一九八一年，才普遍被法國以外的人注意到，所以基斯當時並不知道要納進法國來探討。無論其他人得出什麼結論，但是能夠使眾人關注飲食在保持心臟健康上所扮演的角色，就這一點來說，基斯肯定值得讚揚。而且，必須指出的是，他所提倡的飲食養生法，對他本人可說是有益無害。在任何人聽聞過「地中海飲食法」這個術語之前，基斯早已致力於如此的飲食風格好長一段時間，而且，這讓他活到一百歲（他於二〇〇四年過世）。

基斯的發現，長久以來，一直影響著飲食建議的內容。大部分國家的官方指南均指出，個人的每日飲食中，脂肪的比例絕不應超過百分之三十，而飽和脂肪則絕不應超過百分之十——美國心臟協會甚至說，應該低於百分之七。

然而，我們現在並不十分確定，那樣的建議是否毫無疑義。二〇一〇年，兩個大型研究（分別刊登在《美國臨床營養學期刊》〔American Journal of Clinical Nutrition〕與《內科醫學年鑑》）調查了遍及十八個國家中的大約一百萬人，獲得了以下結論：並無任何清楚的證據顯示，飲食中迴避飽和脂肪的作法會降低心臟病的風險。而發表在二〇一七年的英國醫學期刊《刺胳針》上的一個更爲新近的相似研究，則發現，脂肪「與心血管疾病、心肌梗塞或心血管疾病的死亡率，並沒有顯著的相關性」，因此，飲食指南需要重新予以調整。上述兩個論點，已經引發一些學者的激烈異議。

所有飲食研究的難題是，人們所攝取的食物全都是混合著油脂、脂肪、好與壞的膽固醇、糖、鹽與各種各樣的化學物質，所有通通摻混在一起，使得我們無法將任一特殊的結果，歸諸於任何單一的因素——更不用說還有其他那些影響健康的因子，包括有：運動、飲酒習慣、脂肪在身體的分布部位、遺傳等等不一而足。依照另一個經常被引用的研究顯示，每天吃上一個漢堡的四十歲男性，將使預期壽命減損一年。問題是，會吃很多漢堡的人，往往也會有比如吸菸、飲酒、沒有適當運動等行爲，而這些恰恰也可能導致提早歸西。吃很多漢堡對你無益，但這並不意謂你的壽命便因此開始倒數計時。

而現在，在引發關切的飲食事項中，最常被提及的罪魁禍首則是——糖。糖已經與許多可怕的疾病有所關連，最明顯的就是糖尿病，而大多數人毫無疑問都攝取了超出所需許多的糖分。一般美國人每天會吃下二十二茶匙的添加糖（added sugar）。而對年輕美國人來說，更接近四十茶匙。然而，世界衛生組織的每日建議量是，最多五茶匙。

我們不用吃上太多食物，糖分便可能過量。一罐標準容量的氣泡飲料，就含有比成人每日最大建議量多上百分之五十的糖。美國五分之一的年輕人每日從軟性飲料攝取至少五百大卡的熱量；如果考慮到糖分的熱量其實並不高——每茶匙的糖僅有十六大卡——這著實令人咋舌。亦即，你必須吃下很多的糖，才能獲得很多的卡路里。而箇中的難題是，我們確實攝取很多糖分，而且幾乎總是在吃糖。

首先，幾乎所有的加工食品都含有添加糖。根據某個估算，在我們所攝入的糖分中，大約有一半是隱藏在我們甚至不會察覺有糖在內的食物，比如，麵包、沙拉醬、義大利麵醬、番茄醬，以及其他我們一般來說不會特別感覺甜滋滋的加工食品。總計大約有百分之八十的加工食品含有添加糖。亨氏（Heinz）番茄醬的成分中，幾乎四分之一都是糖。它每單位的含糖量，比可口可樂還多。

使事態更加複雜化的是，在我們所食用的那些良好食物中，也含有大量的糖分。你的肝臟無法分辨，你所吃下的糖是來自一顆蘋果，或是一根巧克力棒。一瓶十六盎司（五百毫升）的百事可樂含有十三茶匙左右的添加糖，而且完全沒有任何營養價值。三顆蘋果也會讓你吃下同樣這麼多的糖，但在此同時，卻會提供給你維生素、礦物質與纖維作爲補償，更不用說它還能提供更好的飽足感。儘管如此，甚至蘋果也已經比原本應該有的甜度來得更高。如同丹尼爾・李伯曼所指出，現代的水果都經過選擇培育，在含糖量上已經變得遠比從前更高。莎士比亞所嚐過的大部分水果，大概都不會比現代的胡蘿蔔味道更甜。

我們所食用的許多水果與蔬菜，在營養上，都比甚至只是不久之前的品質來得不好。二〇一一年，德州大學的生化學家唐納德・戴偉斯（Donald Davis）比較了一九五〇年與我們現在的各種食物之間的營養價值；他發現，幾乎在各種類型上均有可觀的降低現象。比如，現代的水果比起一九五〇年代早期，含鐵量幾乎下降了一半，含鈣量下降了百分之十二左右，而維生素A則下降了百分之十五。這個結果顯示，現代的農業耕作法，將重點集中在成長快與產量高之上，卻付出了犧牲品質的代價。

美國面臨著一個古怪而詭異的處境：它的國民基本上是全球最飽食

無虞的人，但同時也在營養攝取上躋身最缺乏的人群之列。現在想要與過去的情形進行比較，已經有點困難，因爲，一九七〇年，國會在獲知令人尷尬的初步調查結果後，便撤銷了，首度嘗試進行的唯一一個全面而完整的聯邦營養調查計畫。而在計畫取消之前，該調查的報告指出：「在所調查的人群中，有顯著比例的人營養不良，或是屬於可能罹患營養缺乏病症的高風險族群。」

很難得知這一切的成因。依據《美國統計摘要》（Statistical Abstract of the United States）的資料顯示，一般美國人每年所食用的蔬菜總量，在二〇〇〇與一〇年間，減少了三十磅（十四公斤）。這個下降量似乎令人擔憂，直到你理解到，美國最普及的蔬菜——而且遙遙領先其他蔬菜——是炸薯條，才稍微寬心下來。（美國人所食用的總蔬菜量的其中四分之一，即是炸薯條。）如今少吃三十磅的「蔬菜」，很可能是飲食改善的良好訊號。

有關膳食營養的建議能夠讓人困惑到什麼地步，一個驚人的事例可以從美國心臟協會的顧問委員會所發現的事實看出：百分之三十七的美國營養學家認爲，椰子油是「健康的食物」——可是，椰子油根本只是液狀的飽和脂肪而已。椰子油也許很可口，但它對你無異於一大杓油炸奶油球。丹尼爾．李伯曼說：「這剛好反映出飲食教育可能有多麼不足。人們只是並不總是能夠知道事實而已。醫生很可能讀完醫學院，卻沒有上過任何營養學的課程。這眞荒唐。」

或許，最能象徵現代膳食知識變化不定的現狀，莫過於歷久不衰、遲遲未決的有關鹽分的爭議。鹽分對人至關重大；對此可說毫無疑義。沒有鹽，人就小命不保。所以，我們會擁有專門偵測鹹味的味蕾。缺鹽的危險性，幾乎一如缺水。由於人體無法生產鹽分，我們只能由飲食中攝取而來。而其中的要點是，我們究竟需要多少鹽分才算適當。攝取量太少，你會變得倦怠與衰弱，最終也會死去。攝取量太多，你的血壓會飆高，而發生心臟衰竭與中風的風險，也會隨之增加。

鹽分中的棘手成分，即是礦物質鈉；它占有鹽分整體的百分之四十

（另外百分之六十是氯化物），卻幾乎是人體長期健康的所有風險所在。世界衛生組織建議，我們每日應當攝取至多二千毫克的鈉，但大多數人都離這個標準很遠。一般英國人每天攝取大約三千二百毫克的鈉，一般美國人是三千四百毫克左右，而一般澳洲人則至少有三千六百毫克。想要不超過建議量的限值，可說非常困難。一碗湯加上一份三明治如此清爽的午餐，完全沒有過鹹，卻可能輕易就讓你越過每日的攝取臨界值。然而，如今有些專家卻建議，沒有必要遵守如此嚴格的限制，甚至這麼做其實對人體有害。

結果出現了一系列彼此間有著驚人矛盾的研究。英國的一項研究提示，英國一年有多達三萬人死於過長時間攝取過多鹽分，但是，另一個幾乎同時間進行的研究則斷言，血壓偏高的人除外，鹽分對一般人均無害，然而，又有一個研究發現，攝入大量鹽分的人實際上更爲長壽。加拿大的麥克馬斯特大學（McMaster University）的學者所進行的一項後設分析（meta-analysis）研究，囊括了四十幾個國家中的十三萬三千人作爲樣本，確認出，高鹽攝取量與心臟疾病兩者的關連性，僅出現在本身患有高血壓的人身上，然而，低鹽攝取量則對有無高血壓的人都會提高罹患心臟疾病的風險。換句話說，依照麥克馬斯特大學的研究，攝取的鹽分過少，至少與過多同樣都具有危害性。

後來發現，缺乏共識的一個核心理由是，兩方學者都落入了統計學家所稱的「驗證性偏差」（confirmation bias）的陷阱。簡言之，亦即，他們都沒有去理解對方。《國際流行病學期刊》（International Journal of Epidemiology）於二〇一六年刊登的一項研究中發現，議題兩方的學者全然只引用支持他們本身意見的論文，而漠視或剔除不支持的論文。該研究的作者群寫道：「我們發現，在已出版的文獻中，很少帶有現今爭議的印記，反而在內容上幾乎呈現兩種涇渭分明的學術研究路線。」

爲了嘗試找出答案，我拜訪了克里斯多夫・賈德納；他來自校址位於加州的帕羅奧圖（Palo Alto）的史丹佛大學，在該校擔任營養學研究主任與醫學教授。他待人友善可親，態度輕鬆自在，經常準備放聲大笑。他的年紀儘管接近六旬，但看上去至少年輕十五歲。（帕羅奧圖那兒的大多數人似乎皆比實際年齡年輕。）我們相約在一個購物商場街區中的一家餐館碰面；幾乎不出所料，他是騎著單車赴約。

賈德納是素食人士。我詢問他，這麼做是否是出於健康上或道德上的理由。「嗯，實際上，一開始是爲了讓某個女孩留下深刻印象。」他咧嘴笑著說：「那是一九八〇年代的事了。不過，話說回來，我確定我喜歡吃素。」事實上，他是如此喜歡，以至於決定開一家素食餐廳，但又覺得自己需要深入了解科學，所以他後來取得了營養科學的博士學位，結果便轉換跑道做起學術研究。他對於我們該吃或不該吃的食物，說法既合情合理又別具一格。「飲食原則其實很簡單，」他說：「我們應該少吃添加糖，少吃精製穀物，然後吃更多的蔬菜。根本上就是，試著只吃好東西，儘量避掉壞東西。這些都是你不用讀到博士就會知道的道理。」

然而，在身體力行上，事情並非如此直截了當。我們幾乎在潛意識上會習慣去挑選壞東西下肚。賈德納的學生們經由一個巧妙的簡單實驗，在大學裡的一間自助餐廳中捕捉到了這個人心現象。他們每天會給煮好的紅蘿蔔餐點，插上不同的標籤。紅蘿蔔的料理每天都一模一樣，而標籤上的說明也同樣如實呈現，只不過，他們每天會強調不同的特色。比如，某一天，紅蘿蔔被標示爲「純紅蘿蔔」；隔天是「低鈉紅蘿蔔」；接下來一天是「高纖紅蘿蔔」；最後則是「奇趣醬汁紅蘿蔔」。「學生們對這個聽起來有點甜味的醬汁胡蘿蔔，多拿了百分之二十五的量。」賈德納掛著另一個大大的微笑說道：「他們都是聰明的小孩。他們熟知一切有關體重與健康的種種問題，但他們還是做出了壞的選擇。這是出於反射作用。我們針對蘆筍、花椰菜的實驗，也獲得了同樣的結果。想要戰勝潛意識的控制，可說並不容易。」

食品廠商極爲擅長操弄這種人性的弱點。賈德納指出：「許多食品都被宣傳說是低鹽、低脂或低糖，但是，廠商幾乎總是一降低了這三種成分中的某一個，就會提高另外兩個的含量作爲彌補。或者，他們會在巧克力布朗尼中加入一點『omega-3 脂肪酸』，然後在外包裝上以大大的字體加以強調，就好像那是一種健康食品一樣。但那還是布朗尼啊！整個社會的問題是，我們吃下大量的劣質食物。甚至食物銀行這樣的慈善機構，也是以發放加工食品爲主。我們需要的正是去改變人們的習慣。」

而賈德納認爲改變正在發生，儘管步調緩慢。「我眞的很有把握，習慣正在鬆動。」他說：「只不過，習慣並不會在一夜之間改變。」

想讓風險聽起來嚇人，可說輕而易舉。經常可以看到有人寫道，每天吃一份加工肉品，可以提高罹患結腸直腸癌的風險百分之十八，這無疑確實無誤。不過，如同《沃克斯》（Vox）新聞評論網站的記者朱莉婭·貝魯茲（Julia Belluz）所指出：「每個人一生中罹患結腸直腸癌的風險是百分之五左右，而每天食用加工肉品似乎會提高絕對罹癌風險一個百分點（這約略相當於百分之五的一生風險的百分之十八），也就是說，患結腸直腸癌的風險會變成百分之六。」換句話說，假使有一百個人每天都吃一份熱狗或培根三明治，那麼，在一生當中，除開五名原本就會罹患結腸直腸癌的人之外，還會有另外一人遭殃。這可能不是那種你想要冒上的風險，但它其實也沒有宣告你的死刑。

重要的是，去辨別可能性與命運兩者的差異。僅僅因爲你肥胖或你吸菸或你是沙發馬鈴薯，這並不意謂你便命定提早嚥氣；然而，即便你遵行清心寡慾的養生之道，也不意謂你得以躲過死劫。患有糖尿病、慢性高血壓或心血管疾病的人當中，大約有百分之四十的人在發病前身體都非常健康，而在體重大幅過重的人當中，則有百分之二十上下的人即使完全沒有進行減重，也享有高壽。因爲，即使你規律運動、食用大量沙拉，你也不見得能爲自己帶來更長的壽命。你只是讓自己更有機會長壽而已。

保持心臟健康的問題，牽涉到如此之多的變數——比如，運動與生活形態，以及鹽分、酒精、糖分、膽固醇、反式脂肪、飽和脂肪、不飽和脂肪等等的攝取量——以至於，僅僅歸咎於任一單一因素造成心臟機能受損，幾乎肯定是錯誤的推論。誠如某個醫生所說，心臟病發作是「百分之五十的遺傳因素，加上百分之五十的乳酪漢堡」。當然，這個說法略嫌誇大，不過，它所強調的重點卻頗有說服力。

最謹慎的選擇似乎是，飲食要講求均衡與適量。總之，合情合理便是明智的作法。

15

腸胃道

幸福是，一個良好的銀行戶頭，加上一名優秀的廚師，以及順暢的消化力。

——尚—雅克・盧梭（Jean-Jacques Rousseau）

你的裡面，說起來空闊無比。如果你是一般體型的男性，你的消化道可以長達四十英尺上下，而如果你是女性，則稍微短一點。整根管道的表面積，大約有半英畝。

腸道的「運輸時間」——如同貿易中的用語——相當因人而異；不同的人之間，時間長短變化很大；事實上，即便就同一個人來說，運輸時間也取決於，本身當日的活動量高低與吃了什麼食物、又吃了多少量而定。就這一點而言，男女兩性間的差異著實驚人。男性從口腔一路抵達肛門的旅程，平均時間是五十五小時。而女性一般來說，則大約要花上七十二小時。食物在女性體內幾乎多逗留了足足一整天，這是否會導致某種結果，目前尚不得而知。

然而，粗略而言，你所吃下的每一餐，大約會在胃部停留四至六小時，然後會有另外的六至八小時停留在小腸裡面；在此，所有富含營養（或使人發胖）的養分會慢慢被吸收一空，並分送至身體其餘部位去使用，或——眞糟糕！——被儲存起來；然後，最多會有三天停留在結腸裡面，而多達幾十億、幾百億隻的細菌會在這裡撿拾小腸無法處理的剩餘渣滓，主要是纖維。這是爲何你經常聽到要多吃纖維食物的原因：因爲，纖維可以讓你的腸道微生物開心大嚼，而在此同時，出於並不十分讓人了解的理由，纖維也可以降低心臟病、糖尿病、腸癌，甚至各種各樣的死亡的風險。

幾乎每個人都以爲胃部的位置跟肚子一樣，不過，胃部其實坐落在較高的地方，明顯位在軀幹中央偏左之處。胃大約有十英寸長，形狀如同拳擊手套。而在這個手套的手肘端，亦即食物進入之處，稱爲「賁門」，而胃體的第一部分，稱爲「底部」（fundus）。胃部的重要性，可能比你所以爲的要小。人們在一般的常識中，過度高估了胃部的能耐。它在化學上與物理上都對消化有所貢獻：它藉由肌肉收縮來擠壓內容物，並把這些食物浸泡在鹽酸之中；不過，它對消化作用雖然有所助益，但卻並非必不可少。很多人切除了整個胃部，卻沒有產生嚴重的後果。眞正的消化與吸收——餵養身體的重任——是由更下面的部位所負責。

胃部的容量大約是一點四公升，相較於其他動物來說，並不算非常大。一隻大型犬的胃，可以裝入你的胃納量將近兩倍的食物。當食物逐漸變成如同豌豆濃湯一般的稠度，便稱爲「食糜」。附帶一提，腸胃道的咕嚕咕嚕聲響，主要來自大腸，而非胃部所發出。腸道聲響的專門名稱是「腹鳴」（borborygmus）。

胃部確實盡職完成的一項任務是，藉由把食物浸泡在鹽酸中，來消滅許多微生物。諾丁漢大學的一般外科醫師與講師凱蒂・羅琳絲（Katie Rollins）告訴我說：「如果沒了胃，你吃的許許多多的食物，都將使你生病。」

任何微生物若得以越過胃這一關，都可算作奇蹟，不過，的確有一些微生物可以成功闖關，因爲我們所有人都受過教訓。這個問題有一部分是因爲，我們狼吞虎嚥太多遭到污染的食物。美國食品藥品監督管理局在二〇一六年的一項調查中發現，百分之八十四的雞胸肉、接近百分之七十的牛絞肉與幾乎近一半的豬排，都含有腸道的大腸桿菌，而這是除了大腸桿菌之外誰都開心不起來的事情。

食源性疾病，是美國的一種秘而不宣的流行病。美國每年會有三千人（相當於一個小鄉鎮人口）死於食物中毒，而有十三萬人因此住院。食物中毒可以是一種極其可怕的死亡方式。一九九二年十二月，在加州的卡爾斯巴德（Carlsbad）的一間名叫「玩偶匣」（Jack in the Box）的連鎖餐廳中，蘿倫．貝絲．魯道夫（Lauren Beth Rudolph）吃下了一份乳酪漢堡。五天後，她因爲劇烈腹絞痛與出血性腹瀉而被送進醫院，而她的健康狀況快速惡化。她在醫院中遭受三次嚴重的心搏停止，最後不治。她死時才六歲大。

然後，在接下來的幾週期間，曾經在美國四個州的七十三家玩偶匣連鎖餐廳用過餐的七百名消費者，均陸續感到不適。其中三人因此死亡。其他人則遭受永久性器官衰竭。而始作俑者便是，存在於未煮熟肉品上的大腸桿菌㉚。依照《食品安全新聞》（Food Safety News）網站的報導，玩偶匣餐廳知道他們的漢堡肉並未熟透，「不過，他們認爲，把肉烹煮至所需的華氏一百五十五度，會使肉太老」。

行徑同樣惡劣的是沙門氏菌；它向來被稱爲「自然界中最無處不在的病原體」。美國每年大約通報有四萬個沙門氏菌感染案例，不過，實際染病人數被認爲高出更多。根據某個估算，每通報一例，便意謂有另外二十八例未被通報。由此計算出的人數，每年有一百一十二萬例。依照美國農業部所進行的一項研究，商店所販售的雞肉塊中，大約有四分之一遭受沙門氏菌的感染。而毫無特效藥可以治療沙門氏菌中毒。

「salmonella」（沙門氏菌）與那個會抱卵洄游的「salmon」（鮭魚）毫無瓜葛。它是得名自美國農業部的一名科學家丹尼爾・埃爾默・沙門（Daniel Elmer Salmon），雖然，實際上的發現者是他的助理西奧博德・

30 大腸桿菌是個奇怪的微生物，因爲，它的大多數菌株對我們無害，有些甚至有正面效益——只要它最後不要停留在錯誤的地方。比如，在你的結腸中的大腸桿菌可以爲你製造維生素K——這是多麼求之不得的事。但我們此處所談及的大腸桿菌，卻是那些會傷害你或最後待在不該出現的地方的菌株。

史密斯（Theobald Smith）——又一名醫療科學史上被遺忘的英雄。生於一八五九年的史密斯，父母是來自德國的移民（他們原本的姓氏是施密特〔Schmitt〕），在紐約州北部落地生根；他講德語長大成人，所以，比起大多數同輩的美國人，他可以更快關注與理解羅伯特．科赫所進行的實驗。他自學科赫的方法來培養細菌，因此，他在一八八五年便能夠分離出沙門氏菌，而經過很久之後，才有其他美國人能夠掌握這項技術。丹尼爾．沙門當時是美國農業部畜產局（Bureau of Animal Industry）的局長，基本上是名行政官員，不過，出於那個年代的慣例作法以致，農業部發表的論文會把局處首長列為第一作者，於是這種新發現的細菌便冠上沙門的姓氏。史密斯之後還發現了感染性的原生動物巴倍蟲屬（Babesia），不過，他的功勞又再次被別人搶走；這種微生物被錯誤地取名自一位羅馬尼亞的細菌學家維克多．巴倍許（Victor Babes）。在史密斯漫長而傑出的研究生涯中，他也針對黃熱病、白喉、非洲嗜睡病，與飲用水的糞便污染等問題進行了重要的研究工作，並且解釋了人畜兩者的結核病有不同的致病微生物，由此證明了羅伯特・科赫在兩個關鍵點上的推論出錯。而科赫還認爲，結核病無法經由動物傳染人類，史密斯也證明了，這個想法同樣有誤。幸虧有史密斯的這項發現，牛奶必須經由巴氏滅菌法（pasteurization）處理，才成爲標準作法。總之，在所謂的細菌學發展的黃金時期中，史密斯是最重要的美國細菌學家，但是如今幾乎已被全然遺忘。

附帶一提，大部分會引起噁心症狀的微生物，都需要時間在你體內大量增生，然後才會使你想吐。有一些細菌，比如金黃色葡萄球菌，可以在短短一小時之內便讓你不適，但是，大多數微生物都至少要二十四小時才會發作。如同杜克大學（Duke University）的黛博拉・費雪（Deborah Fisher）博士，在接受《紐約時報》（New York Times）的訪問時指出：「人們往往會把病因歸咎於他們最後吃下肚的東西，但比較可能是最後吃下的那樣食物之前的食物，才是罪魁禍首。」事實上，許多感染都要經過比那還要久上許多的時間，才會讓人發病。每年在美國造成大約三百人死亡的李斯特菌（listeriosis），可以花上將近七十天的時間，才讓人出現症狀，這使得想要進行疫源調查的工作成爲一場惡夢。二〇一一年，在直到確定李斯特菌的感染禍源來自科羅拉多州的哈密瓜之前，便有三十三人因此不治。

食源性疾病最大的感染來源，並非是如同一般人所普遍以爲的肉類、雞蛋或美乃滋，而是綠葉蔬菜。在所有食物中毒的疾病中，占有五分之一是由綠葉蔬菜所引起。

¶

長久以來，我們所掌握的有關胃部的所有知識，幾乎皆源自於一八二二年所發生的一件不幸意外。那年夏天，在上密西根州（Upper Michigan）的休倫湖（Lake Huron）的麥基諾島（Mackinac Island）上，一名顧客在島上唯一的雜貨店中檢視一支來福槍時，槍枝意外發生走火。一名來自加拿大、名叫阿列克西·聖·馬當（Alexis St Martin）的年輕捕獸人（爲獲取毛皮之故），那時正站在三英尺外，不巧地直接位在子彈的射擊線上。子彈在他的胸膛上射出了一個洞，正好位在左邊乳頭下方，而這個傷口將讓他獲得完全不想享有的名聲——醫學史上最著名的胃。聖．馬當奇蹟般地大難不死，不過傷口卻始終沒有完全癒合。因爲，救治聖．馬當的醫生——美國陸軍外科醫師威廉．博蒙特（William Beaumont），他意識到，這個一英寸寬的洞口爲他打開了一扇不可多得的窗口，讓他得以一探捕獸人的身體內部，並且直接進到胃部裡面。他把聖．馬當帶回家照料，但兩人達成協議（簽訂了正式合約），博蒙特可以對這名家中貴客隨意進行實驗。對博蒙特來說，這是個獨一無二的機會。在一八二二年，有關食物被吞下喉嚨消失之後，到底會發生什麼事，還沒有人對此了解太多。而聖．馬當剛好擁有舉世唯一一個可以直接研究的胃。

博蒙特的實驗作法主要如下：他會把不同的食物綁上長長的絲線，讓食物進到聖．馬當的胃裡面，然後讓食物停留一段經過測定的時間，之後再把食物拉出來觀察結果。有時，出於科學目的，他會嚐一下食物，判斷是何種酸味與酸度大小，他因此推論出，胃部的主要消化液是鹽酸。這個突破性的發現，在胃部研究界引發騷動，並且使博蒙特聲名大噪。

聖·馬當並非是那種合作無間的受試者。他經常不告而別，有一次在博蒙特最終找到他時，已經失蹤四年。儘管有這些干擾插曲，博蒙特最後還是出版了一部里程碑式的著作《胃液與消化生理學的觀察與實驗》（Experiments and Observations on the Gastric Juice and the Physiology of Digestion）。長達一個世紀左右，有關消化過程的醫學知識，幾乎皆得益於聖·馬當的胃。

諷刺的是，聖·馬當比博蒙特還多活上二十七年。經過幾年四處飄盪的生活之後，他回到故鄉加拿大魁北克省（Quebec）的聖—托瑪（Saint-Thomas）；他結了婚，並育有六名子女。他在一八八〇年過世，享壽八十六歲，距離那場讓他聞名四方的意外事件，差不多已經過了六十年[31]。

消化管道的核心段落是小腸；長長的圓管盤捲纏繞，總長度大約有二十五英尺，是人體進行消化的主要處所。小腸傳統上分爲三部分：十二指腸（duodenum；該字意爲「十二」，因爲，在古羅馬時代，這一段小腸的長度，被認爲在一般人的人體中占有十二指幅）、空腸（jejunum；該字意爲「沒有食物」，因爲屍體的空腸經常發現裡頭空無一物），以及，迴腸（ileum；該字意爲「腹股溝」，因爲它很接近腹股溝）。不過，以上的分野其實完全是概念上的劃分。如果取出你的小腸平攤在地上，你根本無法分辨各部分的末尾端與起始端。

小腸內壁鋪有毛髮狀的微細突起，稱爲「絨毛」，它可以大大增加小腸內裡的表面積。食物會經由稱爲「蠕動」的收縮過程——如同一

31 聖．馬當曾經有一段時間住在佛蒙特州的卡文迪許（Cavendish）。而這個地方正是，另一名不幸的工人費尼斯．蓋吉被一根鐵棒射穿頭顱的意外發生地點，同時也是Y染色體的發現者內蒂．史蒂文斯（Nettie Stevens）的出生地。不過，這三人並沒有剛好同時出現在卡文迪許。

種腸道的波浪舞（Mexican wave）——沿著管道被推向前去。食物的前進速度約爲每分鐘一英寸。我們自然會問道：爲何那些強烈的消化液不會蝕穿我們自身腸道上的黏膜？答案是，消化道鋪襯有一層保護性細胞，稱爲「上皮組織」。這些具有警戒性的細胞與它們所分泌的黏液，正是使你不會消化自己的肉的功臣。假使這層組織有了破口，腸道內容物因此進入了身體其他部位，那麼，你八成會非常難受，不過這類事件相當罕見發生。這些位在前線的細胞是如此容易受損，以至於每個細胞在上線三、四天後，便會被新細胞取而代之——這大概是整個身體中替換率最高的組織。

環繞在小腸外圍，如同庭院的外牆，是六英尺長的寬口徑管道，稱爲大腸（large intestine；但也能使用「bowel」或「colon」兩字來指稱）。在小腸與大腸相接之處（位在人體右側腰帶線上方），有一個袋狀管道，稱爲盲腸；它對草食性動物很重要，但對人類來說，則毫無特別用處。而從盲腸所伸出去的一個指狀突出物，此即闌尾，它同樣沒有特殊用途，不過如果穿孔破裂或遭受感染，便有致命危險；全球每年有八萬人左右因它而送命。

「appendix」（闌尾）的詳細名稱應爲「vermiform（蠕蟲狀的）appendix」，特別指明它的形狀如同蠕蟲。長久以來，有關闌尾的認識便是，你可以切除它，而且此後不會想念它，這強烈暗示它毫無用處可言。不過，如今我們最好這麼想：闌尾是儲存腸道細菌的寶庫。

在已開發國家中，大約每十六人就有一人，會在某個時間點上罹患闌尾炎；而病人的數量已經足以使闌尾炎成爲最常見的緊急手術的病因。依照美國外科學院（American College of Surgeons）的資料顯示，美國每年約有二十五萬人因爲闌尾炎而住院，而約有三百人因此死亡。闌尾炎如果沒有經過手術治療，許多患者可能無法倖存下來；闌尾炎一度是人們相當常見的死因。富裕國家在急性闌尾炎的發病率上，今日大約是一九七〇年代的一半，而學者對於下降的緣故並不十分了解。闌尾炎今日依舊更常見於富裕國家，而非發展中國家，儘管後者在罹患率上也快速上升中，據信是因爲改變了飲食習慣以致，不過學者對此同樣並不確定。

我所知道的有關成功的闌尾切除術的故事，最非比尋常者，當屬二戰期間發生在美軍潛艦「海龍號」（Seadragon）上的一檯手術。潛艦當時正處於受日軍控制的南中國海水域之中，而一名來自堪薩斯州（Kansas）的水兵狄恩．瑞克特（Dean Rector），逐漸出現明顯的急性闌尾炎的症狀。由於船艦上並無合格的醫療人員，指揮官於是指示藥劑師助理惠勒．布萊森．萊普斯（Wheeler Bryson Lipes；他與本書作者我毫無任何親屬關係），去進行手術。萊普斯無法接受這道指令，因爲他毫無醫學訓練背景，根本不清楚闌尾的形狀或它應該在身體哪個部位，再加上船上完全沒有外科用具與設備可供使用。指揮官於是命令他，作爲潛艦上的資深醫療人員，無論如何都要盡其所能去做。

萊普斯在醫病關係上的表現，或許並未做到讓病人完全放心的標準。他鼓舞瑞克特的談話內容如下：「狄恩你聽好，我之前從未做過這樣的事，不過，反正你也沒有太多機會可以撐過這樣的病，所以，你覺得怎麼樣？」

萊普斯順利地麻醉了瑞克特——這本身就是個大成就，因爲對於施用劑量，他毫無任何說明書可以參考——他接著戴上由茶葉濾網鋪上紗布做成的外科口罩，然後依照差不多就像是急救指南上的作法，以一把廚房用刀劃進瑞克特的腹部，然後想盡辦法找出發炎的闌尾，並將它切除，最後縫合傷口。瑞克特奇蹟般地活了下來，並且全然康復。可惜的是，他無福享受這個痊癒如初的身體。在切除闌尾三年之後，他在另一艘潛艦中執勤，在幾乎相同位置的水域中於戰鬥中陣亡。而萊普斯則繼續在海軍中服役至一九六二年，活到高齡八十四歲，而且再也沒有執行過任何手術。當然，這樣再好不過了。

¶

小腸經由稱爲「迴盲括約肌」的連結點匯入大腸。大腸確實如同某種發酵槽，是糞便、腸道氣體與所有微生物族群聚集的處所，而且這兒一切事情的進展均從容不迫。二十世紀初，英國一名本身即是傑出外科醫生的威廉．阿爾博斯納特．藍恩（William Arbuthnot Lane）爵士，卻逐漸深信，所有那些惰性糞屎會促使致病毒素的積聚，導致一種他稱之為「自體中毒」的疾病。他確認出一種後來廣為人知的「藍恩氏扭結症」（Lane's kinks）的異常病症，並且開始經由外科手術為病患切除一截或長或短的大腸。他之後逐漸擴大切除的範圍，直到把大腸全部切除——然而，這種手術可說完全沒有必要。來自世界各地的人紛紛前來找他看診，以便跟自己的大腸徹底一刀兩斷。在他死後，所謂的藍恩氏扭結症被證明純屬虛構。

美國紐澤西州（New Jersey）的特倫頓州立醫院（Trenton State Hospital）的負責人亨利．卡登（Henry Cotton），也對大腸產生了一種糟糕的執迷。他逐漸相信，精神疾病並非出於腦部紊亂，而是病人患有先天性的大腸畸形以致，他於是啓動了一項外科手術計畫，雖然他對此可說毫無過人才能。他最後使百分之三十的病患送命，並且毫無治癒任何人——但話說回來，這些人原本就沒有需要治療的病症。卡登也對拔牙手術相當起勁：一九二一年，單單這一年當中，他便拔除了六千五百顆牙齒左右（平均一個病人拔十顆牙），而且沒有施用麻醉劑。

大腸實際上執行了許多重要任務。它會重新吸收大量的水分，轉回給身體使用。它也給龐大的微生物群落提供溫暖的窩巢，讓微生物大嚼特嚼小腸沒有取走的任何剩餘物；而在此過程中，這些小東西會採集大量有用的維生素如B1、B2、B6、B12與K，同樣轉回給身體使用。而剩下的殘渣，則以糞便的形式排出體外。

西方的成人每日會排出大約二百克的糞便，比半磅少一點，一年總計一百八十磅左右，而一生則約有一萬四千磅。糞便的主要成分，包括有：死亡的細菌、無法消化的纖維、脫落的腸部細胞，與死亡的紅血球殘餘物。你所排出的每一克的糞便中，包含有四百億隻細菌與一億隻古菌。從糞便樣本的分析中也發現，其中含有很多的眞菌、阿米巴原蟲、噬菌體、囊泡蟲（alveolate）、子囊菌（ascomycete）、擔子菌

（basidiomycete）與許許多多其他的微生物，不過，其中某些物種究竟屬於體內的長久住民或只是短暫過客，目前幾乎無法斷定。相隔兩天後再行採集的糞便樣本，內容物的組成可能與之前大相逕庭。甚至從同一條糞便的兩端所分別採集的樣本，分析結果也可能像是來自不同的兩個人所排出。

近乎所有的腸道癌症都出現在大腸上，幾乎不會在小腸上發現。儘管確切成因並不十分清楚，但許多研究者認為，那是由於大腸內有巨量的細菌以致。荷蘭的烏特勒支大學（University of Utrecht）的教授漢斯．克萊弗斯則認為，那與飲食相關。「老鼠會在小腸上長出癌細胞，但卻不會在大腸上。」他說：「不過，如果你改以西式飲食來餵老鼠，結果就會相反。我們同樣可以在日本人身上見到這樣的情況：當他們搬到西方居住，改採西方的生活方式後，他們就比較不會得胃癌，而比較會得大腸癌。」

¶

現代時期中，第一個對糞便產生嚴謹的科學興趣的學者是，特奧多爾．埃舍里希（Theodor Escherich, 1857-1911）；他是德國慕尼黑的一名年輕的兒科醫學研究者，在十九世紀末，開始使用顯微鏡檢視嬰兒的糞便。他在其中發現十九種不同的微生物，這遠遠超乎他的預期，因爲，顯而易見，嬰兒會攝入的物質，只有母乳與空氣而已。而在這些微生物中，數量最多者，即是大腸桿菌（Escherichia coli；爲了紀念他，所以冠上他的姓氏，而埃舍里希自己當時則稱它爲「Bacteria coli commune」〔常見的大腸細菌〕）。

大腸桿菌已經成爲世上被研究最多的微生物。卡爾．齊默所著的那本趣味盎然的《微觀世界》一書，也將焦點集中在討論這個不平凡的桿菌，而按照書中所言，大腸桿菌實際上已經產製了幾十萬篇的論文。比起地球上所有哺乳類動物加總起來，大腸桿菌的兩種菌株就擁有更多的遺傳變異性。可憐的特奧多爾．埃舍里希對此毫無所悉。在他過世後七年，亦即一九一八年，這種細菌才得名自他，而直到一九五八年才獲得正式認可。

最後來談談「屁」（fart；文雅一點則稱為「flatus」）。基本上，屁的組成成分是，二氧化碳（將近百分之五十）、氫（將近百分之四十）與氮（將近百分之二十），不過，各成分間的實際比例不僅因人而異，而且也會日日不同。約有三分之一的人會產出甲烷，亦即惡名昭彰的溫室氣體，不過另外三分之二的人則不會。（或者，應該說，這些人至少是在接受測試之時，沒有放出甲烷屁；檢測屁氣並非最嚴謹的科學研究項目。）屁的臭味主要來自硫化氫，即便硫化氫只占所排放出來的氣體的百萬分之一至三左右。高濃度的硫化氫，如同存在於沼氣之中，本身即具有高度致命性，不過，我們為何在微量暴露中也會如此敏感的原因，科學界目前還無法解答。奇怪的是，當硫化氫的濃度上升到致命水準時，我們卻完全嗅不出它的氣味。如同瑪莉．羅曲（Mary Roach）在她那本談及飲食與消化知識的佳構《深入最禁忌的消化道之旅》（Gulp）一書中所言，因為「嗅覺神經整個都被熏到麻痺了」。

屁中的所有氣體有可能形成容易氣爆的組合，如同一九七八年，在法國的南錫（Nancy）一地所發生的一樁悲劇所示：當時一名外科醫師把一條通電加熱的鐵絲伸入一名六十九歲男性病患的直腸裡面，準備以燒灼方式摘除息肉，結果卻引發爆炸，導致那名可憐的病患名副其實地四分五裂。依據《胃腸病學期刊》（Gastroenterology）指出，這只是「肛門的外科手術期間，諸多結腸內氣體爆炸的案例紀錄」之一而已。今日大多數要進行腹腔鏡手術（或稱微創手術）的病人，都會先灌入二氧化碳；這個作法不僅能降低不適與減少結疤，而且能排除爆炸厄運的風險。

16

睡眠

哦睡眠，哦溫柔的睡眠，這來自自然的溫存呵護。

——莎士比亞，《亨利四世》下冊

1

睡眠，是我們的每日活動中最神秘的一個。我們知道它不可或缺；我們只是並不十分明白爲何如此。我們無法斬釘截鐵地指出：睡眠所爲何來；或者，爲了獲得最大的健康與幸福，理想的睡眠時數究竟是多少；或者，爲何某些人可以倒頭就睡，而其他人卻始終輾轉難眠。我們爲了睡覺，因而失去了一生的三分之一的時間。當我走筆至此，我的年紀是六十六歲。所以，我實際上已經睡掉了相當於整個二十一世紀至今的時間。

身體的每一個部位均獲益於睡眠，而如果我們失眠，身體便會受害。假使你被剝奪睡眠持續一段夠長的時間，你便會死去，不過，有關缺乏睡眠因而致死的確切成因，同樣也還是個謎。一九八九年，在一個（由於殘忍之故，因而無法仿效的）實驗中，芝加哥大學（University of Chicago）的研究者讓十隻老鼠持續保持清醒直至死亡；在筋疲力竭最終奪走了牠們的生命，所花費的時間介於十一至三十二天不等。對老鼠屍身進行解剖後顯示，這些老鼠體內完全沒有可以成爲死因的異常現象。牠們的身體只是對自己感到絕望而已。

睡眠與許許多多的生理過程有關，比如：鞏固記憶、恢復賀爾蒙平衡、清空腦部所累積的神經毒素、調整免疫系統等等。本身有高血壓早期症狀的人，在每晚比先前多睡上一小時後，可以見到他們的血壓數值明顯改善。簡單而言，身體似乎會進行某種夜間調校作業。不過，如同加州大學舊金山分校的教授羅倫．弗藍克（Loren Frank）在二〇一三年接受《自然》期刊訪問時所指出：「每個人都這麼說，睡眠對於把記憶轉移至腦部其餘部位很重要。但問題是，基本上，並沒有直接證據支持這樣的說法」。對於我們爲何需要如此徹底失去意識，以便轉移記憶，這仍是個有待解答的問題。在我們入睡之後，並非只是與外在世界失去聯繫而已，實際上，我們在大部分時間中均處於麻痺狀態。

顯而易見，睡眠不只是休息而已。出奇的是，冬眠的動物也有睡眠週期。大多數人可能對此很驚訝，但是，冬眠與睡眠完全是兩回事，至少從神經系統與新陳代謝的觀點來看，兩者截然有別。冬眠比較像是遭到腦震盪或是被施行麻醉；個體本身處於無意識狀態，但實際上並沒有睡著。所以，冬眠的動物每天會需要幾個鐘頭進行一般的睡眠，以進入更為深遠的無意識狀態。而更讓大多數人訝異的是，最著名的冬日睡者——熊，其實並不冬眠。眞正的冬眠行為，包括深沉的無意識狀態與體溫的巨幅下降——經常會降到攝氏零度左右。按照這個定義來看，熊並不會冬眠，因為牠們的體溫保持在接近正常水準，而且牠們可以輕易醒來。更為準確一點來說，牠們的冬日休眠應該稱為「蟄伏」。

無論睡眠給予我們什麼益處，睡眠都不只是為了恢復元氣因而停止活動的一段時間而已。一定有什麼因素促使我們渴求睡眠，甘願讓自己處於易受盜匪或掠食性動物的攻擊狀態，然而，就目前所知，睡眠所提供給我們的種種用處，我們同樣也能經由清醒但處於休息的狀態來獲得。而我們同樣並不了解，為何會有那麼多的深夜，會經歷那些超現實的、經常讓人不安的幻覺——我們稱之為「夢」。要不是被僵屍追趕，不然就是發現自己毫無原因赤身裸體在等公車——這種種乍看之下，似乎並不是消磨幾個鐘頭的漆黑時光，以便讓人恢復精神的最好方式。

然而，學者依然普遍假定，睡眠必定符合某些我們的深層基本需求。如同卓越的睡眠研究者艾倫．瑞赫夏分（Allan Rechtschaffen）在多年前評論道：「假使睡眠沒有提供絕對不可或缺的功能，那麼，那將是演化過程所鑄下的最大錯誤。」儘管如此，但就我們所知，睡眠所致力的一切——以另一名研究者的話來說的話——卻是「讓我們可以為了清醒，而先行準備妥當」。

似乎所有的動物都會睡上一覺。甚至相當簡單的生物，比如線蟲（nematode）與果蠅，都會有靜止期。而在動物之間，所需的睡眠量因物種不同而有頗大差異。大象與馬每晚僅需要兩三小時的睡眠便已足夠。有關牠們的睡眠量為何如此之少的原因，尚不得而知。大多數其他的哺乳類動物就需要多上許多的睡眠時間。過去被認為是哺乳類動物睡覺冠軍的三趾樹懶，據稱依舊每天要睡上將近二十個鐘頭，不過，這個睡眠時數是來自針對圈養樹懶的研究，而這樣的樹懶沒有掠食性動物的威脅，也沒有太多大事可做。相對而言，野生樹懶則可能每天睡上十小時，這比起我們來說，也不算特別多。非比尋常的是，有些鳥類與海洋哺乳類動物可以在某段時間將一半的腦部關機，所以，當一半的腦子在打盹，另一半的腦子則維持清醒狀態。

¶

當代對於睡眠的理解，據稱可以追溯至一九五一年十二月的某個晚上；芝加哥大學一名年輕的睡眠研究者尤金·阿瑟林斯基（Eugene Aserinsky），在那一夜試用了實驗室所購得的一部可以測量腦波的機器。阿瑟林斯基在這第一夜的實驗中，所徵用的志願受試者是他的八歲兒子阿爾蒙德（Armond）。

年幼的阿爾蒙德安頓好自己，便沉入正常來說所謂的一夜好眠之中，而過了九十分鐘之後，阿瑟林斯基驚訝地見到，顯示器連接的一長條方格紙猛然運作起來，而且開始出現那種應該是屬於清醒、活躍的腦部所會有的鋸齒狀線條。不過，當阿瑟林斯基走到隔壁房間查看，阿爾蒙德卻仍舊在熟睡中。然而，他的雙眼在眼皮底下明顯地動來動去。阿瑟林斯基由此發現了「快速動眼睡眠」（rapid-eye-movement sleep；或稱「REM」睡眠），這是我們的夜間睡眠週期所包含的數個階段中最有趣、最神祕的一個。阿瑟林斯基並沒有非常急於發表這個新發現。幾乎過了兩年之後，他才撰寫了一小篇論文，刊登在《科學》期刊上㉜。

我們如今已經了解，正常的夜間睡眠包含一連串的週期，而每個週期又包含四或五個階段（這取決於你所挑選的分類方法而定）。第一個階段，涉及對你的意識放手；對大多數人來說，這會花上五至十五分鐘

㉜ 阿瑟林斯基儘管個性毛躁，卻是個有趣的傢伙。一九四九年，二十七歲的他來到芝加哥大學，不過，在此之前，他已經上過兩所大學，相繼主修了社會學、醫學院預科、西班牙文與牙科學，但卻沒有任何一門完成所需要的學分。一九四三年，他應召入伍，雖然有一眼失明，他卻以拆彈專長度過戰爭期間。

的時間才能完成。緊接而來的是淺眠但可以恢復元氣的睡眠階段，如同打盹一般，爲時大約二十分鐘。這前兩個階段的睡眠是如此輕淺，所以，你有可能睡著，但卻認爲自己還是醒著。然後輪到熟睡階段上場，持續一小時左右；在此時期，很難叫醒睡覺的人。（某些專家又把這個階段分成兩期，使一個睡眠週期含括五個不同的階段，而非四階段。）最後則是快速動眼階段；我們在這個時期會頻繁作夢。

在每個週期中的 REM 階段，入睡的人在表現上主要是身體麻痺，而且，在緊閉的眼皮之下，眼球快速移動，彷彿正目睹某個扣人心弦的事件，而腦部也同時變得如同清醒期間那般活躍。事實上，前腦的某些部位在 REM 睡眠階段，會比我們在意識全然清醒、可以隨處走動期間，還更爲活躍。

在 REM 睡眠階段，眼球爲何會轉動的原因並不清楚。可想而知的一個看法是，我們那時正在「觀看」我們的夢境。在 REM 階段，你並非全部的身體均麻痺癱瘓。你的心臟與肺臟持續運作，理由不言可喻，而你的雙眼也可以自由轉動，不過，控制身體動作的肌肉，則完全受到限制。對此，最經常提出來的解釋是，在睡覺中猛然擺動四肢，或在惡夢中被惡魔追到時試圖逃脫攻擊，如果身體靜止不動，便可以防止我們傷害自己。有一種稱爲「REM 睡眠行爲失調症」的罕見疾病，患者的四肢並不會處於麻痺狀態，確實有時會因爲任意揮動而傷害自己或伴侶。而對於某些人來說，卻是在醒來之時，麻痺狀態沒有立即消退，導致他們發覺自己意識清醒但全身無法動彈——這似乎是一種會讓人寒毛直豎的狀態，不過，幸好這往往只會持續一會兒而已。

在每次夜間睡眠期間，REM 睡眠可以占有將近兩小時，大約是睡眠總時數的四分之一。隨著夜晚時間的流逝，REM 睡眠階段往往會加長，所以你最容易作夢的時期，通常都出現在醒來前的最後時段中。

睡眠週期在一夜之間會重複出現四或五次。每一個週期持續大約九十分鐘，但也可能會有變化。REM 睡眠似乎對成長發育很重要。新生兒的睡眠時間中——他們幾乎都在睡覺——至少有一半的時間是處於REM階段。而對胎兒來說，則可能高達百分之八十。長久以來，學者認爲，我們作夢全都只在REM睡眠階段中，不過，威斯康辛大學在二〇一七年的一項研究中發現，有百分之七十一的人也會在「非REM睡眠階段」中作夢（相較而言，有百分之九十五的人會在REM睡眠階段中作夢）。大多數男性會在REM睡眠階段中勃起。女性同樣也會有外陰部充血的現象。無人知道箇中源由，不過，那似乎並非明顯與情色衝動有關。通常來說，男性每個晚上總計會勃起兩小時左右。

我們在夜間比起大多數人所以爲的更爲躁動不定。在整夜的睡眠期間，一般人會翻身或明顯改換姿勢的次數，介於三十與四十次之間。而我們醒來的次數也比你可能以爲的還多。夜間短暫醒來的時間加總起來可以將近三十分鐘，但卻不會被意識到。作家奧爾伐瑞茲（A. Alvarez）爲了寫作那本出版於一九九五年的著作《夜》（Night），因而拜訪一間睡眠診所；他以爲自己整夜一覺到天亮，完全沒有中斷，不過在早上檢視自己的紀錄圖表時，卻發現，他曾經醒來二十三次。他也有五個作夢時段，但他對夢境毫無記憶。

除了正常的夜間睡眠，我們通常也會墜入片段式的半醒半睡之中，進入某種稱爲「入睡幻覺」（hypnagogia）的狀態，一個介於清醒與無意識之間的灰色地帶，而且經常不會察覺自己身陷其中。令人擔憂的是，睡眠專家曾經研究十幾位負責長程航班的航空公司飛行員，然後發現，在航程中的不同時間點上，幾乎所有人都會睡著，或幾乎睡著，但卻沒有人意識到自己入睡。

入睡的人與外在世界的關係，頗爲耐人尋味。大多數人都有過在睡著後突然感覺自己掉落的經驗，這稱爲入睡抽動（hypnic jerk）或肌躍型抽搐（myoclonic jerk）。沒有人知道成因爲何。某個理論認爲，這可以回溯至我們還在樹上睡覺的時期，那時必須提防掉落的危險。所以，那種身體抽動可能有點類似消防演習的意思。這樣的解釋似乎頗爲牽強，不過，仔細想想，無論我們沉入無意識之中有多深，或是在睡眠中如何躁動難安，我們幾乎都不會掉下床去，甚至連睡在旅館中陌生的床上也一樣——這說起來十分奇妙。我們可能睡死了，對外界渾然不覺，然而，我們體內似乎有個哨兵在確認床架的邊緣何在，不會讓我們滾下床去（醉醺醺或發高燒等特殊情況則不在此列）。我們內在的某個部分似乎仍關注著外界的動靜，即使酣睡時也不例外。保羅．馬丁（Paul Martin）在他的著作《數羊》（Counting Sheep）中講述了牛津大學所進行的一項研究：該研究發現，熟睡中的受試者每當自己的名字被旁人大聲唸出時，他們的腦電圖數值便會抖動一下，但如果唸出的名字是其他陌生人的姓名，就不會有反應。同樣有一些測試也顯示出，人們很擅長不用鬧鐘卻能在預定時間醒來，這意謂著，入睡的腦袋中有某個部分必定在偵測頭顱以外的眞實世界。

作夢，可能只是大腦夜間整頓作業的副產品。當腦部在清除廢物與鞏固種種記憶段落之時，神經迴路會隨機放電，短暫地拋出許多影像片段，有點像是我們在找想看的電視節目於是不停轉台一般。腦部在面對川流不息與毫無條理可言的記憶、憂慮、幻想、壓抑的情緒等等畫面，可能會嘗試從中理出一條合理的敘述路線，或者，由於它處在休息狀態，所以它也可能完全不做處理，任憑紊亂的脈衝直接奔流而過。這可能可以解釋，爲何即便夢裡的情節張力十足，我們一般來說卻不會記得太多夢境——因爲，這些夢實際上並不具意義或無關緊要。

2

一九九九年，倫敦帝國學院（Imperial College London）的學者羅素・福斯特（Russell Foster）在經過十年的嚴謹研究之後，證實了某個構造的存在，但那聽起來非常難以置信，以至於大多數人都拒絕接受。福斯特的發現是，我們的眼睛除了原本已知的桿狀細胞與錐狀細胞外，還存在有第三種感光細胞。這種額外的感光細胞，稱爲光敏視網膜神經節細胞（photosensitive retinal ganglion cell），它與視覺成像毫無關連，它僅僅在偵測亮度，以便讓我們知道何時是白晝或黑夜。這種感光細胞會將這個訊息，傳送至大腦中約莫如同針頭大小的兩小束神經元——此即「視交叉上核」（suprachiasmatic nuclei）。這兩束鑲嵌在下視丘內的神經元（兩個腦半球各有一束）控制著我們的晝夜節律，就像是身體裡面的鬧鐘，可以告訴我們何時快快起床，何時爲一天畫下句點。

這一切可能聽起來相當合理，而且是再好不過的新知識，然而，當福斯特公開了他的發現，卻在眼科學界引發了不滿的激烈聲浪。幾乎沒有人相信，一個如此基本的視覺細胞，居然會被忽略如此之久的時間。在福斯特某一次的演講中，有一名聽眾大喊「胡說！」，然後氣沖沖走掉。

福斯特說：「他們很難相信，已經被研究了一百五十年的東西——人類的眼睛，怎麼可能會有某種細胞的功能徹底被視而不見。」事實上，福斯特完全站得住腳，他的發現之後也被證明正確無誤。他開玩笑說：「他們現在對我的論點就非常和藹可親了。」福斯特今日是牛津大學納菲爾德眼科學實驗室（Nuffield Laboratory of Ophthalmology）的主任與晝夜節律神經科學教授。

我前往福斯特位於布雷日諾斯學院（Brasenose College）的辦公室拜訪他，那兒剛好離高街（High Street）不遠。「這第三種視覺細胞，最令人感到有趣的一點是，它的功能完全與視覺無關。」他對我說：「我們做了一個實驗，請來一位本身雙眼全盲的女士——她因爲患有某種遺傳疾病，因而沒有桿狀細胞與錐狀細胞——我們請她在實驗的過程中，每當她認爲房間裡的燈亮著或關著，都跟我們說一聲。她先對我們說別開玩笑，因爲她根本看不見任何東西，但我們還是請她嘗試做看看。結果，她每一次都說對。儘管她沒有視力——沒辦法『看見』光——但她的腦部在下意識的層次上，還是準確無誤地偵測到光線。她本人很驚訝。我們所有人也是。」

在福斯特發表了這個研究成果之後，科學家發現，我們不僅在腦部有生理時鐘，而且在胰臟、肝臟、心臟、腎臟、脂肪組織、肌肉，實際上身體到處都有生理時鐘；而這些生理時鐘都依照各自的時間表運作，下指令讓賀爾蒙按時分泌，或告知器官何時全速運轉、何時休養生息㉝。比如，你的反射動作在下午三點時最敏銳，而血壓數值在近晚時分達到最高。男性往往在清晨比起之後一天當中的任何時間，分泌更多的睪酮。假使這些系統中有某一個的運作太過不同步，便可能會有問題產生。身體每日節律的紊亂，據信會導致糖尿病、心臟病、憂鬱症與體重超重等疾病的發生（在某些案例中，也可能是直接成因）。

視交叉上核的運作，與位於附近的一個豌豆大小的構造「松果體」緊密相關；後者大約位在頭部中央，它的功能長久以來神秘難解。松果體由於坐落位置不偏不倚，而且僅有一個——腦部的大部分構造均成對出現，但松果體卻形隻影單——所以，哲學家荷內．笛卡爾（René Descartes）斷定，松果體是靈魂所在之地。它的實際功能直到一九五〇

㉝ 甚至我們的牙齒每天也會增長一點點，以標誌著時間的流逝，與植物的年輪有點相仿，直到我們大約二十歲時，才停止生長。科學家會數算古代牙齒化石上的環數，以計算出在遙遠古代孩童成長的所需時間。

年代才被發現，使它成爲最後一個獲得破解的主要內分泌腺。它會分泌褪黑激素；這種賀爾蒙有助於腦部偵察白晝長度。褪黑激素究竟如何關連於睡眠，是一個尚待了解的問題。當夜幕降臨，人體的褪黑激素的濃度水平開始上升，直至午夜時分，達到最大值，所以，把它與睡意相連起來似乎頗符合邏輯，不過，夜行性動物在牠們最活躍的夜間時分，褪黑激素的分泌也會上升，於是它的用處就不是促進睡眠。而且，松果體不僅偵測日夜節奏，它也監控季節變化——這對於會進行冬眠，或有季節性交配繁殖需求的動物而言，可說至關緊要。季節變化對人類來說也很重要，只不過出之以我們很難察覺的方式。比如，你的頭髮在夏季生長較快。大衛．班布里奇一語中的：「松果體並非我們的靈魂，而是我們的日曆。」不過，離奇的是，我們的表親哺乳類動物中，有一些動物並沒有松果體，而且似乎也沒有因此受害，比如大象與儒艮（僅提兩種爲例）。

就人類來說，褪黑激素在季節訊息上所扮演的角色，並不十分明朗。褪黑激素幾乎是一種萬物共有的分子；細菌、水母、植物，與任何受制於晝夜節律的物種，均可發現體內有褪黑激素的存在。當我們行年漸長，褪黑激素的分泌會明顯變少。七十歲的人所分泌的量，僅有二十歲的人的四分之一。有關這個現象的成因，以及這會對我們產生何種效應，依舊尚待解答。

不過，可以確定的是，只要正常的日常節奏受到擾亂，便可能導致我們的晝夜節律系統嚴重混亂。一九六二年，法國科學家米歇樂・西弗爾（Michel Siffre）進行了一個著名實驗：他把自己隔離在阿爾卑斯山脈的一個山洞深處，長達八週左右。沒有日光、時鐘或任何有關時間流逝的其他線索得以參考，西弗爾不得不自行推估何時已經過了二十四小時；結果，他訝異地發現，當他計算自己獨自過了三十七天時，實際上是五十八天。他甚至在推測短暫的時間長度時，也變得一籌莫展。他被要求測量兩分鐘有多久，結果他等了超過五分鐘。

最近幾年，福斯特與他的同事開始認識到，我們比先前所以爲的更具有季節節律的感知。「我們在大量出乎意料的面向上，發現了規律的節奏，比如，自我傷害、輕生、虐童案件等等。」他說：「我們知道這些事情在季節性上有旺季、淡季之分，而且並非只是出於偶然，因爲，發生模式在南北兩個半球間，有六個月的時間差。」無論人們在北半球的春季做了什麼事，比如輕生案件的數目增多，那麼，在六個月後的南半球春季，也會發生同樣的事。

晝夜節律可能也會大大影響我們所服用的藥物的效力。如同曼徹斯特大學的免疫學家丹尼爾・戴韋斯所指出，今日所使用的暢銷藥物中，占有百分之五十六均是鎖定對時間敏感的身體部位。他在《美好療方》（The Beautiful Cure）一書中寫道：「這些暢銷藥物中，大約有一半在服下後只會在體內維持短暫的作用時間。」如果在錯誤的時間服用這些藥物，藥效很可能就會降低，或可能根本無效。

在有關晝夜節律對所有生物的重要性上，我們的了解其實還處在起步階段，不過，就目前所知，所有的生物，甚至是細菌，也都擁有內在的時鐘。一如羅素．福斯特所說：「它可能是生命的印記。」

¶

視交叉上核並不能全然說明，我們爲何會發睏、爲何想躺下睡覺。另一個因素是，我們也受制於自然的睡眠壓力——一種深沉的、最終無法抗拒的瞌睡衝動——它是由稱爲「睡眠恆定」（sleep homeostat）的機制所控管。當我們保持清醒的時間愈長，睡眠的壓力便會愈來愈強大。它的主要成因是，隨著白日的時間流逝，腦中所累積的化學物質以致，特別是稱爲「腺苷」的化學分子——腺苷是三磷酸腺苷所衍生的副產物，而後者是可以提供細胞強大能量的小分子。你所累積的腺苷愈多，你的睡意也會愈來愈濃。咖啡因可以略微抵銷腺苷的作用，所以一杯咖啡可以讓你提神。正常來說，這兩個系統會同步運作，但兩者偶爾也會彼此偏離，如同我們搭乘長途客機飛越好幾個時區時，所體驗到的時差現象。

我們究竟需要多少睡眠看似因人而異，不過，大多數人的夜間睡眠需求，幾乎都落在七至九小時之間。這端視你的年齡、健康狀況與近來的活動量而定。年紀愈大，則睡得愈少。新生兒可能一天睡上十九小時，幼兒可能接近十四小時，孩童需要十一、十二小時，而青少年與年輕人的睡眠時間則約在十小時上下——儘管他們如同大多數成人一般，因為太晚入睡，又過早起床，而沒有獲得所需的睡眠量。這個問題對於青少年來說特別嚴重，因為他們的晝夜週期與成人的差別可以將近兩小時，致使他們相對而言如同貓頭鷹一般。當青少年早上很難起床，那並非懶惰使然，而是生理本性以致。如同《紐約時報》的一篇社論所言，在美國，這個問題由於一個「危險的傳統：中學過早上課的異常習慣」而更加複雜化。依照該報指出，百分之八十六的美國中學在早上八點半前就會開始上課，而百分之十則在七點半之前就需要到校。第一堂課如果延遲一些時間開始，被證明可以有更好的出席率、更好的考試表現、更少的車禍事件，甚至也會降低學生的憂鬱症與自我傷害的比例。

幾乎所有的專家皆同意，就所有年齡層來說，我們都比過去睡得來得少。依照《貝勒大學醫學中心學報》的資料，人們在工作日前夜的平均睡眠時數，從五十年前的八點五小時，下降至今日的不足七小時。另外一項研究則發現，在學齡兒童間也見到同樣的下降趨勢。所有這些夜間的輾轉反側所造成的缺勤與工作表現低落，爲美國經濟所帶來的損失，估計超過六百億美元。

依據種種研究指出，全球計有百分之十至二十左右的成人遭受失眠之苦。失眠，已經與糖尿病、癌症、高血壓、中風、心臟病與憂鬱症（這並不意外）等疾病有所關連。《自然》期刊上所提及的來自丹麥的一項研究發現，固定輪值晚班的女性在罹患乳癌的風險上，比起白班工作的女性，多出百分之五十。

「現在有很明確的資料顯示，遭受睡眠剝奪的個體在β類澱粉蛋白（β amyloid；與阿茲海默症有關的一種蛋白質）的含量水平上，比起睡眠正常的人來得高。」福斯特告訴我說：「我不會說，睡眠擾亂引起阿茲海默症，但它很可能是一項致病因子，可以加速惡化的趨勢。」

而對於許多人來說，失眠的主要原因，則來自伴侶的打鼾。這是個非常常見的困擾。大約有一半的人至少偶爾會出現打鼾的現象。打鼾是當人處於無意識與鬆弛狀態時，咽頭（pharynx）的軟組織所發出的振動聲響。只要人愈鬆弛，打鼾的聲響便愈大，所以，醉酒的人打起鼾來特別有勁。減少打鼾發生的最佳方法是，減重、側睡，以及別在就寢前飲酒。睡眠呼吸中止症（sleep apnoea；後一字來自希臘文意爲「氣喘吁吁」的字），則是在打鼾期間，氣道受到阻塞，於是，患者在入睡後會停止呼吸或幾乎如此。這個症狀比起一般所認爲的更爲常見。在打鼾者當中，大約有一半的人患有某個程度的睡眠呼吸中止症。

最極端、最駭人的失眠形式是一種稱爲「致死性家族失眠症」（Fatal familial insomnia）的罕見疾病；遲至一九八六年，醫療史上才首次描述了這種病症。它是一種遺傳性疾病（因此屬於家族性），據稱在全球僅影響了三十六個家族左右。患者只是喪失了入睡的能力，慢慢死於精疲力竭與多重器官衰竭。這個病始終是不治之症。致病因子來自一種遭到損壞的蛋白質，稱爲「普恩蛋白」（prion；是「proteinaceous infectious particle」〔蛋白質感染顆粒〕的簡稱）。普恩蛋白無疑是一種無賴蛋白質。這個邪惡小東西，正是庫賈氏症、狂牛症（bovine spongiform encephalopathy〔牛腦海綿狀病變〕）的背後禍首；它也會使人罹患其他可怕的神經性疾病，比如「格斯特曼—史特勞斯勒—申克症」（Gerstmann-Sträussler-Scheinker disease）——幸好相當罕見，所以大多數人聞所未聞（但，毫無例外的是，它也會損壞我們的協調與認知能力）。有些專家認爲，普恩蛋白也在阿茲海默症與帕金森氏症的致病機轉上，扮演某種角色。而就致死性家族失眠症而言，普恩蛋白群起攻擊了我們的視丘——這個深埋在腦部中的核桃大小的構造，控制著我們的自主反應，比如血壓、心跳速率、賀爾蒙的分泌等等。普恩蛋白的作亂究竟如何妨礙睡眠，目前還一無所知，不過它所導致的死亡方式，可說極爲不幸[34]。

另一個睡眠紊亂的疾病是猝睡症（narcolepsy）。它經常伴隨在不恰當時間中的極端倦意，不過，許多罹患此病的人，在持續入睡與保持清醒兩者都有嚴重困擾。猝睡症是由於腦部缺乏一種稱爲下視丘泌素（hypocretin）的化學分子所致；下視丘泌素由於含量非常稀少，所以學者直至一九九八年才發現它的存在。下視丘泌素是可以讓我們保持清醒的神經傳導物質。如果有所缺乏，患者可能在談話或飲食中途突然打起盹來，或者會滑入某種比較接近幻覺而非清醒意識的未知境地。另一方面，患者可能相當疲累，但卻完全無法入睡。這個病可能使人生活悲慘，而

34 普恩蛋白是由加州大學舊金山分校的史丹利．普魯希納（Stanley Prusiner）博士所發現。一九七二年，當他還在接受神經學教育時，他曾經爲一名六十歲的女性進行檢查，給他留下深刻印象；這名女性罹患一種突發性癡呆，症狀是如此嚴重，使她連最簡單、最熟悉的動作，比如把鑰匙插進門上的鎖孔，也沒辦法完成。普魯希納開始深信，病因來自一種具傳染性的畸形蛋白質，他稱之爲普恩蛋白。他的理論在好多年間受盡眾人嘲笑，不過最後證明普魯希納正確無誤，並因此使他榮獲一九九七年的諾貝爾獎。神經元死亡後會在腦部留下坑洞，如同海綿一般——「spongiform」（海綿狀的）一字便因此而來。

且無藥可醫；幸好，該病十分罕見，在西方，每二千五百人僅有一人患病，而就全球來說，罹患率則是四百萬分之一。

更為常見的睡眠失調症狀，包括有：夢遊、醒覺混淆（confusional arousal，該症意指患者似乎清醒，但意識層次卻深度混亂）、夢魘與夜驚（night terror）——而全部統稱為異睡症（parasomnia）。夢魘與夜驚兩者並不容易分辨，不過，夜驚在感覺上更強烈，往往會使當事人更受驚嚇，雖然，奇怪的是，非常容易見到，夜驚的患者在隔天一早完全對夜裡的經驗毫無記憶。大多數的異睡症遠遠更常發生在年幼孩童身上，而不是成人；而且，這種病症最遲都會在青春期左右消失。

一九六三年十二月，在加州的聖地牙哥（San Diego），有一名名叫藍迪．加得納（Randy Gardner）的十七歲高中生，他在一項學校的科學研究計畫中納入了一個不睡覺的實驗；他努力維持清醒狀態長達二百六十四點四小時（十一天又二十四分鐘），由此締造了故意不睡覺持續最長時間的紀錄[35]。他在最初幾天還算相對容易，但他漸漸變得脾氣暴躁與意識混亂，直至整個人沉入某種虛幻恍惚的狀態。加得納在結束實驗後，便倒頭大睡，一睡長達十四個小時。二〇一七年，他在接受國家公共廣播電台（National Public Radio）的訪問時說：「我記得當我醒來時，一整個人頭暈腦脹，不過，也就是跟一般人一樣的那種頭暈腦脹。」他的睡眠模式恢復正常，他也沒有蒙受任何明顯的不良後果。然而，他在日後卻有嚴重的失眠經驗，他覺得那是他年輕時冒險行為的「報應，與必須償還的代價」。

最後，簡單談及神秘難解但人人皆有的疲倦先兆——呵欠。沒有人知道我們爲何會打呵欠。胎兒在子宮裡會打呵欠。（他們也會打嗝。）陷入昏迷狀態的人也打呵欠。每個人的一生裡，呵欠無處不在，然而，

35 出奇的是，幾乎沒有人可以挑戰這項紀錄。二〇〇四年，英國電視第四台（Channel 4）推出一個實境秀系列節目《極度疲勞》（Shattered），在該節目中，十名競爭者角逐誰能保持清醒狀態最長時間。冠軍得主克萊爾・薩稔（Clare Southern）保持清醒持續了一百七十八小時，比藍迪・加得納還少上三天多。

它的作用究竟何在，則無人知曉。有一個說法是，呵欠以某種方式與排出過多的二氧化碳有關，不過，沒有人曾經解釋過其中機制。另一個說法則是，呵欠爲頭部注入一股涼爽的空氣，因此可以稍稍消除睡意，雖然，我還沒有遇到過有人在打完呵欠後，感覺神清氣爽、活力十足。更重要的一點是，毫無科學研究曾經證明，呵欠與精力水平存在任何關係。打呵欠甚至與你的疲倦程度並不密切相關。事實上，我們最常打呵欠的時間，通常是一夜好眠醒來之後的最初幾分鐘，那剛好是我們精力最充沛的時刻。

或許，對於打呵欠最難解釋的面向是，它極端具有感染性。我們不僅看到別人打呵欠時，幾乎不由自主也會打起呵欠來，而且，只是聽到或想到呵欠，也會使我們張嘴打上一個。你現在肯定也幾乎要打起呵欠了。坦白說，那再正常不過了。

17

急轉直下

總統柯立芝有一回視察一間農場，柯立芝夫人詢問導覽人員，公雞每天交配多少次。答案是：「很多次。」柯立芝夫人便要求說：「請把這件事告訴總統。」當總統稍後經過雞舍時，便被告知了公雞的事，他於是問道：「每次都跟同一隻母雞嗎？」「喔不，總統先生，每次都跟不同的母雞。」總統慢慢點著頭，然後說：「請把這件事告訴柯立芝夫人。」

——《倫敦書評》（*London Review of Books*）

一九九〇年一月二十五日

1

說來有點讓人吃驚：我們有很長的時間，並不明白，爲何有些人生來是男性，有些則是女性。儘管染色體早在一八八〇年年代，便由終日繁忙而且有著堂皇名號的海因里希·威廉·格特弗里德·馮·魏爾代爾—哈爾茨所發現，但它的重要性則始終未被理解或領會[36]。（魏爾代爾—哈爾茨稱它爲「chromosome」（染色體）的理由是，在顯微鏡下，可以見到這種物質極易吸收化學染料。）當然，我們如今已經知道，女性擁有兩條X染色體，男性則擁有一條X染色體與一條Y染色體，而這正是造成兩性性別的成因，不過，這個知識並非唾手可得。甚至在十九世紀末，科學家仍普遍認爲，性別並非由化學過程所決定，而是取決於

[36] 不過，他一生中的大部分時間，只是簡單叫作威廉·魏爾代爾（Wilhelm Waldeyer）。如此澎湃的名號，是在一九一六年，德意志帝國冊封他爲貴族之後所啓用，然而，他那時已將不久於人世。

一些外部因素，比如飲食、氣溫，或女性在懷孕早期階段的心情狀態。

解謎的第一步，出現在一八九一年；當時，位在德國中部的哥廷根大學，有一名年輕的動物學家埃爾曼・翰京（Hermann Henking），他在研究一種屬於「紅蝽」屬（Pyrrhocoris）的紅色蟲子的睪丸時，注意到一件怪事。在他所有的研究樣本中，有一個染色體始終自成一格，自外於其他染色體。翰京於是稱呼它為「X」，理由是不了解它所為何來，而非由於它的形狀之故——如同長久以來人們幾乎以為的那樣。他的發現，引發了其他生物學者們爭相走告的興奮之情，不過這似乎沒有影響到翰京本人。他不久之後便在德國漁業協會（German Fisheries Association）找到一份差事，往後一輩子都在調查北海的魚類資源，據信再也沒有去檢視過另一隻昆蟲的睪丸。

在翰京這個意外發現的十四年後，在大西洋的另一邊，則迎來眞正的突破性進展。位於賓州的布林莫爾學院（Bryn Mawr College），有一名科學家名叫內蒂・史蒂文斯，她以黃粉蟲的生殖器官來從事相似的研究，然後她發現了另外一個自成一格的染色體，而且，慧眼獨具的她立刻理解到，這個染色體似乎在決定性別上有所作用。她把它稱爲「Y染色體」，以接續由翰京開始的字母順序。

內蒂．史蒂文斯值得我們更進一步認識她。她在一八六一年出生於佛蒙特州的卡文迪許（這個地方，湊巧也是費尼斯．蓋吉在十三年前修築鐵路時，被一根鐵棒射穿顱骨的事發地），在成長期間，家境並不富裕；她歷經了漫長的時間，才實現了完成高等教育的夢想。她在好多年間從事著教師與圖書館員的工作；一八九六年，她以相當年長的三十五歲的年紀，終於得以進入史丹佛大學就讀；當她最終獲得博士學位時，已經四十二歲，然而，不幸的是，這時距離她短暫一生的終曲卻僅有幾步之遙。她在布林莫爾學院取得初級研究員的職位後，便展開了相當繁多的研究活動，出版了三十八篇論文，並且，發現了Y染色體。

假使史蒂文斯的研究成果的重要性，能夠受到更爲廣泛的賞識，她幾乎肯定可以贏得一座諾貝爾獎。相反地，在許多年間，這項發現的榮耀經常都歸功於埃德蒙．比徹．威爾遜（Edmund Beecher Wilson）——他幾乎在相同時間獨立做出相同的發現（究竟誰是第一人，長久以來一直備受爭議），但他並沒有完全領略到自己這項成果的重大意義。史蒂文斯無疑還可以獲得更大的成就，不過，她罹患了乳癌，在一九一二年過世，得年僅五十一歲；她作爲一名眞正科學家的生涯才經過了十一年而已。

在圖示上，X、Y染色體總是被畫成像是字母X與Y的形狀，但這兩個染色體其實在大部分的時間中，看起來完全跟任何字母形狀無關。在細胞分裂期間，X染色體確實會短暫地呈現出X的形狀，不過，性染色體之外的所有染色體也都會如此。Y染色體也只是在表面上與Y相似而已。兩者與所命名的字母所具有的一時偶然的相似性，只不過是某種意外的巧合罷了。

從歷史上看便了解，染色體一點也不容易研究。在大部分的時間中，存在於細胞核中的染色體會團團交纏在一起，成爲無法辨識的結構體。唯一可以數算染色體條數的方式，是取得處於細胞分裂時期的活細胞樣本，而這實在是個困難的任務。根據某個報導指出，細胞生物學家「眞的會在絞刑架下等待，以便可以在罪犯受刑死去之後，立刻摘取睪丸，以防染色體凝結成塊」。儘管如此大費周章，但染色體往往還是會彼此重疊、不易區分，使得即便只是粗略的計數也變得難上加難。不過，一九二二年，德州大學的細胞學家塞奧菲勒斯・沛恩特（Theophilus Painter）公開宣布，他已經取得了清楚的影像，並且以十足的自信聲稱，他數算出了人類的染色體數目，一共有二十四對。這個數字從此維持不變，持續了三十五年之久，沒有人提出過任何質疑，直至一九五六年，再經過一次更爲嚴謹的檢視之後，才證明我們只擁有二十三對染色體——其實，這麼多年來，圖片上已經非常清楚顯示出二十三對（包括至少一本的普及版教科書上的插圖所示），但卻沒有人費力去實際算一算。

至於男女兩性形成的確切成因，我們甚至更爲晚近才得知其中底細。直至一九九〇年，倫敦的兩組研究團隊——分別來自國家醫學研究院（National Institute for Medical Research）與帝國癌症研究基金會（Imperial Cancer Research Fund）——才確認出，在Y染色體上所存在的性別決定區段，他們稱之爲「SRY基因」（SRY代表著「Sex-Determining Region on the Y」〔Y染色體性別決定區段〕的首字母）。人類在一代又一代爲世界帶來小男孩與小女孩後，終於了解自己怎麼做到這件大事。

Y染色體可說是個又瘦又小的怪傢伙。它僅含有七十個基因，而其他染色體可以擁有多達兩千個基因。一億六千萬年以來，Y染色體不斷在縮減之中。據估計，以它目前的縮減速率，再過四百六十萬年，便會完全化爲烏有㊲。幸好，那並非意謂男性在四百六十萬年後便會消失一空。因爲，決定性別特徵的基因，大概會轉移至另一個染色體之上。而且，我們控制生殖過程的技術很可能在四百六十萬年間會更加日新月

㊲值得一提的是，其他遺傳學家也暗示，Y染色體滅絕的時間，快的話只要十二萬五千年，慢的話則需要一千萬年。

異，所以，這件事大致不會讓人們擔心到夜不成眠。

有趣的是，性別之分其實並非必不可少。有相當多的生物都已經放棄性別劃分。在熱帶地區，經常會遇見如同帶有吸盤的洗澡玩具般，懸吊在牆壁上的小型綠色蜥蜴——壁虎，牠們便徹底廢除了雄性的存在。假使你是男性，這可能是個有點令人不安的作法，不過，實際上確實可以輕易抹消男性對於生育活動的貢獻。壁虎會產卵，一顆顆全都是母親的複製品，而這些卵會長成新一代的壁虎。從母親的角度來看，這是個絕佳的安排，因爲，那意謂著牠的基因百分之百會傳承下去。而傳統的雌雄之別，兩方僅能傳遞一半的基因到下一代，而這個數目將隨著後繼的每一代不斷遭到稀釋而變少。你的孫子只帶有屬於你的四分之一的基因，你的曾孫只有八分之一，而你的玄孫只有十六分之一，愈往下則愈來愈少。假使你的抱負是讓你的基因永世長存，那麼性別劃分的作法，將使你的雄心壯志毀於一旦。如同辛達塔・穆克吉（Siddhartha Mukherjee）在《基因：人類最親密的歷史》（The

Gene: An Intimate History）一書中所言，人類的生殖過程其實完全不是複製（reproduce）。壁虎會複製，而我們只是重組。

性別分劃可能稀釋了我們個人對於後代的貢獻度，但它對於物種而言卻極具重要性。藉由基因的混合與配對，我們便獲得了變異性，而那可以爲人類帶來安全與韌性。它將使疾病很難蔓延在全部人口之中。而這也意謂著我們可以演化。我們可以保留有益的基因，拋棄那些會妨礙我們集體幸福的基因。如果只有「複製」，人類會一代又一代全都一模一樣。性別分劃給予我們愛因斯坦與林布蘭（Rembrandt）——當然，也帶來了一大堆傻瓜。

¶

在人類的生活中，大概最莫衷一是，卻又最忌諱公開討論的面向，可以說非「性」莫屬。或許，最能道出我們對生殖器話題那種慎重其事的態度的字眼，莫過於「pudendum」（意爲「外生殖器」，尤指女性陰部）；該字源自字意爲「感到羞恥」的拉丁文。幾乎任何與性事有關的活動，都很難獲得可靠的調查數據。有多少比例的人，會在一段關係中的某個時間點上，對自己的伴侶不忠？答案介於百分之二十與七十之間，端視你在眾多的研究中翻查了哪個報告而定。

相信沒有人會對此感到驚訝，因爲，進行調查的一項難題是，當受訪者認爲自己的答案無法查核時，會傾向於不以眞實情況作答。在某個研究中，當女性受訪者認爲自己被連接上一台測謊機時，她們願意回想起來的性伴侶人數增加了百分之三十。不可思議的是，一九九五年，由美國的芝加哥大學與全國民意研究中心（National Opinion Research Center）所聯手進行的一項稱爲「性的社會組織」（Social Organization of Sexuality）的調查中，調查單位居然允許受訪者由他人陪同進行訪問（通常是一名孩童或受訪者目前的性伴侶），這種作法幾乎不可能獲得直白坦率的回答。事實上，事後也顯示，在有他人陪同下，回答前一年有超過一位性伴侶的受訪者的比例，會從百分之十七下降至百分之五。

該項調查還因為其他許多缺失而遭致批評。由於經費問題，受訪者從原本預定的二萬人，減少至僅有三千四百三十二人，而因為所有受訪者的年齡至少為十八歲（含）以上，這使它無法針對青少女懷孕或避孕措施或許多其他公共政策的關鍵問題，提供任何足供參考的結論。而且，該項調查僅著眼於家戶之上，因而排除了機構團體中的個人，最顯著者是大學生、囚犯與軍人。種種這些缺點使得該項調查成果的可信度大減，甚至完全無用。

有關性活動調查的另一個問題是——我完全沒有其他委婉的陳述方式——人們有時候只是愚蠢而已。劍橋大學的大衛．史匹格哈特（David Spiegelhalter）在他那本傑出的著作《從數字看性：性行為的統計學》（Sex by Numbers: The Statistics of Sexual Behaviour）所提及的另一項研究分析顯示，當受訪者被要求陳述，從他們的觀點來看，完整的性活動為何，大約有百分之二的男性受訪者回答說，插入式性交並不算數，而這讓史匹格哈特頗為狐疑：「在他們覺得自己整個完成了性行為之前」，這些人究竟在等待發生什麼事。

由於研究上的困難重重，性學研究領域長期以來都提供著一些可疑的統計數據。印第安納大學（Indiana University）的阿爾弗雷德・金賽（Alfred Kinsey），在他出版於一九四八年的《男性性行爲》（Sexual Behavior in the Human Male）一書中指稱，近乎百分之四十的男性都有過達到性高潮的同性體驗，而接近五分之一在農場長大的年輕男性，則有過與牲畜間的性行爲。這兩個數據如今都被視爲可信度極低。而遠遠更爲可疑的是，一九七六年出版的《海蒂性學報告：女人篇》（Hite Report on Female Sexuality），與隨後不久上市的姊妹作《海蒂性學報告：男人篇》（Hite Report on Male Sexuality）。兩書的作者雪兒・海蒂（Shere Hite）使用問卷收集資料，然而，問卷回收率很低，而且並非隨機抽樣，作答上也具有高度選擇性。儘管如此，但海蒂仍舊自信地宣稱，百分之八十四的女性對男性伴侶並不滿意，而結婚超過五年的女性中，有百分之七十的比例擁有婚外情的關係。這些發現在當時便受到激烈批評，不過，那兩本著作卻是洛陽紙貴的暢銷書。（一個較為科學也比較晚近的研究——「美國國民健康與社會生活調查」（US National Health and Social Life Survey）則發現，百分之十五的已婚女性與百分之二十五的已婚男性聲稱，他們在某個時候有過婚外情。）

除此之外，有關性事的主題總是充滿許多一再重複、毫無根據的說法與統計資料。兩個歷久不衰的說法是：「男人每七秒鐘便會想到一次性」，以及「一生中花在親吻上的平均時間是，二萬一百六十分鐘（相當於三百三十六小時）」。事實上，依據真正的研究顯示，男大學生一天會有十六次想到有關性的事情，大約是清醒期間每小時一次，而這與他們想到食物的頻率大致相當。比起想到性，女大學生更常想到食物，不過她們也非常經常兩者都不想。或許除了呼吸與眨眼外，沒有人會每七秒鐘做一件什麼事。而同樣也沒有人知道，就平均壽命來說，有多少時間會花在親吻之上，或者，「二萬一百六十分鐘」這個一再聽到的既怪異又精確的數字，又是從哪兒冒出來的。

一個比較正面的觀點是，我們可以有點把握地這麼說，性行爲時間的中位數是九分鐘（至少英國如此），不過，如果包括前戲與脫衣服等過程，那麼整場行動會持續二十五鐘上下。依照大衛．史匹格哈特所言，平均來說，每回性交所耗費的能量，男性大約是一百大卡，而女性則在七十大卡左右。一個後設分析的研究顯示，對於年紀較大的人來說，性行爲過後的將近三小時期間，心臟病發作的機率會升高，不過，剷雪過後同樣也會升高，但是性愛比剷雪有趣多了。

2

有時有人會這麼說：男女兩性在遺傳上的差異，比起人類與黑猩猩之間還大。嗯，或許吧。但那端視你如何測量遺傳差異而定。不過，這個說法在任何實際的面向上，均明顯毫無意義可言。在基因上，黑猩猩與人類之間可能有高達百分之九十八點八相同（這取決於你的測量方式），但這並不意謂，牠們作爲生物而言，與我們只有百分之一點二的差異而已。黑猩猩不能交談，不會烹煮晚餐，在智力上也無法勝過四歲的人類。顯而易見，這並非是你擁有什麼基因的問題，而是如何使基因進行表現——如何運用基因的問題。

儘管如此，男女兩性在許多重要面向上無疑相當不同。就健康、身材適中的女性與男性來說，女性在整體骨架上含有多上百分之五十左右的脂肪。這不僅使女性對於追求者來說顯得既賞心悅目又柔軟勻稱，而且也給予她脂肪儲備，以便在生活拮据時期，如果有泌乳所需，即可調用應急。女性的骨骼會更快磨損，特別是在更年期以後，所以她們在較爲年長之時更易骨折。女性罹患阿茲海默症的比例是男性的兩倍（部分原因是，女性也較爲長壽），而且在自體免疫性疾病上，也有更高的罹患率。她們代謝酒精的程序也與男性不同，這使得她們更易喝醉，而且在罹患與酒精相關的疾病上——比如肝硬化——也比男性更快。

女性甚至在提袋子時，也與男性的方式不同。據信，由於女性的臂部較寬，使得她們在提東西時，必須不打直前臂，因爲，唯有這麼做，才不會使來回擺動的手臂一直撞到腿部。所以，女性一般而言在提袋子時都會掌心朝前（使手臂可以略微離開身體），而男性則會掌心朝後。更爲重要的一點是，女性在心臟病發作上也與男性有別。心臟病發的女性比男性更可能感受到腹痛與噁心，而這更可能增高誤診的比例。

男性本身也有一些不同之處。他們更常罹患帕金森氏症；即使男人較少患上憂鬱症，但卻更多人輕生。他們比女性更易遭受感染（並非僅是人類如此，幾乎所有物種都有這個傾向）。這可能意謂著，原因來自於某種賀爾蒙或染色體上的差異性（不過箇中機轉尚未究明），或者，也可能只是因爲，男性整體而言過著較爲危險、更易遭受感染的生活。而男性也更容易死於感染與身體傷害，不過，究竟男性是在賀爾蒙的傾向上使他們易受傷害，抑或只是由於太驕傲、太愚蠢，以致沒有迅速就醫（或兩者都是），依舊是個尚待釐清的問題。

兩性的這些差異點之所以至關緊要，是因爲，直到近來，藥物試驗仍然經常把女性排除在外，而之所以如此的主要原因則是，研究者擔憂女性的月經週期可能影響實驗結果。如同倫敦大學學院的朱笛絲・曼克（Judith Mank）在二〇一七年，接受英國廣播公司廣播四台的節目《科學內幕》（Inside Science）的訪問時所說：「人們向來假定，女性只是骨架比男性小上百分之二十左右的人，而在其他方面則被視爲幾乎一模一樣。」然而，我們如今知道，情況遠遠更爲複雜。二〇〇七年，《疼痛》（Pain）期刊回顧了他們在此前十年所刊登的研究報告，結果發現，其中幾乎有百分之八十是來自僅針對男性所做的測試所得。二〇〇九年，《癌症》（Cancer）期刊報導了，在針對癌症進行測試的數以百計的臨床研究中，同樣存在性別偏差現象。如此的發現意義重大，因爲，兩性對藥物的反應方式有可能截然有別，而臨床試驗卻經常忽視這些差異。普遍使用在治療傷風與咳嗽的去甲基麻黃素（phenylpropanolamine），長久以來屬於非處方用藥，直到發現它會明顯增加女性的出血性中風的風險——但男性不會——主管單位才做出改變。同樣的是，一種稱爲司敏樂錠（Hismanal）的抗組織胺藥物，與稱爲「龐迪敏」（Pondimin；譯按，成分爲氟苯丙胺〔Fenfluramine〕）的抑制食慾的藥物，在經證明兩者對女性有嚴重風險之後，便遭到全面下架，不過，在此之前，司敏樂錠已經在市場上流通十一年，而後者則是二十四年。美國的一種極爲風行的安眠藥「安必眠」（Ambien；譯按，該藥成分爲「Zolpidem」，而台灣也有使用相同成分的藥物，比如「使蒂諾斯」〔Stilnox〕即爲其一），在二〇一三年，也對女性的建議服用劑量下修一半，因爲，有證據顯示，有很高比例的女性服用者在隔天早上駕駛汽車時，會出現駕駛技能受損的問題。而男性則毫無如此的藥害情形。

女性在解剖構造上，還有一個非常重要的面向與男性不同：我們知道，粒線體是細胞不可或缺的小發電廠，而女性正是人類粒線體的神聖保管人。精子在受孕期間完全沒有將自己的粒線體傳送出去，所以，所有有關粒線體的訊息，皆是單獨由母方代代相傳。如此的系統意謂著，隨著時間的推移，來自母方的粒線體有可能會消失一空。一名女性會將她的粒線體提供給自己的所有子女，不過，只有她的女兒才有相同的機制，得以將這些粒線體傳向未來的世代。所以，假使女性只生兒子或毫無子女——這樣的情形當然相當常見——那麼，她個人的粒線體傳承線路將隨著她的死亡而告終。所有她的後代當然還是擁有粒線體，不過那將是來自其他遺傳支系上的母親。所以，對於人類的粒線體資源庫而言，每一代都會因爲這些局部滅絕現象而略微縮小。而對於人類來說，粒線體資源庫隨著時間縮減的幅度是如此之大，以至於——幾乎難以置信，卻又相當神奇——現今所有的人都來自於同一名的粒線體先祖——這是一名在二十萬年前生活在非洲的女性。你大概聽說過她的名號，她被稱爲「粒線體的夏娃」。在某個意義上，她是我們所有人的母親。

¶

就大部分有紀錄的歷史來說，令人驚異的是，對於女性與她們的生理構造，我們所知甚少。如同瑪莉・羅曲在她那本極爲有趣的放肆之作《一起搞吧！》（Bonk）一書中所指出：「陰道分泌物是唯一一種我們幾乎毫無所知的體液」，儘管它對於受孕與一般意義上的女性健康至關重大，卻依然如此。

在過去，專屬於女性的生理現象——首要者即爲月經週期——對於醫學科學來說，幾乎全然成謎。而停經——顯而易見是女性人生中的另一個里程碑事件——則直至一八五八年，才獲得正式的關注；該年的《維吉尼亞醫學期刊》（Virginia Medical Journal）上，首次在英文中出現了「menopause」（停經；更年期）這個字眼。罕見看到針對女性的腹部檢查，陰道檢查則幾乎從來就沒有；通常來說，涉及頸子以下的任何檢視，醫生都會眼睛盯著天花板，然後一隻手伸進被單底下盲目摸索。許多醫生都會準備一具人體模型，如此一來，女病患可以用手指出不適的部位，而不必掀開自身的衣服，甚至也不用說出病灶所在位置的名稱。一八一六年，何內・雷奈克（René Laënnec）在巴黎發明了聽診器，不過，這項發明的最大好處，並非它改善了聲音的傳導效果（耳朵貼在胸膛上進行聽診，其實也還算可行），而是它讓醫生在檢查女性的心臟與其他內在運作情況時，可以不直接觸碰女性的肉體。

儘管過去的情形如此之糟，然而，如今依然有許許多多女性的解剖構造，我們並不十分了解。比如，「G點」即是其中之一。它得名自德國的婦科醫生與科學家恩斯特．格拉芬伯格（Ernst Gräfenberg）；他逃離納粹德國，流亡美國，然後在那兒研發出一開始稱爲「格拉芬伯格環」（Gräfenberg ring）的子宮內避孕器。一九四四年，他撰寫了一篇文章發表在《西方外科期刊》（Western Journal of Surgery）之上；他在該文中確認了陰道壁上有一個性敏感區域。這份刊物一般而言並未受到過多關注，但格拉芬伯格的這篇文章頓時使得人們爭相傳閱。於是這個最新確認出來的性感帶，便被稱爲「格拉芬伯格點」（Gräfenberg spot）而廣爲人知，之後也簡稱爲「G點」。不過，有關女性是否眞的擁有G點的問題，卻一直備受爭議，有時論戰雙方也相當火爆。想想看，如果有人暗示，男性也擁有一個迄今並未全然運用的性敏感區域，那麼，接下來會有何等之多的研究受到資助去探究！二〇〇一年，《美國婦產科學期刊》（American Journal of Obstetrics and Gynecology）聲稱，G點是「一個現代的婦科迷思」，然而其他的研究卻顯示，大多數女性（至少在美國一地）均相信她們有G點。

男性對於女性解剖構造的無知，似乎相當令人側目，尤其當你考慮到男人在其他方面對此是那麼求知若渴。在一項與「婦科癌症宣導月」（Gynaecological Cancer Awareness Month）宣傳活動合辦的調查中，研究者訪問了一千名男性，然後發現，大多數男性無法確切地界定或指認出女性陰部的大部分組成部位，比如外陰、陰蒂、陰唇等等。其中一半的男性甚至無法在解剖示意圖上找出陰道位在哪裡。所以，以下段落將依序一一簡單解說。

外陰是整套女性生殖器的總稱，包括有陰道口、陰唇、陰蒂等。外陰上方的肉質隆起，稱爲「陰阜」。而位於外陰內部的上端，則是陰蒂（clitoris；大概是衍生自字意爲「小山丘」的希臘文，不過也容有其他字源說法的可能性）；陰蒂內擁有大約八千條的神經末梢（就每單位面積而言，密度凌駕女性身體的任何其他部位），就目前所知，這些神經存在的目的是專爲享樂而設。大多數人——包括女性在內——並不知道，我們可以看到的陰蒂部分，其實只是陰蒂的尖端而已——稱爲「陰蒂頭」。陰蒂的其餘部分遁入體內，並且向下延伸至陰道兩側，約有五英寸長。直至十九世紀初，「clitoris」（陰蒂）的發音，一般上似乎是「kly-to-rus」。

陰道（vagina；來自拉丁文，意爲「鞘」）是一條管道，將外陰與子宮頸、更遠一點的子宮連接起來。子宮頸是一個狀似甜甜圈的活門，介於陰道與子宮之間。「cervix」（子宮頸）這個拉丁文，恰恰意爲「子宮的頸部」。它的任務是看守門戶，決定何時讓某些物質（比如精子）進入，而何時讓某些物質（如經期中的血液與分娩期間的胎兒）出去。依照男性陰莖尺寸的不同，有時在性交過程中，子宮頸會遭受撞擊；有些女人會因此感覺愉悅，而有些則覺得不舒服或疼痛。

「womb」（子宮）的正式名稱是「uterus」（子宮），那是胎兒成長的處所。子宮一般的重量是兩盎司（五十克），但在懷孕晚期，可以重達兩磅（一公斤）。卵巢位在子宮兩側，是儲存卵子之處，不過，卵巢也分泌賀爾蒙，比如雌激素與睪酮。（女性同樣會分泌睪酮，只是不像男性那麼多。）卵巢藉由輸卵管（fallopian tube；正式名稱是「oviduct」）通往子宮。輸卵管得名自加布里瓦・法羅皮奧；這名義大利解剖學家在一五六一年首度描述了這個構造。卵子通常在輸卵管中受精，然後被推向子宮裡去。

針對專屬於女性的幾個主要性器官構造，以上便是一個非常簡短的介紹。

¶

男性的生殖構造則遠遠較爲直截了當。外生殖器主要包含三部分：陰莖、睪丸與陰囊；幾乎每個人——至少在概念上——均對此頗爲熟悉。然而，爲了鄭重起見，我還是說明如下：睪丸是精子的製造工廠，它也會分泌一些賀爾蒙；陰囊則是收納睪丸的囊袋；而陰莖是精子（精液中的活躍成分）的傳送裝置，它也提供排尿之用。然而，稱爲「附屬的性器官」的那些隱身幕後、如同配角一般的構造，便遠遠較不令人熟悉，不過卻也缺一不可。我敢說，大部分男人從未聽聞過「附睪」（epididymis），而且在得知整個隱藏在陰囊裡面的附睪，有十二公尺長——那相當於四十英尺，是一部倫敦公車的長度——肯定都會目瞪口呆。附睪是一條整齊盤捲的微細管子，是讓精子發育成熟的地點。「epididymis」這個字，來自希臘文中代表睪丸的字，而有點讓人訝異的是，它首次出現於英文中，是在班・瓊生（Ben Jonson）於一六一〇年上演的劇作《鍊金士》（The Alchemist）之中。他大概只是出於賣弄，因爲觀眾之中可能沒有人知道他用的那個字意謂爲何。

其他附屬的性器官同樣鮮爲人知，但重要性卻一點不減，包括有：可以分泌潤滑液的「尿道球腺」（它有時也稱爲考伯氏腺〔Cowper's gland〕，這是依照十七世紀的發現者而命名）；生成精液中大部分成分的「精囊」；以及，每個人至少都聽說過的「攝護腺」，不過，我還未曾遇過年紀在五十歲以下的一般人明白它的作用爲何。也許可以這麼說，攝護腺在男性成年期間分泌精液，在晚年期間則製造焦慮。我將在下一章中討論後者這個特色。

有關男性生殖解剖構造上一個長久以來的謎團是：睪丸爲何長在身體外面，徒增曝險機率？一般的解釋是，睪丸在涼爽空氣下運作會更爲順暢，不過，這種說法忽略了，許多哺乳類動物把睪丸藏在身體裡面，卻也同樣表現非常優異，比如：大象、食蟻獸、鯨魚、樹懶與海獅（僅提及幾種爲例）。溫度控管可能確實是影響睪丸效能的一個因子，不過人體在處理這項問題上的能力卓越，實在無須讓睪丸如此不安地懸在體外，增加遭受傷害的風險。畢竟，卵巢也窩藏在體內，以確保安全無虞。

有關陰莖尺寸大小何謂正常的問題，同樣也並不十分確定。一九五〇年代，金賽性學研究中心（Kinsey Institute for Sex Research）記錄了，勃起陰莖的平均長度是五至七英寸。一九九七年，一個含括超過一千名男性的調查樣本，則顯示平均值是四點五至五點七五英寸，在長度上明顯下降。原因可能是男人陰莖縮小，抑或，陰莖尺寸上的長短變化，比起傳統上所以爲的幅度更大——對此，唯一可說的只是，我們一無所知。

精子似乎「享有」（如果可以這樣來說的話）更多嚴謹的臨床研究的重視，而原因幾乎肯定是出自人們對於生育力的關切。專家似乎普遍同意，性高潮時所釋放的精液平均量是三至三點五毫升（約莫一茶匙），而噴射而出的平均距離是十八至二十公分（七至八英寸），雖然依照德斯蒙德．莫利斯的說法，科學上曾經記載過三英尺的紀錄。（他並未詳述相關條件爲何。）

涉及精子的最有趣的實驗，幾乎肯定是由羅伯特．克拉克．格雷姆（Robert Klark Graham, 1906-97）所進行的計畫。他是加州的一名商人，因爲生產眼鏡的防碎鏡片而致富。一九八〇年，他創立了「新芽選擇儲存所」（Repository for Germinal Choice）；那是一間精子銀行，保證僅儲存來自諾貝爾獎得主與其他聰穎過人的男士的精子。（格雷姆也低調地把自己包含在這批精選大人物之列。）該精子銀行的理念是，爲了協助女性生育天才子女，將給予她們現代科學所能提供的最佳精子。在他們的努力之下，大約有二百名兒童因此誕生，不過，似乎沒有任何人後來被證明是天縱英才，甚至連一名造詣高超的眼鏡工程師都沒有。這間精子銀行在創辦人過世兩年後，於一九九九年關門大吉。總體而言，似乎也不算是多大的損失。

18

人之初：受孕與分娩

為了從頭開始來講述我的一生，我首先便記下了，我降生於世的事實。

——查爾斯．狄更斯（Charles Dickens）《塊肉餘生錄》（*David Copperfield*）

有點難以知道，該怎麼來理解精子才好㊳。一方面，精子英勇過人：它是人體生物系統裡的太空人，是唯一一種被設計成可以離開人體，去探索其他外在世界的細胞。

然而，另一方面，精子又是笨手笨腳的傻瓜。離奇的是，被射入子宮的精子，似乎對於演化所賦予它的這個任務毫無準備。精子是個糟糕的游泳選手，看起來幾乎像個路癡。如果沒有任何助力，精子可以花上十分鐘，只爲了游過你在本頁上所看到的任何兩三個字的距離。這是爲何男性性高潮的奮力一搏，必須如此具有活力的原因。對男人來說看似純粹只是享樂的噴發，實際上卻正如一枚火箭發射。精子一旦噴射出去，

㊳「sperm」（精子）一字衍生自字意爲「播種」的希臘文，首次出現在英文中，是在傑弗里．喬叟（Geoffrey Chaucer）所著的《坎特伯里故事集》（Canterbury Tales）一書中。在那個年代，至少直至莎士比亞的時代，「sperm」的發音一般上如同「sparm」。「sperm」較爲正式的名稱「spermatozoon」（精子），出現的時間則較爲晚近，可追溯至一八三六年的一本英國解剖指南書。

它究竟是隨機四處移動，直到意外好運降臨，抑或，它是藉由某種化學訊號的牽引，被拉向等待中的卵子——這個問題的答案尚不得而知。

但無論是哪一種情況，精子可以說都以一敗塗地收場。單一一次隨機的性行爲使卵子成功受精的機率，據估計，大約只有百分之三。而在西方世界，事態似乎逐漸惡化中。現在，每七對夫妻約有一對會去尋求生殖醫學的協助。

有好幾個研究指出，在近幾十年來，精子數量有嚴重下滑的趨勢。《人類生殖醫學前沿》（Human Reproduction Update）這本期刊曾以橫跨近四十年間的一百八十五篇論文爲基礎，來進行後設分析，而它獲得了以下結論：西方國家男子的精蟲數目，在一九七三至二〇一一年間，下降了一半以上。

而在種種可能的促發原因中，包括有：飲食、生活形態、環境因素、射精頻率，甚至穿著（極度）過緊的內褲也被考慮在內——不過，沒有人知道眞正肇因爲何。在《紐約時報》的一篇題爲〈你的精子還好嗎？〉

（Are Your Sperm in Trouble?）的文章中，專欄作家紀思道（Nicholas Kristof）推斷，精子八成有問題，並把原因歸諸於「在塑膠、化粧品、沙發、農藥與其他不可勝數的產品中，所發現的一種被統稱爲內分泌干擾物」的物質。他指出，美國一般年輕男人的精子中，大約有百分之九十存在缺陷。而來自丹麥、立陶宛（Lithuania）、芬蘭、德國與其他地方的研究，則也同樣指出，精子數目大幅下降的現況。

耶魯大學的人類學、生態學與演化生物學的教授理查德·布比斯卡斯（Richard Bribiescas）認爲，許多業經報導出來的精蟲數目，皆頗爲可疑；即使眞有下降情事，也毫無理由假定，整體的生育能力已經減弱。飲食與生活形態、接受測試時的體溫，與射精頻率，全都有可能影響精蟲數目，而同一人的精子總數也可能隨著時間不同而有巨幅變動。布比斯卡斯在《男人：演化史和生活史》（Men: Evolutionary and Life History）一書中寫道：「即便精蟲數量確實存在若干降幅，卻也沒有任何理由得以認爲，男性的生殖力已經大打折扣。」

事實上，我們很難斷言情況如何，因爲，無論從何種角度來看，健康男性在精子製造上的變異度均頗爲巨大。一般男性在壯年時期所生成的精蟲數目，可以從每毫升一百萬隻到一億二千萬隻不等；平均而言，每毫升約莫是二千五百萬隻。每回射精的平均精液量是三毫升左右，亦即，一次典型性行爲的精子釋放量，至少都足以重新產出一個中型國家的人口。爲何精蟲數量可能變動的幅度可以如此之廣？而且，甚至是在數量最低的情況下，爲何還是如此海量，儘管受孕其實僅需一隻精蟲即可？這些問題則還有待科學家解答。

女性同樣被賦予巨量的生育潛能。神奇的是，每名女性一經出生，體內即擁有一生可以提供的卵子數量。當女性還在子宮內時，這些卵子便已經形成，然後會閒置在卵巢內許多年，直到有一天開始運作。女性生來便擁有完整的卵子（eggs；正式名稱爲「ova」（卵細胞））存量的這個想法，是由孜孜不倦的偉大德國解剖學家海因里希·馮·魏爾代爾—哈爾茨所首度提出，不過，即便是他，恐怕也會對成長中的胎兒體內卵子成形的速度之快與數量之多，感到驚愕。二十週大的胎兒體重最多只是三、四盎司（大約一百克），但體內卻已經擁有六百萬顆卵子。這個數目在出生之時會下降到一百萬，然後在隨後的一生中持續下降，儘管速度較爲緩慢。當女性進入生育階段，她便已經準備好了可供運用的十八萬顆左右的卵子。女性爲何一路下來損失了如此之多的卵子？而且，在進入育齡時期後，女性爲何還擁有遠遠多過她所可能需要的數目的卵子？這兩個問題，同樣屬於種種難以思量的生命萬象大哉問。

¶

關鍵的是，隨著女性年紀的增長，卵子的數目與品質也會隨之遞減，而這可能會對那些將母職延後至生育期最後階段的婦女造成問題——這正是已開發國家各地目前面臨的現況。在包括義大利、愛爾蘭、日本、盧森堡、新加坡與瑞士等六個國家中，婦女生育頭胎的平均年齡如今已超過三十歲；而在包括丹麥、德國、希臘、香港、荷蘭與瑞典等六個國家，則剛好接近三十歲。（美國在此則屬於例外情況。女性生育頭胎的平均年齡是二十六點四歲，位列富裕國家中最年輕者。）而隱藏在這些國家平均值裡面的是，存在於不同的社會或經濟族群之間更大的變化度。比如，英國的婦女生育頭胎的平均年齡是二十八點五歲，但對於具有大學學歷的女性來說，則是三十五歲。如同避孕藥之父卡爾・傑拉西（Carl Djerassi）在《紐約書評》（New York Review of Books）所撰文指出，女性在三十五歲時的卵子存量已經耗盡百分之九十五，而剩餘的卵子有很大的可能性會產生失誤或意外——比如多胞胎。女性一旦過了三十歲，便有較高的機會會懷上雙胞胎。有關生育的一個必然法則是，男女雙方只要年紀愈大，懷孕便愈困難，而如果成功懷孕，會遭遇的難題也愈多。

有關懷胎生育的一個極爲有趣的弔詭之處是，女性如今更晚懷孕，但卻更早準備懷孕。女性初次月經來潮的平均年齡，已經從十九世紀末的十五歲，下降至今日的十二點五歲，至少在西方國家是如此。箇中原因幾乎肯定是營養上的改善。不過，無法解釋的是，近來幾年，如此的下降速率更是快速。美國自一九八〇年以來，青春期的啓始年齡已經降低了十八個月。大約有百分之十五的女孩如今在七歲即進入青春期。這應該是個値得憂慮的警訊。依照《貝勒大學醫學中心學報》，有證據顯示，長期暴露於雌激素，在很大的程度上會增加往後罹患乳房與子宮癌症的風險。

¶

不過，爲了讓故事洋溢幸福的滋味，讓我們假定，一隻吃苦耐勞或鴻運當頭的精子，終於遇見癡癡苦等的卵子。卵子的個頭比起跟它配對的精子，還大上一百倍。幸運的是，精子不用強行闖入；儘管出奇地矮小，但它依舊如同一名長久失散的朋友般受到歡迎。精子會穿越稱爲透明帶（zona pellucida）的外層屛障，假使一切順利的話，便會與卵子相結合，而卵子會立刻在周身啓動一種電力場，以防止其他精子進入。精子與卵子的 DNA 會合併成一個新實體，稱爲受精卵。而自此將成形一個新生命。

然而，這時的成功，卻絕非萬無一失。或許有多達一半比例的受孕皆以失敗告終，而且不會被留意到。然而假使情況並非如此，那麼具有先天性缺陷的嬰兒比率將不是百分之二，而是百分之十二。大約有百分之一的機會，受精卵最後會著床在輸卵管或其他地方，而不是在子宮內，這稱爲異位妊娠（ectopic pregancy；前一字衍生自字意爲「錯誤的地方」的希臘文）。甚至是現在，子宮外孕也可能對母體相當危險，而在過去，這則形同死刑判決。

不過，如果一切進行順利，受精卵在一週之內便會生成出十個左右的細胞，稱爲「多能幹細胞」。這種細胞是身體的原版細胞，而且也是生物世界的偉大奇蹟之一。多能幹細胞將決定數以十億計的所有細胞的性質與組成，而後者將讓那一小團充滿可能性的胚體（正式名稱爲囊胚〔blastocyst〕），轉變成一個功能齊備的可愛小人兒（稱爲嬰兒）。當細胞展開分化，這個轉變的階段稱爲「原腸胚」（gastrula）形成時期；它已經多次被描述爲我們一生中最重要的事件。

然而，這個系統並非完美無缺，有時，受精卵會分裂爲二，形成同卵雙胞胎（identical twins；或稱「monozygotic twins」）。同卵雙胞胎是純粹複製：兩者擁有相同的基因；正常來說，外表上非常相似。相較而言，異卵雙胞胎（fraternal twins；或稱「dizygotic twins」）則是，在同一個排卵過程中排出了兩枚卵子，各自與不同的精子進行受精[39]。就此而言，兩個胎兒會彼此挨靠著在子宮內生長，然後一起被生下來，不過相像程度僅會如同任兩名手足一般。在一般的懷孕分娩中，每一百例中大約有一次產下異卵雙胞胎，每二百五十例中有一次產下同卵雙胞胎，每六千例中有一次產下三胞胎，每五十萬例中有一次產下四胞胎，不過，接受生育治療的女性則會大大提高產下多胞胎的機率。今日的雙胞胎與各種多胞胎的出現機率，大約是一九八〇年的兩倍。已經懷過雙胞胎的婦女，再度產下雙胞胎的機率是未曾懷過雙胞胎的婦女的

[39] 醫生有時也使用「binovular twins」（雙卵的雙生子）來指稱異卵雙胞胎，而「uniovular twins」（單卵的雙生子）則指稱同卵雙胞胎。

十倍。

胚胎此刻變化的速度會大幅加劇。成長中的胚胎在三週之後便會擁有搏動的心臟。一百零二天之後，會有可以眨動的眼睛。二百八十天之後，你就會迎來一名新生兒。在此過程中，發育中的胚胎大約八週後就不再稱為胚胎（embryo；來自希臘文與拉丁文，意為「膨脹的」），而稱為胎兒（foetus；來自拉丁文，意為「結實纍纍」）。從受精卵成長至全然成形的小人兒，總計進行了四十一回的細胞分裂。

在這個早期階段的大部分時間中，孕婦可能會遭受晨吐之苦，而且，幾乎任何一位孕婦都可能告訴你，嘔吐現象不只是出現在晨間。大約有百分之八十的準媽媽會感到噁心，尤其在最初三個月期間，雖然，對於少數運氣不佳的女性來說，害喜會持續一整個懷孕時期。有時，噁心的症狀變得如此嚴重，以致獲得了一個正式的醫學名稱：「妊娠劇吐」。罹患該症的孕婦有可能需要住院。有關孕婦為何會害喜的原因，最常見的理論說法是，它可以刺激與鼓勵準媽媽們在懷孕早期小心注意飲食，儘管這無法說明，爲何晨吐現象通常在幾週之後即會消失，而孕婦此時大抵還是應該在食物選擇上採取保守態度。而該理論也同樣無法解釋，對於飲食內容已經既安全又清淡的孕婦來說，爲何還是會照吐不誤。目前毫無針對害喜的治療藥物的理由，有很大一部分原因是由於一九六〇年代所發生的一系列悲劇——沙利竇邁（thalidomide）藥害事件；這種藥物原本旨在對抗晨吐症狀。正是該事件導致了，製藥廠從此以後不願意再嘗試爲孕婦生產任何類型的藥物。

¶

懷孕與分娩從來都不是輕易之事。如今生育小孩無論是何等的乏味與痛苦，在過去則只會有過之而無不及。直到進入現代時期，有關孕婦的照護與知識的水平，依然經常相當糟糕。僅僅是判定女性是否懷孕一事，長久以來便一直是醫生的難題。甚至在晚近的一八七三年，還是有專家這麼寫道：「我們知道有一名執業三十年、聲譽良好的醫生，他看著眼前已經懷胎九個月的孕肚，腦中卻只想著，應該如何來治療腹部的病態腫瘤問題」。某個醫生不露聲色地諷刺說，唯一眞正可靠的測試方法是，等待九個月，然後看看是否會有個嬰兒冒出來。英格蘭的醫學院學生直到一八八六年，才被要求研讀產科學的所有內容。

在過去，有害喜現象而且還草率對外宣布的婦女，醫生很可能會爲她放血，或給予灌腸劑，或開出鴉片劑藥方。女性在當時即便毫無任何症狀，有時也會被施予放血治療，以作爲預防之用。女性也會被鼓勵鬆開束腹與公開放棄「夫妻間的樂事」。

幾乎任何與生育有關的事情，在當時，皆被認爲帶有危險——享樂尤然。一八九九年，有一本頗受歡迎的書籍《年輕女子應該懂的事》（What a Young Woman Ought to Know），作者是一名美國醫生與社會改革家，名叫瑪麗·伍德—艾倫（Mary Wood-Allen），她告訴女人說，她們可以投入婚姻內的性關係，只要「不帶一絲性慾」去完成即可。在相同時期中，外科醫師發展出一項新手術，稱爲「卵巢切除術」。大約長達十年之久，本身有經痛、背痛、嘔吐、頭痛、甚至慢性咳嗽的家境富裕的婦女，她們的首選手術便是卵巢切除術。一九〇六年，估計有十五萬名美國婦女施行了卵巢切除術。不言而喻，那完全是個毫無意義的手術。

甚至在獲得最佳照護之下，懷胎與分娩的漫長過程依然十分痛苦而危險。疼痛被視爲是大體上的必經之路，因爲《聖經》中的律令指明：「妳將在悲痛中產下嬰孩」。生產所導致的母親、嬰兒或兩者的死亡，並非不常見。如同俗諺有云：「成爲人母，是通往永恆天國的代名詞。」

長達二百五十年期間，最大的恐懼則是來自於產褥熱（puerperal fever，更常稱爲「childbed fever」）。如同許多其他疾病，產褥熱像是憑空冒出來的重大惡疾。一六五二年，德國的萊比錫（Leipzig）一地首次記錄了該症，之後便肆虐了整個歐洲。它會突然發作，經常是在一次成功的分娩過後，新手媽媽感覺自己狀況良好之時；而它會讓患者發高燒、神智不清，而且太常使產婦因此送命。在某些爆發產褥熱的事件中，百分之九十遭受感染的產婦會不治身亡。於是，孕婦通常要求不要送進醫院待產。

一八四七年，維也納的一名醫學講師伊格納茲．塞麥爾維斯（Ignaz Semmelweis）理解到，假使醫生在施行屬於接觸性的深入檢查之前，能夠先行清洗雙手的話，那麼，這種疾病幾乎會消失無蹤。當他頓悟一切只是與衛生狀況有關，他絕望地寫道：「天知道有多少婦女被我提早送進墳墓去」。不幸的是，所有人聽而不聞。由於塞麥爾維斯本身即使在最好的情形下，性格也並非完全穩定，他不久後便丟了工作，隨後即精神失常；他經常怒氣沖沖在維也納穿街繞巷走來走去，對著空無一人的大路咆哮。他最後被關進精神病院，結果被那裡的警衛活活毆打致死。應該有街道與醫院以他的名字來命名，讓大家一起緬懷這樣一位可憐的人物。

儘管困難重重，但對於衛生條件改善的承諾，確實逐漸建立起來。英國外科醫生喬瑟夫．李斯特（Joseph Lister, 1827-1912）最著名的一件事，便是將煤焦油（coal tar）的萃取物石炭酸（carbolic acid）

引進手術室之中。他認爲，患者附近的空氣必須無菌化，於是他設計出一種裝置，可以噴散出石炭酸的煙霧，將整個手術檯籠罩其中；這應該是個很糟糕的作法，尤其對於有戴眼鏡的人來說。石炭酸實際上是一種很可怕的消毒劑，會造成腎臟受損。它可以經由患者皮膚被吸收進人體中，而同樣也會影響一旁的醫療作業人員。幸好，李斯特的作法並沒有散布到手術室外的太多其他地方去。

因此，產褥熱持續橫行，遠遠超過它按理能夠存在的時間。進入一九三〇年代以後，在歐洲與美國的產科醫院，每十個死亡病患中，會有四例是死於產褥熱。遲至一九三二年，每二百三十八名產婦中，即有一例死於生產過程中或之後。（出於比較之用：今日英國是每一萬二千二百名產婦中有一例死亡；而美國則是每六千名中有一例死亡。）部分由於這些原因，甚至在進入現代時期以後，女性依舊避免前往醫院生產。在一九三〇年代後，僅有少於一半的美國孕婦會去醫院待產；而英國則不到五分之一。今日，這兩個國家的比例皆是百分之九十九。

不過，最後戰勝產褥熱的原因，並非是衛生條件的改善，而是青黴素的出現。

儘管如此，今日產婦的死亡率在不同的已開發國家間，仍有頗大差異。在義大利，死於分娩過程的婦女數目，是每十萬名中有三點九例；瑞典是四點六例，澳洲是五點一例，愛爾蘭是五點七例，加拿大是六點六例。英國在排名中僅位於第二十三名：每十萬次分娩中，有八點二例產婦死亡；這使它落後於匈牙利、波蘭與阿爾巴尼亞（Albania）。不過，讓人驚訝的是，表現不好的國家中還包括丹麥（每十萬名中有九點四例）與法國（十例）。美國在已開發國家中則自成一格，產婦死亡率是每十萬名中有十六點七例，使它在國家排名中位居第三十九名。

好消息是，對於全球大多數婦女來說，生產的安全度已經大幅躍升。在二十一世紀的第一個十年期間，全球僅有八個國家在分娩死亡的比例上見到增加。壞消息是，美國正是那八個國家的其中之一。根據《紐約時報》指出：「儘管分娩所費不貲，美國卻是工業化國家中母子死亡率最高的國家之一。」美國在婦女生產上的平均費用是：常規生產三萬美元左右，而剖腹產五萬美元；兩者的費用皆是荷蘭的三倍上下。不過，在死於分娩的比例上，美國婦女比起歐洲婦女高出百分之七十，而且，比起英國、德國、日本或捷克的婦女來說，在與懷孕相關的致死率上，則大致是她們的三倍。美國嬰兒的死亡風險同樣也不遑多讓。美國每二百三十三名新生兒中會有一例死亡，相對而言，法國是每四百五十名中才有一例，而日本則是每九百零九名中有一例。甚至是古巴（每三百四十五名中有一例）與立陶宛（每三百八十五名中有一例）這樣的國家，在新生兒的存活率上也表現更好。

造成美國母子難以均安的原因，包括有：產婦肥胖比率較高、更常藉助於生育治療（因此產生更多失敗的結果），以及更常罹患一種稱爲「子癇前症」（pre-eclampsia）的相當神秘的疾病。子癇前症以往稱爲妊娠毒血症（toxaemia），它是一種懷孕時期的病症，會導致孕婦高血壓，而這可能對母子雙方產生危險。大約有百分之三點四的孕婦會罹患該病，所以並非不算常見。一般認為原因出自胎盤的結構性異常以致，然而在很大的程度上，詳細成因仍然不得而知。假使沒有適當處置，子癇前症會進一步發展成更為嚴重的子癇症（eclampsia），可能導致孕婦癲癇發作，或昏迷，或死亡。

假使我們並沒有如同所希望的，對子癇前症與子癇症有更多的了解，主要是因為，我們並沒有如同所應該做到的，對胎盤有更多的認識。胎盤號稱是「我們在人體中了解最少的器官」。長久以來，醫學對於生育的研究焦點，幾乎完全專注在胎兒的發展之上。胎盤只是生育過程的某種附屬物——有用、必不可少，但並不有趣。不過，後來終於有研究者遲遲才意識到，胎盤的功用並不只是過濾廢物與傳送氧氣而已。胎盤在胎兒發展上具有積極作用：防止毒素從母體入侵、撲殺寄生蟲與病原體、派發賀爾蒙，而且盡己之能彌補母體的缺失——比如，母親吸菸、喝酒或熬夜等。在某個意義上，胎盤是胎兒發育上的第一個母親。然而，如果母體真的營養匱乏或忽視本身應盡的責任，那麼，胎盤雖然還是可以發揮一點作用，但也無力回天。

無論如何，我們如今知道，大部分的流產與其他懷孕上的挫敗，皆是由於胎盤而非胎兒發生問題以致。而有關胎盤的大多數問題，我們目前仍舊並不十分清楚。胎盤如同病原體的天然屏障，但僅針對其中的一些有效。惡名昭彰的茲卡病毒（Zika virus）可以穿越胎盤屏障，造成嬰兒可怕的天生缺陷，但是，非常相近的登革熱病毒則完全不得其門而入。沒有人了解胎盤阻退或放行病原體的機制爲何。

好消息是，藉由明智而目標明確的產前護理作法，可以大大改善各種病症的影響與後果。加州透過一個稱爲「產婦優質照護合作計畫」（Maternal Quality Care Collaborative）的方案，來處理子癇前症與其他造成產婦分娩死亡的主要病因，由此降低了產婦的死亡率；在二〇〇六至一三年間，從每十萬名有十七例死亡，下降至只有七點三例。而糟糕的是，在同一時期，全國的產婦死亡率，則從每十萬名有十三點三例，增加至二十二例。

¶

從誕生的那一刻，便開啓了一個嶄新的生命，這著實是一項不可多得的奇蹟。胎兒還身處子宮之時，肺臟充滿著羊水，但在出生之際會完美地抓準時機，排光羊水，然後開始充氣膨脹，而來自迷你心臟的血液也將首次流向全身循環起來。直到這一刻之前，實際上還處於寄生狀態的小生命，如今則邁向成爲一個全然獨立、自我維繫的實體之路。

無人知曉，啓動嬰兒誕生的機制爲何。必定有個什麼設置在倒數人類懷孕日數二百八十天，但沒有人能破解那個機制是什麼或位在何處，也不清楚是什麼促發了分娩警報。我們目前所知只是，母體會開始分泌攝護腺素，而這種賀爾蒙一般多涉及處理人體組織的損傷，但它也可以啓動子宮，展開一系列愈來愈疼痛的收縮，以移動胎兒進入待產位置。這第一階段在產婦首胎分娩期間，平均會持續十二個小時左右，而在日後的其他分娩期間，所需時間通常會愈來愈短。

人類分娩的難題，稱爲「胎頭骨盆不對稱」。簡單來說即是，對於順利通過產道來說，胎兒的頭顱過大——這是任何一名母親皆可直接加以證實之事。女性產道的平均寬度，比新生兒頭顱的平均寬度，大約窄上一英寸左右；這使得這一英寸成爲自然界中最疼痛的一英寸。爲了擠入這個受限的空間內，胎兒在經過骨盆期間，必須施行幾近荒謬、困難重重的九十度轉動。假使有任何事件足以挑戰「智慧設計」的宗教假說，那絕對非分娩莫屬。無論多麼虔誠的女性，也絕對不會在生產時脫口而出：「感謝主爲我設想要經歷這一切。」

老天所給予的一臂之力是，胎兒的頭顱因爲顱骨尚未完全縫合成單一板塊，所以稍微可以壓縮。而會有這種變形彈性的原因是，骨盆早已爲了實現人類直立行走的演化，因而在設計上幾經調整；但這卻造成人類的分娩成爲遠遠更爲難受、爲時更久的大工程。某些靈長類動物可以在幾分鐘內便生產完畢。如此輕鬆不費力，我們的女性卻只有羨慕的份。

令人驚訝的是，爲了讓分娩過程變得比較容易忍受，我們對此可說幾乎沒有任何進展。如同《自然》期刊在二〇一六年時所指出：「女性在緩解生產疼痛的選項上，幾乎與她們的曾祖母一輩如出一轍：亦即，吸氣止痛（gas and air；譯按：一種混有氧氣與一氧化二氮的氣體，吸入後可短暫止痛）、注射配西汀（pethidine；一種類鴉片劑），或施行硬膜外麻醉（epidural anaesthesia）。」根據幾個研究指出，女性在回想分娩疼痛的嚴重程度時，記性表現都相當差；這幾乎肯定是一種心理防衛機轉，以便讓她們對於未來的分娩有所準備。

你以無菌狀態離開子宮，或說一般上據信如此，不過，當你在產道上移動時，你又大量地抹上母親個人的庫存微生物。我們現在才剛剛開始理解到，女性陰道的微生物群落的性質與所具有的重要性。剖腹產的嬰兒便失去了這個最初的洗禮。而這對於嬰兒的影響可能相當深遠。許多研究顯示，經由剖腹產出生的人在很大的程度上，增加了罹患第一型糖尿病、氣喘、乳糜瀉（coeliac disease）、甚至是肥胖的風險，而且患上過敏的可能性提高至原本風險的八倍。剖腹產的嬰兒最後也會獲得，如同經過陰道出生的嬰兒所擁有的相同的微生物混合族群——只要一年的時間，兩者的微生物群系通常來說已經難以區別——但是，最初有無接觸微生物，似乎會造成某種長期影響。沒有人明白爲何會有這種差別。

比起經由陰道生產，醫生與醫院在施行剖腹產時會索取更高的費用，而可以理解的是，產婦通常都會喜歡知道生產的確切時間。美國如今有三分之一的產婦選擇剖腹產，而且，超過百分之六十的剖腹產，只是出於方便而施行，而非出自醫療上的必要性。在巴西，接近百分之六十的分娩採行剖腹產；英國是百分之二十三，而荷蘭則是百分之十三。純粹出於醫療上的原因而採用剖腹產的比例，則介於百分之五至十之間。

其他有用的微生物，則是來自母親的皮膚。身兼醫生的紐約大學教授馬汀・布雷澤（Martin Blaser）認爲，嬰兒一經出生便急於清洗的作法，其實可能使嬰兒喪失具有保護力的微生物。

除此之外，在分娩期間，大約有五分之二的產婦會服用抗生素，也就是說，正當嬰兒可以取得微生物之際，醫生卻對他們的微生物宣戰。如此的作法會對嬰兒的長期健康產生何種效應，我們目前仍舊毫無概念，不過，後果不可能會有多好。已經有學者提出針對某些有益的細菌逐漸受到危害的擔憂。存在於母乳中的「嬰兒雙歧桿菌」（Bifidobacterium infantis），是一種重要的微生物；在發展中國家，可以發現將近百分之九十的孩童擁有該菌，然而，在已開發國家中，這一比例卻僅有百分之三十。

無論是否經由剖腹產出生，一般的嬰兒在一歲之時便已經逐漸擁有了大約一百兆隻微生物，或說據估計如此。不過，在這個時間點上，出於不明原因，想要反轉罹患某些疾病的體質，已經爲時已晚。

嬰幼兒階段最不尋常的特點之一是，哺乳的母親可以在母乳中產出超過二百種的複合糖（complex sugar；正式名稱是寡醣〔oligosaccharide〕），然而嬰兒卻完全無法消化，因爲人體缺乏必要的酶。寡醣的生產，純粹是爲了讓嬰兒腸道中的微生物受益——事實上，如同賄賂一般。母乳除了養育共生的細菌之外，本身也富含抗體。有一些證據表明，哺乳的母親會經由乳腺管吸收若干嬰兒吸吮時溢出的唾液，然後經由自身的免疫系統進行分析，以便根據嬰兒的需求，來調整提供給他的抗體的數量與類型。生命說起來是不是無比神妙、充滿驚喜呢？

一九六二年，美國婦女僅有百分之二十給自己的子女餵養母乳。一九七七年時，這個比例上升至百分之四十，明顯還是屬於少數。今日，近乎百分之八十的美國婦女會在生產完後立刻授乳，雖然，在六個月後，便下降至百分之四十九，而在一年後，則下降至百分之二十七。就英國來說，哺乳比例從百分之八十一開始，不過，六個月後便陡降至百分之三十四，一年後則僅有百分之零點五，是已開發國家中最糟的比率。在貧窮的國家中，許多婦女長久以來受到廣告慫恿，使她們相信，嬰兒配方奶粉比起母乳對嬰兒更好。不過，配方奶粉價格昂貴，所以她們經常加水沖淡，使奶粉可以吃上更久時間；而有時候，她們唯一所能取得的水源，卻比母乳更不乾淨。結果經常造成幼兒死亡率的上升。

儘管這麼多年來，配方奶粉的品質已經大有改善，但是，任何配方奶粉皆無法全然複製出母乳所擁有的免疫上的益處。二〇一八年夏天，川普的政府人員由於反對鼓勵餵養母乳的國際決議，因而引發許多健康專家的失望之情；據報導，他們還威脅該議案的倡議國厄瓜多，假使他們不改變立場，便會祭出貿易制裁手段。憤世疾俗者指出，配方奶粉工業一年的產值多達七百億美元，業者可能伸出黑手，影響了美國政府在立場上的決定。美國衛生及公共服務部（US Department of Health and Human Services）的發言人否認上述說法，並且宣稱，美國只會「爲了保護婦女在嬰兒營養上，擁有可以做出最佳選擇的能力，而持續奮鬥」，以確保她們不會被剝奪獲得配方奶粉的管道——不過，該議案並沒有要這麼做。

¶

一九八六年，南安普敦大學（Southampton University）的教授大衛・巴克（David Barker）提出了，如今廣爲人知的「巴克假說」——

較爲冗長的全稱是：「成人疾病的胎兒起源理論」（Theory of Foetal Origins of Adult Disease）。巴克是流行病學家，他認爲，子宮內所經歷的一切，將可能決定往後一生的健康與幸福。「對每一個器官來說，在整個發展階段中，都有一個關鍵時期，而且通常都爲時甚短。」他在二〇一三年過世前不久說道：「而不同器官的關鍵時期也不一樣。人體在出生之後，只剩下肝臟、腦部與免疫系統還具有可塑性。而其他器官則都已經過了關鍵期。」

大多數專家如今都延長了那一段易受傷害的關鍵時期的時間：從你受孕的那一刻起算，直至你過兩歲生日爲止——這之後被稱爲人生的「頭一千日」。亦即，在你的人生中這個相對而言短暫的發展時期中，你所遭遇的一切事情，可能會強烈影響你往後幾十年的生活的舒適程度。

有關上述的影響趨勢，有一個著名案例是來自於一項針對荷蘭的研究：一九四四年冬季，荷蘭人度過了一段嚴重飢荒的時期；當時納粹德軍禁止糧食運往在它占領之下的荷蘭各個地區。奇蹟般地，在飢荒時期受孕的嬰兒在出生時仍擁有正常的體重，據推測，原因是，母親在本能上把自身的營養轉給發育中的胎兒使用。由於飢荒隨著隔年德軍投降而結束，於是這些孩童如同世上其他孩子一般，在飲食良好而健康的條件下成長茁壯。讓所有相關人士欣喜的是，這些孩童似乎逃過了被稱爲「大飢荒」的這個事件的所有負面影響，看起來與出生在其他生活壓力較小的地方的孩子並無二致。不過，後來出現了比較讓人憂心的事。當度過飢荒的孩童來到五十多歲、六十多歲時，他們罹患心臟病的比例，是同時期出生在其他地方的孩子的兩倍，而且在癌症、糖尿病與其他會危及生命的疾病的罹病率上，也有所增加。

今日新生兒的誕生所帶給世人的教訓，並非是營養缺乏的問題，事實上，恰恰相反。他們不僅降生在那些吃多、少動的人們家裡，而且，天生便更容易罹患那些貧窮的生活形態所會遭致的疾病。

已經有人指出，今日成長中的孩童，將會是現代歷史上第一個在壽命上比父母更短、在健康上比父母更差的世代。我們似乎不只是自己大吃特吃，把自己提早吃進墳墓，而且，我們還養育出跟著我們一起跳進去的子女。

19

神經與疼痛

疼痛的記憶有些空白；
疼痛它無法憶起
何時開始，或，是否
它有結束的一天。

——艾蜜莉．狄金生

疼痛是個古怪而棘手的感覺。在你的生命裡，沒有什麼比它更不可或缺，而且更不受歡迎。疼痛是人類最關注與困惑的問題之一，而且也是醫療科學最大的一項挑戰。

疼痛有時會救人一命：如同每個人可以鮮明記起，突然觸電而縮回手，或試著赤足走過灼熱沙地的那種感覺。我們對於具有威脅性的刺激是如此敏感，以至於我們的身體已經設定成，甚至在腦部接收到訊息之前，我們便會立刻做出反應，退離引發疼痛的事件。這無疑是件好事。然而，依據某項估算，將近有百分之四十的人們，在相當多的時間中，只是感覺疼痛持續不斷，而且，如此的疼痛看起來似乎毫無用處可言。

疼痛充滿弔詭之處。疼痛最清楚明白的特徵是，讓人發疼——畢竟，這就是它存在的原因——不過，有時疼痛也會讓人感覺還不錯：比如，在你長跑過後身體肌肉的那種痠痛，或者，當你泡澡滑進浴缸，一開始水溫燙人、難以忍受，但同時又不知何故地讓人非常舒服。我們有時對此完全無法解釋其中因由。在所有的疼痛中，據說最嚴重、最考驗人的一種是「幻肢痛」（phantom limb pain）：當事人對於經由意外或手術切除所失去的身體部位，感到極度的疼痛。十分諷刺的是，我們所感受到的最大疼痛之一，居然可以來自一個已經不在那裡的身體部位。更糟的是，一般的疼痛只要傷口癒合便會緩解，但這種「幻痛」並非如此，它可能會糾纏你一輩子。迄今尚未有人能夠說明爲何如此。某個理論認爲，腦部由於無法從消失的身體部位那兒的神經纖維接收到任何訊息，於是便將這樣的音訊全無解釋爲那兒受傷太過嚴重，以致細胞皆已死亡，所以，腦部便傳送出無休無止的痛苦呼喊，一如不會自動關掉的防盜警報器。現在，當外科醫生知道他們將要對病患進行截肢時，經常會事先麻痺那隻即將切除的手或腳上的神經，如此持續幾天的時間，以便讓腦部對即將到來的感覺消失預作準備。這個作法據信大大降低了幻肢痛。

假使幻痛有個旗鼓相當的對手，據稱可能非「三叉神經痛」（trigeminal neuralgia）莫屬：這個命名來自於主要的臉部神經「三叉神經」（trigeminal nerve），而在過去則稱為「tic douloureux」（來自法文，意思是「疼痛的抽搐」）。這種病症會伴隨臉部的劇烈刺痛，如同一名疼痛專家所言，「就像遭到電擊一樣」。它通常都會有明顯的成因——比如，有顆腫瘤壓迫到了三叉神經——然而，有時卻也可能檢查不出任何原因。病人的疼痛可能會週期性發作；可能突然出現，又突然消失，沒有任何預警。這種疼痛可能讓人備受煎熬，然而，另一方面，它又可能持續數天或數週完全不見蹤跡，直到再度使人發疼。隨著時間的推移，三叉神經痛可能會在臉部四處轉移。有關為何它會如此轉移，以及為何可以來了又去的成因，尚不得而知。

你之後便會認識到，有關疼痛運作的確切機制，在很大的程度上仍是個謎。腦部並無疼痛中心，並沒有一個區域在收集所有的疼痛訊息。任何一則念頭必須途經海馬迴後，才會形成記憶，但是，腦部各處皆可能顯露疼痛的訊息。你不小心撞到腳趾，這個感覺將登錄在一系列的腦部區域中；而用榔頭敲擊腳趾，則又會點燃其他的區域。重複施行上述作法，腦部的反應模式可能又會再度改變。

或許，最怪異的諷刺是，腦部自身完全沒有痛覺接受器，但卻是所有疼痛的感知之處。牛津大學納菲爾德臨床神經科學系（Nuffield Department of Clinical Neurosciences）系主任艾琳．崔西（Irene Tracey），本身是全球首屈一指的疼痛專家之一，她說道：「唯有當腦部收到訊息後，疼痛才會出現。疼痛也許開始在大腳趾，但腦部才會讓你喊痛。而直到那時之前，都不算疼痛。」

所有的疼痛皆屬於「如人飲水，冷暖自知」的事情，極度地因人而異，根本無法做出有意義的界定。國際疼痛研究協會（International Association for the Study of Pain）將疼痛概括成是：「一種不愉快的感覺與情緒性經驗，伴隨有實際或潛在的組織上的損傷，或能以如此損傷所描述的經驗」；亦即，那是（可能）讓人發疼，或聽起來（或感覺上）像是可能讓人發疼的任何經驗，無論是實際上或比喻上皆然。這個說法大致涵蓋了每一種讓人苦惱的經驗，包括從槍傷的傷口疼痛，到一段關係破裂後所感到的心痛不等。

最廣爲人知的一種疼痛評定量表是「麥吉爾疼痛問卷」（McGill pain questionnaire）；它是由位於蒙特婁的麥吉爾大學（McGill University）的羅納德・梅爾扎克（Ronald Melzack）與華倫・托格森（Warren S. Torgerson），在一九七一年所設計而成。這個量表只是一份詳細的問卷，提供了疼痛當事人包含七十八個詞彙的一系列選項，用以描述不同程度的不適感，比如：「刺痛般的」、「燒灼般的」、「隱隱約約的」、「一觸即痛的」等等。其中的很多詞彙，有點含糊不清或不易彼此區別。比如，誰可以分得清「annoying」（惱人的）與「troublesome」（煩人的）的分別？或是，「miserable」（悽慘的）與「horrible」（極糟的）有何不同？幾乎是出於這樣的因素，如今大部分的疼痛研究者都使用更簡單的「一分至十分」的評定方式。

顯而易見，疼痛的整體經驗極爲主觀。艾琳・崔西掛著一個心照不宣的大大微笑說：「我生過三次小孩，相信我，那改變了我對於所謂最大疼痛度的認識。」我們相約在位於牛津的約翰．瑞德克利夫醫院（John Radcliffe Hospital）見面；她的辦公室就在那兒。崔西也許是牛津大學裡事務最繁忙的人物。在我拜訪她的二〇一八年底，除了肩負學系系務與學術研究上的重任之外，她還剛搬了家，才從兩次海外旅行回來，而且即將接手擔任墨頓學院（Merton College）的院長一職。

崔西的研究生涯均致力在理解，疼痛如何被感知的機制，與如何予以改善的方法。而箇中困難之處，即是對於疼痛的理解。「我們仍舊不清楚，腦部究竟如何來建構疼痛的經驗。」她說：「但我們已經進步很多。我覺得，在未來幾年，對於理解疼痛的整個研究典範，將經歷劇烈的改變。」

相較於先行世代的疼痛研究者，崔西所握有的優勢是，她擁有一部功能強大的磁振造影（magnetic resonance imaging）檢查儀。在崔西的實驗室中，她與研究團隊出於促進科學進步的目的，輕柔地「折磨」那些志願受試者：或是以大頭針戳刺他們，或是爲他們塗抹辣椒素

——我們在第六章介紹史高維爾指標與辣椒辣度時，曾經提及這種化學物質。對無辜人士施加疼痛，極須小心謹愼——既需要疼痛眞的被感受到，但在實驗倫理的要求下，又必須做到不使受試者遭到嚴重或持久的傷害——不過，如此的作法確實讓崔西與她的同事，可以即時觀察到，受試者的腦部如何對所施加的疼痛做出反應。

如同你可以想像得到，出於純粹商業上的理由，許多人樂於能夠探看其他人的腦子，以便知道他們何時感到疼痛，或何時在說謊，或甚至何時可能會對行銷花招做出有利反應。辦理人身傷害業務的律師，可能會對於可以取得疼痛的數據圖表欣喜若狂，因爲他們可以在法庭上當作呈堂證據。「我們還未走到那一步，」崔西臉上帶著似乎有點鬆了一口氣的感覺說道：「不過，我們眞正取得快速進展的地方是，我們如今已經知道，如何管控與限制疼痛的作法，而那會使好多人受益。」

有關疼痛的體驗，開始於位在皮膚之下特化的神經末稍，稱爲「傷害接受器」（nociceptor，「noci」，衍生自拉丁文，意爲「傷害」）。傷害接受器可以對三種疼痛刺激做出反應，分別是來自溫度、化學物質與機械性的刺激，或說，至少普遍上假定如此。不可思議的是，科學家迄今尚未發現，可以對機械性疼痛做出反應的傷害接受器。當你用榔頭敲打拇指，或用針刺自己，我們完全不知道，在你的外層皮膚之下，到底發生了什麼事。我們能夠指出的只是，所有型態的疼痛訊息都會藉由兩種不同型態的神經纖維，傳送至脊髓與腦部：一種是傳導速度較快的「A-delta神經纖維」（外層包裹著髓磷脂，所以可以說比較滑順），另一種則是傳導速度較慢的「C神經纖維」。靈敏的A-delta神經纖維會在榔頭的一擊之下，立即給予你銳利的疼痛感；而較爲緩慢的C神經纖維，則會帶給你隨之而來的陣陣作痛的感覺。傷害接受器只會針對人所厭惡（或潛在上令人厭惡）的感覺，做出反應。正常的觸碰訊息——比如，你的雙腳踩在地上、你的手握住門把手、你的臉頰貼上緞面枕頭等等感覺——則由另一組「A-beta神經」上的不同接受器來進行傳送。

神經訊號的傳送並非特別快速。光速每秒可以穿行三億公尺，而神經訊號則明顯以更爲莊重的步調行進——每秒一百二十公尺，大約是光速的二百五十萬分之一。而每秒一百二十公尺，略爲接近每小時二百七十英里，就人類的骨架空間來說，在大多數的情況下，已經相當快速，足以讓人實際上即時感知訊息。儘管已經相當不錯，但是作爲快速反應的輔助措施，我們還有反射動作，亦即，中樞神經系統可以攔截一則訊號，並在把它傳送至腦部之前，便對它做出反應。所以，當你的手觸碰到非常令人厭惡的東西，你會搶在腦部知道事發經過前便抽回手。簡單來說，脊髓並非只是一長段遲鈍的纜線，只會在身體與腦部之間傳送訊息；它其實是你的感覺裝置中相當積極而關鍵的一部分。

我們有一些傷害接受器是屬於多工型態的接受器，亦即，它可以接受不同類型的刺激。所以，比如，辛辣食物會嚐起來有火熱感；也就是說，它在化學層次上，可以啓動你的嘴巴中那些對高溫食物也會有所反應的相同的傷害接受器。你的舌頭無法分辨兩者的差別。甚至你的腦部也有點感到困惑。在理智的層次上，腦部可以理解你的舌頭並沒有眞的著火，但它卻的確感覺到那裡發生火災。最奇怪的一點是，傷害接受器會以某種方式讓你以爲，酸辣咖哩肉（vindaloo）是會使人愉快的刺激，而如果是燒紅的火柴頭，就會讓人尖叫——即便兩者都是啓動相同的神經。

查爾斯·史考特·謝靈頓（Charles Scott Sherrington, 1857-1952）是第一個確認出傷害接受器的學者；若要稱呼他爲中樞神經系統之父，他也當之無愧。他是當代英國最偉大的科學家之一，但卻令人費解地遭世人完全遺忘。謝靈頓的一生，彷彿是從十九世紀的男孩冒險故事中，原封不動照搬出來的傳奇。他極有運動天賦，是代表伊普斯威奇鎮足球俱樂部（Ipswich Town）出賽的選手，而在就讀劍橋大學期間，又是傑出的划船運動員。他尤其是個表現優異的學生，獲得許多獎項，而他的謙虛風範與敏銳才智，每每使遇見他的人留下深刻印象。

一八八五年，謝靈頓大學畢業之後，便師從偉大的德國科學家羅伯特·科赫研究細菌學，接著便展開了多彩多姿又極富生產力的學術生涯：他在破傷風、產業勞動疲勞（industrial fatigue）、白喉、霍亂、細菌學與血液學上，均進行了具有開拓性的研究。他提出了肌肉的交互神經支配法則：亦即，當某條肌肉收縮，相對應的另一條肌肉便必須放鬆——這基本上解釋了肌肉運作的機制。

在探究腦部的過程中，他發展出「突觸」的概念——這個詞彙便是由他所創造。而這個概念接著導引出「本體感覺」（proprioception）的想法——這又是謝靈頓所創造的詞彙——意指身體有能力知道自己在空間中的姿勢傾向。（即使你閉上雙眼，你也能知道自己是否躺著，或手臂是否張開等等。）而這又進一步導引他在一九〇六年發現了，位於神經末稍、可以提醒你發疼的傷害接受器。謝靈頓在此主題上的里程碑著作《神經系統的整合作用》（The Integrative Action of the Nervous System），就該領域所具有的創新重要性而言，獲得了與牛頓的《自然哲學的數學原理》（Principia）、威廉·哈維的《動物心臟與血液運動的解剖研習》兩書相提並論的地位。

謝靈頓令人稱羨的才幹與人品，並不止於此。人人都說他是個無比美好的人：他是忠實的丈夫、殷勤的主人、愉快的友伴，與備受愛戴的老師。在他的學生當中，懷爾德・潘菲爾德是記憶領域的專家（我們在第四章中曾經提及）；霍華德・弗洛里由於參與了青黴素的研發，而榮獲了諾貝爾獎；哈維・庫興（Harvey Cushing）則繼續神經的研究，而成爲美國數一數二的神經外科醫師。一九二四年，謝靈頓出版了一冊詩集，甚至使熟稔的友人吃驚不已，而且詩集廣受各界推崇。八年之後，他因爲在人體反射動作上的研究，爲自己贏得了一座諾貝爾獎。他是卓越超群的英國皇家學會會長、博物館與圖書館的贊助人，以及持之以恆的藏書家，收藏有世界級水準的書籍。一九四〇年，他在高齡八十三歲，出版了一部暢銷書《本性之人》（Man on His Nature），之後多次改版上市；在一九五一年的英國節（Festival of Britain）活動之際，該書被票選爲現代英國百大好書之一。他在該書中創造了「施了魔法的織布機」（enchanted loom）這個比喻，用來形容人腦。而如今，莫名其妙的是，他幾乎完全被他的專業領域之外的人們所遺忘，甚至在他的研究領域內，也稱不上被念念不忘。

¶

神經系統的分類方式，可以依照結構或功能的角度，而有不同分野。從解剖結構的角度觀之，神經系統分為兩類：「中樞神經系統」是指腦與脊髓；而從這個中央樞紐所輻射出去的神經，則稱為「周邊神經系統」，可以抵達人體的其餘部位。此外，若從功能來加以區分，周邊神經系統則可以分為「軀體神經系統」與「自主神經系統」；前者是控制有意識的動作（比如用手搔抓頭皮）的神經，後者則是控制諸如心跳等你不必思考就能做的動作，因為那都已經自動化。而自主神經系統又可進一步分為「交感神經系統」與「副交感神經系統」。前者會對身體所突然需要採取的行動有所反應，一般稱為「戰鬥或逃跑反應」。而後者有時也稱作「休息與消化」或「進食與生育」系統，照管其他各式各樣一般上比較不緊急的事務，比如食物消化與廢物處理、唾液與淚液的分泌，以及喚起性慾（這個感覺可能很強烈，但並沒有戰鬥或逃跑反應的那種緊迫性）。

人體的神經有一個怪現象：那些稱爲周邊神經系統的神經，在受到損害後，可以修復與再生，然而，屬於腦部與脊髓的那些更爲重要的神經，卻無法如此。如果你切到手指，神經會再長回來，不過，如果傷害到脊髓，就只能聽天由命。不幸的是，脊髓損傷很常見。在美國，超過一百萬人因爲脊髓損傷而癱瘓；而其中超過一半的案例，是肇因於車禍或槍傷。所以，你可能也猜測得到，男性更可能遭受脊髓損傷，他們發生的機率是女性的四倍。而這些男性特別容易遭殃的年齡區段，是介於十六與三十歲之間——那剛好是足以買槍、買車的年紀，卻同時也是傻到會濫用槍枝與車輛的年紀。

如同神經系統一般，疼痛也有多種分類方式，而每個專家在分類的類型與數目上也各有不同。最常見的類別是「傷害性疼痛」（nociceptive pain）：它簡單意指那些受到刺激而來的疼痛。當你碰傷腳趾頭或摔倒後撞斷肩膀，便會獲得這種痛。它有時也被稱爲是「建設性的疼痛」，也就是說，這種疼痛可以告訴你，要讓受影響的部位休息，使傷勢有機會復原。第二種類別是「發炎性疼痛」，亦即，當組織變紅、變腫時所感受到的疼痛。第三種類別是「失調性疼痛」；這種疼痛沒有外在刺激，不會引發神經損傷或發炎，它是沒有明顯用處的疼痛。第四種類別是「神經性病變疼痛」，亦即，神經受到損傷或變得敏感，有時是由外傷所引發，有時則毫無明顯成因。

當疼痛沒有消失，便會從急性變成慢性。大約二十年前，英國頂尖的神經科學家派崔克．沃爾（Patrick Wall），在一本頗具影響力的著作《疼痛：受苦的科學》（Pain: The Science of Suffering）中提及，疼痛只要超過某個程度與持續時間以上，便幾乎完全沒有任何意義可言。他指出，幾乎每本他所讀過的教科書，都會有一張插圖顯示，一隻手從火焰或某個燙人的表面縮回來；而這張插圖的目的是爲了說明，疼痛作爲具有保護性反射動作的用處。「我討厭那張示意圖，因爲它小題大作、毫無意義。」他帶著有點令人吃驚的熱情口吻寫道：「我估計，我們一輩子只會花上幾秒鐘的時間在成功地退離那些具有威脅性的刺激。但不幸的是，在我們的一生裡，持續有好多天、好幾個月都不斷在疼痛中，而那張愚蠢的插圖卻完全沒有解釋到這樣的疼痛。」

沃爾認爲，癌症的疼痛是「無意義之最」。大多數癌症在早期階段都不會引發疼痛，雖然，如果會痛的話，便能有效地提醒我們採取治療行動。相反地，太常發生的是，癌症的疼痛只會在爲時已晚之際才變得明顯起來，而這樣的疼痛根本毫無用處。沃爾如此的心得全然是肺腑之言。他後來因爲攝護腺癌而過世。他那本著作出版於一九九九年，而沃爾在兩年後與世長辭。從疼痛研究的觀點來看，這兩起事件標誌了一個時代的結束。

艾琳．崔西鑽研疼痛已經長達二十年——湊巧的是，幾乎是從沃爾去世後展開了她的學術生涯——而她在這段時期中，見證了學界在疼痛的臨床觀點上的徹底轉型。

「在派崔克．沃爾的時代，學者一直努力假定，慢性疼痛也會有個『用處』。」她說：「急性疼痛明顯具有一個意義：它告訴我們有事情出錯，需要我們去注意一下。學者希望慢性疼痛也要有那樣的意義，也就是說，它的存在會有個功用。不過，慢性疼痛根本毫無用處。那只是系統出錯而已，如同癌症也是系統出錯一般。我們如今認爲，有幾種慢性疼痛，本身不只是症狀而已，已經有資格可以稱爲疾病；相較於急性疼痛，這些慢性疼痛在驅動與持續上，有不同的生理機轉。」

疼痛本身有一個關鍵的矛盾點，導致治療方法非常棘手。「身體的大部分部位在有所損傷時，這些部位就會停止運作——它們會關機。」崔西說：「但是當神經受損，則恰恰相反——它會開機。有時，這些神經只是一直開著、不會關掉，於是你就有了慢性疼痛。」如同崔西所指出，我們彷彿有個疼痛的音量旋鈕，在最糟的情況下，它只會一直轉到最大。而去釐清如何再把音量轉小的作法，業已成爲醫療科學最大的挫敗之一。

一般而言，大部分我們的內部器官都不會感到疼痛。任何來自內部器官的疼痛，均稱爲「轉移痛」（referred pain），因爲它會「轉移」到身體的其他部位去。所以，比如，冠狀動脈心臟病的疼痛，可能會感覺發生在手臂或頸部，有時則在下巴。而腦部本身同樣不會感到疼痛，這自然會使我們問起：那麼，頭痛是來自哪裡？答案是：頭皮、臉部與頭部的其他外在部位，全都布滿著神經末稍——多到足以引發大部分的頭痛。即使你感覺頭痛是來自頭部深處，但日常的頭痛幾乎肯定是來自表面的區域。在你的顱骨之內，腦部的保護膜「腦膜」也擁有傷害接受器，而腦膜上如果出現壓力，則是由腦瘤所引發的疼痛，不過，幸好大多數人甚少會遭受這種災難。

你可能以爲，人人都會經歷過的病痛經驗，一定非頭痛莫屬，不過，有百分之四的人說他們從未有過頭痛。「國際頭痛疾病分類」（International Classification of Headache Disorders）這個分類系統，指認出十四種頭痛類別，比如：偏頭痛、外傷引發的頭痛、感染引發的頭痛、體內恆定狀態失調引發的頭痛等等。不過，大多數專家將頭痛分成兩個較大的範疇：原發性頭痛與次發性頭痛。前者包括偏頭痛、緊張性頭痛（tension headache）等，沒有直接可辨識的成因；而後者，則源自於某些其他突發事件，比如遭受感染或長有腫瘤等。

而偏頭痛是最令人費解的頭痛種類之一。偏頭痛（migraine；這個字是法文「demi-crâne」的變體，意思是「半邊頭顱」）影響了百分之十五的人群，更常見發生於女性，發作比例是男性的三倍。偏頭痛幾乎完全成謎；它相當因人而異。奧利佛・薩克斯在一本談及偏頭痛的著作中，描述了將近一百種不同的偏頭痛。有些人在開始偏頭痛之前，會感覺自己狀況好得讓人吃驚。小說家喬治・艾略特（George Eliot）說，在偏頭痛發作的前一刻，她每每覺得自己的身體情況「好得岌岌可危」。其他人則會因此不舒服好幾天，痛得讓人想自殺。

¶

古怪的是，疼痛變化多端。依照各種情況的不同，它可能愈來愈痛，也可能慢慢減緩，或甚至被腦部所忽視。在最極端的情況下，腦部可能完全沒有登錄這件事。一個著名的案例發生在拿破崙戰爭期間的阿斯珀恩—埃斯靈戰役（Battle of Aspern-Essling）中；當時，一名奧地利的上校正騎在馬背上指揮戰鬥行動，而他的副官告知他說，他的右腿已經被子彈射斷。

「喔老天，確實是這樣。」上校鎮定自若答道，並繼續戰鬥。

沮喪或焦慮，幾乎總是會增加所感知的疼痛程度。但是，同樣地，怡人的香氛、撫慰的圖片、悅耳的音樂，與美好的食物與性愛，也能減緩疼痛的程度。根據某項研究，心絞痛的當事人指稱，擁有一名具有同理心的摯愛伴侶，可以使痛感減半。預期心理也起著重要作用。由崔西與她的團隊所進行的一項實驗中，他們給予本身有疼痛問題的受試者服用嗎啡，但並沒有事先告知，結果嗎啡的鎮痛效果大大降低。在很多方面上，你會感受到你預期會有的疼痛。

對於數以百萬計的人們而言，疼痛是無處可逃的夢魘。依照美國的國家科學院（National Academy of Sciences）轄下的醫學研究院（Institute of Medicine）的資料所示，在任一給定的時間中，大約有百分之四十的美國成人（約一億人）正經受著慢性疼痛的煎熬。而其中五分之一的人，遭受如此的折磨已經長達二十年以上。總而言之，慢性疼痛影響的人數，多過癌症、心臟病與糖尿病三者的總和。慢性疼痛可以大幅降低人的活力。如同法國小說家阿勒封斯・都德（Alphonse Daudet）在他幾近一個世紀前的經典作品《疼痛之地》（In the Land of Pain；法文原書名爲「La Doulou」〔疼痛〕）中所指出，當他日漸遭受梅毒的荼毒效應，那種折磨他的疼痛，使他「對人們、對生活、對世間的一切，全都聽而不聞、視而不見——除開我那具備受摧殘的皮囊之外」。

在那個時代，醫療科學提供甚少安全而持久的止痛方法。而今天，我們的進展卻也並非非常多。如同二〇一六年，倫敦帝國學院的疼痛研究者安德魯・賴斯（Andrew Rice）在接受《自然》期刊訪問時所說：「我們現在所使用的藥物，大約可以讓百分之十四至二十五的病患，他們的疼痛感降低一半。這是指最好的藥物才有的效果。」換句話說，大約有百分之七十五至八十五的人，甚至連最好的止痛藥，也完全無法起作用，而其他那些確實可以從服藥獲益的人，藥效通常也不盡如人意。如同艾琳．崔西所說，止痛藥向來是「藥理學的死胡同」。製藥公司挹注大量資金研發新藥，但一直無法推出能夠有效控制疼痛，而且不會使人成癮的藥物。

惡名昭彰的類鴉片藥物危機，正是其中一樁令人遺憾的後果。如今眾人皆知的類鴉片藥物（opioid），作爲止痛藥的運作機轉，相當類似於海洛因，而且兩者使人上癮的根源成分皆相同——「鴉片劑」（opiate）。長久以來，類鴉片藥物基本上是外科手術過後或在癌症治療中，短期作爲止痛藥之用，而且在用量上相當節制。然而，一九九〇年代晚期，製藥廠開始推廣用它作爲長期止痛的療方。類鴉片藥物「奧施康定」（OxyContin）的生產廠商普渡製藥公司（Purdue Pharma），在它所製作的一支促銷影片中，可以見到一名專長治療疼痛的醫生，雙眼直視鏡頭，以十分眞誠的口吻宣稱，類鴉片藥物非常安全，幾乎不會引發成癮效應。他補充說明：「我們醫生原本以爲類鴉片藥物不能長期服用，但我們錯了。類鴉片藥物不僅可以長期服用，而且我們還應該這麼做。」

然而眞相並非如此。全美各地的人們很快便服藥上癮，並且經常因此送命。依照某個估算，在一九九九至二〇一四年之間，計有二十五萬名美國人死於類鴉片藥物服用過量。類鴉片藥物的濫用，一般上來說，一直特別是美國所遭遇的難題。美國擁有全球百分之四的人口，但卻消耗了該藥品全球總量的百分之八十。大約有二百萬名美國人被認爲有類鴉片藥物成癮問題。另外則有一千萬人左右是服用者。而每年因此在收入損失、醫療支出與犯罪訴訟上所付出的經濟成本，已經超過五千億美元。類鴉片藥物的市場已經變得如此龐大，以至於，我們如今陷入了一個離奇處境：爲了對抗該藥濫用的問題，藥廠於是生產了，減緩它的副作用的藥物。藥廠在製造出數以百萬計的成癮者之後，現在又從可以稍微緩解成癮症狀的藥物中獲利。這個危機迄今似乎尚未消失。每年，類鴉片藥物（包括合法與非法兩者）奪去了四萬五千名左右的美國人的性命，遠比車禍死亡的人數還多。

這起現象的一個正面效應是；由於類鴉片藥物的致命性，使得器官捐贈者的人數增加。依據《華盛頓郵報》（Washington Post）的報導，二〇〇〇年，僅有不到一百五十名的器官捐贈者是來自類鴉片藥物成癮者；而如今，人數已經超過三千五百名。

¶

在缺乏完美藥物的情況下，艾琳．崔西於是將研究焦點集中在她所稱爲的「免用止痛藥」的方法，亦即，去了解人們如何可以藉由認知行爲療法與練習，來管理自身的疼痛問題。「我向來對此很感興趣，」她說：「神經成像（neuroimaging）的技術很有用，可以使人們相信要面對自己的腦部，因爲他們會認識到，腦部似乎的確在使疼痛讓人可以忍受的問題上，具有重大作用。單單靠它，便可以達到很大的改善。」

疼痛管理的最大優勢之一是在於，我們眞的擁有易受影響與暗示的奇妙能力，這當然就是著名的「安慰劑效應」得以運作的緣故。安慰劑效應的概念，已經存在好長一段時間。就現代醫學意義上，它所指稱的「爲了心理效益而投藥」的觀念，早在一八一一年便首次記載於英國醫學文獻上，不過，「placebo」（安慰劑）這個字，則在中世紀時已經存在於英文中。而就這個字的歷史來說，在大部分時期中，它意指「奉承者」、「諂媚者」。（喬叟在《坎特伯里故事集》中便是使用這樣的意思。）它來自拉丁文，意謂「取悅」。

神經成像技術，讓學者對於安慰劑的運作機制，獲得了某些極爲有趣而深刻的理解，雖然該機制大抵還依然成謎。在某個實驗中，讓那些剛剛拔掉一顆智齒的人，接受一台超音波裝置去按摩臉部，結果，這些人幾乎一面倒地聲稱自己感覺好多了。不過，有趣的是，無論有沒有眞的打開超音波機器，均同樣有效。其他的研究也顯示，服用染有顏色的方形藥片，比起服用簡單的白色藥片，更讓人覺得藥效較佳。而紅色藥丸的藥效，被認爲比白色藥丸更快起作用。綠色與藍色的藥丸，則更有舒緩效果。派崔克．沃爾在他談論疼痛的那本著作中，曾談及一個例子：一名醫師由於用鑷子夾取藥丸遞給病患，並且解釋說，藥丸的藥效太強，無法直接以手拿取，結果，獲得了更好的治療效果。不可思議的是，即便人們心知肚明拿到的是安慰劑，但還是會起作用。哈佛醫學院的泰德．凱普查克（Ted Kaptchuk）給罹患腸躁症的人一些糖做成的藥片，並且告訴對方說，藥片裡面的成分眞的只有糖。即便如此，受測者中有百分之五十九的人回報說，他們感到症狀已經緩解。

安慰劑會有的一個問題是，儘管它對於那些我們的意識可以有所控制的事情來說，經常能夠發揮效果，但是，它完全無助於隱藏在意識層次之下的病灶。安慰劑無法縮小腫瘤，或消除變窄的動脈血管壁上的斑塊。不過，話說回來，藥效強烈的止痛藥實際上也同樣無濟於事，而安慰劑至少完全不會讓人提早歸西。

20

當情況不妙：疾病

我瞄到傷寒，我讀了一下症狀，然後，我發覺，我得了傷寒，八成已經好幾個月了，居然完全不知道。我在想，我可能還得了其他什麼病；突然看到舞蹈症（Saint Vitus' dance）——一如預期，我發覺，我也得了這種病。開始整個興頭都上來了，決定要從頭到腳弄明白自己，所以依照字母順序開始來查。讀了一下「ague」（瘧疾）——恍然大悟自己正害著這種病，發作期將再等兩週後開始。「Bright's disease」（布萊特氏病）——我鬆了一口氣發現，我只有輕微的症狀，而且，就這個病來說，我還可以活上好多年呢。

——傑羅姆．K．傑羅姆（Jerome K. Jerome）

在閱讀某本醫學教科書

1

一九四八年秋天，冰島北岸小城阿克雷里（Akureyri）的人們開始染上一種病，起初被認爲是脊髓灰質炎（或稱小兒痲痺症），不過，後來發覺並非如此。從一九四八年十月至一九四九年四月之間，冰島總人口九千六百人當中，幾乎就有五百人染病。而這些人的症狀可說多種多樣，包括有：肌肉痠疼、頭痛、焦慮、焦躁、憂鬱、便秘、睡眠障礙、記憶力減退，以及，嚴重地渾身不舒服。這個病並沒有讓任何人送命，但確實幾乎使每個受害者深感不適，有時甚至持續數個月不退。該病爆發的原因成謎。針對病原體的所有檢測結果皆呈現陰性。這個病由於如此古怪地僅出現在這個地區附近，所以後來便被稱爲「阿克雷里病」（Akureyri disease）。

大約爲期一年左右，一切風平浪靜。然後，疫情開始在其他遙遠得出奇的地點爆發，比如：肯塔基州（Kentucky）的路易維爾（Louisville）、阿拉斯加州的蘇厄德（Seward）、麻州的匹茲菲（Pittsfield）與威廉斯敦（Williamstown），以及，位在英格蘭北端的一個名叫達爾斯頓（Dalston）的農業社區小村。整個一九五〇年代，總計美國有十次爆發紀錄，而歐洲則有三次。各地病人的症狀大體上相似，但通常都會帶有在地特點。某些地方的人會說，他們覺得自己異乎尋常地沮喪，或經常昏昏欲睡，或有非常特定的肌肉痠疼問題。當病例激增，這個病也獲得了其他的名稱：病毒感染後症候群（post-viral syndrome）、非典型脊髓灰質炎（atypical poliomyelitis），與流行性神經性肌無力症（epidemic neuromyasthenia）——最後這個名稱，是如今最常見的稱呼[40]。疫情爲何沒有向外傳播至附近社區，反而橫越了廣袤的地理區域——這不過是該病許多令人困惑的面向的其中之一。

40 由於症狀的類似性與診斷上的困難度，該病有時會被概括進「慢性疲勞症候群」當中，不過，兩者其實相當不同。慢性疲勞症候群（正式名稱爲肌痛性腦脊髓炎〔myalgic encephalomyelitis〕）往往影響個別的人，而流行性神經性肌無力症則會席捲整個人群。

所有這些疫情僅吸引了在地人的注意，不過，一九七〇年，在平息了幾年之後，這個傳染病在德州的雷克蘭德空軍基地（Lackland Air Force Base）再度現蹤，而且這次終於引起醫學研究者開始更爲仔細地檢視——雖然，必須明說的是，此舉並沒有帶來太多成效。雷克蘭德的這次疾病爆發，造成二百二十一人染疫，大多數的病情持續一週左右，而有些人則生病了將近一年。有時，一個部門僅有一人染病，而有時，則幾乎所有人都病倒。大多數病人後來均完全康復，而有些人則在數週或數月之後又舊病復發。這場疫病爆發完全如同先前一般，沒有任何邏輯模式可循，而所有對於細菌或病毒因子的檢測結果亦皆爲陰性。由於許多病人是孩童，他們年紀太小，不易受到影響與暗示，因此排除了「歇斯底里」的可能性——對於難以解釋的大規模染疫現象，這是最常見的解釋方式。這個傳染病持續了略微超過兩個月的時間，然後便平息下來（復發現象除外），而且再也沒有重新肆虐。《美國醫學會雜誌》上有一篇報告做出了結論：受害者遭受了「微妙但又基本的器官病變，而由此產生的效應，可能包括了潛在的心理性疾病的惡化」。換個方式來說的話，也就是——「我們對此毫無概念」的意思。

你後來便會理解到，傳染性疾病極爲古怪莫測。有些行徑飄忽，如同阿克雷里病，似乎隨機閃現，然後在陷入沉寂一段時間後，便再度於其他某個地方突然現身。而有些傳染性疾病則如同一支出擊的勁旅，四處攻城掠地。一九九九年，西尼羅病毒（West Nile virus）在紐約出現；四年之後，便傳播至全美各地。有些疾病釀成巨大災難，然後悄悄退離，有時如此持續多年，偶爾也會永遠消失。在一四八五至一五五一年之間，英國反覆遭受一種可怕的疾病「汗熱病」（sweating sickness）的侵襲，導致成千上萬人喪命。然後這個病突然平息下來，並且再也沒有在英國重現。兩百年之後，一個極爲相似的疾病在法國爆發，被稱爲「皮卡第汗熱病」（Picardy sweat）。然後，該病再度消失無蹤。對於它潛伏在哪兒、有怎樣的潛伏機制、爲何會如此消失，或它如今可能在哪兒等等問題，我們一概毫無所知。

這類讓人困惑的疫情爆發，特別是小規模者，可能比你想像的更爲常見。美國每年約有六人會感染波瓦生病毒（Powassan virus），主要是在明尼蘇達州北部地區；有些受害者僅會有輕微的類似流感的症狀，但有些最後會遭致永久性的神經損傷。感染者大約有十分之一的機會可能喪命；完全沒有藥方或治療方法。二〇一五至一六年的冬季，在威斯康辛州，來自十二個不同的郡的五十四個人，因爲感染了一種鮮少聽聞過的細菌「伊莉莎白菌」（Elizabethkingia）而生病。其中十五人因此死亡。伊莉莎白菌是一種常見的土壤微生物，但相當罕見會感染人類。它爲何會突然在該州廣大的地區中猖獗起來，然後又消聲匿跡，沒有人知道原因。一種藉由壁蝨（或稱蜱蟲）傳染的疾病「兔熱病」（tularemia），每年在美國造成一百五十人左右的死亡，不過，這種病具有某種難以解釋的變異性。從二〇〇六至一六年的十一年期間，阿肯色州（Arkansas）有二百三十二人死於該病，但相距不遠的阿拉巴馬州（Alabama）卻僅有一人因此不治，儘管兩州在氣候、地被植物與壁蝨總數上均極爲相似。這類奇怪之處可說多不勝數。

或許，最難解釋的個案當屬「波旁病毒」（Bourbon virus）；它得名自堪薩斯州的波旁郡（Bourbon County），因爲這種病毒在二〇一四年首度在此發現。該年春天，一名住在堪薩斯城（Kansas City）以南九十英里處的斯科特堡（Fort Scott）的健康中年人約翰·西斯泰德（John Seested），當他在自家田地上工作時，他注意到自己被一隻壁蝨叮咬了一下。過了一陣子，他開始身體發疼與發燒。當症狀沒有改善，他被送進當地的一家醫院，醫師給他服用去氧羥四環素（doxycycline；一種對付壁蝨叮咬感染的藥物），但毫無效果。在接下來的一兩天期間，西斯泰德的病情持續惡化。他的器官接著開始逐漸衰竭。在第十一天，他便撒手人寰。

由此廣爲人知的波旁病毒，代表著一種全新種類的病毒。它屬於托高土病毒屬（thogotovirus）的一員；而這一屬的病毒盛行於非洲、亞洲與東歐等地區，不過，波旁病毒這個特別的病毒株則是全新的一種。有關它爲何會突然出現在美國正中心的地區，則讓人百思不解。斯科特堡或堪薩斯州其他地方後來完全沒有人再得到該病，不過，一年過後，住在二百五十英里之外的奧克拉荷馬州（Oklahoma）的一個男人感染了這種病毒。此後至少還記錄了五個相同的病例。疾病管制與預防中心出奇地不願多談病例數目；他們只說：「自二〇一八年六月起，數目有限的波旁病毒病例在美國中西部與南部地區被確認出來」——如此的表述方式有點奇怪，因爲，顯而易見，任何疾病所可能引發的感染數目根本毫無上限才對。在我寫作本書期間，最新確認出來的病例是一名五十八歲的女士，她在密蘇里州（Missouri）東部的梅勒梅克州立公園（Meramec State Park）工作時，遭到壁蝨叮咬，之後不久便去世了。

據推測，所有這些難以捉摸的疾病，可能已經感染了非常多人，但症狀都沒有嚴重到會讓人察覺。二〇一五年，一名疾管中心的科學家，在接受國家公共廣播電台的記者訪問時說道：「除非醫生特別去爲眼下這回的感染病例進行實驗室檢測，不然必定會有所遺漏。」他所提及的是另一種神秘的病原體「哈特蘭病毒」（Heartland virus）。（這類的病毒眞的很多。）該病毒是在二〇〇九年的密蘇里州靠近聖喬瑟夫（St Joseph）的地方被首度發現，而自二〇一八年末起，哈特蘭病毒感染了二十多人左右，而因此身故的人數不詳。而迄今爲止，可以確定指出的只是，這種病毒僅感染非常不走運的少數人，而這些人彼此相距遙遠，並未有任何已知的聯繫關係。

有時，學者以爲又發現了一種新疾病，事實上卻全然並非如此。在一九七六年所發生的一場疫情，即是明顯的例子：美國退伍軍人協會（American Legion）當年在賓州費城的貝爾維尤—斯特拉特福飯店（Bellevue-Stratford Hotel）舉辦大會，結果參加會議的代表們紛紛開始生起病來，而且沒有任何專家可以確認是什麼病。其中許多人很快便性命垂危。短短幾天之內，有三十四人宣告不治，而另有一百九十人左右患病，其中一些人病情嚴重。更有甚者，這起事件存在一個令人費解的謎團：病人中約有五分之一並未踏入飯店一步，而只是徒步經過飯店而已。疾管中心的流行病學家費時兩年才確認病因：那是一種來自他們所稱爲的軍團菌屬（Legionella）的全新細菌，而該菌藉由飯店的空調管道擴散開來。倒楣的行人由於走過排出的廢氣煙霧中，因而受到感染。

許久之後，專家們才理解到，軍團菌屬的細菌幾乎肯定也是，一九六五年在華盛頓特區與三年後在密西根州的龐蒂亞克（Pontiac）兩地所爆發的疫情的罪魁禍首，因爲，疾病的表現類似，而且同樣令人毫無頭緒。實際上，專家們發現，貝爾維尤—斯特拉特福飯店在該場疫病爆發的兩年之前，在奇士獨立會（Independent Order of Odd Fellows）舉辦大會期間，就曾經發生過一次規模較小、致命性較低的肺炎群聚感染事件，不過，由於無人死亡，因此幾乎沒有受到關注。我們如今知道，軍團菌屬的細菌廣泛分布在土壤與淡水之中，而它所引發的退伍軍人症（Legionnaires' disease），也已經比大多數人所以爲的更爲常見。美國每年會通報十二次左右的該病爆發事件，而大約有一萬八千人的病情會嚴重到需要住院，不過，疾管中心認爲，這個通報人數八成低於實際人數。

而阿克雷里病的情況大抵如出一轍：更進一步的調查顯示，一九三七與三九年在瑞士已經有類似的疫病爆發，而一九三四年的洛杉磯也很可能如此（當時認爲這是一種輕微形式的脊髓灰質炎）。而再往前推，是否它還出現於任何地方，則不得而知。

¶

一種疾病是否會變成傳染病，取決於四個因素：致死率如何；發現病人的容易程度；控制疾病的困難程度；與疫苗接種的有效性。大多數眞正駭人的疾病，在以上四者的表現其實並不好；這個意思是說，某個疾病如果具有讓人聞風喪膽的特點，通常也會使它的傳播力道受阻。比如，伊波拉病毒（Ebola）確實使人驚恐萬分，以至於身處傳染地區的人們會走避他方，盡一切所能逃離所有接觸機會。此外，伊波拉病毒還會迅速使受害者失去行動能力，所以，在病毒能夠廣泛傳播疾病之前，多半便無法順利流通。雖然令人咋舌的是，伊波拉病毒極具傳染性——

不比這個字母「o」大的一小滴血，可以含有一億顆病毒顆粒，而每一顆均如同手榴彈一般要人命——不過，它在傳播上的笨拙性，使它的威力受到限制。

表現優異的病毒，它的成功特點是在於，致命性並不太高，因此能夠廣泛傳播。流感之所以成爲我們長久以來的威脅，原因正是如此。典型的流感病毒會在受害者出現症狀之前一天左右，便使受害者具有傳染力，而在他們康復之後一週期間仍然可以傳播病毒，這就造成每個患者均成爲疾病媒介。一九一八年的西班牙流感（Spanish flu）導致全球累計幾千萬人的死亡——某些估算甚至高達一億人——並非因爲它的致死率特別高，而是因爲它具有持續不退的高度傳染力。據信，它僅使百分之二點五的感染者死亡而已。伊波拉病毒假使能夠突變出一種較爲溫和的形式，不會突然造成社區人們的恐慌，反而會使染病者更容易與其他毫無戒心的人彼此來往，那麼，它可能會更有效率，而長期而言，也更危險。

當然，我們毫無得以自滿的理由。伊波拉病毒在一九七〇年代才被確認出來，而直至最近，所有疫情爆發也都是爲期短暫的孤立事件。不過，二〇一三年，伊波拉病毒傳播進三個國家——幾內亞（Guinea）、賴比瑞亞（Liberia）與獅子山（Sierra Leone）——而且，感染了二萬八千人，造成一萬一千人喪命。這堪稱大規模的爆發。伊波拉病毒有好幾次經由人們航空旅行的途徑，傳播進其他國家，幸好每一次都被妥善控制。但我們可能並非總是能夠如此幸運。伊波拉病毒的高致命性，使它比較不可能成爲四散各處的疾病，不過，它是否永遠如此，卻也沒有任何保證㊶。

不可思議的是，壞事居然沒有更爲經常發生。依照艾德．楊（Ed

㊶ 人們在談論疾病時，經常互換使用兩字：「contagious」（接觸性傳染的）與「infectious」（傳染性的）；但是兩者其實有所差別。所謂的「infectious disease」（傳染性疾病），是指由微生物引發的疾病，而「contagious disease」（接觸性傳染病）則是經由接觸所引發的疾病。

Yong）在《大西洋》雜誌中所引述的一項估算，鳥類與哺乳類動物身上所帶有的病毒，有可能跨越物種屏障進而感染我們的數目，大概高達八十萬種。那可真是不小的潛在危機。

2

有時會聽到這種說法——只有若干戲言的成分——歷史上最糟的促進健康措施，即是農業的發明。賈德．戴蒙（Jared Diamond）把這件事說成是「一場我們永遠無法從中恢復起來的災難」。

有悖常理的是，務農與畜牧並未帶來飲食改善的結果，反而在幾乎所有地方使食物品質下降。將重心放在品種範圍有限的主要糧食作物之上，意謂著，大多數人都至少遭受某種程度的膳食營養缺乏，而且不見得會意識到這個問題。再者，就近與禽畜生活在一起，也代表著，牠們的疾病會變成我們的疾病。痲瘋病、鼠疫、結核病、斑疹傷寒、白喉、麻疹、流感——所有這些疾病全都從山羊、豬、牛等等直接跳至我們身上。依照某個估算，大約有百分之六十的傳染性疾病是人畜共通（亦即，來自動物之意）。務農與畜牧促成了商業、知識與文明成就的興盛，但也給予我們幾千年來的一口爛牙、發育不良與每況愈下的健康。

我們早已忘記，許多疾病一直到相當晚近的時期仍舊十分猖狂的景況。以白喉爲例來說明。直至一九二〇年代，在引進疫苗接種之前，白喉每年在美國讓超過二十萬人病倒，並造成其中一萬五千人死亡。孩童特別易受感染。通常來說，白喉的初期症狀是輕微發燒、咽喉痛，所以一開始很容易誤認爲感冒，不過，它很快便會症狀加劇，死亡的細胞累積在喉嚨上頭，形成皮革般厚厚的一層覆蓋物，造成呼吸益發困難，而且，它會擴散至全身各處，使器官一個接著一個停擺。（「diphtheria」〔白喉〕一字，衍生自字意爲「皮革」的希臘文；附帶一提，該字的正確發音如同「diff-theria」，而非「dip-theria」。）死亡往往很快隨之而來。當時經常見到，在單單一次白喉疫情爆發中，許多父母便失去了膝下所有子女。今日白喉已經十分罕見——在最近十年，美國僅記錄到五個病例——這導致了，許多醫生可能在診斷上相當傷腦筋。

傷寒在過去同樣令人膽寒，它所釀成的災難足以與白喉相提並論。偉大的法國微生物學家路易・巴斯德（Louis Pasteur）在他的年代，對於病原體的了解無人能出其右，不過，他的五名子女中，就有三名是葬送在傷寒之下。傷寒（typhoid）與斑疹傷寒（typhus）名稱類似，症狀也相仿，但卻是不同的疾病。兩者皆由細菌傳染，都有明顯的腹痛、倦怠，而且會有意識混亂的傾向。斑疹傷寒是由立克次體所引發；傷寒則由一種沙門氏菌所傳播，傷害性比前者嚴重。有很小比例（介於百分之二至五之間）的人們在感染了傷寒之後，並不會發病，但卻具有傳染力，使他們成爲高效的傳染媒介，儘管當事人幾乎總是不知情。最知名的傷寒帶原者，是一位名叫瑪莉・馬瓏（Mary Mallon）的行事隱密的廚娘與管家；她在二十世紀初期被稱爲「傷寒瑪莉」而聲名狼籍。

有關瑪莉・馬瓏的早年事蹟，我們幾乎一無所知。在她的年代中，有報導說她來自愛爾蘭，但也有說法是英格蘭或美國本地。能夠確定指出的只是，在她成年之後便開始在一些富有家庭中工作，主要是在紐約城區，而在她所到之處，總是會發生兩件事：有人感染傷寒病倒，以及，瑪莉・馬瓏突然不告而別。一九〇七年，在一次特別嚴重的疫情爆發後，相關疫調追蹤到她本人，並且進行檢測；而在檢驗結果出爐之後，瑪莉便成為史上第一位被確認出來的無症狀帶原者，也就是說，她本人具有傳染力，但毫無傷寒症狀。這使她讓人望而生畏，所以有關當局無視她的意願，以保護管束之名監禁她達三年之久。在她承諾永遠不再從事有關食物料理的差事之後，她獲得釋放。遺憾的是，瑪莉並非是那種值得信賴的人。她幾乎立刻再度投身在廚房工作之中，在幾個新地點散播傷寒。她想方設法躲避追捕，一直到一九一五年，位在紐約曼哈頓的史隆婦產科醫院（Sloane Hospital for Women）有二十五人感染傷寒，而瑪莉當時以假名在那兒擔任廚工。有兩名受感染者因此死亡。瑪莉再次逃走，但這次遭到逮捕，而且餘生的二十三年都被軟禁在東河（East

River）的北兄弟島（North Brother Island）上，直至一九三八年過世爲止。她被認爲造成至少五十三例的傷寒病發，其中三人確認因此病死，不過受害人數恐怕還更多。這場悲劇尤爲悲慘的一點是，如果她在料理食物之前洗洗手，便可能讓那些不幸的受害者免於遭受厄運。

傷寒如今可能已經不會如同從前那樣使人擔憂，但它每年在全球各地還是繼續感染了超過兩千萬人，而依照不同的數據來源，它也造成了二十萬至六十萬不等的人們死亡。據估計，美國每年有五千七百五十人罹患傷寒；其中三分之二左右是從境外移入，不過，將近有兩千人則是在境內染疫。

¶

假使你想要想像，一個在所有可能方面都表現嚴重的疾病會是什麼樣子，那麼，符合你的思考需求的疾病，莫過於天花。在人類的歷史中，天花的確堪稱是最具毀滅性的疾病。它幾乎會感染每個接觸過它的人，而且會讓其中百分之三十的受害者因而喪命。單單二十世紀的死亡總數，據信就有五億人左右。天花駭人的傳染力，可以從一九七〇年德國的一個病例中明顯得知：一名年輕人去巴基斯坦旅行，在返國途中罹患了天花，他被送進醫院的隔離病房，不過，有一天，他打開了窗戶偷偷抽了一根菸。據報導，他的這個動作，便足以使大約兩層樓外的十七個人染病。

天花只會感染人類，結果這成爲它本身極端嚴重的缺陷。其他的傳染性疾病，比如明顯如流感者，可以從人類族群中消失，然後，在某種程度上，去到鳥類、豬隻或其他動物之間休養生息。然而，當人類逐步剿滅，使天花在地球上的領地愈來愈小，它卻完全沒有這種可資撤退的大後方。在遙遠過去的某個時間點上，天花便將攻擊力道專注在人類之上，因而喪失了感染其他動物的能力。事後證明，它挑選了不對的敵人。

如今，任何想罹患天花的人，唯一的方法是，由我們來感染我們自己。不幸的是，這還眞的發生過。一九七八年，伯明罕大學（University of Birmingham）的一名醫學攝影師珍妮特．帕可（Janet Parker），因爲抱怨頭痛讓她無法思考，在夏末某一天午後提早從工作返家。她很快就病得很嚴重——發燒、神智不清、身體長滿膿皰。她是經由通風管道感染到天花病毒；而病毒則是來自她的辦公室樓下那層樓的一間實驗室。在那兒，有一位名叫亨利．貝德森（Henry Bedson）的病毒學家，一直以來都在鑽研，地球上尚允許研究之用的最後的天花樣本。由於他必須在所持有的樣本銷毀日期前完成研究，所以他拼命埋首工作，顯然在安全保存樣本上，逐漸變得漫不經心。可憐的珍妮特．帕可在感染後兩週左右過世，而這也使她成爲地球上最後一位死於天花的人。她其實在十二年前接種過天花疫苗，不過，疫苗效力沒有持續下來。當貝德森得知天花病毒從自己的實驗室外洩，進而使無辜者送命，他走向了自家花園的棚屋內輕生贖罪，所以，在某種意義上，他才是天花的最後一名受害人。帕可接受治療時所住過的醫院病房，之後被封鎖了長達五年之久。

一九八〇年五月八日，在帕可悲慘過世的兩年之後，世界衛生組織宣布，天花已經從地球上根絕；頭一個人類的疾病，也是迄今爲止唯一的一個，從此完全滅絕。不過，在名義上，還有兩份樣本存貨繼續留在世上，分別冰存在喬治亞州亞特蘭大的疾管中心總部，與位在西伯利亞、靠近新西伯利亞市（Novosibirsk）的一家俄羅斯的病毒學研究所——兩者的冰庫之中。美、俄兩國有好幾次允諾要銷毀剩餘的存貨，但都言而無信。二〇〇二年，美國中央情報局宣稱，法國、伊拉克與北朝鮮極可能也擁有天花樣本。而同樣無人可以具體說明，是否還有樣本可能意外留存下來，而可能的數量又有多少等問題。二〇一四年，某個人查看了美國食品藥品監督管理局位在馬里蘭州（Maryland）的貝塞斯達（Bethesda）的庫房，發現了幾小瓶一九五〇年代儲存下來的天花樣本，而且病毒依舊存活。這幾小瓶天花業已銷毀，但令人不安的是，這件插曲提醒了我們，人們對待這類樣本的態度可能會有的輕忽程度。

天花已經飄然遠去，如今地球上最致命的傳染病則是結核病。每年有一百五十萬至兩百萬人死於結核病。它也是另一個我們大半已經遺忘的疾病，然而，僅僅在幾個世代之前，它依舊極具摧毀性。一九七八年，路易斯．托馬斯（Lewis Thomas）在《紐約書評》上的一篇文章中，回想起一九三〇年代在他還是一名醫學生時，所有針對結核病的治療是多麼令人無望的景況。他指出，那時，任何人都可能罹患結核病；幾乎完全沒有辦法可以讓自己免受感染。假使你染病，人生就完了。「這個病對病人與家屬來說，最艱難的部分是，要花上如此之久的時間才會死去。」托馬斯寫道：「唯一的解脫是，臨終前所出現的稱爲『spesphthisica』的怪現象：病人的心情會突然變得樂觀、充滿希望，甚至有點歡欣鼓舞。這是最糟的徵兆：『spesphthisica』的意思是，死亡即將到來。」

作爲一種災禍，結核病會隨著時間的推移愈來愈惡化。直至十九世紀晚期，結核病還稱爲「consumption」（消耗性疾病），被認爲是經由遺傳而來的疾病。不過，當微生物學家羅伯特．科赫在一八八二年發現結核桿菌時，醫療界毫無疑問理解到，這種疾病具有傳染性——

對於親人與照護者來說，這是遠遠更爲令人不安的發現——而它也以「tuberculosis」（結核病）之名而更廣爲人知。患者先前被送進療養院，完全是出於爲了他們的養病考量；而如今，則有更爲緊迫的流放意義在內。

幾乎所有地方的結核病患者，均接受規定嚴厲的養生法。在某些醫療機構，醫生會切斷患者橫隔膜上的神經（這個手術稱爲「橫隔膜壓制術」〔phrenic crush〕），以降低他們的肺部活動能力；或是注射氣體進入胸腔，使患者肺部無法完整充氣膨脹。而英格蘭的弗里姆利療養院（Frimley Sanatorium）的專家，則嘗試相反的作法。他們發給每個院內患者一人一支十字鎬，讓他們去做耗費體力、毫無意義的勞動；專家們相信，這可以強化患者疲憊的肺臟。以上這些作法（極可能）都沒有帶來任何一點助益。不過，大部分機構的療養方法，只是很簡單地讓患者保持平靜不動，以防止這種病從患者的肺部擴散至其他身體部位。患者被禁止交談、寫信，或甚至讀書、讀報，因爲唯恐書報內容引起不必要的興奮之情。貝蒂・麥克唐納（Betty MacDonald）在她寫於一九四八年的暢銷書——今日依舊非常具有可讀性——《瘟疫與我》（The Plague and I）當中，記錄了她本身住在華盛頓州（State of Washington）一家肺結核療養院的經驗；她提及，她與其他院內病人僅被允許每月一次接受子女訪視十分鐘，而週四與週日，則可以接待配偶與其他成人訪客兩小時。病人不被允許非必要的說話或發笑，唱歌更是不行。他們被規定，在大部分的清醒時間內必須躺著不動，也不能彎腰或撿東西。

大多數人可能都沒留意過結核病的原因是，在每年超過一百五十萬例的死亡中，占有百分之九十五是發生在低收入或中等收入的國家。全球大約每三人便有一人帶有結核病菌，但其中僅有小比例的人會發病。它一直存在於我們的周邊四處。美國每年約有七百人死於結核病。倫敦今日的一些行政區中，結核病的感染率幾乎與奈及利亞或巴西相當。同樣令人擔憂的是，結核病的抗藥性菌株所造成的感染，占有新病例中的百分之十。不久的將來，我們有一天可能必須面對無藥可醫的結核病疫情，而這完全不是危言聳聽。

歷史上許多令人畏懼的疾病仍舊繼續張牙舞爪，並未被全然擊退。無論你相信與否，腺鼠疫（bubonic plague）也還在蠢蠢欲動。美國每年平均有七件腺鼠疫病例；而在許多年間，有一兩例因此死亡。而在更廣大的世界中，則存在有大多數已開發國家中的人得以倖免的許多疾病，比如，利什曼病（leishmaniasis）、砂眼（trachoma）與熱帶肉芽腫（yaws）——有些人甚至從未聽聞過這些疾病名號。而這三個疾病，再加上另外十五個，統稱爲「被忽視的熱帶疾病」，影響了全球超過十億的人口。僅以其中一種來說明：全球有超過一億二千萬人罹患淋巴絲蟲病（lymphatic filariasis），這是一種寄生蟲感染疾病，會使受害者外貌改觀變形。尤其令人深感遺憾的是，其實只要將一種簡單的化合物加進食鹽之中，便可根絕任何地方所出現的淋巴絲蟲病。而其他被忽視的熱帶疾病中，許多也同樣極其可怖。幾內亞線蟲（Guinea worms）可以在受害者體內成長至一公尺之長，然後鑽出他們的皮膚出逃。即便是今日，唯一的治療方式仍然只是，每當牠們從皮膚上冒出來時，用一根細木枝纏住蟲體，以略微加速牠們脫出人體的過程。

在對抗這些疾病上，我們所獲得的大多數進展，皆屬得來不易——其實這麼說還算有點輕描淡寫。想想偉大的德國寄生蟲學家特奧多爾·比爾哈茲（Theodor Bilharz,1825-62）——他經常被稱作熱帶醫學之父——所做出的貢獻，就知道我所言不虛。他的整個學術生涯均奉獻在，努力理解與征服某些世界上最惡劣的傳染病，而這也使他不斷遭受九死一生的危機。比爾哈茲希望可以更好地去了解難纏的血吸蟲病（schistosomiasis；該病有時也稱爲「bilharzia」〔比爾哈茲氏蟲病〕，以紀念他的貢獻），他於是將處在「尾動幼蟲（cercaria）時期」的血吸蟲用繃帶綁在腹部之上，然後在接下來幾天當中，仔細記錄這些小蟲子如何鑽入他的皮膚，一路前進去侵入他的肝臟。這次實驗的經歷並沒有使他喪命，但他之後不久，因爲在埃及的開羅努力協助當地防堵斑疹傷寒的流行因而染疫，在僅僅三十七歲之際便英年早逝。美國人霍華德・泰勒・立克次（Howard Taylor Ricketts, 1871-1910）在前往墨西哥研究斑疹傷寒期間，同樣也因此染疫死亡；而他是「立克次體」這種細菌的發現者。他的同儕——來自約翰・霍普金斯大學醫學院的傑西・拉齊爾（Jesse Lazear, 1866-1900），在一九〇〇年前往古巴，努力想證明黃熱病是由蚊子所媒介傳播，卻也染上該病——很可能是他故意讓自己感染——因而去世。來自波希米亞（Bohemia）的史坦尼斯勞斯・馮・普羅瓦澤克（Stanislaus von Prowazek, 1875-1915）周遊世界研究傳染性疾病，由此發現了砂眼的致病因子；他之後在一間爆發斑疹傷寒的德國監獄中進行研究，卻也不幸染疫，於一九一五年病逝。這份犧牲名單可說不勝枚舉。病理學家與寄生蟲學家是醫療科學中最高貴而無私的一群研究員，他們在十九世紀末至二十世紀初，冒著高度風險致力於破解世界上最險惡的疾病，還太常因此付出了自己的性命。我們實在應該找個地方爲這些英雄樹碑紀念。

3

儘管我們已經不再有太多人死於傳染性疾病，然而，還是有許多其他疾病接續而來塡補空缺。比起過去，如今有兩類疾病特別明顯易見，而原因至少在部分上是因爲，我們沒有先死於其他疾病之故。

其中一類是遺傳性疾病。二十年前，已知的遺傳性疾病大約有五千種。今天則是七千種。其實，遺傳性疾病的數目固定不變，改變的只是我們辨別的能力提升。有時，一個異常的基因便能引起某種機能失調，如同亨汀頓症（Huntington's disease）的例子所示——這個疾病過去稱爲「亨汀頓舞蹈症」（Huntington's chorea；「chorea」衍生自字意爲「舞蹈」的希臘文），很難理解可以這麼明顯不顧他人感受，在病名中直接指稱亨汀頓症患者那種扭動、抽動的動作。這是一種非常不幸的疾病；每一萬人中，大約有一人會受到影響。通常來說，患者在三、四十歲之時，會首次出現症狀，然後會無可避免地進展成衰老失智，並且會提早死亡。而致病原因是，在「HTT基因」上發生了一個突變；這個基因所生成的蛋白質，稱爲亨汀頓蛋白（huntingtin），是人體中最大與最複雜的蛋白質之一，而我們對它的功用爲何毫無概念。

更常見到的是，多個基因一同運作致病，而由於箇中機制通常都過於複雜，以致無人全然理解。比如，發炎性腸道疾病牽涉到的基因數目，輕輕鬆鬆便超過一百個。而至少有四十個基因與第二型糖尿病有所關連——遑論你還得把其他諸如健康狀況與生活形態等決定因素，列入考慮。

大多數疾病都有一系列複雜的促發因子。亦即，我們經常無法正確指出眞正的肇因爲何。比如，多發性硬化症是一種中樞神經系統的疾病，患者會漸進地遭受神經麻痺與運動控制能力的喪失，而且幾乎總在四十歲之前開始出現病徵。它毫無疑問是一種遺傳性疾病，但是，它也包含某種地理因素在內，無人能闡明這個怪象。北歐人比起氣候較爲溫暖地區的人們，更容易罹患此病。如同大衛．班布里奇所言：「有關溫帶氣候爲何使你會攻擊自己的脊髓的原因，並不十分令人明瞭。但是，這種影響很清楚，甚至有研究業已表明：如果你是北方人，只要在青春期之前搬往南方定居，你便能降低患病風險。」女性不成比例地更容易受到這種疾病的襲擊，同樣無人能斷定原因爲何。

幸好，大多數遺傳性疾病均相當罕見，世人經常難以察覺。罕見遺傳性疾病的患者中，一位較爲著名的例子是，藝術家翁西・德・土魯斯—羅特列克（Henri de Toulouse-Lautrec）；據信他罹患了緻密性成骨不全症（pycnodysostosis）。羅特列克直至青春期前的身形比例依舊正常，不過之後雙腿停止發育，儘管軀幹持續成長至正常成人尺寸。結果，當他站立時，看起來很像他跪著膝蓋。這個病迄今僅記錄了大約兩百個案例。罕見疾病的界定是，在兩千人中，疾病的罹患者不超過一人，然而，這類疾病卻存在一個重要的矛盾點：雖然每種疾病都沒有影響很多人，但集體來看的話，卻又有許多患者。總計有七千種左右的罕見疾病，這是如此之多，以致在已開發國家中，每十七人便約有一人罹患某一種罕見疾病，於是，我們一點也不能說那是「罕見」。不過，遺憾的是，只要一種疾病僅讓少數人致病，就不可能獲得太多研究的關注。高達百分之九十的罕見疾病，完全沒有任何有效的治療方式。

當代愈來愈常見，對大多數人構成遠遠更大風險的第二類的疾病，則是哈佛大學教授丹尼爾・李伯曼所稱之爲的「不相稱的疾病」（mismatch disease）——亦即，由好逸惡勞、放縱不拘的現代生活形態所導致的疾病。粗略而言，「不相稱的疾病」所依據的概念是，我們與生俱來擁有一副狩獵採集者的身體，但卻以沙發馬鈴薯之姿度過一生。假使我們想要身體健康，我們需要在飲食與活動度方面，回到如同我們的遙遠祖先所採行的方式。這並非意謂，我們必須大啖塊莖與獵殺牛羚過日子。它只是說，我們應該大大減少食用加工與含糖食品，淺嚐即止就好，然後要做更多的運動。如果無法如此，我們便會罹患，如同第二型糖尿病、心血管疾病等等這類會使許多人送命的疾病。的確如同李伯曼所指出，現今的醫療照護其實還使情況更糟糕，因爲它在治療這種「不相稱的疾病」的症狀上是如此有效，導致我們「在無意間使這種疾病的肇因永久長存」。李伯曼的坦率直白，則令人不寒而慄：「我們最有可能死於『不相稱的疾病』。」但更讓人警醒的是，他認爲，假使我們的生活態度可以更爲明智的話，那麼，在讓人喪命的疾病中，有百分之七十都可以輕易防患於未然。

¶

當我拜會聖路易斯華盛頓大學的麥可．金區之時，我請教他：他以爲，現在對我們來說，最大的風險疾病爲何。「流感。」他不假思索地回答：「流感比起一般人所認爲的要危險得多。首先，它已經造成了很多人的死亡；美國每年約有三萬至四萬人死於流感，而這還是在所謂『風調雨順的年度』才有的結果。流感演變的速度非常快，而這正是造成它特別危險的原因。」

每年二月，世界衛生組織與美國的疾病管制與預防中心會聯袂討論，決定下一波流感疫苗將依據何種病毒株來製作，通常都是依照當時東亞的流行情況而定。而箇中的難題是，流感病毒株極端易變，很難事前預測。你大概已經知道，所有的流感都有如同「H5N1」或「H3N2」這樣的名稱。這是因爲，每個流感病毒在表層上都擁有兩種型態的蛋白質，分別稱爲「haemagglutinin」（血凝素）與「neuraminidase」（神經氨酸酶），而兩者的首字母正是代表流感名稱中的「H」與「N」。H5N1意謂，這個病毒結合了血凝素的第五個已知亞型，與神經氨酸酶的第一個已知亞型，而出於某種理由，這個流感組合方式特別難纏。「H5N1這個流感版本，更常稱爲『禽流感』，它會造成百分之五十至九十的感染禽類的死亡。」金區說：「幸運的是，它尚未變成人傳人的流感。本世紀到現在爲止，它已經造成四百人左右的死亡，大約是受感染者的百分之六十。不過，我們得小心它產生變異。」

世衛組織與疾管中心基於所有的已知資訊，會在二月二十八日宣布他們所決定的流感病毒株，而全球所有流感疫苗生產廠商便會開始進行製造。金區說：「廠商從二月到十月就會做出新的流感疫苗，希望我們可以爲下一次大型流感季節做好準備。不過，當眞正出現具有摧毀性的新型流感時，我們其實對有無選對病毒類型完全沒有任何保證。」

舉一個新近的例子來說明：在二〇一七至一八年的流感季節時，已經接種疫苗的人比起未曾施打者，僅有百分之三十六的比例比較不會罹患流感。結果，對於美國來說，那是一個流感凶年，病歿人數估計約有八萬人。金區認爲，在一個眞正災難性的疫情中——比如說，傳染病大規模讓孩童與年輕人病逝——即使疫苗有效，我們也無法夠快地生產出疫苗，去爲每個人接種。

「事實上，」他指出：「比較起一百年前造成幾千萬人喪命的西班牙流感當時的情況來說，我們今天面對險惡的疫情爆發，完全沒有更爲充分的準備。而我們之所以沒有遭遇如同那般慘況的原因，並非因爲我們已經特別有警覺性，而是因爲我們比較走運而已。」

21

當情況大不妙：癌症

我們只是肉身。而它出現問題。

——湯姆·拉伯克（Tom Lubbock）《另行通知前，我都還活著》（*Until Further Notice, I Am Alive*）

1

癌症是大多數人最恐懼的疾病，然而，這樣的懼怕之情卻是相當晚近才出現。一八九六年，甫創刊發行的《美國心理學期刊》（American Journal of Psychology）詢問受訪者，請他們舉出心中最擔憂的健康危機；在回答中，幾乎沒有人提及癌症。白喉、天花與結核病是當時最令人不安的疾病，不過，甚至是破傷風、溺水、被染上狂犬病的動物咬傷，或是遭遇地震，通通皆比癌症更令一般人生畏。

這有一部分的原因是，過去人們的壽命，通常並未長到足以讓許多人罹患癌症。辛達塔．穆克吉寫過一本有關癌症歷史的著作《萬病之王》（The Emperor of All Maladies）；他提及他的一名同事曾經對他說：「有關癌症的早期歷史就是，非常少見到有關癌症的早期歷史」。癌症在過去並非完全不存在，毋寧是說，對於癌症是一種很可能發生的恐怖疾病，並未在人們的腦海中留下印象。而就這個意義來說，癌症跟現在的肺炎相當類似。肺炎依舊是現今最常見的第九大死因，不過，很少有人會極端畏懼死於肺炎，因爲，我們往往把肺炎與體弱多病的年長者聯想在一起，他們總之也行將就木。在過去很長的時間中，這就是人們對於癌症的印象㊷。

而到了二十世紀，這一切則全然改觀。在一九〇〇至四〇年之間，癌症作爲死亡原因一路從第八位跳升至第二位（只屈居於心臟病之下），自此以後，它就在我們對於死亡的感知中投下長長的陰影。今日，大約有百分之四十的人會在一生中的某個時間點上，發現自己罹患癌症。而有多上更多的人本身罹癌卻不自知，會先因爲其他原因而死去。

㊷「cancer」（癌症）原本指稱任何無法治癒的膿瘡或潰瘍，所以與「canker」（潰瘍或癰、瘡）一字相關。而癌症如今所指稱的較爲現代而特定的意義，則源自十六世紀。它在拉丁文的字意爲螃蟹（這也是爲何天體星座與相關的占星星座稱爲「Cancer」〔巨蟹座〕的原因）。據說，古希臘醫生希波克拉提斯之所以使用這個字來指稱腫瘤的原因是，腫瘤的形狀讓他聯想到螃蟹。

比如，對於超過六十歲的男性來說，會有一半的人在死亡時發現，身上長有攝護腺癌，但卻沒有在生前察覺，而對於超過七十歲以上的男性，更有四分之三的人如此。事實上，已經有說法指出，只要男性的壽命夠長，他們都會患有攝護腺癌。

癌症在二十世紀不僅成爲人們的恐懼之源，它還背負著惡名。一九六一年，美國在一項針對醫生的調查中發現，百分之九十的醫生不會在患者罹癌時當面告知，因爲人們對於癌症的恥辱與恐懼是如此巨大，以致難以啓齒。英國在大略相同時期中的一項調查也發現，百分之八十五左右的癌症病患希望知道自己是否將不久於人世，不過，介於百分之七十至九十的醫生無論如何都會拒絕告知。

我們往往會說我們「得到」癌症，一如遭到細菌感染一樣。但事實上，癌症全然是體內自發產生，是身體自行開啓的疾病。二〇〇〇年，《細胞》（Cell）期刊刊登了一篇里程碑式的論文，列出了所有癌症細胞的六個專有屬性，分別如下：

癌細胞的分裂沒有極限。

癌細胞的成長沒有目標方向，而且不受外在作用因子如賀爾蒙等的影響。

癌細胞會參與血管新生（angiogenesis）的過程，亦即，癌細胞會欺騙身體來爲它供應血液。

癌細胞漠視任何停止生長的訊號。

癌細胞不會屈服於細胞凋亡（apoptosis）的過程，亦即，它不會服從業已排定的細胞死亡指令。

癌細胞會進行轉移，亦即，它會擴散至身體其他部位。

歸根結底，聳人聽聞的是，癌症是你的身體盡其所能要殺死你。它是未經許可的自殺。

「所以，癌症不會造成接觸性傳染。」喬瑟夫．佛耳摩（Josef

Vormoor）博士說道：「癌症是你自己在攻擊自己。」佛耳摩在荷蘭的烏特勒支市的瑪可西瑪公主兒童癌症中心（Princess Máxima Center for Childhood Cancers），創立了小兒血液腫瘤科，並且是首任臨床主任。他是一名老朋友；我初次認識他時，他還在前一份工作中：他當時於紐卡索大學（Newcastle University）的癌症研究北方學院（Northern Institute for Cancer Research）擔任主任。二〇一八年夏天，瑪可西瑪公主醫院正式展開營運；而在此不久之前，他便加入了該醫院的團隊。

癌細胞一如正常的細胞，除開它會狂野地不斷增殖之外。正因爲癌細胞看起來是如此正常，身體有時會無法偵測出來，不會啓動如同遭遇外來異物時的發炎反應。也就是說，大部分癌症在早期階段既無痛亦無形。唯有直到腫瘤長得夠大，以致壓迫到神經，或是形成腫塊，我們才會意識到情況不妙。有些癌症會在數十年間靜靜累積積聚，然後才變得明顯可感。有些則永遠不會現形。

癌症相當不同於其他疾病。它的攻擊力道經常很頑強。戰勝癌症幾乎總是得來不易，而且患者的整體健康經常因此付出巨大的代價。癌細胞在我們的強功猛擊之下會鳴金收兵，然後經過重新整軍經武，再以更為強大的戰力反撲。甚至在它看似已被擊敗，它可能會留下執行潛伏任務的細胞，由此按兵不動多年，然後才再度復甦作亂。最重要的一點是，癌細胞自私成性。正常而言，人體細胞各司其職，然後在顧全身體大我的利益之下，接受其他細胞所發出的指令而死去。癌細胞則不這麼做。癌細胞只會依照小我利益不斷增殖下去。

「經由演化，癌細胞獲得了迴避受到偵測的能力。」佛耳摩說：「癌細胞也可以躲避藥物。它能發展出抵抗力。它能召募其他細胞來幫助它。它也能進入冬眠，慢慢等待更好的生存條件出現。它會想方設法，使我們想殺死它變得難上加難。」

我們直至最近才理解到，在癌症轉移之前，癌細胞便能為了入侵遠處的目標器官做好準備，它大概是經由某種形式的化學傳訊而達成。「這個意思是說，」佛耳摩說：「當癌細胞擴散到其他器官時，它不會只是突然人出現在那裡，然後祈禱事情對自己有利而已。相反地，它在那個目的地器官上已經有了一座基地營。有關某些癌症為何會轉移至某些器官，而且通常還是處於較為遠端的身體部位——這個問題始終還是個謎。」

我們有時需要提醒自己：我們在此所思考的癌細胞，它並沒有腦袋。癌細胞並非故意行徑惡毒。癌細胞並沒有密謀虐殺我們。它所做的一切，正是所有細胞努力做到的事——求生。「世界充斥著危險，」佛耳摩說：「所有細胞已經演化出林林總總的方案，用來幫助自己防範DNA受損。細胞只是去做排定好要做的事而已。」或者，如同佛耳摩的一名同事奧拉夫．海登賴希（Olaf Heidenreich）對我所做的解釋：「癌症是我們為了演化所付出的代價。如果我們的細胞無法突變，我們永遠不會得癌症，但是，我們也因此而無法演化。我們會永遠都固定不變。而放到實際面上來談，也就是說，儘管演化有時對於個體來說很殘酷，但整體而言卻對物種有益。」

癌症其實並非只是單獨一種疾病，而是包括一系列超過兩百種的疾病，而且個個在病因與預後上，充滿許多歧異。百分之八十的癌症，發生在上皮細胞（稱爲「惡性上皮細胞腫瘤」〔carcinoma〕）；而上皮細胞是指，組成皮膚與器官內襯表層的細胞。比如，乳癌並非只是隨機長在乳房裡面；通常來說，都是從乳腺管的病變開始。上皮細胞被認爲特別容易癌變的原因是，它經常快速地進行細胞分裂。而僅有百分之一的癌症出現在結締組織，這稱爲肉瘤（sarcoma）。

癌症特別與年齡相關。從出生到四十歲之間，男性的罹癌機率僅有七十一分之一，而女性是五十一分之一，但是，超過六十歲，男性則陡升至三分之一，而女性是四分之一。八十歲的人的可能罹癌機率是青少年的一千倍。

在決定誰會罹癌的原因上，生活形態占有巨大的比重。依據某些估算，超過一半的癌症病例是由我們可以致力改善的事情所引起，主要有吸菸、飲酒過量與飲食無度。美國癌症協會發現，在體重過重與肝癌、乳癌、食道癌、攝護腺癌、結腸癌、胰臟癌、腎臟癌、子宮頸癌、甲狀腺癌以及胃癌——總之，身體大約處處都可能癌變——的發病率上，具有「顯著的關連性」。無人了解，體重究竟如何起到決定性的作用，但體重似乎肯定是個致癌因素。

接觸有害的環境因子，也是一個重要的致癌成因——而且，或許比大多數人的理解來得重要得多。第一個指出環境因子與癌症之間具有關連性的人，是英國的外科醫師波希瓦．波特（Percivall Pott）；他在一七七五年注意到，陰囊癌不成比例地盛行在煙囪清掃工群體之中——實際上，因爲是如此特定地好發於這個職業之中，以致這個病也被稱爲「煙囪清掃工癌」（chimney sweep's cancer）。在一部稱爲《與白內障、鼻腔息肉、陰囊癌等等相關的外科觀察》（Chirurgical Observations Relative to the Cataract, the Polypus of the Nose, the Cancer of the Scrotum, Etc.）的著作中，波特針對這些工人苦難的調查之所以受到矚目，不僅是由於他確認出某種癌症的環境根源因素，而且，也由於他對這群可憐的煙囪清掃工，表達了某些同情之心，因爲，在那樣苛刻而冷漠的年代中，這群工人原本即形同被棄之不顧的群體。波特記錄道：清掃工從極年幼的孩提時期，「便經常被殘酷對待，幾乎天天挨餓受凍；他們被塞進狹窄、有時燙人的煙囪當中，因此而遭受撞傷、燒傷、幾乎被悶死；而當他們成長至青春期，便特別容易染上這種最難纏、最痛苦、最易致死的疾病」。波特發現，清掃工罹癌的原因是因爲，煤灰累積在他們的陰囊縐褶中。每週一次充分清洗便會阻止癌症發生，但大部分的清掃工甚至沒有一週洗澡一次的機會，於是陰囊癌直至十九世紀末依然還是個棘手難題。

基本上，由於環境因子很難確認查明，所以，迄今無人了解，它在怎樣的程度上導致癌症的發生。全球今日商業生產的化學製品超過八萬種，而根據一項估算，占有百分之八十六的產品並未進行針對人體的影響測試。我們甚至不太知道在我們的周身環境中，屬於良好或中性的化學物質有哪些。二〇一六年，加州大學聖地牙哥分校（University of California at San Diego）的彼得・多瑞斯坦（Pieter Dorrestein），在接受期刊《化學世界》（Chemistry World）的記者訪問時說：「如果有人問說，人類的居住環境中所存在的十大最豐富的分子是什麼，那麼答案是，沒有人知道。」在可能傷害我們的物質中，僅有元素氡、一氧化碳、菸草煙霧與石棉經過眞正全面的研究。而其餘的物質大多只能猜測。我們吸入大量的甲醛，因爲它用作阻燃劑，以及黏合家具的黏著劑。我們也製造與吸入大量的一氧化碳、多環芳香烴、半揮發性有機化合物與各種各樣的懸浮微粒。甚至食物烹煮與蠟燭燃燒都可能釋放對我們完全有害的微粒。儘管沒有人可以論斷，空氣與水中的污染物在怎樣的程度上使人罹癌，但一般以爲，比率可能高達百分之二十。

病毒與細菌同樣能夠使人致癌。二〇一一年，世界衛生組織估計，單單由病毒所引起的癌症，在已開發國家中即占有百分之六，而在低收入與中等收入國家中則占有百分之二十二。然而，這個論點一度被視爲相當偏激。一九一一年，一名剛剛在紐約的洛克菲勒研究院（Rockefeller Institute）獲得任職資格的研究員裴頓・勞斯（Peyton Rous），他發現了有一種病毒可以在雞隻身上引發癌症，不過，這個發現卻普遍受到漠視。由於面對許多異議，甚至嘲弄，勞斯便放棄了這個想法，轉而投入其他研究。直到一九六六年，也就是距離勞斯的發現超過半個世紀之後，他的研究才正式地被證明正確，他也因此榮獲了一座諾貝爾獎。我們如今知道，病原體造成了子宮頸癌（由人類乳突病毒所引起）、某些形式的伯基特氏淋巴瘤（Burkitt's lymphoma）與肝癌，以及種種其他一些不同的病症。據估計，對全球所有癌症來說，病原體總計可能引發了其中的四分之一。

而有時，癌症似乎只是殘酷地隨機發生而已。就現有的資料來看，在肺癌患者當中，大約有百分之十的男性與百分之十五的女性，本身並不吸菸，也沒有暴露於已知的環境危害物當中，或面對任何其他增大的風險因素。他們似乎只是非常、非常倒楣而已——不過，他們的運氣不好，究竟是屬於命運或基因作弄，則通常很難論斷㊸。

然而，有一件事對所有癌症來說都一樣：治療方式形同折磨。

2

一八一〇年，客居法國的英國小說家范妮．柏霓（Fanny Burney）在四十八歲之際，罹患了乳癌。我們幾乎無法想像，這在當時會是讓人多麼震驚的景象。兩百年前，每一種形式的癌症都很駭人，但乳癌尤其如此。大多數患者遭受經年的折磨，經常尷尬地難以啓齒，尤其當腫瘤漸漸吞食她們的乳房，留下一個開放的坑洞，從中滲漏出發臭的膿汁，使得可憐的她們根本不可能跟其他人來往，有時甚至也很難跟家人同室共處。外科手術是唯一可能的治療方式，但是在麻醉劑發明之前的年代

㊸ 警覺的讀者可能會注意到，所有這些百分比數字如果兜在一起加總起來，會超過百分之百。之所以如此，一部分的原因是因爲，這些數字都是估算值——在某些案例中，甚至不過只是猜測而已——而且來自不同的參考來源；另一部分的原因則是，重複計算了兩次或三次。比如，一名退休的煤礦工人因肺癌病逝，他的致癌原因可能歸諸於工作環境因素，或他的四十年菸齡，或兩者皆是。癌症的促發原因多半只能任人猜測。

中，相較於癌症本身，手術的疼痛與令人擔憂的程度亦不遑多讓，而且，幾乎總是伴有極高的致命風險。

有人告訴柏霓，她唯一的希望是施行乳房切除術。她在一封寫給妹妹埃絲特（Esther）的信文中，講述了她所經歷的劫難——「一場筆墨完全無法形容的驚濤駭浪」。甚至今日，該信內容也讓人不忍卒讀。在九月某日午後，柏霓的外科醫生翁端恩·杜布瓦（Antoine Dubois）率領六名助手（四位其他醫師與兩位學生）來到她的住所。一張床鋪已經移到房間中央，周圍也都清出空間，讓手術團隊得以工作。

「杜布瓦先生把我放到床墊上，在我的臉上鋪上一張麻紗手帕。」柏霓在信中告訴她的妹妹：「不過，手帕很透明，我可以透過它看到，七名男士與我的護士馬上圍繞在床鋪四周。我拒絕被綁起來；但當我透過明亮的手帕瞥見發亮鋼刀的閃光——我閉上了眼睛……當恐怖的鋼刀劃進乳房——切斷靜脈——動脈——肌肉——神經——任何不准我哭叫的禁令都對我沒用。我開始尖叫，而且在整個切除乳房期間，持續不斷尖叫——我現在耳朵居然沒有繼續因此嗡嗡作響，還眞叫我驚訝，那實在痛得讓我生不如死……我感覺到那把手術刀——畫出了一道弧線——逆著紋路切了下去，如果可以這樣說的話，而肉體抵抗的力道如此強勁，執意對抗動刀者，使得他的手非常吃力，無法久撐，於是被迫改變方向，從右邊改到左邊——然後，事實上，我想我八成已經死了。我不再試著張開眼睛。」

她以爲手術已經結束，但杜布瓦發現，乳房還是有腫瘤附著在上面，於是又開始繼續動刀。「喔老天！然後我感覺刀子碰撞我胸部的骨頭——刀子在刮它！」持續幾分鐘之久，外科醫生切除肌肉與病變的組織，直到他自信已經盡己所能之後，才停下刀子。柏霓在最後這一階段始終悶不吭聲忍受著——「簡直是一場痛得讓人說不出話來的酷刑」。

整場手術費時十七分鐘半，儘管對於可憐的柏霓來說，應該就像是一輩子那麼久。不可思議的是，手術奏效。柏霓之後又活上了另外二十九年。

¶ 雖然十九世紀中期由於麻醉劑的發展，大大解消了手術所帶來的立即性疼痛與恐怖，但是，在進入現代時期之後，乳癌的治療如果有什麼不同的話，那便是變得更加殘忍。而大概必須爲此負起全責的人則是，在現代外科手術史上最非比尋常的一位人物——威廉．史都華．豪斯泰德。身爲一名紐約富商之子，豪斯泰德在哥倫比亞大學攻讀醫學，而在畢業之後，很快便因爲他既精湛又具創新性的外科技藝而享負盛名。我在第八章曾經提及這號人物，你可能記得他是首批膽識過人、敢於實施膽囊摘除手術的醫生之一——而且還是對自己的母親動刀；他直接在位於紐約州北部老家住宅的廚房桌子上，進行這場手術。他也嘗試施行了紐約第一例的闌尾切除術（病患沒有存活下來），與幸運地完成美國首批成功輸血案例之一——而這次輸血的對象則是他的妹妹米妮（Minnie）；由於她在分娩之後出現嚴重出血。當米妮奄奄一息，豪斯泰德從自己的手臂輸出兩品脫的血液到妹妹身上，因此挽救了她的性命。

儘管在此之際，還沒有人了解輸血需要血型相容才可進行，但幸好這對兄妹彼此相合。

一八九三年，約翰．霍普金斯大學在巴爾的摩（Baltimore）創立，豪斯泰德旋即成爲新成立的醫學院的首位外科教授。他在該校訓練出一整個世代頂尖的外科醫生，並且在手術技術上做出許多頗值一書的進展。比如，其中一項是，他發明了外科用手套。他相當知名的一個教學內容是，他灌輸學生必須抱持最嚴格的外科照護與衛生標準——這個作法如此具有影響力，很快便以「豪斯泰德手術準則」（Halstedian technique）而眾所周知。人們經常稱呼他是美國外科之父。

使豪斯泰德的成就格外受人矚目的一點是，在他的專業生涯的大部分時間中，他是個藥癮者。在調查能夠止痛的方法時，他試著親自服用古柯鹼，結果很快無奈地發現自己成癮。當藥癮席捲了他的人生，他在舉止上明顯變得更爲內斂——大多數他的同事都認爲，他只是變得更喜歡自省沉思而已——但他在提筆爲文時，便十分可見那種躁狂的傾向。

以下節錄他在一八八五年——剛好在他為母親開刀的四年之後——所撰寫的一篇論文開頭段落：「既不是對於多種最佳可能解釋方式無動於衷，但也不是失於了解，為何外科醫師，如此之多的外科醫師，並非沒有因此失去信譽地，幾乎表現出毫無興致於，作為一種局部麻醉劑，大多數人所已經假定，甚至是宣稱，非常確定地顯示出，特別是對於他們的吸引力，但我還是不認為，這種情況，或是某種責任感……」——他如此絮絮叨叨繼續寫上好多行，儘管在連貫性上絲毫沒有離題。

在一次為了使他脫離誘惑、消除惡習的嘗試作法中，豪斯泰德被送上一艘加勒比海的郵輪，但他卻在那兒被抓到正在船艙的醫藥櫃中尋找藥物。他於是被送進羅德島州（Rhode Island）的一間收容機構；不幸的是，那兒的醫生嘗試藉由給他服用嗎啡，以便戒斷古柯鹼。結果，他對兩者都上了癮。除開一兩位關係緊密的上司之外，在他的一生當中，幾乎每個人都對他終日依賴藥物的情況毫不知情。有某些證據指出，他的妻子同樣也染上藥癮問題。

一八九四年，身陷嚴重藥癮泥淖中的豪斯泰德，出席一場於馬里蘭州舉行的會議，向眾人介紹了他最具革命性的外科創新技術——「全乳房切除術」的概念。豪斯泰德錯誤地認爲，乳癌會呈輻射狀向外擴散，如同酒滴濺到桌布上會發生的情況；而唯一有效的治療方式是，不僅要切除腫瘤，還要盡可能大膽切除周圍的組織。這個激進的作法，與其說是手術，不如說像是鑿洞。它包含要切除全部的乳房與周圍的胸部肌肉、淋巴結，有時也包括肋骨在內——只要不會引發立即的死亡，無論什麼組織皆可切除盡淨。由於如此大面積切除，以至於唯一收合傷口的辦法，是從大腿移植來一大片皮膚，而這進一步給予備受打擊的可憐病患，更多的疼痛與額外部位的外觀毀損。

但它帶來了良好的治療效果。豪斯泰德的病患中，約有三分之一存活至少三年，這個比率使其他癌症專科醫師分外驚訝。而更多的病患至少獲得幾個月尚稱自在的生活，不會有令人尷尬的惡臭與膿汁滲漏，而那正是造成先前如此之多的患者離群索居的原因。

並非每個人都相信豪斯泰德的作法正確無誤。英國一位名叫史帝芬・佩吉特（Stephen Paget, 1855-1926）的外科醫生，他在審視了七百三十五個乳癌案例後發現，癌症完全不會像是污漬四散，反而會滋生在遠處部位上。乳癌多半會遷移到肝臟，而且是肝臟內的特定區域上。佩吉特的發現儘管十分正確、無可置疑，但在長達一百年左右的時間中，完全無人予以理會；於是，在這段時期中，數以萬計的婦女遭受了，遠比所需要的程度多上許多的外觀受損後果。

¶

在此同時，世界其他地方的醫學研究者則研發出其他的癌症治療方法，然而，一般來說，這些方法只是使得患者的壓力更形沉重而已——有時連治療者本身也不例外。二十世紀初，最令人振奮的一個事件是元素鐳的出現：一八九八年，法國的科學家瑪麗與皮耶・居禮夫婦（Marie and Pierre Curie）發現了它。在早期，人們已經知道，人體暴露於鐳以後，鐳會在骨骼中累積下來，但這卻被認爲是件好事，因爲當時相信輻射對人體完全有益無害。結果，輻射性物質被大量添加在許多藥劑當中，而這有時造成極具傷害性的後果。一種非處方用藥「鐳補」（Radithor）是當時相當暢銷的止痛藥，它便是以低濃度的鐳製成。一名住在匹茲堡（Pittsburgh）的實業家埃本·拜爾斯（Eben M. Byers）把它當作滋補劑，每天都喝上一瓶，如此持續三年，直到他發現，他頭部的骨骼慢慢軟化與崩解，就像一根淋著雨水的黑板用的粉筆一般。在緩緩邁向可怕的死亡過程中，他失去了大部分的下巴與一部分的顱骨。

而對許多其他人來說，元素鐳則造成職業傷害。一九二〇年，在美國，已經售出了四百萬支含有鐳成分的夜光錶；製錶業聘用了兩百名女性來描畫錶面。這是個需要小心處理的精細作業，而維持畫筆擁有伏貼筆尖的最簡單作法，是用雙唇含住筆尖，然後輕輕轉動它。如同提摩西·約根森（Timothy J. Jorgensen）在他引人入勝的《奇光：輻射的故事》（Strange Glow: The Story of Radiation）一書中所指出，人們後來計算出，普通的錶面描畫女工以這種方式每週吞進體內大約一茶匙的輻射物質。而空氣中飄浮著含有鐳的灰塵是如此之多，導致某些工廠的女工注意到，她們只要身處暗處，自己就會發光。不出所料的是，一些女工很快開始生病死去。而有些女工的身體則出現不尋常的脆弱性；一名年輕女子在舞池跳舞時，居然無端腿部骨折。

最初開始對放射療法產生興趣的人當中，有一位是就讀於芝加哥的哈內曼醫學院（Hahnemann College of Medicine）的學生，他名叫埃米爾．葛拉博（Emil H. Grubbe, 1875-1960）。一八九六年，恰恰在威廉．倫琴（Wilhelm Röntgen）宣布發現「X射線」的一個月後，葛拉博決定對癌症病患試用X射線，即使他其實並無合格資歷可以從事這樣的治療。而所有葛拉博的早期病患很快便先後病逝——這些病人總之也已病入膏肓，即便以今日的治療方法介入，大概也無力回天；再加上，在放射劑量上，葛拉博全然只憑猜測。不過，這名年輕的醫學生堅持不懈繼續努力，當他的經驗愈來愈豐富，他也獲得了較多的成功案例。不幸的是，他不知道也需要限制自己本身所承受的暴露量。到了一九二〇年代，他的身體開始到處長出腫瘤，而大部分主要集中在臉部。經由手術移除了這些腫塊，使他的容貌受損，看起來醜陋怪異。當病人不再給他看診，他的行醫生涯便毀於一旦。「一九五一年，」提摩西．約根森寫道：「多次手術使他的面貌嚴重改觀，以致他的房東要求他退租公寓，因爲他不堪入目的外表嚇跑了其他房客。」

幸好，有時也能見到較好的治療結果出現。一九三七年，南達科他州一名身兼家庭主婦的教師甘妲．勞倫斯（Gunda Lawrence），因爲腹部上的癌症而命在旦夕。明尼蘇達州的梅奧診所醫學中心的醫生們，預估她僅剩三個月可活。幸運的是，勞倫斯女士擁有兩名不同凡響的孝順兒子——約翰（John），他是一名醫術出眾的醫生；以及歐內斯特（Ernest），他則是二十世紀才華最橫溢的物理學家之一。歐內斯特當時在加州大學柏克萊分校新成立的輻射實驗室（Radiation Laboratory）擔任主任，才剛剛發明了「迴旋加速器」（cyclotron）

——這是一種粒子加速裝置：在加速質子時，作爲附加效果，可以產生巨量輻射。當時美國國內一部最具威力、能夠產生一百萬伏特能量的X射線機器，實際上可供這對兄弟隨時使用。他們在對結果毫無任何把握的情況下——在此之前，從來沒有人在人體上嘗試過這樣極端的事——將氘核子（deuteron）的射束直接瞄準了母親的肚子。那是相當折磨人的經驗，可憐的勞倫斯女士感到如此疼痛難安，她於是央求兩名兒子讓她死了算了。約翰後來爲治療做了紀錄，他寫道：「當時我有時覺得沒有讓步實在眞殘忍」。幸好，經過了幾次治療，勞倫斯女士的癌症緩解下來，她又活上了另外二十二年。更重要的是，癌症治療的一個嶄新領域也就此揭開序幕。

而也正是在柏克萊分校這兒的輻射實驗室中，研究員們最後終於開始逐漸關切起輻射的危險問題，因爲他們在做完一組實驗後，發現機器旁邊有一隻老鼠屍體。歐內斯特．勞倫斯突然頓悟，機器所產生的巨量輻射可能會使人體組織受害。於是他們安裝了保護性的屏障，而且，當機器運轉時，操作者會撤離至另一間房間中。他們之後發現，老鼠是死於窒息，而非輻射，不過，他們還是決定要繼續施行安全防護措施。這眞是謝天謝地。

在外科手術與放射療法之外，癌症治療的第三項重要武器，即是化學療法；它同樣是從難以置信的過程中所發現的方法。儘管在第一次世界大戰過後，國際性條約已經嚴禁化學武器的使用，但仍舊有幾個國家繼續在生產，藉以作爲預防措施，以防其他國家也偷偷這麼做。而美國即是違反者之一。顯而易見，這一切必須秘密進行，然而，在一九四三年，美國一艘海軍補給船約翰．哈維號（SS John Harvey），在它的貨物中藏有芥子氣炮彈；當它停泊在義大利的巴里（Bari）港口中時，遭遇了德軍的空襲。約翰．哈維號被擊中而爆炸，釋放出團團的芥子氣飄散在廣闊的區域中，許多人因此身亡，但死亡人數不明。儘管這是場意外，但美國海軍立即意識到，這剛好也是對於芥子氣作爲殺人武器的有效性的絕佳測試，於是，他們派遣了一名化學專家史都華．法蘭西斯．

亞歷山達（Stewart Francis Alexander）中校，去研究芥子氣對於船上水兵與附近其他人所造成的影響。對於後代的我們來說，幸運的是，亞歷山達是一名敏銳而謹愼的調查者，因爲他注意到了某些可能會被忽略的事情：那些曾經暴露於芥子氣的人，體內的白血球生成速度會明顯減緩。學者們於是由此理解到，某種芥子氣的衍生物也許可以用來治療某些癌症。癌症治療的化學療法於焉誕生。

「相當不可思議的是，」一名癌症專科醫生告訴我說：「我們現在基本上還在使用芥子氣。當然，它已經經過精煉，但它跟一戰時各國軍隊彼此殺死對方所使用的芥子氣，並沒有相差太多。」

3

假使你希望見識一下最近幾年的癌症治療發展現況，那麼去烏特勒支市，拜訪新成立的瑪可西瑪公主兒童癌症中心，可說是絕佳選擇。作爲歐洲最大的兒童癌症中心，它是藉由合併荷蘭七家大學醫院的兒童腫瘤科而創立起來，將該國所有的治療與研究整合在同一個機構之中。這是一個空間明亮、設備齊全、出奇地生氣勃勃的地方。當喬瑟夫．佛耳摩領著我到處參觀，我們時不時就需要避到一旁，讓路給小朋友駕駛的腳踏卡丁車（go-kart）飛速經過或繞著我們轉——每個小孩都光著頭，鼻孔下方戴有一根塑膠呼吸管。喬瑟夫開心地道歉說：「我們有點像是讓他們可以自由運用這個地方。」

兒童其實罕見罹患癌症。全球每年確診的一千四百萬例癌症中，大約僅有百分之二的比例是發生在十九歲（含）以下的年輕人當中。兒童的主要癌症原因是急性淋巴性白血病（占有白血病的大約百分之八十）。在五十年前，罹患這個病即是死刑判決。那時所施用的藥物可以使這種癌症緩解一陣子，但很快便會復發。五年的存活率低於百分之零點一。但今日的五年存活率則是百分之九十左右。

出現重大進展，是在一九六八年；任職於田納西州（Tennessee）

的曼非斯（Memphis）的聖裘德兒童研究醫院（St Jude Children's Research Hospital）的唐納德．屏可（Donald Pinkel），於該年嘗試了一種新的治療取徑。屏可相信，在當時的標準作法之下，亦即，投藥劑量較爲減量，這將會使某些白血病癌變細胞趁隙逃脫，然後在治療停止之後又重振旗鼓肆虐。這使得治療所取得的緩解效果，總是爲期短暫。屏可經常採取組合方式，來使用可資運用的全系列藥物，而且總是出之以最高可能劑量，用以撲殺白血病細胞，然後再搭配幾次的放射療法。如此的治療過程相當令人疲憊，會持續將近兩年之久，但最後會奏效。病童的存活率也因此大大提升起來。

「我們根本上還是在遵行，早期白血病療法先驅所創立的作法。」喬瑟夫說：「在他們之後的這些年中，我們所做的一切都是進行微調而已。我們在處理化療副作用、對抗感染，都有更好的方法，但基本上，我們還是在做屏可當初在做的事。」

而這對任何人的身體來說都是嚴厲的考驗，特別是還在成長中的年幼者更易因此受創。因癌症不治的兒童當中，有很顯著的一部分並非由於癌症本身之故，而是治療使然。「附帶性的傷害相當多。」喬瑟夫對我說：「治療不只會影響癌細胞，許多健康的細胞也會受到傷害。」最容易見到的這種傷害，便是毛髮細胞的受損，這會造成病患落髮。更爲嚴重的是，癌症的治療經常也會對心臟與其他器官造成長期的損傷。做過化療的小女孩未來會大大增加罹患卵巢衰竭病症的風險，而也有更大的機會會提早進入更年期。而對兩性來說，生育能力都可能受到傷害；而傷害大小則主要取決於，罹患的癌症類型與所採行的治療形式而定。

儘管如此，但治療情況多半還是正面爲多，不只是對兒童癌症來說如此，所有年齡層的癌症也如出一轍。在已開發國家中，肺癌、結腸癌、攝護腺癌、何杰金氏淋巴瘤、睪丸癌與乳癌的死亡率，在大約二十五年的期間中，全都已經陡降，而降低的比例介於百分之二十五至九十之間。單就美國而言，比較起假定癌症死亡率保持不變，會有的死亡人數來說，最近三十年來，已經減少了二百四十萬人。

許多研究者夢想能發現某些方法，藉以偵測血液、尿液、甚至是唾液在化學成分上的細微變化，因爲它會透露癌症早期發展的訊息，而早期癌症會比較容易治療。「問題是，」喬瑟夫指出：「即便我們如今已經能較早地偵測出癌症，但我們卻無法判斷它是惡性或是良性。我們目前的工作焦點幾乎集中在，一發現癌症，就努力進行治療，而不是從一開始便預防癌症的發生。」根據某項估算，就全球而言，僅僅只有百分之二或三的癌症研究經費花在預防之上。

「我們眞的難以想像，在一個世代之間，所能取得的進展是如此之大。」在我的參觀之旅行將結束時，喬瑟夫流露自省的語氣說道：「最讓人開心的事是知道，大多數這些孩子都將會痊癒，可以回家重新展開他們的生活。但是，如果他們一開始就不用來到這裡，那不是更好、更棒嗎？那是我們的夢想。」

22

好醫療與壞醫療

醫生：「你為了什麼對瓊斯開刀？」

外科醫生：「一百英磅。」

醫生：「不是，我是問說，他那時有什麼？」

外科醫生：「一百英磅。」

——《潘趣》（*Punch*，漫畫雜誌，一九二五年）

我想要來談談阿爾伯特·夏茨（Albert Schatz）這位學者，因爲，假使有人值得我們報以片刻的感激之情，那肯定非他莫屬。夏茨生於一九二〇年，卒於二〇〇五年，他出身自康乃狄克州一個貧苦的務農人家。他之所以在紐澤西州的羅格斯大學（Rutgers University）攻讀土壤生物學，原因並非他對土壤研究懷抱熱情，而是因爲，作爲猶太人，他當時必須遵守大學註冊限額的規定，因而無法進入另一間更好的研究所。他安慰自己說，無論他在促進土壤肥沃上學到了什麼知識，至少都對他老家的農場有所助益。

儘管故事開場如此不公、讓人委屈，但最終卻獲得濟世救人的成就，因爲，一九四三年，還是一名學生的夏茨，直覺地以爲，可能可以從土壤中的微生物研發出另一支抗生素，加入新藥青黴素的行列——青黴素儘管療效特出，但它無法對付稱爲「革蘭氏陰性」（Gram-negative）這種類型的細菌，而其中即包括引發結核病的微生物。夏茨極富耐心地檢測成百上千種的樣本，僅僅以不到一年的時間，便發現了鏈黴素——這是第一個可以撲滅革蘭氏陰性細菌的藥物。而這個發現，同時也是二十世紀微生物學上最具重大意義的突破之一㊹。

夏茨的指導教授賽爾曼・瓦克斯曼（Selman Waksman），立即看出夏茨的發現所具有的潛力。他於是負責安排藥物的臨床試驗，並在這個過程中，慫恿夏茨簽下一份協定，把專利權讓予羅格斯大學。不久之後，夏茨便發覺，瓦克斯曼將這項發現的全部功勞據為己有，並且想方設法使夏茨無法受邀參加各種會議與學術討論會，不然夏茨可能會因此受到眾人的注目與稱頌。而隨著時間的推移，夏茨也察覺到，瓦克斯曼本身並沒有放棄專利權，而是將大筆份額的利潤所得納入自己口袋——

㊹「革蘭氏陽性細菌」與「革蘭氏陰性細菌」名稱中的「Gram」（革蘭氏），與重量量度單位（公克〔gram〕）毫無關係。它是得名自丹麥細菌學家漢斯・克里斯帝安・革蘭（Hans Christian Gram, 1853-1938），他在一八八四年發展出一種技術，給置於顯微鏡載玻片上的細菌染色，而由細菌所顯現的顏色，可以分辨出兩種主要的細菌類型。而這兩種類型細菌的差異點，則是與兩者的細胞壁厚度，以及抗體是否容易侵入有關。

很快地，每年就有數以百萬計的美元入帳。

夏茨沒有獲得任何補償，於是他最後將瓦克斯曼與羅格斯大學告上法院，而且贏得訴訟。雖然他在和解協議中獲得了部分的專利權與共同發現人的資格，但這場訴訟卻也毀了他的學術生涯：在那個年代中，對學院前輩提告的行為，被認為惡劣至極。在許多年間，夏茨唯一能找到的工作，是任職於一間位於賓州的小型農業學院。他的論文屢次遭到主流期刊退稿。當他對鏈黴素當初的發現原委撰寫了一篇說明文字後，他唯一能找到願意刊登的期刊是——《巴基斯坦牙醫評論》（Pakistan Dental Review）。

一九五二年，現代科學史上，出現了最不堪聞問的一樁不公不義事件——諾貝爾生理醫學獎頒給了賽爾曼．瓦克斯曼。阿爾伯特．夏茨什麼也沒有得到。瓦克斯曼直至終老，始終都享有鏈黴素發現人的榮耀。他在領取諾貝爾獎的答謝詞中，或是在他一九五八年出版的自傳一書中，均無提及夏茨的名號；他只有附帶註記，在發現的過程中，曾經有一名研究生協助過他。當瓦克斯曼死於一九七三年，多份報紙上的訃聞將他描述成「抗生素之父」——但恰恰是在這一點上，他肯定最無資格。

瓦克斯曼作古二十年後，美國微生物學學會（American Society for Microbiology）在慶祝發現鏈黴素的五十週年之際，邀請夏茨蒞會演講，企圖藉此做出改正，恢復正確事理，儘管已經有點覆水難收。但是，該學會在表彰夏茨的成就時，大概思慮有欠周備，居然授予夏茨它的最高獎項——「賽爾曼．瓦克斯曼獎章」！人生有時真的非常不公平。

這個故事如果有予人希望的寓意，那便是，無論有怎樣的波折，醫療科學仍舊繼續朝前邁進。幸虧有成千上萬如同阿爾伯特．夏茨這樣多半籍籍無名的英雄的努力，我們在對抗自然界攻擊時所儲備的軍械庫，隨著一代代過去，也才益發優異精良——這也令人欣喜地反映在，全球各地人們的壽命明顯獲得延長的事實之上。

根據某個估算，在二十世紀中，人們預期壽命的增加幅度，相當於先前八千年的增加總和。美國男性的平均壽命，從一九〇〇年的四十六歲，提升至二十世紀末的七十四歲。而美國女性的壽命增長更是可觀——從四十八歲增加至八十歲。而在其他地區，壽命數值上的進步同樣讓人驚嘆。今日出生於新加坡的女性，預期可以活至八十七點六歲，這比她們的曾祖母可以期待活上的歲數的兩倍還多。如果以全球作爲一個整體來看，男性的預期壽命從一九五〇年的四十八點一歲（這是在回溯上，全球最早的可靠紀錄），成長至今日的七十點五歲；女性則從五十二點九歲，增長至七十五點六歲。超過二十四個國家的今日壽命期望值，已經超過八十歲。香港以八十四點三歲位居榜首，緊追在後的國家則分別是，日本的八十三點八歲，與義大利的八十三點五歲。英國也相當不錯，有八十一點六歲；至於美國，出於一些稍後將會討論的原因，則明顯表現平庸，預期壽命是七十八點六歲。然而，從全球觀之，有關壽命的現況無疑是一則凱歌高奏的故事；大部分的國家，甚至是發展中國家，僅僅在一兩代人的時間中，壽命便增長了百分之四十至六十的幅度。

而我們的死亡原因，也與過去不同。只要比較與思考，底下所列出的一九〇〇年與今日兩者的主要死因，即可得知。（在每個病名後面所附上的數字，是每十萬名人口中的死亡人數。）

一九〇〇年

肺炎與流感 202.2
結核病 194.4
腹瀉 142.7
心臟病 137.4
中風 106.9
腎臟病 88.6
意外事故 72.3
癌症 64.0

今日

心臟病 192.9
癌症 185.9
呼吸系統疾病 44.6
中風 41.8
意外事故 38.2
阿茲海默症 27.0
糖尿病 22.3
腎臟病 16.3

老衰（Senility）	50.2	肺炎與流感	16.2
白喉	40.3	自殺	12.2

在這兩個年代中，最驚人的差異點是，一九〇〇年有近乎一半的死亡原因是來自傳染性疾病，對比於今日則只有百分之三。結核病與白喉已經從現代的十大死因中消失，但被癌症與糖尿病取而代之。意外事故死因則從第七位跳升至第五位，原因並非我們愈來愈笨手笨腳，而是由於名列前茅的其他死因已經退出榜外。同樣地，心臟病在一九〇〇年當年造成每十萬人中有一百三十七點四人喪命，而今日則是每十萬人有一百九十二點九人因此喪命，增加了百分之四十左右，不過，這幾乎完全是因爲，過去人們會先死於其他病因使然。而癌症也如出一轍。

必須指出的是，有關那些預期壽命的數值，存在有很多問題。在某個程度上，所有的死因列表在統計上皆屬任意而爲，特別是有關於年長者的統計——老人家本身可能有很多衰弱的病症；其中任何一個病均可能使他歸西，而所有的病也極可能都會共同促成他的離世。一九九三年，兩名美國的流行病學家威廉．福奇（William Foege）與麥可．麥金尼斯（Michael McGinnis）曾經聯手合寫了一篇知名文章，刊登在《美國醫學會雜誌》上：他們認爲，在死亡率列表上所紀錄的那些主要死因，比如心臟病發作、糖尿病、癌症等等，其實經常是其他病症所衍生的後果，而眞正的肇因則是以下這些因素：比如，吸菸、飲食不良、吸食違禁毒品，或在死亡證明文件上所忽略的其他行爲等。

另一個性質不同的問題則是，過去在紀錄死因時，經常出之以極爲模糊與充滿想像的方式。以一個例子來說明：當旅人作家喬治．博羅（George Borrow）在一八八一年在英格蘭過世時，他的死因被記錄爲「年邁老朽」。誰能準確說出他是怎麼死的呢？其他的死因紀錄，也可以見到諸如「神經性高燒」、「體液阻滯」、「牙疼」、「受到驚嚇」等說法，而也還有種種充滿不確定性的其他死因陳述。如此模糊的措辭幾乎使人無法做出，過去與現在兩者的死因的可靠比較。即便是在前述列出的兩個表當中，我們也無法知道，一九〇〇年的「老衰」與今日的「阿茲海默症」兩者間所可能存在的相似度有多少。

很重要的一點是，我們必須謹記在心：過去歷史上的預期壽命數值，始終會被早夭的兒童所影響。當我們讀到，一九〇〇年的美國男性的預期壽命是四十六歲，那並非意謂，大多數男人一活到四十六歲後便倒地不起。當時的預期壽命會如此之短，是因爲有非常多孩童死於幼年時期，而這會使所有人的壽命平均值往下降。假使你已經好好活過了童年，那麼，想活上尚稱合理的高齡，這樣的機會並不見得會低。儘管有相當多人英年早逝，但這絕不意謂，見到有人活到七老八十便足以教人驚嘆連連。如同美國學者瑪琳．祖珂（Marlene Zuk）所言：「高齡並非新近的發明；高齡變得司空見慣才是。」然而，晚近以來，最令人振奮的進展卻是，非常年幼者在死亡率上驚人地大幅降低。一九五〇年，每一千名幼童中有二百一十六名（幾乎占有四分之一的比例）在五歲之前死亡。今日幼童早夭的比例則是，每一千名中僅有三十八點九名——

約爲七十年前的五分之一。

即便考慮到所有的不確定性因素，毫無疑問的是，二十世紀早期，已開發國家中的人們已經開始享有較佳的壽命展望：他們可以擁有更好的健康狀況，活上更久的時間。如同哈佛大學的生理學家勞倫斯·亨德森（Lawrence Henderson）所說過的一句名言：「在一九〇〇至一二年之間，如果一名隨意指定的病人，得了隨便任何一種病，然後去看一名隨機挑選的醫生，那麼，他從這次看病中獲得改善的機率，在歷史上首度超過了百分之五十。」在歷史學家間大致普遍獲得的共識是，醫療科學在進入二十世紀之後以某種方式開始好轉起來，而隨著該世紀向前演進，醫療的表現也持續日新又新、好上加好。

學者對於預期壽命的進步，提出了許多解釋的理由。青黴素與其他諸如阿爾伯特·夏茨所發現的鏈黴素等抗生素的發展，在對付傳染性疾病上起到重大而明顯的影響，而隨著二十世紀的演進，其他藥物也紛紛湧進藥品市場之中。在一九五〇年，可供處方用藥選擇的藥品中，有一半恰恰是在先前十年中所發現或發明出來。另外一個造成巨幅改善的原因，則可以歸諸於疫苗的使用。美國在一九二一年，大約有二十萬例的白喉病患；到了一九八〇年代初，經由疫苗接種，白喉病患劇降至只有三例。在大約相同的時期中，百日咳與麻疹感染從每年約有一百一十萬例，下降到僅有一千五百例。小兒麻痺症（脊髓灰質炎）在疫苗出現之前，美國每年有二萬例；而到了一九八〇年代，下降至一年七例。依照英國的諾貝爾獎得主馬克斯．佩魯茨的看法，二十世紀的疫苗接種可能甚至比抗生素的使用，還挽救了更多人的性命。人人均同意，所有這些大幅進步毫無疑問均歸功於醫療科學。然而，在一九六〇年代初，一名英國的流行病學家湯瑪斯．麥克裘恩（Thomas McKeown, 1912-1988）重新審視了過往的紀錄，留意到某些出人意表的怪象。來自大多數疾病（主要爲結核病、百日咳、麻疹、猩紅熱）的死亡人數，遠在醫生可以運用的那些有效療法出現之前，便已經開始下降。英國的結核病死亡人數比例，從一八二八年的每百萬人中四千例，下降至一九〇〇年的一千二百例，再下降至一九二五年的每百萬人中只有八百例——相當於在一個世紀的時間中下降了百分之八十。而這完全與醫藥進展無涉。孩童的猩紅熱死亡人數比例，則從一八六五年的每一萬人中二十三例，下降至一九三五年的每一萬人中僅有一例，而這同樣不是因爲疫苗或其他有效療法介入後所產生的結果。麥克袠恩指出，對於人們在健康上的改善，醫療科學總計僅能說明其中原因的百分之二十。而其餘的因素則包括，排污設施的改良、飲食品質的提升、較爲健康的生活形態，甚至是鐵路的興起——這可以增進糧食物流的效率，把更新鮮的肉品蔬果運送至城市的住民手中。

麥克袠恩的論點，激起了大量的批評聲浪。反對者認爲，麥克袠恩在闡明論題時所援引的疾病種類，具有高度選擇性，而且，他忽略或排除，在許多層面上，醫療照護的改善所具有的作用。批評他的學者之一——馬克斯・佩魯茨的看法則令人信服；他認爲，十九世紀的衛生標準不僅毫無提升，而且，由於大批人群湧入新近工業化的城市之中，居住條件骯髒不堪，致使公共衛生水平持續受到削弱。紐約便是一個明顯的例子；它在十九世紀的飲用水品質不斷下降，甚至有危害人體之虞，以至於，在一九〇〇年，曼哈頓區的市民被通知，在任何用水之前，必須先行煮沸後再使用。紐約市直至第一次世界大戰爆發前夕，才擁有第一座濾水場。而美國幾乎其他每一個主要城市地區的情況盡皆相仿，因爲人口增長的速度超過市政府的能力或意願，以致無法提供乾淨的用水與有效率的排污系統。

無論最後確定是何種因素使我們大幅提升了壽命，最重要的事實是，今日幾乎所有人都能更好地抵擋，那些通常會使我們的曾祖父母生病的感染與病痛；而且，在我們有需要時，都有遠遠更佳的醫療照護體系可以求助。總之，我們的生活從未如此美好過。

或者，應該這麼說，在我們的經濟狀況還算不錯之時，我們的生活從未如此美好過。若要說有什麼事應該讓今日的我們擔心與關切，那便是，在上個世紀，醫療利益在分配上如此不均等的情況。英國人的預期壽命也許已經整體飆升，但是，如同約翰・蘭徹斯特（John Lanchester）在二〇一七年於《倫敦書評》所發表的一篇文章所指出，今日在格拉斯哥東城區的男性，他們的預期壽命僅有五十四歲——比印度的男性還少九歲。同樣地，一名紐約哈林區的三十歲黑人男性，比起孟加拉的一名三十歲男性，遠遠有更高的死亡風險——而且，並非如同你所可能猜想的毒品或街頭暴力的問題以致，而是源於中風、心臟病、癌症或糖尿病使然。

你在西方國家的幾乎任一個大城市中，只要走上公車或地鐵車廂，就能在短短的路程中，體會到這種相同的巨大差異。在巴黎搭乘大區快鐵B線（RER B），從皇港站（Port-Royal）坐到平原—法蘭西體育場站（La Plaine-Stade de France）的五站期間，你會發現自己處身於這樣的人群之中：在任一給定的年分中，這五站附近人們的死亡機率，比起沿線而下其他地方的住民，高上百分之八十二。在倫敦搭乘地鐵區域線（District Line）從西敏站（Westminster）往東走，每過兩站，人們的預期壽命便會具體地減少一年。在密蘇里州的聖路易市，開車從城外富裕的克萊頓（Clayton）到市中心落後的傑夫—范德—魯（Jeff-Vander-Lou）街區需要二十分鐘，而在這趟車程中，每開一分鐘，附近人們的預期壽命便會減少一年，相當於每英里略微減少兩年多。

有關全球今日的預期壽命狀況，我們可以有把握地指出兩點。首先，富裕眞的有利於長壽。幾乎來自任何一個高收入國家中腰纏萬貫的中年人，通通皆有極佳的機會可以活至近九十歲。然而，在生活及身體狀況與富人相當但貧窮的人——亦即，同樣經常運動、睡眠夠多、飲食健康，只是銀行存款較少的人——卻預期可能會提早十至十五年死去。對於相同的生活形態來說，這個差異堪稱頗大；沒有人清楚明瞭箇中原因。

有關預期壽命可以指出的第二點則是，作爲美國人，情況對他們來說並不妙。相較於其餘的工業化國家的人們，美國人即便富貴有餘也無助於長壽。一名隨機挑選、年齡介於四十五至五十四歲的美國人，死於各種各樣原因的機率，是瑞典相同年齡層的人的兩倍多。好好想想這件事：假使你是一個美國中年人，你提早死去的風險，是隨機從烏普薩拉（Uppsala）或斯德哥爾摩或林雪坪（Linköping）大街上挑選的某個人的兩倍還多。如果以其他國家來與美國做比較，結果也大抵相同。美國每年每有四百名中年人死去，澳洲則只會有二百二十人，而英國會有二百三十人，德國會有二百九十人，法國會有三百人。

而這些健康表現上的缺失，從出生之後即開始顯現，並且由此縱貫一生。美國孩童可能在童年時期早夭的比率，比其餘富裕國家的孩童高上百分之七十。在富裕國家中，美國實際上在每一項醫療健康的測量指標上——比如，慢性病、憂鬱症、藥物濫用、謀殺、青少女懷孕、人類免疫缺乏病毒（HIV）盛行率等等——均墊底，或接近墊底。甚至患有囊腫性纖維化（cystic fibrosis）的病人壽命，平均而言，在加拿大比在美國可以多活上十年。或許最讓人瞠目結舌的是，所有這些較爲不良的表現，不僅涉及貧困弱勢族群，而且也含括受過大學教育的富裕白人——如果與其他國家在社會經濟階層相同的人進行比對的話。

這一切似乎有點與預期相反，尤其當我們考慮到，美國在醫療照護的支出上比任何其他國家都來得更高——每個人的花費，是所有其他已開發國家的人均醫療支出的二點五倍多。美國花用在健康照護上的費用，是人均收入的五分之一——相當於每人每年花費一萬零二百零九美元，而全體總計則是三點二兆美元。醫療保健是美國第六大產業，提供了全國六分之一的就業機會——除非你能讓所有人都穿上白袍或制服，不然你是無法在國家治理的主要事項上提供國民更高的醫療照護水平了。

然而，儘管美國不吝砸錢，而且毫無疑問擁有一般來說水準一流的醫院與高水平的衛生保健品質，但是，美國在全球的預期壽命排名上卻僅位居第三十一名，落後於賽普勒斯、哥斯大黎加與智利，僅比古巴與阿爾巴尼亞好一點。

如何解釋這樣的矛盾現象？嗯，首先，最不可忽視的一點是，相較於大多數其他國家的人來說，美國人的總體生活呈現出一種較不健康的生活形態，而且社會上所有階層均無一倖免。如同艾倫・戴斯基（Allan

S. Detsky）在《紐約客》（New Yorker）雜誌上所觀察指出：「甚至富有的美國人也無法自外於，超大分量的食物、缺乏運動與壓力重重等等這樣的生活形態。」比如，一般的荷蘭人或瑞典人在卡路里攝取上，比一般美國人少上大約百分之二十。這乍聽之下似乎沒有太過誇張，但美國人一整年吃下來，就會多攝取將近二十五萬大卡的熱量。你只要每週坐下來兩次左右，一個人吃完一整個乳酪蛋糕，你也可以額外獲得那些相同熱量。

美國人的生活形態，特別會使年輕人承擔遠遠更高的風險。美國青少年死於車禍意外的可能性，是其他相仿國家青少年的兩倍，而遭到槍殺的機率則是八十二倍。美國人幾乎比任何其他國家的人更常見到飲酒開車；而且比起富裕國家的所有人——義大利人除外——美國人更不喜歡繫上安全帶。幾乎所有先進國家均要求，所有機車騎士與乘客必須配戴安全帽。但在美國，五分之三的州政府並不如此規定。有三個州對任何年齡層皆無安全帽配戴的要求；而另外十六個州只針對二十歲（含）

以下的騎士設有配戴義務。這些州的公民一旦年滿二十歲，便可以騎車讓風吹亂頭髮，而且他們太經常騎在人行道上。在遭遇車禍時，配戴安全帽的騎士會有百分之七十的機率比較不會發生腦傷，而且有大約百分之四十的機率比較不會因此喪命。種種這些因素導致了，美國每年每十萬人中會有十一例，因為發生相當觸目驚心的車禍而身亡；相較而言，英國有三點一例，瑞典有三點四例，日本有四點三例。

美國與其他國家真正截然有別的一點是，醫療照護上的天價費用。《紐約時報》的一項調查發現，美國一次血管攝影（angiogram）的平均費用是九百一十四美元，而加拿大則是三十五美元。美國的胰島素要價高達歐洲的六倍左右。美國的髖關節置換手術的平均費用是四萬零三百六十四美元，幾乎是西班牙的六倍，而美國一次磁振造影掃描的費用是一千一百二十一美元，則是荷蘭的四倍多。美國整個醫療系統因為效率低下又所費不貲，因而臭名遠播。美國擁有八十萬名左右的執業醫生，但卻需要這個數字的兩倍人數來管理支付系統。我們無可避免會獲得這樣的結論：美國的高昂費用，並不必然會帶來更好的醫療表現，而只是墊高成本而已。

另一方面，卻也可能花費太少——英國似乎決心要在這一點上，成為其他高收入國家的楷模。英國在每人所接受的電腦斷層掃描次數上，位居三十七個富裕國家的第三十五名；在每人所接受的磁振造影掃描次數上，位居三十六個富裕國家的第三十一名；而在總人口所擁有的病床數比例上，名列四十一個富裕國家的第三十五名。《英國醫學期刊》在二〇一九年初報導，英國在二〇一〇至一七年對於醫療與社會照護預算的刪減，導致大約十二萬人提早死亡——這個發現相當令人震驚。

有關健康照護品質的一個廣泛接受的衡量標準是，癌症的五年存活率；而在此，各國之間存在懸殊差異。就結腸癌來說，南韓的五年存活率是百分之七十一點八，澳洲是百分之七十點六，但英國只有百分之六十。（美國的表現也完全沒有好上多少——百分之六十四點九。）對於子宮頸癌來說，日本以百分之七十一點四獨占鰲頭，丹麥以百分之六十九點一緊跟在後，美國是普普通通的百分之六十七，而英國勉勉強強，是幾乎墊底的百分之六十三點八。至於乳癌，美國以百分之九十點二的病患在五年後仍舊存活的比例躍居世界榜首，澳洲以百分之八十九點一屈居第二，而英國以百分之八十五點六遠遠落後。值得注意的是，存活率數值總體來說，可能掩飾了令人擔憂的不同族群間的巨大差異問題。比如，就子宮頸癌而言，美國的白人女性的五年存活率有百分之六十九，這使她們很接近世界排行的榜首位置，但是，黑人女性只有百分之五十五，這則使她們離榜尾不遠。（這是全體黑人女性的數值，包含富有與貧窮兩者在內。）

所以，澳洲、紐西蘭、北歐國家，與遠東的較爲富裕的國家，在癌症的五年存活率上表現優異，而其他的歐洲國家也還算不錯。對美國來說，則是好壞參半。至於英國，存活率數值令人憂慮，理當成爲全國嚴重關切之事。

¶

然而，有關醫療的一切，皆非簡單直白；另一個思考重點，則幾乎會使各地的醫療成果極度複雜起來——那便是「過度醫療」的問題。

無庸贅言，在大部分的歷史中，醫藥的焦點一直致力於使病人的病情有所改善，不過，今日愈來愈多的醫生卻將全副心力傾注在，藉由掃描等等檢查項目，努力在疾病出現之前便防止它的發生，而這個作法使醫療照護的動力過程全然改觀。有一則醫學老笑話似乎特別適用在此：

問：如何界定一個健康的人？

答：還沒經過檢查的人。

存在於大多數現代醫療保健背後的思考是：再多的小心翼翼、再多的檢查，都不爲過。如此想法的運作邏輯是，無論問題如何微乎其微，在它有機會成形惡化之前，及早查證與處理任何潛在的威脅，甚至根絕它，肯定是最好的辦法。不過，這個作法的缺點，即是眾所周知的「僞陽性」問題。以乳癌篩檢爲例來說明。已有研究顯示，經過乳癌篩檢後得知無須擔心的女性中，會有百分之二十至三十比例其實已經長有腫瘤。然而，與之相反地，篩檢同樣也經常檢測出不必然需要關切的腫瘤，但結果卻造成實際上並不需要的醫療介入。腫瘤學家使用了一個稱爲「滯留時間」（sojourn time）的概念，來指稱從篩檢發現某種癌症，直至它最後確切顯現的這段間隔時間。許多癌症皆有漫長的滯留時間，而由於增長的速度如此緩慢，使得當事人幾乎總是在受到癌症攻擊之前，便先死於其他原因。英國的一項研究發現，多達三分之一的乳癌患者，接受了可能造成她們的外觀受損、甚至縮短壽命的十分不必要的治療。乳房攝影的結果其實並非清晰可辨。準確判讀影像是一件具有挑戰性的任務——甚至遠遠比許多醫療專業人士所理解的更爲困難。如同提摩西·約根森所注意到，當一百六十位婦科醫生被問及，假使一名五十歲婦女的乳房攝影判讀爲異常，那麼她罹患乳癌的機會有多少時，回答的醫生中有百分之六十的人認爲，機率會有十分之八或九。約根森寫道：「但事實是，該名婦女實際罹癌的機率只有十分之一。」不可思議的是，放射科醫生對此的推斷，也幾乎沒有好上多少。

令人遺憾的結果是，乳癌篩檢並沒有挽救許多性命。每有一千名女性接受篩檢，無論如何便會有四名死於乳癌（或是由於錯失發現癌細胞；或是由於癌症過於惡性，以致無法成功治療）。而每有一千名沒有接受篩檢的女性，則會有五名死於乳癌。所以，篩檢的救命比例是千分之一。

而男性的攝護腺癌篩檢，同樣也沒有帶來令人滿意的成果。攝護腺是一個小腺體，大小如同一枚核桃，僅重達一盎司（小於三十克），主要功能是製造與派送精液。它巧妙地塞在膀胱下面——甚至有點難以找到——並且包圍著尿道。攝護腺癌是男性第二大主要癌症死因（僅次於肺癌），當男性進入五十幾歲以後，便很容易見到攝護腺癌的增生。而箇中的難題是在於，攝護腺癌的篩檢並不可靠。這種篩檢是測量血液中一種稱爲攝護腺特異抗原（prostate-specific antigen；簡稱「PSA」）

的化學成分的濃度高低。PSA的讀數偏高，意謂著可能會有癌症發生——但也只是「可能」而已。而唯一可以確認是否眞有癌症的方法，則只能透過切片檢體得知；這涉及到，要用一根長長的細針，經由直腸伸進攝護腺中，然後從中取得若干組織樣本——這可能並不是任何男人皆樂於實施的手術。由於細針只能是隨機插入攝護腺中，所以能否順利發現腫瘤則純屬運氣問題。假使確實發現了腫瘤，那麼，就現行的技術來說，也完全沒有辦法判斷那是惡性或良性。而依據如此帶有不確定性的資訊，我們卻要做出是否以外科手術摘除攝護腺——這種手術頗爲棘手，並且手術結果經常令人氣餒——或是對它進行放射治療的決定。介於百分之二十至七十的患者，在治療過後會有陽痿或小便失禁的困擾。五分之一的患者單單進行切片檢查便會出現併發症。

亞利桑那大學的教授理查德・艾卜林（Richard J. Ablin）寫道，這種篩檢「幾乎不會比擲硬幣決定更有效」；他本人應該對此知之甚詳。因爲，他正是在一九七〇年發現攝護腺特異抗原的學者。在注意到美國男性每年在攝護腺癌篩檢上至少花費三十億美元，他加了一句話：「我從未想像過，我在四十年前的發現會導致這樣一場追求利潤的災難」。

針對涵蓋三十八萬二千名男性的六項隨機對照試驗所進行的後設分析，學者發現，每有一千名男性接受攝護腺癌篩檢，大約只挽救了一人的生命——這對於那個人來說是天大的好消息，但對大多數其他患者而言，就不是那麼中聽了；他們之中的大多數人皆經歷了重大但可能毫無效果的治療，可能終生都會面臨小便失禁或性無能的苦果。

以上種種並非意謂男性應該避免接受PSA檢驗，或是女性應該避免進行乳癌篩檢。這兩種篩檢儘管有所缺失，但兩者卻是現行可用的最佳工具，而且的確無可置疑地可以挽救病患的生命，不過，凡是進行篩檢的人或許都應該被更詳細告知這些方法的缺點。如同任何重大的醫療問題一般，假使你有所疑慮，你應該去請教值得信賴的醫生。

¶

在例行的健康檢查中所意外發現的病灶，由於如此常見，以至於醫生對此有個稱呼：「偶見瘤」（incidentaloma）。美國國家醫學院（National Academy of Medicine）估計，每年有七千六百五十億美元（約占醫療照護支出的四分之一），被虛擲在毫無意義的預防性花招之上。華盛頓州的一項類似的研究，所估算出的浪費金額甚至還要更高，將近高出一半，而且該研究做出了以下結論：高達百分之八十五的預防性實驗室檢測項目，根本毫無必要。

過度醫療的難題，在許多層面上被害怕訴訟，以及——必須明說的是——被某些渴望擴大利潤的醫生所進一步惡化。依照身兼醫師的作家傑羅姆·格魯普曼（Jerome Groopman）的看法，大多數美國的醫生「比較少關心能否治癒的問題，反而比較擔心被告上法院或是能否提高收入的問題」。或者如同另一名評論者滑稽地指出：「一個人的過度醫療，是另一個人白花花的收入。」

製藥業對此也負有重大責任。藥廠經常爲了促銷藥品而提供給醫生豐厚的酬謝。哈佛大學醫學院的瑪西亞·安卓（Marcia Angell）在《紐約書評》上寫道：「大多數醫生皆以某種方式從藥廠那兒收受金錢或禮物。」有些藥廠會爲醫生支付前往豪華度假村出席會議的費用，但醫生其實在那裡不過是打打高爾夫球與享受歡樂時光。而有些藥廠賄賂醫生的方式，則是讓醫生掛名在其實並非由他執筆的論文上，或是支付他根本沒有在進行的「研究項目」經費。安卓估計，美國藥廠每年直接與間接支付醫生的費用，總計有「數以百億計」美元之譜。

在醫療照護上，我們如今明顯來到一個詭怪的處境：藥廠的確在生產依照原本設計目的所推出的藥物，但這些藥物卻不必然會產生任何療效。一個典型的例子是藥品「阿替洛爾」（atenolol）；它是旨在降低血壓的乙型阻斷劑（β-blocker），自一九七六年開始，即是廣泛使用的處方用藥。二〇〇四年，一項含括二萬四千名病患的研究發現，阿替洛爾確實可以降低血壓，但是，相較於毫無服用任何藥物的人來說，卻無法降低心臟病的發作或致死率。服用阿替洛爾的死亡率與其他人毫無二致；如同某個觀察者所言：「這個藥只是讓病患在死亡時的血壓數値比較好看而已」。

藥廠的行事風格，向來並非是那種最講求循規蹈矩的企業。普渡製藥公司在二〇〇七年支付了六億美元的罰款，因爲他們以欺騙性說法來行銷類鴉片藥物「奧施康定」。默克製藥公司（Merck）支付了九億五千萬美元的罰鍰，因爲他們沒有揭露消炎藥「偉克適」（Vioxx）所隱含的問題，儘管當時已經遭到下架，但那是在該藥品造成或許多達十四萬例可以避免的心臟病發作之後，才從市場上全面回收。葛蘭素史克製藥公司（GlaxoSmithKline）目前則仍是罰款最高紀錄的保持者；它因爲一系列的違規事件被裁罰三十億美元。在此，再度引述瑪西亞．安卓的說法：「這類的罰金，不過只是他們的營業費用而已。」高額罰款多半完全無法抵銷，這些違法公司在被抓進法院之前所賺取的暴利。

即使在最潛心研究的條件下，藥物研發本身依舊是碰運氣的事。幾乎各地的法律均要求研究者在進行藥物的人體試驗之前，必須先在動物身上測試，但是，動物並不必然是好的替代者。動物有不同的新陳代謝機制；對刺激的反應以及會感染的疾病，也與我們不同。一如多年前一名肺結核研究者的觀察心得：「老鼠並不會咳嗽。」而其中所涉及的重點，特別可以從對抗阿茲海默症的藥物試驗中，令人沮喪地看出。因為老鼠本身在自然的情況下並不會罹患阿茲海默症，所以必須經由基因工程改造技術，使牠們可以在腦部累積「β類澱粉蛋白」這種特定的蛋白質——這種成分與人類的阿茲海默症有所關聯。當如此改造的老鼠被投以稱為「BACE（β-site amyloid precursor protein cleaving enzyme〔β類澱粉前驅蛋白分割酵素〕）抑制劑」的藥物，老鼠的β類澱粉蛋白沉積物會因此溶化解離——這個實驗結果讓研究者大感振奮。然而，當相同的藥物改在人體上進行試驗，卻反而使受試者的癡呆症狀更為惡化。二〇一八年末，有三家製藥公司宣布，他們放棄BACE抑制劑的臨床試驗。

另一項有關臨床試驗的問題是，假使受試者本身有任何其他醫學病症或正接受其他的藥物治療，幾乎總是不會被挑選來作為新藥測試的對象，因為，那些額外因素可能會使結果更形複雜。學者所依據的概念是，要事先排除所謂的「干擾變數」。但這卻會產生一個難題：儘管藥物試驗完全排除干擾變數，但真實生活卻是充滿著各種各樣的干擾變數。也就是說，許多可能的後果無法經由測試事先得知。比如，我們很少知道，如果不同的藥物同時一起服用的話，會產生何種結果。有一項研究發現，英國醫院所收治的病人中，有百分之六點五是由於藥物的副作用而住院，而且經常是與其他藥物一起服用所導致的後果。

所有的藥物均有利有弊，而這經常沒有獲得詳細探究。人人都聽聞過，每日服用低劑量的阿司匹靈，可以有助於防止心臟病發作。這確實無誤，但卻只防護到某種程度而已。依照一項針對每日服用低劑量阿司匹靈、如此持續五年的人所進行的研究，學者發現：每一千六百六十七人中，會有一人不會罹患心血管疾病；每二千零二人中，會有一人免於發生非致死性的心臟病發作；每三千人中，會有一人免於發生非致死性中風；而每三千三百三十三人中，會有一人因此遭受嚴重的腸胃道出血症狀——這些人若是沒有服用，便不會有這種問題。所以，對於大多數人來說，每日服用阿司匹靈，引發嚴重內出血症狀的機率，與避免發生心臟病發作或中風的機率，兩者大致相當，但是，從所有案例觀之，其實兩者的風險都很低。

二〇一八年夏天，哈佛大學臨床神經學教授彼得．羅斯威爾（Peter Rothwell）與同事共同發現，對於任何體重在七十公斤（含）以上的人來說，服用低劑量的阿司匹靈在降低心臟病或癌症的風險上不僅毫無效果，而且還肯定會增加嚴重內出血的風險——這個論點著實使人更加困惑起來。由於大約百分之八十的男性與百之五十的女性皆超過那個體重臨界值，所以，很多人應該都不太可能從每日服用阿司匹靈中獲益，反而還會面臨所有風險。羅斯威爾建議，體重超過七十公斤的人應該將服用劑量提高一倍，或許一天要吃兩次藥而非一次，不過，那只是根據學理做出的猜測而已。

¶

我無意淡化現代醫療帶給我們的無可置疑的巨大裨益，然而，難以忽視的是，它還未臻完美，在種種方面並非總是廣泛受到讚許。二〇一三年，一個國際研究團隊調查常見的醫療項目後發現，其中有一百四十六項「皆是目前的常規作法，但若非毫無療效，就是比它原本所取代的作法還略遜一籌」。澳洲的一個類似的研究發現，一百五十六項常見的醫療項目「可能並不安全，或毫無療效」。

顯而易見，單單醫療科學並無法事事盡善盡美——但話說回來，它也不必如此。對於醫療成果，還存在其他會產生重大影響的因素，而且有時相當出人意表。比如，待人親切即是一種。二〇一六年，紐西蘭的一個針對糖尿病病患的研究發現，由被評價爲具有高度同情心的醫生所醫治的病患，遭受嚴重併發症的比例降低了百分之四十。如同某個觀察者所指出，視病如親的態度，「是可以與糖尿病患者從最密集性的治療中所獲得的療效等量齊觀」。

簡而言之，像是同情與同理等等平凡的做人處事的態度，是可以具有如同最高科技的複雜設備那般的重要性。至少就此而言，湯瑪斯・麥克裘恩或許發現了其中奧秘。

23

終老

飲食合理。運動規律。終赴黃泉。

——佚名

1

二〇一一年，人類歷史跨過了一個有趣的里程碑。史上頭一遭，比起死於所有傳染性疾病的總人數，全球有更多的人因爲比如心臟衰竭、中風與糖尿病等非傳染性疾病而去世。我們此刻生活在一個人們往往由於生活形態而亡故的時代。儘管我們對此未經深思熟慮，但我們其實主動選擇了我們赴死的方式。

在所有的死亡中，大約有五分之一是突如其來，如同在心臟病發作或車禍事故奪命的情況；而另外五分之一的死亡，則是緊跟在爲期短暫的病症侵襲之後快步降臨。然而，絕大多數的死亡，大約占有百分之六十，卻是一場經久費時的衰頹的結果。我們的壽命愈來愈長；我們的死亡同樣歷時愈來愈長。《經濟學人》在二〇一七年憂心地指出：「對於死於六十五歲之後的美國人來說，約有將近三分之一的人會在生命最後三個月的時間中，在加護病房裡度過。」

毫無疑問，人們前所未有地愈來愈長壽。假使你今天是一名七十歲的美國男性，那麼你明年去世的機率僅有百分之二。在一九四〇年，同樣擁有這個機率的人，則是五十六歲的男性。而就已開發國家整體而言，百分之九十的人在活到六十五歲時，絕大多數均擁有良好的健康狀況。

然而，我們如今似乎來到一個投入的努力再多、報酬卻開始遞減的轉折點。根據某個估算，假如我們明天就可以發現所有癌症的療方，那麼整體的預期壽命僅會多加上三點二年而已。將每一種心臟病根除盡淨，則只會多增加五點五年。之所以如此是因為，原本會死於上述疾病的人本身往往已經夠老了；如果癌症或心臟病沒有帶走他們，也會有其他原因使他們嚥下最後一口氣。最能闡明這個現象的疾病，當屬阿茲海默症。依照生物學家李奧納德・海弗利克（Leonard Hayflick）的看法，完全根絕阿茲海默症只會使壽命期望值僅僅增加十九天。

我們儘管在壽命上有了非凡的增長，但我們卻已經為此付出某種代價。如同丹尼爾・李伯曼所指出：「自一九九〇年起，我們在壽命上每增加一年，卻只有其中十個月是屬於身體健康狀態。」年齡在五十歲（含）以上的人，幾乎有將近一半的比例已經患有某種慢性疼痛或功能失調的病症。我們在延長壽命上表現卓越，但在持續保持生活品質上卻不盡然如此。年長者是國家經濟的沉重負擔。美國的高齡者總數雖然只比總人口的十分之一多一些，但卻占用了醫院一半的病床數與消耗了三分之一的醫藥資源。依照疾病管制與預防中心的數據，單單年長者跌倒所需要的醫治費用，便花費了美國每年總體經濟的三百一十億美元。

我們從職場退休後度過的時間已經大幅成長，但我們爲退休生活提供資金所從事的工作量卻沒有因此增加。出生於一九四五年之前的一般人，在永遠離開人世之前，預計只享有大約八年的退休生活，而出生於一九七一年的人卻可能預期擁有多達二十年的退休生活；就目前的趨勢來看，出生於一九九八年的人預期可能享有三十五年的退休生活——但是，在每一個狀況中，資助退休生活的資金全都來自於大約四十年的勞動所得。大多數國家均尚未開始面對，所有那些將不斷持續增加的病痛纏身、不具生產力的國民所需要的長期支出。總之，我們有非常多既個人性又社會性的難題，等待在我們前方。

動作減緩、精力與適應力減退、自我修復能力無可避免地持續降低——一言以蔽之，即是「老化」——這是萬物的普同命運，是我們固有的本質：也就是說，這是由生物體內部所啓動的過程。在某個程度上，你的身體會決定變老，然後死去。你可以藉由小心維繫的有節度的生活形態，來放緩這個過程，但你無法永遠逃避它。換句話說，所有人均有一死；只是某些人會比其他人快一些而已。

關於老化，無人能解——或者應該說，我們其實對此有大量的想法，只是不知道其中哪一個正確無誤。大約三十年前，俄羅斯的生物老年學家（biogerontologist）若列斯・梅德韋傑夫（Zhores Medvedev）計算出，大約有三百種嚴肅的科學理論在解釋我們爲何老化，而從那時以後的數十年期間，相關理論的數目持續只增不減。如同瓦倫西亞大學（University of Valencia）的教授何塞・斐納（José Viña）與同事，對現行思考流變所做的摘要顯示，所有理論可以分成三個大類別：基因突變理論（你的基因運作不良，讓你斃命）、耗損理論（身體用久了便會受損），與細胞廢物累積理論（你的細胞塞滿了有毒的副產物）。或許，以上三個因素會共同運作使我們變老；或者，其中任二者是所餘第三者所引發的副作用。或者，也可能是完全不同的其他原因所致。沒有人能夠斷言正確原因爲何。

¶

一九六一年，李奧納德．海弗利克雖然還是一名位於費城的威斯塔研究院（Wistar Institute）的年輕研究員，但他當時便提出了一項大膽的觀點，而在他的研究領域內，幾乎每個人都難以贊同。海弗利克發現，人工培養的人體幹細胞——亦即，在實驗室中培育的細胞，而非活人體內的細胞——只能進行細胞分裂大約五十次，之後便會詭異地喪失持續分裂的活力。基本上，這些幹細胞似乎已經排定進程，會因爲老化而死亡。這個現象後來被稱爲「海弗利克極限」（Hayflick limit）而廣爲人知。這個發現堪稱是生物學上的一個里程碑事件，因爲，史上首次有人揭露了，老化是發生在細胞之內的一個過程。海弗利克同時還發現了，他所培養的細胞可以冷凍保存爲期長度不等的時間，然後，在解凍之後，這些細胞又可以絲毫不差地從先前停下之處，重新繼續衰老的進程。顯而易見，細胞內存在某些類似計數裝置的機制，以便可以確切記錄本身已經分裂了多少次。有關細胞擁有某種形式的記憶，而且能夠倒數計時自己的大限之日——這個想法在當時由於太過怪異極端，所以幾乎普遍受到排拒。

在大約十年的期間內，海弗利克的發現被打入冷宮乏人問津。然後，加州大學舊金山分校的一組研究團隊發現，在每條染色體的末端有一段特化的DNA片段稱爲「端粒」（telomere），剛好可以充當計數裝置的角色。端粒會隨著每次細胞分裂而縮短，直到最後縮短至一個預定的長度（而這個長度則明顯隨著不同細胞類型而有所變化），細胞便會死去或是不再具有活力。由於出現了這個發現，於是「海弗利克極限」

的觀念突然又變得相當可信。它被譽為揭開了老化的秘密。所以，只要可以防止端粒縮短，我們便能停止細胞衰老的進程。世界各地的老年學家均因此備感振奮。

可惜的是，多年來後續的研究顯示，端粒的縮短只是老化過程的一小部分原因而已。在六十歲之後，死亡的風險每八年倍增一倍。由猶他大學（University of Utah）的遺傳學家所進行的一項研究發現，對於這個增加的風險，端粒的長度可能只能影響到百分之四這麼少的程度。如同老年學家茱蒂絲·康皮希（Judith Campisi）在二〇一七年於《統計》（Stat）期刊上表示：「假使老化全由端粒造成，那麼，我們在很久之前便已經解決了老化的問題了。」

結果發現，老化不僅涉及端粒除外的更多的因素，而且，端粒其實也與老化除外的許多過程有關。端粒的化學作用是由「端粒酶」（telomerase）所調節；當細胞達到了分裂的預定限額，端粒酶會告知細胞停止分裂。然而，在癌細胞中，端粒酶卻不會命令細胞停止分裂，反而會讓它無限分裂增生下去。這使研究者想到，也許可以鎖定細胞中的端粒，來作爲一種殲滅癌症的可能方法。總之，我們清楚知道，不只在老化的機制上，而且也在癌症的原理上，端粒皆是解謎之鑰，不過，想要完全理解以上二者，很遺憾的是，依舊有很長的路要走。

在討論老化問題時，另外兩個經常會見到的詞彙——儘管已經不再具有啓發性——則是：「自由基」與「抗氧化物」。自由基是身體在代謝過程中，所累積起來的一些細胞廢物。自由基是我們呼吸氧氣的副產物。如同一名毒物學家所說：「呼吸在生化過程中的代價，便是老化。」而抗氧化物則是可以中和自由基的分子，所以有人會這麼想：假使你以保健食品補充劑的形式去攝取很多抗氧化物，便能抗衰老。可惜的是，這樣的想法毫無科學上的證據支持。

加州一位名叫丹仁・哈曼（Denham Harman）的化學研究員，如果沒有在一九四五年從他的妻子所訂閱的《婦女家庭雜誌》（Ladies' Home Journal）中，讀到一篇有關老化的文章，並且由此發展出，有關自由基與抗氧化物在人類老化機制中具有核心作用的理論，那麼，大多數人幾乎肯定將永遠不會聽聞過這兩個詞彙。哈曼的概念不過是出自一種直覺，而後續的研究也證明，他的說法並不正確；儘管如此，但這個概念卻從此落地生根，而且再也沒有消退。如今，單單抗氧化劑保健食品的每年銷售金額，就遠遠超過二十億美元。

「那根本是個大騙局。」倫敦大學學院的大衛・傑姆斯（David Gems）在二〇一五年接受《自然》期刊訪問時說道：「有關氧化與老化的概念之所以一直陰魂不散的理由，是因爲，從這些概念賺錢的人使它根深蒂固。」

《紐約時報》已經指出：「某些研究甚至暗示，抗氧化劑補充品有可能造成人體傷害。」二〇一三年，該領域的主要學術期刊《抗氧化物與氧化還原信號》（Antioxidants and Redox Signaling）指出：「抗氧化物補充劑無法降低許多與老化有關的疾病發生率，而且，在某些情況中，會增加死亡風險。」

在美國，還需要考慮另一項相當令人意外的因素：食品藥品監督管理局實際上完全不執行對於保健食品的監督工作。只要補充劑沒有內含任何處方用藥，明顯不會讓人送命或引發嚴重傷害，製造商可以販售相當多他們想要推出的商品；而且，這些產品「完全沒有保證純度或效力；在有關攝取劑量上，也全無經過認可的準則；而對於產品若與其他合法藥物一起服用可能會導致的副作用，則經常毫無任何警語標示」──如同《科學人》（Scientific American）雜誌上的一篇文章所指出。保健產品「可能」對人體有益；只不過沒有人去加以證明而已。

丹仁．哈曼儘管與保健商品產業毫無瓜葛，而且他也不是抗氧化物理論的發言人，但他確實一輩子都遵行著以下的養生法：服用高劑量的抗氧化劑維生素C、E，與攝取大量富含抗氧化物的蔬果。而必須明說的是，如此的作法對他毫無傷害。他享耆壽九十八歲。

¶

即使身強體健，但老化卻會帶給所有人無法避免的後果。當我們的年紀愈來愈大，膀胱的彈性會變差，不再能容納那樣多的尿液，這是爲何變老的詛咒之一便是永遠在尋找廁所的原因。皮膚同樣也會失去彈性，變得較爲乾燥與粗糙。血管更容易破裂而形成瘀傷。免疫系統不再如同從前那般可靠地會偵測到入侵物。色素細胞的數量通常也會減少，但那些還存在的色素細胞有時卻會增大，生成老人斑，或稱「肝斑」——當然，這與肝臟毫無關係。與皮膚相連的脂肪層同樣也會變薄，使得老人家在維持體熱上較爲吃力。

更嚴重的是，當我們的年紀漸增，每次心搏所推送的血液量也會隨之遞減。假使沒有其他原因率先帶走我們，我們的心臟最終也會停止運作。這是勢所必然之事。而由於心臟所推動周行全身的血量減少，你的器官於是也會獲得比較少的血液。四十歲過後，流經腎臟的血液每年平均下降百分之一。

女性在來到更年期時，就會被強而有力地提醒：老化過程是現在進行式。大多數動物不再具有生育能力後便會很快死去，但是人類的女性並非如此（這當然要感謝老天！）；女性在停經過後，還會度過她們的壽命的大約三分之一的時光。我們是唯一會經歷更年期的靈長類動物，而且也是相當少數幾種擁有如此現象的動物之一。位於墨爾本（Melbourne）的弗洛里神經科學與心理健康研究院（Florey Institute for Neuroscience and Mental Health）使用綿羊來研究更年期的原因很簡單，因爲，綿羊幾乎也是僅有會經歷更年期的陸生動物。至少有兩種鯨魚也有更年期。關於動物爲何會有更年期，仍是一項尚待解答的問題。

而壞消息是，更年期可能會是一場難熬的苦難。大約有四分之三的女性在更年期期間，會經歷熱潮紅（hot flush）的現象。（那是一種突如其來的灼熱感，一般上出現在胸部或胸部以上的部位，由賀爾蒙的變化所引發。詳細原因不明。）更年期與雌激素的分泌減少有關，不過，即便是今日，也沒有任何檢測可以絕對確認女性已經進入這個時期。對於女性來說，正進入更年期（這個階段稱爲「更年期前期」）的最佳指標是，月經週期變得不規則，而且可能發現「自己感覺到情況不太對」——如同蘿絲．喬治（Rose George）在惠康基金會（Wellcome Trust）的出版品《鑲嵌畫》（Mosaic）中寫道。

更年期如同老化本身，同樣也是個謎。學者們提出了兩種主要的理論，分別簡潔有力地稱爲「母親假說」與「祖母假說」。「母親假說」的論點是，分娩既危險又疲累；而當女性愈來愈年長，分娩所造成的挑戰也益發巨大。所以，更年期可能只是一種保護性策略。由於不會有再次分娩的耗損與煩亂，女性於是可以更好地關注自身的健康，尤其她已經完成養兒育女的任務，而子女們也已進入生育力最旺盛的時期。這個論點自然引導出了「祖母假說」，亦即，女性在中年由於停止生育，所以她可以協助自己的子女扶養他們的子代。

附帶一提，有關更年期是由於女性耗盡自身可提供的卵子後所啓動的過程——這個說法毫無根據。她們還是擁有卵子。確切來說，卵子的存量並不多，但也多到足以受孕。所以，並非卵子一顆不剩，才啓動了更年期（似乎連許多醫生也這麼認爲）。無人完全明瞭觸發更年期的因素。

2

二〇一六年，位於紐約的阿爾伯特・愛因斯坦醫學院（Albert Einstein College of Medicine）的一項研究，做出了以下結論：無論醫療照護的發展多麼先進，多數人均無法活過一百一十五歲左右。然而，華盛頓大學（University of Washington）的生物老年學家麥特・凱伯藍（Matt Kaeberlein）卻認爲，今日年輕人的壽命，一般上可能將比現在的人們多上將近一半；而加州山景城（Mountain View）的「科學控制可忽略衰老策略基金會」（Strategies for Engineered Negligible Senescence〔SENS〕Research Foundation）的科技執行長奧布里・德・葛雷（Aubrey de Grey）則相信，現在某些活著的人可以活到一千歲。猶他大學的遺傳學家理查德・考森（Richard Cawthon）暗示，如此的壽命長度至少在理論上不無可能。

對此，且讓我們拭目以待。目前能夠指出的只是，每一萬人中大約僅有一人可以活到高齡一百歲。我們完全不太熟悉有關壽命超過一百歲的人們的事情，部分原因是因爲，並沒有很多這樣的人。加州大學洛杉磯分校（University of California at Los Angeles）的老年學研究組織（Gerontology Research Group）盡其所能追蹤並了解全球所有的「超級人瑞」——這是指年齡達到一百一十歲的人。不過，由於世界上大部分地區的紀錄都很貧乏，而且出於種種理由，非常多人喜歡世人以爲他們比實際年齡還老，於是，洛杉磯分校的研究員在將可能的新人瑞納入這個獨特之至的俱樂部時，往往格外謹慎。一般而言，在該組織的名冊上，大約都會有七十名業已確認的超級人瑞，不過，那很可能只含括了全球實際人數的一半左右而已。

你過一百一十歲生日的機率，約莫是七百萬分之一。女性的機會較大；女性過一百一十歲生日的機率是男性的十倍。頗堪玩味的是，女性始終比男性活得久。這有點違反直覺，尤其當我們考慮到，男人因爲不用分娩，所以完全不會有難產死去的可能性。而且，綜觀大部分的歷史，男性同樣不像女性由於照顧病人而更容易接觸到感染源。然而，在歷史的每一個時期中，就每個受到檢視的社會來看，女性的壽命平均而言總是比男性多活上幾年。她們如今仍然如此，即使男女兩性都受到幾乎相同的醫療照護也一樣。

已知世上最長壽的人瑞，是一名住在普羅旺斯的亞爾（Arles）一地的女性，她名叫珍妮．露意絲．卡樂蒙（Jeanne Louise Calment）；一九九七年，她以超高齡的一百二十二歲又一百六十四日與世長辭。她不僅是第一位年紀達到一百二十二歲的人，她同時也是第一位慶祝自己的一百一十六、一百一十七、一百一十八、一百一十九、一百二十與一百二十一歲生日的壽星。卡樂蒙一生優渥：她的父親是富有的造船業主，而她的丈夫則經商有成。她從未工作過。她比自己的丈夫多活上超過半世紀，而比她的獨生女則多活上六十三年。卡樂蒙菸不離手幾乎一輩子——在一百一十七歲之際，當她最終戒菸時，她一天還是抽上兩根菸——她每週會大啖一公斤的巧克力，而且，直至接近生命尾聲依然活躍如常，健康狀況非常良好。在年事已高之時，她經常驕傲又迷人地自誇道：「我僅僅只有一條皺紋而已，而且我現在就坐在它的上面。」

卡樂蒙也是史上一樁最具戲劇性地遭到誤判的交易的受益者。一九六五年，她在經濟上入不敷出，她於是同意將她的公寓留給一名律師，藉以交換後者每個月支付她二千五百法郎直至她去世爲止。由於卡樂蒙當時已經九十歲，對於那名律師來說，看起來應當是個相當有利的交易。不過，後來卻是律師先行過世，距離他簽下契約已經過了三十年，而他也爲了那間他永遠無緣入住的公寓，支付了卡樂蒙超過九十萬法郎。

在此同時，世上最長壽的男性則是日本人木村次郎右衛門，他在二〇一三年以一百一十六歲又五十四日的高齡辭世。他早年擔任政府通訊部門的職員，生活平靜安穩；在退休之後，住在京都附近的一座小村度過特別漫長的餘生。木村奉行的生活型態相當健康取向，不過話說回來，數以百萬計的日本人也是如此。而使他能夠比其餘人們活上更久時間的問題，則毫無任何解答，不過，家族基因似乎在其中發揮了顯著作用。如同丹尼爾・李伯曼對我所說，能夠活到八十歲，主要是遵行健康生活形態所獲得的結果，但如果還要更加高齡，則幾乎完全是基因使然。或者，一如紐約市立大學（City University of New York）的榮譽退休教授伯納德・史塔爾（Bernard Starr）所言：「確保高壽的最佳方法是，要挑對你的父母。」

在我寫作本書期間，全球有三位人士業經確認擁有一百一十五歲（兩人在日本，一人在義大利），另有三位則是一百一十四歲（兩人在法國，一人在日本）。

依照任何已知的測量標準來看，有些人似乎活得比理當擁有的壽命還長。如同喬・馬琴（Jo Marchant）在她的著作《治癒力》（Cure）中所指出，哥斯大黎加的人均所得僅有美國的五分之一，醫療保健體系也較爲落後，但他們的預期壽命卻比美國人還長。而且，屬於哥斯大黎加最貧窮地區之一的尼科亞半島（Nicoya Peninsula）那裡的人們，即使擁有相當高的肥胖與高血壓的盛行率，卻是哥國最長命的族群。他們也擁有較長的端粒。對此所提出的理論解釋是，他們受益於更爲緊密的社會紐帶與家族關係。奇妙的是，學者發現，假使他們獨居或無法至少每週一次看到一名子女的話，端粒長度所帶來的優勢便會消失。不可思議的是，擁有充滿愛意的良好人際關係可以具體地改變你的DNA。相反地，二〇一〇年，美國的一項研究發現，無法擁有如此的人際關係，會使人們死於任何原因的風險倍增一倍。

3

一九〇一年十一月，在法蘭克福的一家精神病院中，一位名叫奧古絲特·笛特（Auguste Deter）的女士，向身兼病理學家的精神科醫生阿洛伊斯・阿茲海默（Alois Alzheimer, 1864-1915）介紹自己；她抱怨自己持續地忘東忘西，記性愈來愈糟。她可以感覺自己的個性正一點一滴流失，如同沙漏中往下流洩的沙粒。她悲傷地解釋道：「我已經失去我自己。」

阿茲海默來自巴伐利亞（Bavaria），個性粗獷而友善，戴著一副夾鼻眼鏡，總是在嘴邊叼著一根雪茄；他被這名不幸女士的病症所深深吸引，卻又對自己在減緩病症惡化上的無能爲力深感氣餒。而對於阿茲海默本人來說，當時也是一段人生的低谷。他結褵七年的妻子塞希莉雅（Cäcilia）在該年稍早去世，留下他與三名需要扶養的年幼子女，所以，當笛特女士走入他的人生，他必須同時面對最深沉的喪妻之痛與最沉重的醫療無力感。隨後幾週期間，笛特女士變得愈來愈困惑混亂與躁動不安，而阿茲海默所嘗試的任何方法，甚至連些許的緩解效果都無法做到。

隔年，阿茲海默接受了一個新職位，舉家搬至慕尼黑，但他還是從遠地持續關注笛特女士日漸惡化的病情；當笛特女士最後於一九〇六年去世，阿茲海默獲得了她的腦部來進行病理解剖。阿茲海默發現，這名可憐女人的腦部布滿一簇簇毀壞的細胞。他在一次演講與一篇論文中報告了這些發現，因而此後一直與這個病症相連在一起——雖然，其實是一名同事在一九一〇年首次將該病稱爲「阿茲海默症」。不可思議的是，阿茲海默從笛特女士腦部所取下的組織樣本留存了下來，並且用現代技術重新加以研究，結果發現，她遭受了一種基因突變的病症，而其他阿茲海默症病患完全沒有見到這樣的情形發生。她看來可能完全沒有罹患阿茲海默症，而是受害於另一種稱爲異染性腦白質退化症（metachromatic leukodystrophy）的遺傳疾病。可惜阿茲海默並沒有長壽到，足以全然了解自己的發現的重要性。他在一九一五年因爲一場嚴重感冒的併發症而辭世，享年僅五十一歲。

我們如今知道，阿茲海默症是從患者腦部開始累積一種稱爲「β類澱粉蛋白」的蛋白質片段，才因此發生病變。沒有人確切了解，當類澱粉蛋白正常運作時，對人體的作用爲何，不過，學者以爲，這種蛋白質也許在形成記憶上扮演某種角色。此外，正常而言，類澱粉蛋白在經過使用、人體不再需要之後，便會被沖刷一空。然而，對於阿茲海默症患者來說，類澱粉蛋白卻不會完全被清空，反而會聚集起來形成所謂的「斑塊」，阻礙腦部的正常運作。

該病患者後來也會開始累積濤蛋白（tau protein）的纏結纖維——經常也稱爲「濤蛋白纏結」（tau tangle）。濤蛋白與類澱粉蛋白的關係爲何，而兩者又是如何與阿茲海默症產生關連，同樣都是尚未探明的問題，不過，最重要的一點是，患者都會經歷漸進惡化、無法逆轉的記憶喪失現象。阿茲海默症在通常的病程進展上，首先會毀損短期記憶，然後會進一步毀壞所有或大部分的其他記憶，導致當事人困惑、易怒、肆無忌憚，而最後會喪失所有的身體功能，包括如何呼吸與吞嚥都無法自然運作。如同一名觀察者所指出，到了最後，「當事人會忘記在肌肉層面上如何進行呼氣」。可以這麼說，罹患阿茲海默症的人會死兩次——第一次是心理層次之死，第二次則是身體層次之死。

以上大部分知識，學者都已經掌握了長達一個世紀之久，但除此之外，有關該病症的一切，幾乎都讓人迷惑不解。尤其，令人無所適從的是，即便沒有在腦部累積類澱粉蛋白與濤蛋白，卻也可能出現失智症症狀，而同樣可能發生的是，就算累積有類澱粉蛋白與濤蛋白，卻不會產生失智症。一項研究發現，大約百分之三十的年長者皆有可觀的β類澱粉蛋白的累積物，但卻絲毫沒有任何認知衰退的現象。

也許，斑塊與纏結纖維並非阿茲海默症的致病原因，而只是它「留下的痕跡」——亦即，阿茲海默症本身所遺留下來的廢物。總之，有關腦部裡面那些類澱粉蛋白與濤蛋白，沒有人知道是因爲患者製造太多，或者，只是沒有適當清除，因而才積存在那裡。由於對這個問題莫衷一是，使得研究者分成兩個陣營：一派主要認爲「beta-amyloid」（β類澱粉蛋白）是罪魁禍首（而這些學者被諷刺地稱爲「baptist」〔洗禮派分子〕）；另一派則歸咎於濤蛋白作亂（他們被稱爲「濤派分子」〔tauist〕）。學者們熟知的一點是，斑塊與纏結纖維的累積速度很緩慢，遠遠早在失智症徵兆變得明顯之前便開始一點一滴堆積，所以，顯而易見，治療阿茲海默症的關鍵在於及早進行，在堆積物開始產生真正的傷害之前即對症下藥。可惜，迄今爲止，我們尚未發展出如此的治療技術。我們甚至無法正確無誤診斷出阿茲海默症。唯一可以確認該病的方法是——驗屍；也就是說，等到病患死去。

而在種種問題之中，最大的謎團是，爲何有些人會罹患阿茲海默症，而有些人不會。已經發現有若干基因與該病症有所關連，但其中沒有任何一個屬於直接致病的根本原因。單單變老，便能大大增加你罹患阿茲海默症的可能性，不過話說回來，幾乎所有壞事同樣也能說是由老化所造成。你接受的教育愈多，便愈不可能患上此病，雖然，只要擁有活躍與樂於探索的心理活動——並非是年輕時只是去點名、累積上課時數的那種態度——幾乎肯定可以防範阿茲海默症的發生。而所有型態的失智症，皆相當罕見發生在那些飲食健康、至少有少量運動、維持合宜體重、不吸菸或不飲酒過量的人們當中。過著節制有度的生活雖然並不會根除阿茲海默症的風險，但卻會降低大約百分之六十的患病比例。

在所有失智症的案例中，阿茲海默症占有百分之六十至七十的比例，據信影響了全球各地大約五千萬人，不過，阿茲海默症說起來只是大約一百種不同的失智症的其中之一，而這些各種各樣的失智症之間，則經常很難分辨清楚。比如，路易氏體失智症（Lewy body dementia）就與阿茲海默症高度相似，因爲它同樣涉及神經蛋白質上的失調。（該病得名自弗雷德里克·路易〔Friedrich H. Lewy〕；他曾經在德國隨同阿洛伊斯·阿茲海默工作。）額顳葉失智症（frontotemporal dementia）是腦部的額葉與顳葉受到損傷以致，經常是中風導致的後果。這種失智症總是讓患者的家人相當困擾，因爲患者通常會喪失壓抑能力、無法控制衝動，行徑往往讓人尷尬——比如，他們會當眾脫衣服、撿拾陌生人丟棄的食物來吃、在超市偷東西等等。高沙可夫症候群（Korsakoff's syndrome）則是一種主要由長期酗酒所引發的失智症；它得名自十九世紀俄羅斯的一名研究者謝爾蓋·高沙可夫（Sergei

Korsakoff）。

在所有超過六十五歲的人當中，總計有三分之一會死於某種形式的失智症。社會爲此背負鉅額成本，但奇怪的是，幾乎各地針對這個病症的研究經費均有所不足。失智症在英國每年花費國民保健署（National Health Service）二百六十億英鎊，但有關失智症的研究經費每年只有九千萬英鎊；相較而言，心臟病研究獲得一億六千萬英鎊的費用，而癌症研究則獲得五億英鎊。

少有疾病如同阿茲海默症這般難以醫治。它是年長者的第三個常見死因，僅次於心臟病與癌症，而我們對它完全沒有任何有效療方。針對阿茲海默症藥物的臨床試驗，約莫有百分之九十九點六的失敗率，這堪稱是整個藥物學領域中的最高比率之一。一九九〇年代末，許多研究者暗示，即將會有一種有效藥物出現，不過結果證明太過樂觀。而曾經也有一個很有希望的治療藥物在試驗期間，由於參與的受試者中有四人得到腦炎（encephalitis：一種腦部發炎疾病），因而停止繼續進行。困難點有一部分是在於，如同第二十二章所提及，阿茲海默症的藥物試驗必須先在實驗室的老鼠身上進行，而老鼠並不會罹患這個病。我們必須先誘發老鼠的腦內長出斑塊，才能進行實驗，而這也意謂著，牠們對所施用的藥物的反應將與人類有所不同。如今，許多製藥商均放棄研發工作。二〇一八年，輝瑞公司（Pfizer）宣布，他們不再針對阿茲海默症與帕金森氏症進行藥物研究，因此裁撤了新英格蘭地區的兩家研究機構一共三百個工作職位。一想到可憐的奧古絲特．笛特，假使她今天去看醫生，情況將與幾近一百二十年前，她向阿洛伊斯．阿茲海默求助時差不多糟糕——這不禁令人陷入長考。

4

每個人終將一死。世界各地每天有十六萬人與世長辭。於是一年大約會有六千萬具新大體，約莫相當於每年都會使瑞典、挪威、比利時、奧地利與澳洲等五國的總人口從人間蒸發。然而，死亡率卻大概是百分之零點七，也就是說，在任一給定的年分中，每一百人中只會有遠遠小於一人死去。相較於其他物種來說，我們眞的非常耐命。

變老是通往死亡最確切無疑的一條路。在西方國家中，癌症死亡人數的百分之七十五，肺炎死亡人數的百分之九十，流感死亡人數的百分之九十，各種各樣原因所導致的死亡人數的百分之八十，皆是發生在六十五歲（含）以上的人們。有趣的是，美國自一九五一年開始，就沒有人死於「高齡」，至少在官方紀錄中沒有，因爲，「高齡」這個死亡原因在一九五一年便從死亡證明文件中剔除。而英國仍然有這個選項，儘管已經很少使用。

對大多數人來說，死亡是可以想像得到的最可怖的事件。罹癌的珍妮·迪斯基（Jenny Diski）在面對步步逼近的（二〇一六年的）死亡時，在《倫敦書評》寫下一系列的散文，動人地談及得知人將不久離世的「駭人的恐怖」——「那鋒利的雙爪刨挖進內裡的器官；所有可怕的妖物都在那兒又抓又啃，而且還活在我裡面」。然而，我們卻又似乎在某個程度上，擁有一套內建於心中的防禦機制。依照二〇一四年在《安寧緩和醫學期刊》（Journal of Palliative Medicine）上的一項研究所言，介於百分之五十至六十的末期病人描述說，他們對於即將來臨的死亡，做過強烈而極度療癒的夢。另一個研究則觀察到，垂死之際的腦中出現化學物質急遽湧動的證據；這可能是那些在瀕死事件中倖存的人，爲何經常會描述自己有某種強烈體驗的原因。

大多數行將就木的人在生命的最後一兩天時，會喪失任何吃喝的慾望。有些人會失去說話的力氣。當咳嗽或吞嚥的能力減退，臨終者經常會發出一般稱爲「瀕死喉音」（death rattle）的刺耳聲響。那可能聽起來相當令人擔憂，但似乎對當事人來說並非如此。然而，死前另一種稱爲「瀕死呼吸」（agonal breathing）的吃力喘息現象，則可能讓當事人很不安。瀕死呼吸是臨終者由於心臟逐漸衰竭而無法獲得足夠的空氣以致，可能僅出現幾秒鐘，但也可能持續四十分鐘（含）以上，這會讓臨終者與床畔旁的家人兩方都極端焦慮。這個現象可以藉由神經肌肉阻斷劑停止下來，但很多醫生並不會開立這個藥物，因爲這將不可避免地加快死亡的到來，所以也被認爲不合醫學倫理，或甚至可能違法，即使死亡無論如何只是片刻之間的事也一樣。

我們似乎對於垂死狀態異常敏感，經常會拼命採取一切作法，來延遲無法避免的死亡的到來。針對彌留之人的過度治療，幾乎在各地都是例行作法。在美國，每八名癌症臨終病人便有一人會在生命只剩最後兩週期間接受化學療法，儘管這已經遠遠超過了化療可以起作用的時間點。來自三個不同的研究均顯示，在最後幾週接受安寧緩和療法而非化療的癌症病人，其實可以活得更久一些，並大大減少受苦。

甚至去預測垂死者的死亡時間，也並非易事。如同麻州大學（University of Massachusetts）醫學院史帝文．黑區（Steven Hatch）博士寫道：「有一篇評論發現，甚至對於那些存活時間中位數只剩四週的末期病患來說，醫生的預測可以準確至只差距一週之內的案例，僅有百分之二十五。而在另外百分之二十五的案例中，醫生預測錯誤的差距可以多到四週以上！」

死亡可以很快變得明顯起來。幾乎在轉瞬之間，血液便開始從接近體表的微血管上消褪，導致生成那種與死亡相連的陰森慘白的膚色。許爾文・努蘭在《死亡的臉》一書上寫道：「這個男人的屍身看起來彷彿他的精氣已然遠去。確實也是如此。他平板乏味、不帶感情，不再充溢著那生氣勃勃的靈魂——希臘人稱為『pneuma』（氣息）。」甚至對於不熟悉亡者軀體的人來說，通常也能一眼認出死亡來。

組織的惡化同樣也幾乎立刻展開，這是為何為了器官移植手術所進行的器官「摘取」（harvesting〔原意為收割〕；這肯定是醫學上最醜陋的詞彙），總是如此十萬火急。由於重力的牽引，積存在身體最低部位的血液會使那裡的皮膚轉成紫色；這個過程會形成所謂的「屍斑」。身體內部的細胞破裂，裡面的酶湧出來，開始進入一種「自體消化」的過程，這稱為「自溶」（autolysis）。某些器官停止運作的時間會比其他器官長。人死後的肝臟會繼續分解酒精，即使它完全不需要這麼做，它也照舊進行。不同細胞的死亡速度同樣各有不同。腦細胞很快撒手，最多大約三、四分鐘便不支死去，但是肌肉與皮膚的細胞可以持續活存好幾小時——或許可以活上一整天。著名的肌肉僵硬現象，這稱爲「屍僵」（rigor mortis；直譯爲「死亡的僵硬」），會在人死後三十分鐘至四小時之間出現，從顏面肌肉開始，然後向下延伸至身體各部位，並朝外擴展至四肢末端。屍僵會持續大約一天左右。

死屍依舊充滿蓬勃生機。只不過，那不再是你原本那個活躍的生命，而是你身後留下的細菌，再加上其他蜂擁而來的微生物。當這些小東西啃噬你的屍身，腸道細菌會產生各種各樣的氣體，包括有：甲烷、氨、硫化氫、二氧化硫，以及從名稱上即可望文生義的化合物——屍胺與腐胺。腐敗屍體的氣味通常在兩、三天內就會變得刺鼻難聞；假使天氣炎熱，則會更快聞到屍臭。然後，臭味會逐漸開始緩解，直到沒有任何血肉留下，因此也就沒有能夠發臭的東西了。當然，這個過程可能受到干擾，比如，假使屍體掉入冰川或泥炭沼澤之中，那麼，細菌便無法生存與繁殖；或者，假使屍體被乾燥保存，便會變成木乃伊。附帶一提，有關頭髮與指甲在人死之後還會繼續生長的說法，純屬無稽之談，而且在生理學上完全站不住腳。死亡之後，不會有任何生長現象。

對於那些選擇土葬的人，處在一只密封的棺木中，屍身的分解過程會花費較長的時間——依照某個估算，大約介於五至四十年之間，但如果大體經過防腐處理，所需時間還會更久。一般上，探訪墓地大約僅會持續十五年左右，所以，許多人從地球上消失要比從別人的記憶中消逝，花上更久的時間。一個世紀前，僅有大約百分之一的人經由火葬處理，但是今日，四分之三的英國人與百分之四十的美國人皆選擇火化離開人間。當你經過火化，餘下的骨灰約計重達五磅（二公斤）。

而那就是逝去的你。不過，當生命還在的時候，一切都還不錯，不是嗎？

致謝

隨著本書的寫作，我相信，我生平首次必須對如此之多的人士，對他們如此慷慨給予的專業協助與指導，致上我的感激之情。我尤其要感謝來自兩人的特別緊密無間的襄助：首先是我的兒子David Bryson博士，他是位於利物浦（Liverpool）的歐德黑兒童醫院（Alder Hey Children's Hospital）小兒骨外科的研究員；其次是我的好友Ben Ollivere博士，他是諾丁漢大學創傷外科的臨床副教授，與位於諾丁漢的女王醫學中心的創傷外科專科醫師。

我同樣深深感激以下人士：

英格蘭地區：諾丁漢大學與位於諾丁漢的女王醫學中心的Katie Rollins博士、Margy Pratten博士與Siobhan Loughna博士；牛津大學的John Wass教授、Irene Tracey教授與Russell Foster教授；倫敦大學衛生與熱帶醫學院的Neil Pearce教授；杜倫大學資訊科學系的Magnus Bordewich博士，位於倫敦的英國皇家化學學會的Karen Ogilvie與Edwin Silvester，曼徹斯特大學的曼徹斯特炎症研究合作中心（Manchester Collaborative Centre for Inflammation Research）的研究主任、免疫學教授Daniel M. Davis，與他的同事Jonathan Worboys博士、Poppy Simmonds、Pippa Kennedy博士以及Karoliina Tuomela；紐卡索大學的Rod Skinner教授；國民保健署信託基金會泰恩河畔紐卡索醫院體系（Newcastle upon Tyne Hospitals NHS Foundation Trust）的腎臟科專科醫師Charles Tomson博士；北布里斯托國民保健署信託基金會醫院體系（North Bristol NHS Trust）的Mark Gompels博士。我也特別感謝我的好友Joshua Ollivere。

美國地區：哈佛大學的Daniel Lieberman教授；賓州州立大學的Nina Jablonski教授，位於費城的蒙內爾化學感覺中心的Leslie J. Stein博士與Gary Beauchamp博士；聖路易斯華盛頓大學的Allan Doctor博士與Michael Kinch教授；史丹佛大學的Matthew Porteus博士與 Christopher Gardner 教授，位於俄亥俄州哥倫布市（Columbus）的哥倫布大都會圖書館（Columbus Metropolitan Library）的 Patrick Losinski 與他的熱心相助的員工。

荷蘭地區：位於烏特勒支的瑪可西瑪公主兒童癌症中心的 Josef Vormoor 博士、Britta Vormoor 博士、Hans Clevers 教授、Olaf Heidenreich 博士、Anne Rios 博士。我也特別感謝 Johanna Vormoor 與 Benedikt Vormoor。

我同樣非常感謝企鵝藍燈書屋（Penguin Random House）的 Gerry Howard、Gail Rebuck 女爵士、Susanna Wadeson、Larry Finlay、Amy Black 與 Kristin Cochrane；以及，傑出的藝術家 Neil Gower；還有，位於倫敦的馬許作家經紀社（Marsh Agency）的 Camilla Ferrier 與她的同事。我也謝謝來自我的兒女 Felicity、Catherine、Sam 的許許多多積極的協助。而一如既往，最重要的是，我要獻上大大的感謝給予我親愛與神聖的妻子 Cynthia。

寫在 COVID-19 之後

二〇二〇年一月八日，《紐約時報》刊登了一篇來自香港的報導，標題是「中國鑑定出了一種引發類肺炎病症的新病毒」。

這個被指認爲新型態的冠狀病毒，它所引發的疾病，源自於位在中國中東部、擁有一千一百萬住民的武漢市；自第一個病例在十二月初通報，直至那時爲止，該病已經造成五十九人染疫。

該文語帶慶幸地安慰讀者說，並無證據顯示，這個病毒可以輕易地人傳人。

香港大學（University of Hong Kong）的一名傳染病學教授指出：「我們可以假定，這個病毒的傳播力並沒有那麼高。」顯而易見，這個結論有點下得過早。

不到兩週之後的一月二十一日，美國通報了第一個病例：染疫者是華盛頓州一名三十多歲的男子，他不久前剛從一趟武漢之旅返國。

在此同時，中國通報的染病人數上升至三百例；科學家開始懷疑，這個疾病可能可以經由人傳人致病，儘管對於傳播容易與否仍然一無所知。

事實上，由於所知甚少，以至於該病在當時還未有名稱。直至二月十一日，亦即在第一個病例公布後約略超過兩個月，世界衛生組織才予以正式命名，稱之爲「2019冠狀病毒病」（coronavirus disease 2019〔譯按：衛福部稱爲「嚴重特殊傳染性肺炎」〕），世界各地很快便簡稱爲「COVID-19」。而引起該病的病毒則取名爲「嚴重急性呼吸道症候群冠狀病毒二型」（severe acute respiratory syndrome coronavirus 2；簡稱爲「SARS-CoV-2」）。

在二月初那時，中國的病例數飆升至四萬四千六百五十例，而且疾病持續擴散，計有另外的三百九十三例散布在其他二十四個國家之中。

其他地區的疫情很快趕上中國，隨後並超越中國的嚴重程度。在二月初僅有五例的義大利，經過六週之後，罹病人數超過十七萬人。西班牙、法國、德國、英國，與歐洲之內與之外的許多其他國家，也同樣見證到相同的病例激增速度。就美國來說，紐約市在三月一日確認了第一個病例：染疫者是曼哈頓一名三十九歲的健康照護工作者，甫從伊朗旅遊歸來不久。到了四月中，紐約州所記錄的染病人數，從僅有一例，上升至超過二十萬例。就全球而言，官方公告的染疫人數在三個月內竄升至二百二十五萬人，儘管學者普遍認爲實際人數還要多上更多。已知的死亡人數則已經超過十五萬人。

之後的事態發展則不需要我多費唇舌。我其實也沒辦法告訴你之後發生的事，因爲，我在四月提筆寫下這篇短文時，我正在英格蘭一棟房舍中進行自我隔離。我們對於我們未來的走向爲何，可說毫無概念。

令人吃驚的是，在這個時間點上，我們對於這個已經改變世界命運的新病毒，依舊所知不多：這個病毒來自何方？實際的傳播途徑爲何？爲何男性染疫的嚴重程度似乎高過女性？哪一部分的染疫者會因此不治？染疫康復的人是否擁有或多或少的免疫力？而且那會持續下去嗎？

我們何時可以有望獲得疫苗？

在我行文至此，親愛的讀者，你此時遠比任何人都對這一切知之甚詳。無論我們身處的時代爲何，可以肯定每個人都會同意的一件事是：在下次瘟疫來襲前，讓我們做好更周全的準備吧。

比爾・布萊森，二〇二〇年

資料來源

以下所列出的資訊，目的是針對那些希望進行事實查核或進一步閱讀的讀者，有一份快速查閱的指南。有關眾所周知或受到廣泛報導的事實——比如，肝臟的運作機制——我便沒有註記引用來源。整體而言，只有特定的理論主張、未有定論的論點，或明顯與眾不同的說法，才會列出資訊出處。

第一章　如何打造人體

10 **依照英國皇家化學學會的估算，建構一具人體總計需要五十九種元素：**關於打造班奈狄克．康柏拜區的複製品所需金額的資訊，是由位於倫敦的英國皇家化學學會的 Karen Ogilvie 所提供。

10 **我們只需要二十顆鈷原子與三十顆鉻原子就夠了：**Emsley, *Nature's Building Blocks*, p.4。

13 **我們現在了解，硒可以形成兩種缺一不可的酶：**同上，pp. 379-80。

13 **你的肝臟將可能因此中毒受害**：*Scientific American*, July 2015, p. 31。

14 **但在二〇一二年，美國公共廣播電視網（PBS）長期播放的科學節目《新星》**：'Hunting the Elements', *Nova*, 4 April 2012。

15 **你每天眨眼一萬四千次**：McNeill, *Face*, p. 27。

17 **你全部血管的總長度**：West, *Scale*, p. 152。

17 **如果你將身體裡所有的 DNA 都接起來**：Pollack, *Signs of Life*, p.19。

19 **你需要兩百億股的 DNA**：同上。

21 **它的化學名稱有十八萬九千八百一十九個字母這麼長**：Ball, *Stories of the Invisible*, p.48。

21 **無人知曉我們體內的蛋白質型態究竟有多少種**：*Challoner*, *Cell*, p. 38。

21 **所有人類共享百分之九九點九的 DNA**：*Nature*, 26 June 2014, p. 463。

21 **我的 DNA 與你的 DNA 在三、四百萬個地方不一樣**：Arney, *Herding Hemingway's Cats*, p.184。

22 **大約一百個屬於個人的突變**：*New Scientist*, 15 Sept. 2012, pp. 30-33。

22 **有一個特殊的短序列基因稱為「Alu元件」**：Mukherjee, *Gene*, p.322; Ben-Barak, *Invisible Kingdom*, p.174。

24 **每六名吸菸者中，只有一名會罹患肺癌**：*Nature*, 24 March 2011, p. S2。

24 **你的細胞每天有一至五個會轉成癌細胞**：Samuel Cheshier，史丹福大學的神經外科醫生與教授，引述自*Naked Scientist*的播客，21 March 2017。

24 **我們的身體是一個擁有三十七點二兆顆細胞的宇宙**：'An Estimation of the Number of Cells in the Human Body', *Annals of Human Biology*, Nov.-Dec. 2013。

25 **有成千上萬的病症可以讓我們一命嗚呼**：*New Yorker*, 7 April 2014, pp. 38-39。

26 **我們可以進行這個生產過程的每一個程序**：Hafer, *Not-So-Intelligent Designer*, p. 132。

第二章　外觀：皮膚與毛髮

32 **我們也不會突然哪裡出現滲漏**：引自 Jablonski 的訪問紀錄，地點是賓州的州學院市，29 Feb. 2016。

32 **我們大量脫落皮膚，而且幾乎毫不在意**：Andrews, *Life That Lives on Man*, p. 31。

32 **我們每一年在身後揚起大約一磅（或半公斤）的塵埃**：同上，p. 166。

34 **痤瘡——學者很難確認這個字的字源**：*Oxford English Dictionary*。

35 **它偵測輕微的觸動**：Ackerman, *Natural History of the Senses*, p.83。

35 **如果你把一把剷子插入一堆礫石或一堆沙子之中**：Linden, *Touch*, p. 73.

36 **奇怪的是，我們沒有任何針對潮濕的接受器**：'The Magic of Touch', *The Uncommon Senses*, BBC Radio 4, 27 March 2017.

36 **女性的手指在觸覺敏感度的表現上，遠比男性更好**：Linden, *Touch*, p. 73.

39 **皮膚從種種的色素獲得顏色**：引自 Jablonski 的訪問紀錄。

39 **當我們行年漸長，黑色素的製造會急遽變緩**：Challoner, *Cell*, p.170。

39 **黑色素是極佳的天然防曬油**：引自 Jablonski 的訪問紀錄。

39 **黑色素實際上經常對日光做出分散而局部的反應**：Jablonski, *Living Color*, p.14。

41 **曬傷所呈現的紅通通的顏色**：Jablonski, *Skin*, p.17。

41 **曬傷的正式名稱是「紅斑」**：Smith, *Body*, p.410。

42 **這個過程稱為「黃褐斑」的生成**：Jablonski, *Skin*, p.90。

43 **全球大約有百分之五十的人口**：*JJournal of Pharmacology and Pharmacotherapeutics*, April/June 2012; New Scientist, 9 Aug. 2014, pp.34-37。

43 **當人們演化成淺淡的膚色**：倫敦大學學院的新聞稿，'Natural Selection Has Altered the Appearance of Europeans over the Past 5000 Years'，11 March 2014。

44 **膚色則在一段遠遠更為漫長的時期中持續變化**：Jablonski, *Living Color*, p.24。

44 **就南美洲的原住民族所居住的緯度地區來說**：Jablonski, *Skin*, p.91。

44 而比較難以解釋的例子，則是來自於非洲南部的科伊桑人：'Rapid Evolution of a Skin-Lightening Allele in Southern African KhoeSan,' *Proceedings of the National Academy of Sciences*, 26 Dec. 2018。

45 被稱作切達人的古英國人擁有一身「暗深至黝黑」的膚色：'First Modern Britons Had 'Dark to Black' Skin', *Guardian,* 7 Feb., 2018。

45 這名切達人的 DNA 受損情況嚴重：*New Scientist,* 3 March 2018, p.12。

46 我們實際上如同我們的表親類人猿一般毛茸茸：Jablonski, *Skin,* p.19。

46 我們總計約有五百萬根毛髮：Linden, *Touch,* p.216。

46 它提供保暖、緩衝、偽裝等功能：'The Naked Truth', *Scientific American*, Feb. 2010。

47 這個立毛的過程會在毛髮與皮膚之間形成有用的隔熱與防寒空氣層：Ashcroft, *Life at the Extremes*, p.157。

47 「立毛」的作用，也會使哺乳類動物的毛髮豎立起來：*Baylor University Medical Center Proceedings*, July 2012, p.305。

47 但是，從遺傳研究上得知，深色色素形成的時間：'Why Are Humans So Hairy?', *New Scientist,* 17 Oct. 2017。

48 **因為它增加了頭髮表面與頭皮之間的空間大小**：引自 Jablonski 的訪問紀錄。

49 **人類的費洛蒙大抵並不存在**：'Do Human Pheromones Actually Exist?', *Science News,* 7 March 2017。

49 **次級毛髮是為了展示之用**：Bainbridge, *Teenagers,* pp.44-45。

49 **我們每個人一生會長出大約八公尺長的頭髮**：*The Curious Cases of Rutherford and Fry,* BBC Radio 4, 22 Aug. 2016。

50 **這套系統引進了製作臉部肖像的概念**：Cole, *Suspect Identities,* p.49。

52 **在西方，指紋的獨一性，是由十九世紀的捷克解剖學家揚・普爾基涅所首度確認出來**：Smith, *Body,* p.409。

53 **它被假定有助於抓握的動作**：Linden, *Touch,* p.37。

53 **為何當我們久久泡澡後，手指會發皺起來**：'Why Do We Get Prune Fingers?', Smithsonian.com, 6 Aug. 2015。

54 **這種異常現象稱為「皮紋病」**：'Adermatoglyphia: The Genetic Disorder of People Born Without Fingerprints', *Smithsonian,* 14 Jan. 2014。

54 **大多數的四足動物依賴大口呼氣來冷卻身體**：Daniel E. Lieberman, 'Human Locomotion and Heat Loss: An Evolutionary Perspective', *Comprehensive Physi-*

ology 5, no. 1 (Jan. 2015)。

54 **我們喪失了大多數的體毛**：Jablonski, *Living Color,* p.26。

55 **一名體重七十公斤的男人**：Stark, *Last Breath,* pp.283-85。

56 **雖然鹽分在你的汗液總量中僅占極小的部分**：Ashcroft, *Life at the Extremes,* p.139。

57 **流汗是由腎上腺素的釋放所促動**：同上，p.122。

57 **所要測量的正是這種情緒性的出汗現象**：Tallis, *Kingdom of Infinite Space,* p.23。

57 **造成汗味發臭的兩種化學物質**：Bainbridge, *Teenagers,* p.48。

58 **你身上的細菌數目**：Andrews, *Life That Lives on Man,* p.11。

59 **不斷去做這一件防止感染傳播的事——也就是洗手——可說難上加難**：Gawande, *Better,* pp.14-15; 'What Is the Right Way to Wash Your Hands?', *Atlantic,* 23 Jan. 2017。

59 **一名志願受試者身上有一種從未在日本境外有過記錄的微生物**：National Geographic News, 14 Nov. 2012。

60 **使用抗菌肥皂的問題是**：Blaser, *Missing Microbes,* pp.200。

60 **由於這種蟲子與我們共同生活的時間如此悠遠漫長**：David Shultz, ‘What the Mites on Your Face Say About Where You Came From’, *Science,* 14 Dec. 2015, www.sciencemag.org。

62 **有關搔癢的研究顯示**：Linden, *Touch*, p.185。

62 **這種無法平息的痛苦，或許最特殊的案例是**：同上，pp.187-89。

63 **每個人的頭上擁有大約十萬至十五萬個毛囊**：Andrews, *Life That Lives on Man*, pp.38-39。

63 **有一種稱為二氫睪酮的賀爾蒙**：*Baylor University Medical Center Proceedings*, July 2012, p.305。

63 **儘管有些人那麼容易掉髮**：Andrews, *Life That Lives on Man,* p.42。

第三章　你是微生物？

67 **為了讓氮氣變得對我們有用**：Ben-Barak, *Invisible Kingdom*, p.58。

68 **人類可以製造二十種消化酶**：引自與史丹佛大學教授 Christopher Gardner 的訪問紀錄，地點是帕羅奧圖（Palo Alto），29 Jan. 2018。

68 **每隻細菌大約平均重達一張美元紙鈔的兆分之一**：*Baylor University Medical Center Proceedings*, July 2014; West, Scale, p.1。

68 **然而，細菌可以彼此交換基因**：Crawford, *Invisible Enemy*, p.14。

69 **理論上，一隻親代細菌在不到兩天的時間中**：Lane, *Power, Sex, Suicide*, p.114。

69 **只要三天，它的後代總重量**：Maddox, *What Remains to Be Discovered*, p.170。

69 **如果你將地球上所有的微生物堆成一堆**：Crawford, *Invisible Enemy*, p.13。

70 **可能有大約四萬個品種的微生物定居在你身上**：'Learning About Who We Are', Nature, 14 June 2012; 'Molecular-Phylogenetic Characterization of Microbial Community Imbalances in Human Inflammatory Bowel Diseases', *Proceedings of the National Academy of Sciences*, 15 Aug. 2007。

70 你個人所擁有的微生物的總重量約計三磅：Blaser, *Missing Microbes*, p.25; Ben-Barak, *Invisible Kingdom*, p.13。

71 二〇一六年，來自以色列與加拿大的研究者：*Nature*, 8 June 2016。

72 微生物群落，在組成上可能相當因人而異：'The Inside Story', *Nature*, 28 May 2008。

73 僅有其中的一千四百一十五種會使人致病：Crawford, *Invisible Enemy*, pp.15-16; Pasternak, Molecules Within Us, p.143。

74 幾乎毫無共同之處：'The Microbes Within', *Nature*, 25 Feb 2015。

75 疱疹病毒已經持續存在幾億年：'They Reproduce, but They Don't Eat, Breathe, or Excrete', *London Review of Books*, 9 March 2001。

76 如果你將一枚病毒吹成將近一顆網球的大小：Ben-Barak, *Invisible Kingdom*, p.4。

76 他一開始把這種神秘的作用物稱為：Roossinck, *Virus*, p.13。

76 在被合理假定存在的十幾萬種病毒之中：*Economist*, 24 June 2017, p.76。

77 普拉克特發現，平均每公升的海水中：Zimmer, *Planet of Viruses*, pp.42-44。

78 單單海洋中的病毒，假使一個挨著一個把它們接起來：Crawford, *Deadly Companions*, p.13。

79 感冒著涼無疑在冬天比在夏天更常發生：'Cold Comfort', *New Yorker,* 11 March 2002, p.42。

80 普通感冒並非是成因單一的疾病：'Unraveling the Key to a Cold Virus's Effectiveness', *New York Times,* 8 Jan. 2015。

80 他們在一名志願受試者的鼻孔下，安裝了一副會流出稀薄液體的裝置：'Cold Comfort', p.45。

81 在另一個由亞利桑那大學所進行的類似研究中：*Baylor University Medical Center Proceedings*, Jan. 2017, p.127。

81 在真實生活裡，如此的病毒肆虐的現象：'Germs Thrive at Work, Too', *Wall Street Journal*, 30 Sept. 2014。

82 微生物茂盛生長的地方則是，座椅所使用的織物：*Nature,* 25 June 2015, p.400。

83 同樣的情形也見於格特隱球菌：*Scientific American,* Dec. 2013, p.47。

85 最引人注目的一個例證，是發生在一九九二年：'Giant Viruses', *American Scientist,* July-Aug. 2011; Zimmer, *Planet of Viruses,* pp.89-91; 'The Discov-

ery and Characterization of Mimivirus, the Largest Known Virus and Putative Pneumonia Agent', *Emerging Infections,* 21 May 2007; 'Ironmonger Who Found a Unique Colony', *Daily Telegraph,* 15 Oct. 2004; *Bradford Telegraph and Argus,* 15 Oct. 2014; 'Out on a Limb', *Nature,* 4 Aug. 2011。

89 **馬克斯・馮・佩滕科弗，強烈地被這個說法所激怒**：Le Fanu, *Rise and Fall of Modern Medicine,* p.179。

90 **灑爾佛散僅對一些疾病有效**：*Journal of Antimicrobial Chemotherapy* 71 (2016)。

93 **牛津的首席研究員是一名古怪的德國流亡人士**：Lax, *Mould in Dr. Florey's Coat,* pp.77-79。

94 **他完全不像是可以做出任何新發現的科學家**：參見 *Oxford Dictionary of National Biography* 書中詞條：'Chain, Sir Ernst Boris'。

94 **一九四一年初，他們累積了足夠的劑量**：Le Fanu, *Rise and Fall of Modern Medicine,* pp.3-12; *Economist,* 21 May 2016, p.19。

96 **一名在皮奧里亞工作的實驗室助理瑪莉・杭特**：'Penicillin Comes to Peoria', *Historynet,* 2 June 2014。

96 **從那天起，每一點一滴製造出來的青黴素**：Blaser, *Missing Microbes*, p.60; 'The Real Story Behind Penicillin', *PBS NewsHour website*, 27 Sept. 2013。

96 **英國的那些科學家懊惱地發現**：參見 *Oxford Dictionary of National Biography* 書中詞條：'Florey, Howard Walter'。

97 **柴恩儘管也獲得了諾貝爾獎**：參見 *Oxford Dictionary of National Biography* 書中詞條：'Chain, Sir Ernst Boris'。

98 **它的利刃所到之處，各種各樣的細菌均一刀斃命**：*New Yorker*, 22 Oct. 2012, p.36。

99 **格蘭特最後被送進耶魯紐黑文醫院**：引自與聖路易斯華盛頓大學的 Michael Kinch 的訪問紀錄，18 April 2018。

101 **百分之七十的急性支氣管炎的治療藥方中都會有抗生素**：'Superbug: An Epidemic Begins', *Harvard Magazine*, May-June 2014。

102 **美國人在不知不覺間，從食物中攝入了二手的抗生素**：Blaser, *Missing Microbes, p.85; Baylor University Medical Center Proceedings*, July 2012, p.306。

102 **瑞典在一九八六年禁止抗生素用於農業領域**：Blaser, *Missing Microbes*, p.84。

102 **美國食品藥品監督管理局曾於一九七七年**：*Baylor University Medical Center*

Proceedings, July 2012, p.306。

102 **這導致了罹患感染性疾病的死亡率陡升**：Bakalar, *Where the Germs Are*, pp.5-6。

102 **細菌不僅在抗藥性上日益強化**：'Don't Pick Your Nose', *London Review of Books*, July 2004。

103 **耐甲氧西林金黃色葡萄球菌**：'World Super Germ Born in Guildford', *Daily Telegraph*, 26 Aug. 2001; 'Squashing Superbugs', *Scientific American*, July 2009。

103 **金黃色葡萄球菌與相近菌種，每年聯手造成全球**：'A Dearth in Innovation for Key Drugs', *New York Times*, 22 July 2014。

104 **感染這類細菌而生病的人，大約有一半的比例病故**：*Nature*, 25 July 2013, p.394。

104 **對他們來說，只是開發成本太過昂貴而已：引自Kinch的訪問紀錄**：'Resistance Is Futile', *Atlantic*, 15 Oct. 2011。

104 **全球十八家大藥廠中，除了兩家例外**：'Antibiotic Resistance Is Worrisome, but Not Hopeless', *New York Times*, 8 March 2016。

105 **以目前的傳播速度來看，抗生素所滋生的抗藥性問題**：*BBC Inside Science*, BBC Radio 4, 9 June 2016; Chemistry World, March 2018, p.51。

105 **我們可以去開發所謂的「群聚感應」的藥物**：*New Scientist*, 14 Dec. 2013, p.36。

106 **但它是地球上數量最龐大的生物粒子**：'Reengineering Life', *Discovery*, BBC Radio 4, 8 May 2017。

第四章　腦部

111 **有關腦部的黏稠度容有各種說法**：'Thanks for the Memory', *New York Review of Books*, 5 Oct. 2006; Lieberman, *Evolution of the Human Head*, p.211。

112 **人腦總計大約可以容納兩百「艾位元組」**：'Solving the Brain', *Nature Neuroscience*, 17 July 2013。

113 **它的重量僅占人體的百分之二**：Allen, *Lives of the Brain*, p.188。

113 **腦部是人體最昂貴的器官**：Bribiescas, *Men*, p.42。

114 **頭腦，才擁有最佳效率**：Winston, *Human Mind*, p.210。

114 **神經元的數目比較可能是八百六十億個**：'Myths That Will Not Die', *Nature*, 17 Dec. 2015。

115 **單單一立方公分的腦組織之內的神經元連接點**：Eagleman, *Incognito*, p.2。

116 **它分成兩個半球**：Ashcroft, *Spark of Life*, p.227; Allen, *Lives of the Brain*, p.19。

117 **顳葉上有六小塊區域，稱為人臉辨識區塊**：'How Your Brain Recognizes All Those Faces', Smithsonian.com, 6 June 2017。

118 **雖然小腦占有顱腔百分之十的空間**：Allen, *Lives of the Brain*, p.14; Zeman, *Consciousness*, p.57; Ashcroft, *Spark of Life*, pp.228-29。

120 **它甚至可能在我們的老化速率快慢上，扮演某種角色**：'A Tiny Part of the Brain Appears to Orchestrate the Whole Body's Aging', *Stat*, 26 July 2017。

121 **杏仁核遭到毀壞的人**：O'Sullivan, *Brainstorm*, p.91。

121 **你的夢魘也許只是杏仁核在抱怨**：'What Are Dreams?', *Nova*, PBS, 24 Nov. 2009。

123 **眼睛每秒鐘向腦部傳送一千億個訊號**：'Attention', *New Yorker*, 1 Oct. 2014。

123 **大約只有百分之十的訊息來自於視神經**：*Nature*, 20 April 2017, p.296。

125 儘管我們印象強烈地以為：Le Fanu, *Why Us?*, p.199。

128 將全然虛假的記憶植入人們的腦海當中：*Guardian*, 4 Dec. 2003, p.8。

129 一年過後，這群心理學家再度詢問同一批受訪者：*New Scientist*, 14 May 2011, p.39。

130 我們的心理機制將每段記憶切分：Bainbridge, *Beyond the Zonules of Zinn*, p.287。

130 一則掠過腦際的想法或回憶：Lieberman, *Evolution of the Human Head*, p.183。

130 這些記憶片段會隨著時間：Le Fanu, *Why Us?*, p.213; Winston, *Human Mind*, p.82。

131 記憶更像是維基百科網站的頁面：*The Why Factor*, BBC World Service, 6 Sept. 2013。

133 美國每年都會舉辦全國性的記憶錦標賽：*Nature*, 7 April 2011, p.33。

134 這樣的想法主要來自於，神經外科醫師懷爾德．潘菲爾德：Draaisma, *Forgetting*, pp.163-70; 'Memory', *National Geographic*, Nov. 2007。

135 有關記憶種種，我們從某位人士身上習得了：'The Man Who Couldn't Remember', *Nova*, PBS, 1 June 2009; 'How Memory Speaks', *New York Review of*

Books, 22 May 2014; *New Scientist*, 28 Nov. 2015, p.36。

137 神經科學史上，罕見有一個圖示能產生如此之大的影響力：*Nature Neuroscience*, Feb. 2010, p.139。

137 屢次在升遷上遭到忽視：*Neurosurgery*, Jan. 2011, pp.6-11。

139 白質與灰質兩者的名稱，會讓人產生錯誤的理解：Ashcroft, *Spark of Life*, p.229。

139 有關我們僅使用百分之十的腦部這樣的說法，其實毫無根據：*Scientific American*, Aug. 2011, p.35。

139 青少年腦袋裡的線路僅完成了百分之八十左右：'Get Knitting', *London Review of Books*, 18 Aug. 2005。

140 青少年死亡的主因是意外事件：*New Yorker*, 31 Aug. 2015, p.85。

141 棘手之處是，我們還沒有找到確切的方法：'Human Brain Make New Nerve Cells', *Science News*, 5 April 2018; *All Things Considered* transcript, National Public Radio, 17 March 2018。

142 而他所剩下的三分之一的腦部：Le Fanu, *Why Us?*, p.192。

143 如果你要設計一部活體機器：'The Mystery of Consciousness', *New York Re-*

view of Books, 2 Nov. 1995。

145 在一八八〇年代，一名瑞士的醫生：Dittrich, *Patient H.M.*, p.79。

145 莫尼斯本人，卻堪稱是：'Unkind Cuts', *New York Review of Books*, 24 April 1986。

147 手術過程如此粗野：'The Lobotomy Files: One Doctor's Legacy', *Wall Street Journal*, 12 Dec. 2013。

148 弗里曼是一名毫無外科手術資格證明的精神科醫師：El-Hai, *Lobotomist*, p.209。

148 大約三分之二的弗里曼的病患：同上，p.171。

148 他最惡名昭彰的失敗案例是蘿絲瑪莉．甘迺迪：同上，pp.173-74。

150 雖然腦子是如此舒適地包裹在具保護性的顱骨之內：Sanghavi, *Map of the Child*, p.107; Bainbridge, *Beyond the Zonules of Zinn*, pp.233-35。

150 對側挫傷：Lieberman, *Evolution of the Human Head*, p.217。

152 就英國而言，癲癇直到一九七〇年：*Literary Review*, Aug. 2016, p.36。

152 有關癲癇的歷史，可以總結為：*British Medical Journal* 315 (1997)。

154 卡普格哈症候群：'Can the Brain Explain Your Mind?', *New York Review of*

Books, 24 March 2011。

154 **克魯爾—布西症候群**：'Urge', *New York Review of Books,* 24 Sept. 2015。

154 **科塔爾妄想症**：Sternberg, *NeuroLogic,* p.133。

154 **閉鎖症候群卻又有所不同**：Owen, *Into the Grey Zone*, p.4。

155 **沒有人知道，究竟有多少人**：'The Mind Reader', *Nature Neuroscience,* 13 June 2014。

156 **也許，我們如今較不粗野活躍的生活方式**：Lieberman, *Evolution of the Human Head*, p.556; 'If Modern Humans Are So Smart, Why Are Our Brains Shrinking?', *Discover*, 20 Jan. 2011。

第五章　頭部

161 **蘇格蘭人的女王瑪麗需要經過三次奮力揮砍**：Larson, *Severed,* p.13。

161 **一七九三年，由於謀殺了激進派領袖**：同上，p.246。

164 **戴維斯馳名天下**：*Australian Indigenous Law Review,* no. 92 (2007); New Lit-

eratures Review, University of Melbourne, Oct. 2004。

165 **他深信，一個人的智力與道德程度**：*Anthropological Review,* Oct. 1868, pp.386-94。

166 **但他當時稱它為「蒙古症」**：Blakelaw and Jennett, *Oxford Companion to the Body,* p.249; *Oxford Dictionary of National Biography*。

167 **史帝芬·傑伊·古爾德在《錯估人類》一書中提到了一個案例**：Gould, *Mismeasure of Man,* p.138。

167 **一八六一年，在為一名好多年間無法說話**：Le Fanu, *Why Us?*, p.180; 'The Inferiority Complex', *New York Review of Books,* 22 Oct. 1981。

170 **似乎沒有任兩位專家取得共識**：McNeill, *Face,* p.180; Perrett, *In Your Face,* p.21; 'A Conversation with Paul Ekman', *New York Times,* 5 Aug. 2003。

170 **據說剛離開子宮的嬰兒偏好人臉**：McNeill, *Face,* p.4。

171 **儘管改變如此細微**：同上，p.26。

172 **如同法國解剖學家杜賢·德·布隆涅**：*New Yorker,* 12 Jan. 2015, p.35。

172 **我們每個人都縱容自己展現「微表情」**：'A Conversation with Paul Ekman', *New York Times,* 5 Aug. 2003。

173 選擇了小巧靈活的眉毛：'Scientists Have an Intriguing New Theory About Our Eyebrows and Foreheads', *Vox*, 9 April 2018。

173 蒙娜麗莎的畫像令人費解的理由之一：Perrett, *In Your Face*, p.18。

174 人類的鼻子外形與錯綜複雜的鼻竇：Lieberman, *Evolution of the Human Head*, p.312。

175 我們的體內總計有多達三十三個感覺系統：*The Uncommon Senses*, BBC Radio 4, 20 March 2017。

177 那些在視網膜前方的微血管中移動的白血球：'Blue Sky Sprites', *Naked Scientists*, podcast, 17 May 2016; 'Evolution of the Human Eye', *Scientific American*, July 2011, p.53。

178 盤飛的蒼蠅：'Meet the Culprits Behind Bright Lights and Strange Floaters in Your Vision', Smithsonian.com, 24 Dec. 2014。

178 如果你手裡捧著一顆人眼：McNeill, *Face*, p.24。

179 在大眾心中獲得所有功勞的水晶體：Davies, *Life Unfolding*, p.231。

180 淚液不僅使眼瞼可以輕鬆滑動：Lutz, *Crying*, pp.67-68。

181 你一天總計分泌大約五至十盎司的淚液：同上，p.69。

182 **我們是靈長類動物中唯一具有鞏膜的物種**：Lieberman, *Evolution of the Human Head*, p.388。

182 **他們的主要難題其實並非世界失去色彩**：'Outcasts of the Islands', *New York Review of Books*, 6 March 1997。

183 **許久之後，靈長類動物重新演化出看見紅色與橘色的能力**：*National Geographic*, Feb. 2016, p.56。

183 **眼球的運動稱為「跳視」**：*New Scientist*, 14 May 2011, p.356; Eagleman, *Brain*, p.60。

184 **維多利亞時代的英國博物學家有時也會以此為例**：Blakelaw and Jennett, *Oxford Companion to the Body*, p.82; Roberts, *Incredible Unlikeliness of Being*, p.114; Eagleman, *Incognito*, p.32。

187 **聽小骨原本是我們先祖的顎骨**：Shubin, *Your Inner Fish*, pp.160-62。

188 **一個壓力波即便只能使鼓膜移動**：Goldsmith, *Discord*, pp.6-7。

188 **從我們可以察覺的最輕微的聲音，直至最響亮的聲音**：同上，p.161。

189 **也就是說，所有的聲波**：Bathurst, *Sound*, pp.28-29。

190 **英國郵局的首席工程師陸軍上校**：同上，p.124。

191 **當我們從旋轉木馬跳下來時會感到暈眩**：Bainbridge, *Beyond the Zonules of Zinn*, p.110。

191 **當失去平衡感為時較久**：Francis, *Adventures in Human Being*, p.63。

193 **年紀在三十歲以下的人，有一半比例**：'World Without Scent', *Atlantic*, 12 Sept. 2015。

193 **嗅覺研究可說是個冷門的科學**：引自Gary Beauchamp的訪問紀錄，地點是費城的蒙內爾化學感覺中心，2016年。

194 **接受器是由某種共振所促動**：Al-Khalili and McFadden, *Life on the Edge*, pp.158-59。

195 **比如，一根香蕉含有三百種「揮發性分子」**：Shepherd, *Neurogastronomy*, pp.34-37。

195 **番茄有四百種**：Gilbert, *What the Nose Knows*, p.45。

195 **烤杏仁的焦味能夠從七十五種**：Brooks, *At the Edge of Uncertainty*, p.149。

196 **甘草的氣味組成**：'Secret of Liquorice Smell Unravelled', *Chemistry World*, Jan. 2017。

196 **那是在一九二七年由兩位波士頓的化學工程師所首度提出**：Holmes, *Flavor*,

p.49。

196 **二〇一四年，位於巴黎的巴黎第六大學**：*Science*, 21 March 2014。

196 **他們的宣稱毫無基礎**：'Sniffing Out Answers: A Conversation with Markus Meister'，加州理工學院新聞稿，8 July 2015。（https://www.caltech.edu/about/news/sniffing-out-answers-conversation-markus-meister-47229）

197 **為何某些氣味可以如此強而有力地喚醒我們的記憶**：蒙內爾化學感覺中心的網站，'Olfaction Primer: How Smell Works'。

198 **加州大學柏克萊分校的研究人員**：'Mechanisms of ScentTracking in Humans', *Nature*, 4 Jan. 2007。

198 **在針對十五個氣味的測試中，其中有五個氣味**：Holmes, *Flavor*, p.63。

198 **嬰兒與母親在以氣味辨識對方的實驗中，同樣表現極為出色**：Gilbert, *What the Nose Knows*, p.63。

199 **阿茲海默症早期的一個症狀正是嗅覺喪失**：Platoni, *We Have the Technology*, p.39。

199 **有百分之九十的比例完全不會恢復嗅覺**：Blodgett, *Remembering Smell*, p.19。

第六章　一探究竟：口腔與咽喉

203 **布魯內爾表演到一半**：'Profiles', *New Yorker,* 9 Sept. 1953; Vaughan, *Isambard Kingdom Brunel,* pp.196-97。

207 **史上第一位假定了——早在一八七〇年——女性生來**：Birkhead, *Most Perfect Thing,* p.150。

207 **解剖學家指稱吞嚥的用字**：Collis, *Living with a Stranger*, p.20。

210 **在今日美國的意外死亡常見原因中**：Lieberman, *Evolution of the Human Head,* p.297。

211 **亨利．哈姆立克這個人有點像個演藝人士**：'The Choke Artist'，*New Republic*，23 April 2007；*New York Times*，訃聞，23 April 2007。

213 **總計有二千三百七十四項被大意吞入人體的物件**：Cappello, *Swallow,* pp.4-6; *New York Times,* 11 Jan. 2011。

214 **傑克遜為人冷淡、沒有朋友**：*Annals of Thoracic Surgery* 57 (1994), pp.502-5。

215 **一般成人一天會分泌**：'Gut Health May Begin in the Mouth', *Harvard Magazine*, 20 Oct. 2017。

215 **我們一生中大約分泌三萬公升的唾液**：Tallis, *Kingdom of Infinite Space*, p.25。

216 **也含有一種強效的止痛成分**：'Natural Painkiller Found in Human Spit', *Nature*, 13 Nov. 2006。

217 **在我們的睡眠期間，唾液的分泌量極少**：Enders, *Gut*, p.22。

217 **可能含有將近一百五十種不同的化合物**：*Scientific American*, May 2013, p.20。

218 **人類口腔總計發現有大約一千種的細菌**：同上。

218 **道森的團隊發現，吹遍蛋糕上的蠟燭**：克萊門森大學的新聞稿，'A True Food Myth Buster'，13 Dec. 2011。

219 **於是被稱為「現成的化石」**：Ungar, *Evolution's Bite*, p.5。

220 **如果你是一名典型的成年男性**：Lieberman, *Evolution of the Human Head*, p.226。

221 **這些組織是人體內最具再生能力的細胞**：*New Scientist*, 16 March 2013, p.45。

221 **事實上，這是一個毫無根據的迷思**：*Nature*, 21 June 2012, p.S2。

221 我們也可以在腸道與喉嚨中找到它：Roach, *Gulp*, p.46。

222 味覺接受器也存在於心臟：*New Scientist*, 8 Aug. 2015, pp.40-41。

223 而河豚含有劇毒的河豚毒素：Ashcroft, *Life at the Extremes*, p.54; 'Last Supper?', *Guardian*, 5 Aug. 2016。

224 英國作家尼古拉斯・埃文斯：'I Wanted to Die. It Was So Grim', *Daily Telegraph*, 2 Aug. 2011。

224 我們擁有大約一萬個味覺接受器：'A Matter of Taste?', *Chemistry World*, Feb. 2017; Holmes, *Flavor*, p.83; 'Fire-Eaters', New Yorker, 4 Nov. 2013。

227 一種摩洛哥的大戟科植物：Holmes, *Flavor*, p.85。

227 攝食大量辣椒素的成年中國人：*Baylor University Medical Center Proceedings*, Jan. 2016, p.47。

228 某些專家認為，我們也擁有專門分派給：*New Scientist*, 8 Aug. 2015, pp.40-41。

230 味之素公司如今已是超大企業：Mouritsen and Styrbaek, *Umami*, p.28。

232 嗅覺據稱在風味的形成上：Holmes, *Flavor*, p.21。

233 **毫無例外，學生們為兩杯酒列出了**：*BMC Neuroscience*, 18 Sept. 2007。

233 **當一杯柳橙口味的飲料卻呈現為紅色**：*Scientific American*, Jan. 2013, p.69。

235 **引發了更為廣泛的爭論**：Lieberman, *Evolution of the Human Head*, p.315。

236 **在它的內部與四周，有九根軟骨**：同上，p.284。

238 **十九世紀德國名聲響亮的外科醫師之一**：'The Paralysis of Stuttering', *New York Review of Books*, 26 April 2012。

第七章　心臟與血液

242 **停了**：引自'In the Hands of Any Fool'一文，*London Review of Books*，3 July 1997。

243 **那個象徵圖形首次出現在十四世紀**：Peto, *Heart*, p.30。

244 **你的心臟每小時大約輸送二百六十公升的血液**：Nuland, *How We Die*, p.22。

245 **心臟一輩子的工作量**：Morris, *Body Watching*, p.11。

245 **從心臟送出的全部血液中**：Blakelaw and Jennett, *Oxford Companion to the*

Body, pp.88-89。

246 **每一次你站起來**：*The Curious Cases of Rutherford and Fry,* BBC Radio 4, 13 Sept. 2016。

247 **早期大多數有關血壓的研究**：Amidon and Amidon，Sublime Engine，p.116；參見 *Oxford Dictionary of National Biography* 書中詞條：'Hales, Stephen'。

248 **即便已經進入二十世紀**：'Why So Many of Us Die of Heart Disease', *Atlantic*, 6 March 2018。

249 **二〇一七年，美國心臟協會**：'New Blood Pressure Guidelines Put Half of US Adults in Unhealthy Range', *Science News*, 13 Nov. 2017。

249 **據稱，至少有五千萬名美國人**：Amidon and Amidon, *Sublime Engine*, p.227。

249 **單就美國而論，罹患心血管疾病**：Health, United States, 2016, DHSS Publication No. 2017-1232, May 2017。

250 **經常被大多數人混淆的「心臟病發作」與「心搏停止」**：Wolpert, *You're Looking Very Well*, p.18; 'Don't Try This at Home', *London Review of Books*, 29 Aug. 2013。

251 **對於四分之一左右的受害者來說**：*Baylor University Medical Center Proceed-*

ings, April 2017, p.240。

252 女性比男性更可能感受到腹痛與噁心：Brooks, *At the Edge of Uncertainty*, pp.104-5。

253 東南亞的仡蒙人：Amidon and Amidon, *Sublime Engine*, pp.191-92。

253 肥厚型心肌症：'When Genetic Autopsies Go Awry', *Atlantic*, 11 Oct. 2016。

254 引發公衆產生對於心臟病的意識：Pearson, *Life Project*, pp.101-3。

254 弗雷明翰研究計畫召募了當地五千名成人：同上；亦見於 frainghamheartstudy.org。

256 他將導管插入手臂上的動脈之內：Nourse, *Body*, p.85。

257 建造一部機器，可以藉由人工的方式使血液帶氧：Le Fanu, *Rise and Fall of Modern Medicine*, p.95; National Academy of Sciences, biographical memoir by Harris B. Schumacher Jr, Washington, DC, 1982。

259 一九五八年，一名瑞典工程師儒尼．艾爾姆奎斯特：Ashcroft, *Spark of Life*, pp.152-53。

261 二〇〇〇年，他輕生殞命：*New York Times* obituary, 21 Aug. 2000; 'Interview: Dr. Steven E. Nissen', Take One Step, PBS, Aug. 2006, www.pbs.org。

261 取出一顆仍在跳動的心臟：*Baylor University Medical Center Proceedings*, Oct. 2017, p.476。

263 弗瑞的樣本中會有一種真菌多孔木黴：同上，p.247。

264 心臟移植手術的成功率達至百分之八十：Le Fanu, *Rise and Fall of Modern Medicine*, p.102。

264 今日全球每年實施了大約四至五千例的心臟移植：Amidon and Amidon, *Sublime Engine*, pp.198-99。

264 這名年輕女子的父母主張：*Economist*, 28 April 2018, p.56。

265 美國每年死於心臟病的人數，大約相當於：Kinch, *Prescription for Change*, p.112。

266 在二〇〇〇年之前，美國每年施行了一百萬次預防性的血管擴張術：Welch, *Less Medicine, More Health*, pp.34-36。

268 這正是美國醫療最糟糕的表現：同上，p.38。

268 新生兒僅有大約半品脫的血液：Collis, *Living with a Stranger*, p.28。

268 大約二萬五千英里長的血管：Pasternak, *Molecules Within Us*, p.58。

269 **單單一滴血中，便包含有四千種**：Hill, *Blood*, pp.14-15。

270 **美國的血漿販售占有全部出口商品**：*Economist*, 12 May 2018, p.12。

271 **血紅素有一個古怪而危險的癖好**：Annals of Medicine, *New Yorker*, 31 Jan. 1970。

271 **每顆紅血球因此將飛速周遊你**：Blakelaw and Jennett, *Oxford Companion to the Body*, p.85。

273 **發生嚴重出血時，身體**：Miller, *Body in Question*, pp.121-22。

274 **它在免疫反應與組織再生上也扮演重要角色**：*Nature*, 28 Sept. 2017, p.S13。

275 **幾乎所有哈維的同儕都認為他「頭殼壞掉」**：Zimmer, *Soul Made Flesh*, p.74。

275 **哈維不懂呼吸原理**：Wootton, *Bad Medicine*, pp.95-98。

276 **當眾將一隻活羊大約半品脫的血液**：'An Account of the Experiment of Transfusion, Practised upon a Man in London', *Proceedings of the Royal Society of London*, 9 Dec. 1667。

280 **刺穿靜脈「可以使血液通風變涼」**：Zimmer, *Soul Made Flesh*, p.152。

282 **我已經注意到，放血做得最多的人**：'Politics of Yellow Fever in Alexander

Hamilton's America'、US National Library of Medecine，日期未註明。(https://www.nlm.nih.gov/exhibition/politicsofyellowfever/collection-transcript14.html)

282 **《醫學的原理與實踐》的作者威廉．奧斯勒**：'An Autopsy of Dr. Osler', *New York Review of Books,* 25 May 2000。

283 **雖然如今大家都將最後一類讀成字母「O」**：Nourse, *Body,* p.184。

284 **總計有四百種抗原左右**：Sanghavi, *Map of the Child,* p.64。

287 **血液是活組織**：引自 Dr Allan Doctor 的訪問紀錄，地點是牛津，18 Sept. 2018。

291 **研究者埋頭努力製造人造血，已經超過五十年**：'The Quest for One of Science's Holy Grails: Artificial Blood', Stat, 27 Feb. 2017; 'Red Blood Cell Substitutes', *Chemistry World,* 16 Feb. 2018。

292 **結果不僅節省了一百六十萬美元的醫療開支**：'Save Blood, Save Lives', *Nature,* 2 April 2015。

第八章　化學部門

295 **有個十二歲的男孩是如此飢腸轆轆**：Bliss, Discovery of Insulin, p.37。

297 **他們的實驗「構想錯誤、執行錯誤、詮釋錯誤」**：同上，pp.12-13。

298 **胰島素的發現，可能可以列為現代醫學的第一個偉大勝利**：'The Pissing Evile', *London Review of Books*, 1 Dec. 1983。

300 **有些研究者也暗示，與病人腸道的微生物失衡有關**：'Cause and Effect', *Nature*, 17 May 2012。

300 **在一九八〇與二〇一四年之間，全球罹患這兩型糖尿病**：*Nature*, 26 May 2016, p.460。

301 **這意謂著，胰島素的水平在大多數時間**：'The Edmonton Protocol', *New Yorker*, 10 Feb. 2003。

302 **我愛賀爾蒙**：引自 John Wass 的訪問紀錄，地點是牛津，21 March 與 17 Sept. 2018。

308 **英國生理學家史塔林創造了「賀爾蒙」**：Sengoopta, *Most Secret Quintessence*

of Life, p.4。

310 罹患該病最知名的歷史人物即是約翰・甘迺迪：*Journal of Clinical Endocrinology and Metabolism*, 1 Dec. 2006, pp.4849-53; 'The Medical Ordeals of JFK', *Atlantic*, Dec. 2002。

315 在某些個案中，催產素甚至：*Nature*, 25 June 2015, pp.410-12。

315 或許沒有人比得上德國生化學家阿道夫・布特南特：*Biographical Memoirs of Fellows of the Royal Society*, London, Nov. 1998; *New York Times* obituary, 19 Jan. 1995。

318 睪酮究竟在哪一方面可能縮短男性的壽命：Bribiescas, *Men*, p.202。

318 但卻有遠遠更多的證據指出：*New Scientist*, 16 May 2015, p.32。

320 非酒精性脂肪肝疾病：Nature, 23 Nov. 2017, p.S85; *Annals of Internal Medicine*, 6 Nov. 2018。

327 腎臟每天大約處理一百八十公升的水分：Pasternak, *Molecules Within Us*, p.60。

329 當年紀增長，膀胱會喪失彈性：Nuland, *How We Die*, p.55。

330 在泌尿世界裡，至少也是有一些微生物：*Nature*, 9 Nov. 2017, p.S40。

331 **歷史上最著名的截石術**：Tomalin, *Samuel Pepys*, pp.60-65。

333 **皮普斯，他在手術過後的幾年**：'Samuel Pepys and His Stones', *Annals of the Royal College of Surgeons* 59 (1977)。

第九章　解剖室：骨骼

337 **「摸摸看。」——班．歐利維爾博士對我這麼說**：引自Ben Ollivere的訪問紀錄，地點是諾丁漢，23-24 June 2017。

344 **美國就發生一件一時甚囂塵上的醜聞**：'Yale Students and Dental Professor Took Selfie with Severed Heads', *Guardian*, 5 Feb. 2018。

345 **偉大的解剖學家安德雷亞斯．維薩里斯**：Wootton, *Bad Medicine*, p.74。

345 **而英格蘭的威廉．哈維，他是如此渴求一具遺體**：Larson, *Severed*, p.217。

346 **法羅皮奧與罪犯看來一同採取了**：Wootton, *Bad Medicine*, p.91。

348 **所有插圖必須以相反方向畫成**：*Baylor University Medical Center Proceedings*, Oct. 2009, pp.342-45。

352 **規律運動能夠延緩阿茲海默症的惡化**：'Do Our Bones Influence Our Minds?', *New Yorker*, 1 Nov. 2013。

356 **必須動用到一百條肌肉**：Collis, *Living with a Stranger*, p.56。

356 **美國國家航太總署（NASA）的研究指出**：NASA的資訊通報，'Muscle Atrophy'。

357 **偉大的外科醫生與解剖學家查爾斯・貝爾爵士**：參見*Oxford Dictionary of National Biography*書中詞條：'Bell, Sir Charles'。

358 **人類的拇指確實擁有未在任何其他動物**：Roberts, *Incredible Unlikeliness of Being*, pp.333-35。

361 **我們對於手部與手腕兩者在力度上大小的了解**：Francis, *Adventures in Human Being*, pp.126-27。

362 **一般人走路的平均速度**：'Gait Analysis: Principles and Applications', *American Academy of Orthopaedic Surgeons*, Oct. 1995。

363 **鴕鳥藉由接合足部與腳踝兩者的骨頭**：Taylor, *Body by Darwin*, p.85。

363 **十八歲這樣年輕的年紀**：Medawar, *Uniqueness of the Individual*, p.109。

364 **據估計，大約有百分之六十的成人**：Wall, *Pain*, pp.100-101。

364 **美國的外科醫生每年會施行超過八十萬例的關節置換手術**：'The Coming Revolution in Knee Repair', *Scientific American*, March 2015。

366 **幾乎沒有人聽聞過他的名號**：Le Fanu, *Rise and Fall of Modern Medicine*, pp.104-8。

367 **四分之三的男性與二分之一的女性**：Wolpert, *You're Looking Very Well*, p.21。

第十章　馬不停蹄：雙足行走與健身運動

372 **二〇一六年，德州大學**：'Perimortem Fractures in Lucy Suggest Mortality from Fall out of Tall Tree', *Nature*, 22 Sept. 2016。

373 **黑猩猩於地面四處移動時**：Lieberman, *Story of the Human Body*, p.42。

376 **化石上的證據暗示，早期人類**：'The Evolution of Marathon Running', *Sports Medicine* 37, no. 4-5 (2007); 'Elastic Energy Storage in the Shoulder and the Evolution of High-Speed Throwing in Homo', *Nature*, 27 June 2013。

379 **一名醫生傑瑞米·莫里斯開始相信**：Jeremy Morris 的訃聞，*New York Times*，7 Nov. 2009。

380 規律性的走路，可以降低心臟病發作與中風：*New Yorker*, 20 May 2013, p.46。

380 而每日活動一小時或更多時間：*Scientific American*, Aug. 2013, p.71; 'Is Exercise Really Medicine? An Evolutionary Perspective', *Current Sports Medicine Reports*, July-Aug. 2015。

381 認為存在一個可以為我們帶來健康與長壽的一體適用的神奇步數：'Watch Your Step', *Guardian*, 3 Sept. 2018。

381 僅有大約百分之二十的人努力做到了適度的規律運動：'Is Exercise Really Medicine?'。

381 一般美國人一天大約僅走了三分之一英里：Lieberman, *Story of the Human Body*, pp.217-18。

382 據說有些員工把活動記錄器綁在自己的狗兒身上：*Economist*, 5 Jan. 2019, p.50。

382 現代的狩獵採集者平均一天要跑跑走走：'Is Exercise Really Medicine?'。

382 如果你想要了解人類的身體：引自Lieberman的訪問紀錄。

384 如果世界上其他人都變成美國人的身材：'Eating Disorder', *Economist*, 19 June 2012。

384 **健美人士與不愛動的「沙發馬鈴薯」兩者可能**：'The Fat Advantage', *Nature*, 15 Sept. 2016。

385 **美國今日一般女性的體重**：*Baylor University Medical Center Proceedings*, Jan. 2016。

385 **今日超過一半以上的兒童**：'Interest in Ketogenic Diet Grows for Weight Loss and Type 2 Diabetes', *Journal of the American Medical Association*, 16 Jan. 2018。

385 **根據預測，當前這一代的年輕人**：Zuk, *Paleofantasy*, p.5。

385 **英國人是繼美國人之後最為肥碩者**：*Economist*, 31 March 2018, p.30。

386 **全球人口的肥胖率是百分之十三**：*Economist*, 6 Jan. 2018, p.20。

386 **依照某個計算指出，你必須走上**：'The Bear's Best Friend', *New York Review of Books*, 12 May 2016。

386 **人們容易高估至四倍之多**：'Exercise in Futility', *Atlantic*, April 2016。

387 **工廠工人比起辦公室員工一年多消耗**：Lieberman, *Story of the Human Body*, p.217。

387 **久坐的人罹患糖尿病的可能性**：'Are You Sitting Comfortably? Well, Don't',

New Scientist, 26 June 2013。

388 **假使你一整晚都攤在臀大肌誘人的暖窩裡面**：'Our Amazingly Plastic Brains', Wall Street *Journal*, 6 Feb. 2015; 'The Futility of the Workout-Sit Cycle', *Atlantic*, 16 Aug. 2016。

388 **詹姆斯・勒溫是一名肥胖問題專家**：'Killer Chairs: How Desk Jobs Ruin Your Health', *Scientific American*, Nov. 2014。

389 **僅僅如此的作法就能每小時額外消耗六十五大卡**：*New Scientist*, 25 Aug. 2012, p.41。

390 **只是一堆垃圾**：'The Big Fat Truth', *Nature*, 23 May 2013。

第十一章　體內平衡

393 **小型動物不得不比大型動物更快速產熱**：Blumberg, *Body Heat*, pp.35-38。

394 **存在著一個古怪得近乎離奇的一致性傾向**：West, *Scale*, p.197。

394 **典型的哺乳類動物一天所消耗的能量**：Lane, *Power, Sex, Suicide*, p.179。

395 **只要或上或下偏離幾度**：Blumberg, *Body Heat*, p.206。

396 **這個實驗在很大的程度上使人想起**：Royal Society, 'Experiments and Observations in a Heated Room by Charles Blagden, 1774'。

397 **奇怪的是，沒有人完全了解引起發燒的原因**：Ashcroft, *Life at the Extremes*, pp.133-34; Blumberg, *Body Heat*, pp.146-47。

397 **身體僅僅些微增溫**：Davis, *Beautiful Cure*, p.113。

398 **認為我們主要經由頭頂散失**：'Myth: We Lose Most Heat from Our Heads', *Naked Scientists*, podcast, 24 Oct. 2016。

399 **哈佛大學的生理學家沃爾特．布拉德福德．坎農**：*Obituary Notices of Fellows of the Royal Society* 5, no. 15 (Feb. 1947): pp.407-23；參見 *American National Biography* 書中詞條：'Cannon, Walter Bradford'。

401 **他甚至還撥出時間撰寫了有關巫毒教**：'"Voodoo" Death', *American Anthropologist*, April-June 1942。

404 **你每天生產與使用相當於你的體重的 ATP 分子**：West, *Scale*, p.100。

404 **你的體內只有六十公克**：Lane, *Vital Question*, p.63。

404 **發現解答的人，是一名**：*Biographical Memoirs*, Royal Society, London。

405 **我是你的第一任太太**：*Biochemistry and Biology Molecular Education* 32, no. 1 (2004): pp.62-66。

406 **身高僅及你的一半的孩童**：'Size and Shape', *Natural History*, Jan. 1974。

407 **第二次世界大戰時，一位名叫尼古拉斯．阿爾克梅德**：'The Indestructible Alkemade'，於 24 Dec. 2014，張貼於 RAF Museum website。

410 **一名還在學走路的小小孩艾麗卡．諾德比**：*Edmonton Sun*, 28 Aug. 2014。

411 **在一九九八至二〇一八年八月期間，美國總計有八百名左右的幼童**：完整資料細節，可見於網站 noheatstroke.org。

412 **世界上海拔最高的常在居住地**：Ashcroft, *Life at the Extremes*, p.8。

413 **丹增．諾蓋與雷蒙德．蘭伯特**：同上，p.26。

413 **在海平面的高度，紅血球占有總血量的百分之四十左右**：同上，p.341。

414 **阿什克羅夫特提過一名飛機駕駛的案例**：同上，p.19。

415 **在納粹德國，健康的囚犯**：Annas and Grodin, *Nazi Doctors and the Nuremberg Code*, pp.25-26。

417 **在一個典型的實驗中，一群中國囚犯彼此錯開**：Williams and Wallace, *Unit*

731, p.42。

417 **而令人費解的是，日本人會在囚犯還有意識時進行活體解剖**：'Blood and Money', *New York Review of Books*, 4 Feb. 1999。

417 **如果實驗需要孕婦或幼童**：Lax, *Toxin*, p.123。

418 **東京一名慶應義塾大學的學生**：Williams and Wallace, *Unit 731*。

第十二章　免疫系統

422 **我們大約有三百種類型不同的免疫細胞在體內運作**：'Ambitious Human Cell Atlas Aims to Catalog Every Type of Cell in the Body', National Public Radio, 13 Aug. 2018。

422 **假使你壓力過大或精疲力竭**：'Department of Defense', *New York Review of Books*, 8 Oct. 1987。

422 **皮膚裡的樹突狀細胞**：引自Daniel Davis的訪問紀錄，地點是曼徹斯特大學，30 Nov. 2018。

423 **總計大約有百分之五的人罹患**：Davis, *Beautiful Cure*, p.149。

425 **整個身體內最聰明的小細胞**：Bainbridge, *Visitor Within*, p.185。

427 **胸腺本身如同一間T細胞的幼兒園**：Davis, *The Compatibility Gene*, p.38。

427 **最後一位確認出某個人體器官功能運作的學者**：*Lancet*, 8 Oct. 2011, p.1290。

430 **不當的發炎，被視為與每一種疾病皆有關連**：Inflamed', *New Yorker*, 30 Nov. 2015。

430 **有時候，免疫系統在防禦力度上會進行總動員**：引自與聖路易斯華盛頓大學的 Michael Kinch 的訪問紀錄。

431 **熱情迷人、八面玲瓏、風度翩翩，經常妙語如珠**：'High on Science', *New York Review of Books*, 16 Aug. 1990。

433 **儘管出於臨床上的善意**：Medawar, *Uniqueness of the Individual*, p.132。

434 **住在麻州的馬爾伯勒市的理查德．赫里克**：Le Fanu, *Rise and Fall of Modern Medicine*, pp.121-23; 'A Transplant Makes History', *Harvard Gazette*, 22 Sept. 2011。

436 **截至二〇一八年末，美國等待移植手術的人數**：'The Disturbing Reason Behind the Spike in Organ Donations', *Washington Post*, 17 April 2018。

436 **洗腎病患的平均餘命是八年**：*Baylor University Medical Center Proceedings*, April 2014。

437 **一個可能的解決辦法是，使用動物器官**：'Genetically Engineering Pigs to Grow Organs for People', *Atlantic*, 10 Aug. 2017。

438 **我們總計可能罹患大約五十種自體免疫性疾病**：Davis, *Beautiful Cure*, p.149。

439 **一九三三年，紐約的醫生伯瑞爾・克隆**：Blaser, *Missing Microbes*, p.177。

439 **丹尼爾・李伯曼暗示，抗生素的濫用**：Lieberman, *Story of the Human Body*, p.178。

440 **自體免疫性疾病存在嚴重的性別差異**：Bainbridge, *X in Sex*, p.157; Martin, *Sickening Mind*, p.72。

440 **過敏首次出現在英文中**：*Oxford English Dictionary*。

440 **大約有百分之五十的人聲稱**：'Skin: Into the Breach', *Nature*, 23 Nov. 2011。

442 **有一名幼童在搭飛機途中**：Pasternak, *Molecules Within Us*, p.174。

442 **二〇一七年，美國的國家過敏和傳染病研究所**：'Feed Your Kids Peanuts, Early and Often, New Guidelines Urge', *New York Times*, 5 Jan. 2017。

443 **最常見的解釋即是著名的「衛生假說」**：'Lifestyle: When Allergies Go West', *Nature*, 24 Nov. 2011；Yong，*I Contain Multitudes*，p.122；'Eat Dirt?', Natural History，出版日期未明。

第十三章　深呼吸：肺臟與呼吸

449 **你每次呼吸時，大約呼出**：*Chemistry World*, Feb. 2018, p.66。

450 **處方藥抗生素中大約有百分之二十**：*Scientific American*, Feb. 2016, p.32。

452 **噴嚏的飛沫能夠飄飛將近八公尺的距離**：'Where Sneezes Go', *Nature*, 2 June 2016; 'Why Do We Sneeze?', *Smithsonian*, 29 Dec. 2015。

454 **肺臟大約可以容納六公升的氣體**：'Breathe Deep', *Scientific American*, Aug. 2012。

455 **假使你是屬於一般體型的成人**：West, *Scale*, p.152。

456 **他在打開郵件之前**：Carter, *Marcel Proust*, p.72。

457 **無論他身處何地**：同上，p.224。

459 **氣喘是英國幼童的第四大死因**：Jackson, *Asthma*, p.159。

459 **日本的氣喘罹患率並無大幅揚升**：'Lifestyle: When Allergies Go West', *Nature*, 24 Nov. 2011。

460 **你大概以為，氣喘是由塵蟎**：引自 Neil Pearce 的訪問紀錄，地點是倫敦大學衛生與熱帶醫學院，28 Nov. 2018。

463 **病人在氣喘發作時**：'Asthma: Breathing New Life into Research', *Nature*, 24 Nov. 2011。

464 **西方的生活形態是如何得以引發氣喘**：'Lifestyle: When Allergies Go West'; 'Asthma and the Westernization "Package"', *International Journal of Epidemiology* 31 (2002): pp.1098-102。

465 **我們現在所有人都坐在屋裡**：'Lifestyle: When Allergies Go West', *Nature*, 24 Nov. 2011。

466 **規律抽菸的人（大約一天一包）罹患肺癌的可能性**：'Getting Away with Murder', *New York Review of Books*, 19 July 2007。

469 **儘管英國的衛生大臣伊恩・麥可勞德**：Wootton, *Bad Medicine*, p.263。

470 **沒有人已經確認出了，香菸的煙霧**：'Getting Away with Murder'。

471 **一般的美國成人一年會抽上四千根香菸**：A Reporter at Large, *New Yorker*, 30 Nov. 1963。

471 **十六歲以上的一般美國人的吸菸量**：Smith, *Body*, p.329。

471 **美國癌症協會的一名董事會成員**：'Cancer: Malignant Maneuvers', *New York Review of Books*, 6 March 2008。

471 **甚至遲至一九七三年，《自然》期刊**：'Get the Placentas', *London Review of Books*, 2 June 2016。

471 **打嗝的世界紀錄保持人**：*Sioux City Journal*, 4 Jan. 2015。

第十四章　食物，繽紛的食物

478 **今日美國人所攝入的卡路里**：*Baylor University Medical Center Proceedings*, Jan. 2017, p.134。

478 **美國學者威爾伯．奧林．艾特華特**：參見 *American National Biography* 書中詞條：'Atwater, Wilbur Olin'；USDA Agricultural Research Service 網站；Wesleyan University 網站。

481 **他建議，我們應該食用大量肉類**：McGee, *On Food and Cooking*, p.534。

482 **你可能吃下相當於一百七十大卡熱量的杏仁**：'Everything You Know About Calories Is Wrong', *Scientific American*, Sept. 2013。

484 **你幾乎不可能擁有一顆大腦袋**：引自Daniel Lieberman的訪問紀錄，地點是倫敦，22 Oct. 2018。

486 **那不過是一些「憑空捏造的東西」**：Gratzer, *Terrors of the Table*, p.170。

491 **如此粗製濫造的文章竟然**：'Nutrition: Vitamins on Trial', *Nature*, 25 June 2014。

492 **美國人能夠選擇的種種膳食補充劑**：'How Did We Get Hooked on Vitamins?', *The Inquiry*, BBC World Service, 31 Dec. 2018。

492 **他每天服用將近四萬毫克的維生素C**：'The Dark Side of Linus Pauling's Legacy', Quackwatch.org, 14 Sept. 2014。

493 **蛋白質本身屬於複雜的分子**：Smith, *Body*, p.429。

494 **有關演化為何將我們與這麼少數的胺基酸**：Challoner, *Cell*, p.38。

495 **全世界大多數的傳統飲食**：McGee, *On Food and Cooking*, p.534。

496 **所有的碳水化合物實際上皆來自於植物**：同上，p.803。

496 **一份一百五十克的白米飯**：*New Scientist*, 11 June 2016, p.32。

498 **出於複雜的化學上的理由**：Lieberman, *Story of the Human Body*, p.255。

499 **一顆酪梨的飽和脂肪含量，是一小袋馬鈴薯片的五倍**：*New Scientist*, 2 Aug. 2014, p.35。

500 **直到二〇〇四年，美國心臟協會**：Kummerow 的訃聞，*New York Times*，1 June 2017。

500 **於一九四五年所發表的一篇論文**：*More or Less*, BBC Radio 4, 6 Jan. 2017。

501 **讓人們在感到非常乾渴之後**：Roach, *Grunt*, p.133。

501 **喝太多的水其實可能導致危害**：'Can You Drink Too Much Water?', *New York Times*, 19 June 2015; 'Strange but True: Drinking Too Much Water Can Kill', *Scientific American*, 21 June 2007。

502 **我們在一生之中，大約把六十噸的食物吃下肚**：Zimmer, *Microcosm*, p.56。

503 **遠遠有更多的人遭受肥胖之苦**：*Nature*, 2 Feb. 2012, p.27。

503 **每週一片巧克力豆脆片餅乾**：*New Scientist*, 18 July 2009, p.32。

503 **而讓我們豁然開悟的智者**：Keys的訃聞，*Washington Post*，2 Nov. 2004；Keys的訃聞，*New York Times*，23 Nov. 2004；*Journal of Health and Human Behaviour* (Winter 1963): pp.291-93；*American Journal of Clinical Nutrition* (March 2010)。

505 **基斯著手進行後來成為眾所周知的「明尼蘇達飢餓實驗」**：'They Starved So That Others Be Better Fed: Remembering Ancel Keys and the Minnesota Experiment'. *Journal of Nutrition* 135, no. 6, June 2005。

509 **美國五分之一的年輕人每日從軟性飲料**：'What Not to Eat', *New York Times*, 2 Jan. 2017; 'How Much Harm Can Sugar Do?', *New Yorker*, 8 Sept. 2015。

511 **莎士比亞所嚐過的大部分水果**：Lieberman, *Story of the Human Body*, p.265; 'Best Before?', New Scientist, 17 Oct. 2015。

512 **美國最普及的蔬菜**：*Baylor University Medical Center Proceedings*, April 2011, p.158。

514 **一般美國人是三千四百毫克左右**：'Clearing Up the Confusion About Salt', *New York Times*, 20 Nov. 2017。

514 **加拿大的麥克馬斯特大學**：*Chemistry World,* Sept. 2016, p.50。

515 **我們發現，在已出版的文獻中**：*International Journal of Epidemiology*, 17 Feb. 2016。

516 **實際上，一開始是為了讓某個女孩留下深刻印象**：引自 Christopher Gardner 的訪問紀錄，地點是加州的帕羅奧圖，29 Jan. 2018。

519 **患有糖尿病、慢性高血壓或心血管疾病的人當中**：*Nature*, 2 Feb. 2012, p.27。

520 **百分之五十的遺傳因素，加上百分之五十的乳酪漢堡**：*National Geographic*, Feb. 2007, p.49。

第十五章　腸胃道

523 **整根管道的表面積**：Vogel, *Life's Devices*, p.42。

523 **食物在女性體內幾乎多逗留**：Blakelaw and Jennett, *Oxford Companion to the Body*, p.19。

524 **這是為何你經常聽到要多吃纖維食物**：'Fiber Is Good for You. Now Scientists May Know Why', *New York Times*, 1 Jan. 2018。

525 **腸胃道的咕嚕咕嚕聲響**：Enders, *Gut*, p.83。

526 **美國每年會有三千人**：'A Bug in the System', *New Yorker,* 2 Feb. 2015, p.30。

526 **他們認為，把肉烹煮至所需的華氏一百五十五度**：*Food Safety News*, 27 Dec. 2017。

527 **依照美國農業部所進行的一項研究**：'Bug in the System', p.30。

529 **人們往往會把病因歸咎於他們最後吃下肚的東西**：'What to Blame for Your Stomach Bug? Not Always the Last Thing You Ate', *New York Times*, 29 June 2017。

532 **經過幾年四處飄盪的生活之後**：'Men and Books', *Canadian Medical Association Journal*, June 1959。

535 **美國每年約有二十五萬人因為闌尾炎而住院**：'The Global Incidence of Appendicitis: A Systematic Review of Population-Based Studies', *Annals of Surgery,* Aug. 2017。

535 **富裕國家在急性闌尾炎的發病率上**：Blakelaw and Jennett, *Oxford Companion to the Body*, p.43。

536 **萊普斯在醫病關係上的表現**：*New York Times* 的訃聞，20 April 2005。

538 **來自世界各地的人紛紛前來找他看診**：'Killing Cures', *New York Review of Books*, 11 Aug. 2005。

539 **你所排出的每一克的糞便中**：Money, *Amoeba in the Room*, p.144。

540 **甚至從同一條糞便的兩端所分別採集的樣本**：*Nature*, 21 Aug. 2014, p.247。

541 **大腸桿菌的兩種菌株就擁有更多的遺傳變異性**：Zimmer, *Microcosm*, p.20; Lane, *Power, Sex, Suicide*, p.119。

541 **在他過世後七年**：*Clinical Infectious Diseases*, 15 Oct. 2007, pp.1025-29。

542 **嗅覺神經整個都被熏到麻痺了**：Roach, *Gulp*, p.253。

543 **諸多結腸內氣體爆炸的案例紀錄**：'Fatal Colonic Explosion During Colonoscopic Polypectomy', *Gastroenterology* 77, no. 6 (1979)。

第十六章　睡眠

547 **一九八九年，在一個（由於殘忍之故，因而無法仿效的）實驗中**：'Sleep Deprivation in the Rat', *Sleep* 12, no. 1 (1989)。

548 **本身有高血壓早期症狀的人**：*Nature*, 23 May 2013, p.S7。

550 **假使睡眠沒有提供絕對不可或缺的功能**：*Scientific American*, Oct. 2015, p.42。

550 **甚至相當簡單的生物，比如線蟲**：*New Scientist*, 2 Feb 2013, pp.38-39。

551 **阿瑟林斯基在這第一夜的實驗中**：'The Stubborn Scientist Who Unraveled a Mystery of the Night', *Smithsonian*, Sept. 2003; 'Rapid Eye Movement Sleep: Regulation and Function', *Journal of Clinical Sleep Medicine*, 145 June 2013。

553 **這前兩個階段的睡眠是如此輕淺**：Martin, *Counting Sheep*, p.98。

555 **通常來說，男性每個晚上總計會勃起兩小時左右**：同上，pp.133-39；'Cerebral Hygiene'，*London Review of Books*，29 June 2017。

555 **一般人會翻身或明顯改換姿勢的次數**：Martin, *Counting Sheep*, p.104。

556 **睡眠專家曾經研究十幾位負責長程航班**：同上，pp.39-40。

558 **這可能可以解釋，為何即便夢裡的情節張力十足**：Burnett, *Idiot Brain*, p.25; Sternberg, NeuroLogic, pp.13-14。

559 **有一名聽眾大喊「胡說！」**：Davis, *Beautiful Cure*, p.133。

559 **他們很難相信，已經被研究了一百五十年的東西**：引自 Russell Foster 的訪問紀錄，地點是牛津的布雷日諾斯學院，17 Oct. 2018。

562 **松果體並非我們的靈魂**：Bainbridge, *Beyond the Zonules of Zinn,* p.200。

563 **他被要求測量兩分鐘有多久**：Shubin, *Universe Within,* pp.55-67。

564 **這些暢銷藥物中，大約有一半**：Davis, *Beautiful Cure,* p.37。

566 **第一堂課如果延遲一些時間開始**：'Let Teenagers Sleep In', *New York Times,* 20 Sept. 2018。

567 **失眠，已經與糖尿病**：'In Search of Forty Winks', *New Yorker,* 8-15 Feb. 2016。

567 **固定輪值晚班的女性在罹患乳癌的風險上**：'Of Owls, Larks, and Alarm Clocks', *Nature,* 11 March 2009。

568 **大約有一半的人至少偶爾會出現打鼾的現象**：'Snoring: What to Do When a Punch in the Shoulder Fails', *New York Times*, 11 Dec. 2010。

568 **最極端、最駭人的失眠形式**：Zeman, *Consciousness*, pp.46-47; 'The Family That Couldn't Sleep', *New York Times,* 2 Sept. 2006。

569 **有些專家認為，普恩蛋白也在阿茲海默症**：*Nature*, 10 April 2014, p.181。

571 **就全球來說，罹患率則是四百萬分之一**：'The Wild Frontiers of Slumber', *Nature*, 1 March 2018; Zeman, *Consciousness*, pp.106-9。

572 **我記得當我醒來時**：*Morning Edition*, National Public Radio, 27 Dec. 2017。

573 **打呵欠甚至與你的疲倦程度並不密切相關**：Martin, *Counting Sheep*, p.140。

第十七章　急轉直下

576 **總統柯立芝有一回視察一間農場**：這則軼事當然是出於杜撰。

579 **內蒂．史蒂文斯值得我們更進一步認識她**：'Nettie M. Stevens and the Discovery of Sex Determination by Chromosomes', *Isis*, June 1978; *American National Biography*。

580 **只不過是某種意外的巧合**：Bainbridge, *X in Sex*, p.66。

581 **真的會在絞刑架下等待**：'The Chromosome Number in Humans: A Brief History', *Nature Reviews Genetics*, 1 Aug. 2006。

581 **這個數字從此維持不變，持續了三十五年**：Ridley, *Genome*, pp.23-24。

582 人類在一代又一代為世界帶來：'Vive la Difference', *New York Review of Books,* 12 May 2005。

582 據估計，以它目前的縮減速率：'Sorry, Guys: Your Y Chromosome May Be Doomed', *Smithsonian*, 19 Jan. 2018。

584 壁虎會複製，而我們只是重組：Mukherjee, *Gene,* p.357。

585 有多少比例的人，會在一段關係中：'Infidels', *New Yorker,* 18-25 Dec. 2017。

585 在某個研究中，當女性受訪者認為自己被連接上一台測謊機：Spiegelhalter, *Sex by Numbers*, p.35。

586 由於經費問題，受訪者從原本預定的二萬人：*American Journal of Public Health*, July 1996, pp.1037-40; 'What, How Often, and with Whom?', *London Review of Books,* 3 Aug. 1995。

586 這讓史匹格哈特頗為狐疑：Spiegelhalter, *Sex by Numbers*, p.2。

589 性行為時間的中位數是九分鐘：同上，pp.218-20。

589 黑猩猩與人類之間可能有高達百分之九十八點八：'Bonobos Join Chimps as Closest Human Relatives', *Science News*, 13 June 2012。

591 他們比女性更易遭受感染：Bribiescas, *Men*, pp.174-76。

594 陰道分泌物是唯一一種我們幾乎毫無所知的體液：Roach, *Bonk*, p.12。

596 它得名自德國的婦科醫生與科學家恩斯特．格拉芬伯格：*American Journal of Obstetrics and Gynecology*, Aug. 2001, p.359。

598 直至十九世紀初，「clitoris」（陰蒂）的發音：*Oxford English Dictionary*。

599 子宮一般的重量是兩盎司：Cassidy, *Birth*, p.80。

601 許多哺乳類動物把睪丸藏在身體裡面：Bainbridge, *Teenagers*, pp.254-55。

601 有關陰莖尺寸大小何謂正常的問題：'Skin Deep,' *New York Review of Books*, 7 Oct. 1999。

602 專家似乎普遍同意，性高潮時所釋放的精液：Morris, *Body Watching*, p.216; Spiegelhalter, *Sex by Numbers*, pp.216-17。

第十八章　人之初：受孕與分娩

608 單一一次隨機的性行為使卵子成功受精的機率：'Not from Venus, Not from Mars'，*New York Times*，25-26 Feb. 2017，國際版。

608 以橫跨近四十年間的一百八十五篇論文為基礎，來進行後設分析：‘Yes, Sperm Counts Have Been Steadily Declining’, Smithsonian.com, 26 July 2017。

609 一種被統稱為內分泌干擾物：‘Are Your Sperm in Trouble?’, *New York Times*, 11 March 2017。

610 一次典型性行為的精子釋放量：Lents, *Human Errors*, p.100。

612 女性在三十五歲時的卵子存量：‘The Divorce of Coitus from Reproduction’, *New York Review of Books*, 25 Sept. 2014。

614 假使情況並非如此，那麼具有先天性缺陷的嬰兒比率：Roberts, *Incredible Unlikeliness of Being*, p.344。

616 大約有百分之八十的準媽媽會感到噁心：‘What Causes Morning Sickness?’, *New York Times*, 3 Aug. 2018。

618 唯一真正可靠的測試方法是，等待九個月：Oakley, *Captured Womb*, p.17。

618 英格蘭的醫學院學生直到一八八六年：Epstein, *Get Me Out*, p.38。

618 女性在當時即便毫無任何症狀：Oakley, *Captured Womb*, p.22。

619 一九〇六年，估計有十五萬名美國婦女施行了卵巢切除術：Sengoopta, *Most Secret Quintessence of Life*, pp.16-18。

620 天知道有多少婦女被我提早送進墳墓去：Cassidy, *Birth*, p.60。

621 噴散出石炭酸的煙霧，將整個手術檯籠罩其中：'The Gruesome, Bloody World of Victorian Surgery', *Atlantic*, 22 Oct. 2017。

621 遲至一九三二年，每一百三十八名產婦中：Oakley, *Captured Womb*, p.62。

622 並非是衛生條件的改善，而是青黴素的出現：Cassidy, *Birth*, p.61。

623 不過，在死於分娩的比例上，美國婦女比起歐洲婦女高出百分之七十：*Economist*, 18 July 2015, p.41。

624 我們在人體中了解最少的器官：*Scientific American*, Oct. 2017, p.38。

627 女性在緩解生產疼痛的選項上：*Nature*, 14 July 2016, p.S6。

628 經由剖腹產出生的人在很大的程度上：'The Cesarean-Industrial Complex', *Atlantic*, Sept. 2014。

629 超過百分之六十的剖腹產，只是出於方便：'Stemming the Global Caesarean Section Epidemic', *Lancet*, 13 Oct. 2018。

629 嬰兒一經出生便急於清洗的作法：Blaser, *Missing Microbes*, p.95。

630 存在於母乳中的「嬰兒雙歧桿菌」：Yong, *I Contain Multitudes*, p.130。

630 **一般的嬰兒在一歲之時便已經逐漸擁有**：*New Yorker,* 22 Oct. 2012, p.33。

631 **有一些證據表明，哺乳的母親會經由乳腺管**：Ben-Barak, *Why Aren't We Dead Yet?*, p.68。

632 **為了保護婦女在嬰兒營養上，擁有可以做出最佳選擇的能力**：'Opposition to Breast-Feeding Resolution by U.S. Stuns World Health Officials', *New York Times*, 8 July 2018。

第十九章　神經與疼痛

641 **重複施行上述作法，腦部的反應模式**：'Show Me Where It Hurts', *Nature,* 14 July 2016。

642 **唯有當腦部收到訊息後，疼痛才會出現**：引自 Irene Tracey 的訪問紀錄，地點是牛津的約翰．瑞德克利夫醫院，18 Sept. 2018。

648 **第一個確認出傷害接受器的學者**：參見 *Oxford Dictionary of National Biography* 書中詞條：'Sherrington, Sir Charles Scott'；Nature Neuroscience，June 2010, pp.429-30。

652 而其中超過一半的案例，是肇因於車禍或槍傷：Annals of Medicine, *New Yorker*, 25 Jan. 2016。

652 如同神經系統一般，疼痛也有多種分類方式：'A Name for Their Pain,' *Nature*, 14 July 2016; Foreman, *Nation in Pain*, pp.22-24。

657 這個字是法文「**demi-crâne**」的變體：'Headache', *American Journal of Medicine*, Jan. 2018; 'Why Migraines Strike', *Scientific American*, Aug. 2008; 'A General Feeling of Disorder', *New York Review of Books*, 23 April 2015。

658 喔老天，確實是這樣：Dormandy, *Worst of Evils*, p.483。

658 但是，同樣地，怡人的香氛、撫慰的圖片：*Nature Neuroscience*, April 2008, p.314。

658 擁有一名具有同理心的摯愛伴侶，可以使痛感減半：Wolf, *Body Quantum*, p.vii。

658 他們給予本身有疼痛問題的受試者服用嗎啡：*Nature Neuroscience*, April 2008, p.314。

659 大約有百分之四十的美國成人：Foreman, *Nation in Pain*, p.3。

659 總而言之，慢性疼痛影響的人數：'The Neuroscience of Pain', *New Yorker*, 2

July 2018。

659 對人們、對生活、對世間的一切，全都聽而不聞、視而不見：Daudet, *In the Land of Pain*, p.15。

659 大約可以讓百分之十四至二十五的病患：'Name for Their Pain'。

661 在一九九九至二〇一四年之間，計有二十五萬名美國人：*Chemistry World*, July 2017, 28; *Economist*, 28 Oct. 2017, p.41; 'Opioid Nation', *New York Review of Books*, 6 Dec. 2018。

662 由於類鴉片藥物的致命性，使得器官捐贈者的人數增加：'The Disturbing Reasons Behind the Spike in Organ Donations', *Washington Post*, 17 April 2018。

664 結果，獲得了更好的治療效果：'Feel the Burn', *London Review of Books*, 30 Sept. 1999。

664 即便如此，受測者中有百分之五十九的人回報：'Honest Fakery', *Nature*, 14 July 2016。

664 安慰劑無法縮小腫瘤：Marchant, *Cure*, p.22。

第二十章　當情況不妙：疾病

667 **一九四八年秋天，冰島北岸小城**：'The Post-viral Syndrome: A Review', *Journal of the Royal College of General Practitioners*, May 1987; 'A Disease Epidemic in Iceland Simulating Poliomyelitis', *American Journal of Epidemiology* 2 (1950); 'Early Outbreaks of "Epidemic Neuromyasthenia"', *Postgraduate Medical Journal*, Nov. 1978; Annals of Medicine, *New Yorker*, 27 Nov. 1965。

669 **不過，一九七〇年，在平息了幾年之後**：'Epidemic Neuromyasthenia: A Syndrome or a Disease?', *Journal of the American Medical Association*, 13 March 1972。

670 **一九九九年，西尼羅病毒**：Crawford, *Deadly Companions*, p.18。

670 **兩百年之後，一個極為相似的疾病**：'Two Spots and a Bubo', *London Review of Books*, 21 April, 2005。

672 **由此廣為人知的波旁病毒**：Centers for Disease Control and Prevention, *Emerging Infectious Diseases Journal*, May 2015; 'Researchers Reveal That Killer "Bourbon Virus" Is of the Rare Thogotovirus Genus', *Science Times*, 22 Feb.

2015; 'Mysterious Virus That Killed a Farmer in Kansas Is Identified', *New York Times*, 23 Dec. 2014。

673 除非醫生特別去為眼下這回的感染病例：'Deadly Heartland Virus Is Much More Common Than Scientists Thought', National Public Radio, 16 Sept. 2015。

674 短短幾天之內，有三十四人宣告不治：'In Philadelphia 30 Years Ago, an Eruption of Illness and Fear', *New York Times*, 1 Aug. 2006。

675 軍團菌屬的細菌廣泛分布在土壤：'Coping with Legionella', *Public Health*, 14 Nov. 2000。

676 而阿克雷里病的情況大抵如出一轍：'Early Outbreaks of "Epidemic Neuromyasthenia"'。

676 一種疾病是否會變成傳染病：*New Scientist*, 9 May 2015, pp.30-33。

677 表現優異的病毒：'Ebola Wars', *New Yorker*, 27 Oct. 2014。

679 鳥類與哺乳類動物身上所帶有的病毒：'The Next Plague Is Coming. Is America Ready?', *Atlantic*, July-Aug. 2018。

679 一場我們永遠無法從中恢復起來的災難：'Stone Soup', *New Yorker*, 28 July 2014。

681 **是一位名叫瑪莉·馬瓏**：*Grove, Tapeworms, Lice, and Prions*, pp.334-35；*New Yorker*, 26 Jan. 1935；參見*American National Biography*書中詞條：'Mallon, Mary'。

683 **美國每年有五千七百五十人罹患傷寒**：疾病管制與預防中心的數據。

683 **單單二十世紀的死亡總數**：'The Awful Diseases on the Way', *New York Review of Books*, 9 June 2016。

684 **足以使大約兩層樓外的十七個人染病**：'Bugs Without Borders', *New York Review of Books*, 16 Jan. 2003。

686 **二〇一四年，某個人查看了美國食品藥品監督管理局**：U.S. Centers for Disease Control and Prevention, 'Media Statement on Newly Discovered Smallpox Specimens', 8 July 2014。

688 **他們發給每個院內患者一人一支十字鎬**：'Phrenic Crush', *London Review of Books*, Oct. 2003。

689 **她與其他院內病人僅被允許每月一次接受子女訪視**：MacDonald, *Plague and I*, p.45。

689 **倫敦今日的一些行政區中，結核病的感染率**：'Killer of the Poor Now Threatens

the Wealthy', *Financial Times*, 24 March 2014。

691 即便是今日，唯一的治療方式：*Economist*, 22 April 2017, p.54。

691 他於是將處在「尾動幼蟲時期」的血吸蟲：Kaplan, *What's Eating You?*, p.ix。

694 這個基因所生成的蛋白質，稱為亨汀頓蛋白：Mukherjee, *Gene*, pp.280-86。

694 至少有四十個基因與第二型糖尿病有所關連：*Nature*, 17 May 2012, p.S10。

694 有關溫帶氣候為何使你會攻擊自己的脊髓的原因：Bainbridge, *Beyond the Zonules of Zinn*, pp.77-78。

695 這個病迄今僅記錄了大約兩百個案例：Davies, *Life Unfolding*, p.197。

696 高達百分之九十的罕見疾病：MIT *Technology Review*, Nov.-Dec. 2018, p.44。

696 我們最有可能死於『不相稱的疾病』：Lieberman, *Story of the Human Body*, p.351。

699 僅有百分之三十六的比例比較不會罹患流感：'The Ghost of Influenza Past and the Hunt for a Universal Vaccine', *Nature*, 8 Aug. 2018。

第二十一章　當情況大不妙：癌症

703 **甚至是破傷風、溺水、被染上狂犬病的動物咬傷**：Bourke, *Fear*, pp.298-99。

703 **有關癌症的早期歷史就是**：Mukherjee, *Emperor of All Maladies*, pp.44-45。

705 **對於超過六十歲的男性來說，會有一半的人**：Welch, *Less Medicine, More Health*, p.71。

705 **美國在一項針對醫生的調查中發現**：'What to Tell Cancer Patients', *Journal of the American Medical Association* 175, no. 13 (1961)。

705 **英國在大略相同時期中的一項調查也發現**：Smith, *Body*, p.330。

706 **所以，癌症不會造成接觸性傳染**：引自 Josef Vormoor 的訪問紀錄，地點是荷蘭的烏特勒支市的瑪可西瑪公主兒童癌症中心，18-19 Jan. 2019。

710 **從出生到四十歲之間，男性的罹癌機率**：Herold, *Stem Cell Wars*, p.10。

710 **超過一半的癌症病例是由我們可以致力改善**：*Nature*, 24 March 2011, p.S16。

711 **無人了解，體重究竟如何起到決定性的作用**：'The Fat Advantage', *Nature*, 15 Sept. 2016; 'The Link Between Cancer and Obesity', Lancet, 14 Oct. 2017。

711 **第一個指出環境因子與癌症之間具有關連性的人**：*British Journal of Industrial Medicine*, Jan. 1957, pp.68-70; 'Percivall Pott, Chimney Sweeps, and Cancer', *Education in Chemistry*, 11 March 2006。

712 **全球今日商業生產的化學製品超過八萬種**：'Toxicology for the 21st Century', *Nature*, 8 July 2009。

713 **儘管沒有人可以論斷，空氣與水中的污染物**：'Cancer Prevention', *Nature*, 24 March 2011, pp.S22-S23。

714 **由於面對許多異議，甚至嘲弄**：Armstrong, p.53; *The Gene That Cracked the Cancer Code*, pp.27-29。

714 **據估計，對全球所有癌症來說，病原體總計**：'The Awful Diseases on the Way'，*New York Review of Books*, 9 June 2016。

714 **在肺癌患者當中，大約有百分之十的男性**：Timmermann, *History of Lung Cancer*, pp.6-7。

720 **有某些證據指出，他的妻子**：*Baylor University Medical Center Proceedings*, Jan. 2012。

721 **他最具革命性的外科創新技術**：參見 *American National Biography* 書中詞條：

723 'Halsted, William Stewart'：'A Very Wide and Deep Dissection', *New York Review of Books*, 20 Sept. 2001：Beckhard and Crane, Cancer, Cocaine, and Courage, pp.111-12。

723 **他失去了大部分的下巴與一部分的顱骨**：Jorgensen, *Strange Glow*, p.94。

723 **一九二〇年，在美國，已經售出了四百萬支含有鐳成分的夜光錶**：同上，pp.87-88。

725 **多次手術使他的面貌嚴重改觀**：同上，p.123。

726 **勞倫斯女士的癌症緩解下來**：Goodman, McElligott, and Marks, *Useful Bodies*, p.81-82。

727 **他們之後發現，老鼠是死於窒息**：參見*American National Biography*書中詞條：'Lawrence, John Hundale'。

728 **學者們於是由此理解到，某種芥子氣的衍生物**：Armstrong, p.53; *The Gene That Cracked the Cancer Code*, pp.253-54; Nature, 12 Jan. 2017, p.154。

729 **出現重大進展，是在一九六八年**：'Childhood Leukemia Was Practically Untreatable Until Don Pinkel and St. Jude Hospital Found a Cure,' *Smithsonian*, July 2016。

731 因癌症不治的兒童當中，有很顯著的一部分：*Nature,* 30 March 2017, pp.608-9。

731 最近三十年來，已經減少了二百四十萬人：'We're Making Real Progress Against Cancer. But You May Not Know It if You're Poor', *Vox*, 2 Feb. 2018。

732 僅僅只有百分之二或三的癌症研究經費花在預防：*Nature,* 24 March 2011, p.S4。

第二十二章　好醫療與壞醫療

735 無論他在促進土壤肥沃上學到了什麼知識：'The White Plague', *New York Review of Books*, 26 May 1994。

737 諾貝爾生理醫學獎頒給了賽爾曼．瓦克斯曼：*Literary Review,* Oct. 2012, 47-48; *Guardian*, 2 Nov 2002。

738 根據某個估算，在二十世紀中，人們預期壽命：*Economist*, 29 April 2017, p.53。

744 在一九〇〇至二〇一二年之間：*Nature*, 24 March 2011, p.446。

745 一名英國的流行病學家湯瑪斯・麥克裘恩：Wootton, *Bad Medicine*, pp.270-71。

746 麥克裘恩的論點，激起了大量的批評聲浪：*American Journal of Public Health*, May 2002, pp.725-29; 'White Plague'; Le Fanu, *Rise and Fall of Modern Medicine*, pp.314-15。

748 今日在格拉斯哥東城區的男性：'Between Victoria and Vauxhall,' *London Review of Books*, 1 June 2017。

750 美國每年每有四百名中年人死去：*Economist*, 25 March 2017, p.76。

750 在富裕國家中，美國實際上在每一項醫療健康的測量指標：'Why America Is Losing the Health Race', *New Yorker*, 11 June 2014。

750 甚至患有囊腫性纖維化：'Stunning Gap: Canadians with Cystic Fibrosis Outlive Americans by a Decade', *Stat*, 13 March 2017。

751 美國花用在健康照護上的費用，是人均收入的五分之一：'The US Spends More on Health Care than Any Other Country', *Washington Post*, 27 Dec. 2016。

752 甚至富有的美國人也無法自外於：'Why America Is Losing the Health Race'。

752 美國青少年死於車禍意外的可能性：'American Kids Are 70% More Likely to

Die Before Adulthood than Kids in Other Rich Countries', *Vox,* 8 Jan. 2018。

753 **配戴安全帽的騎士會有百分之七十的機率**：Insurance Institute for Highway Safety 的數據資料。

753 **《紐約時報》的一項調查發現，美國一次血管攝影**：'The $2.7 Trillion Medical Bill', *New York Times,* 1 June 2013。

754 **有關健康照護品質的一個廣泛接受的衡量標準**：'Health Spending', OECD Data, data.oecd.org。

757 **當一百六十位婦科醫生被問及**：Jorgensen, *Strange Glow,* 298。

761 **一個人的過度醫療，是另一個人白花花的收入**：'The State of the Nation's Health', *Dartmouth Medicine*, Spring 2007。

762 **大多數醫生皆以某種方式從藥廠那兒收受金錢或禮物**：'Drug Companies and Doctors: A Story of Corruption', *New York Review of Books,* 15 Jan. 2009。

762 **只是讓病患在死亡時的血壓數值比較好看**：'When Evidence Says No but Doctors Say Yes', *Atlantic,* 22 Feb. 2017。

764 **當相同的藥物改在人體上進行試驗**：'Frustrated Alzheimer's Researchers Seek Better Lab Mice', *Nature,* 21 Nov. 2018。

766 **所以，對於大多數人來說，每日服用阿司匹靈**：'Aspirin to Prevent a First Heart Attack or Stroke', NNT, Jan. 8, 2015, www.thennt.com。

766 **服用低劑量的阿司匹靈在降低心臟病或癌症的風險上不僅毫無效果**：National Institute for Health Research press release, July 16, 2018。

第二十三章　終老

771 **比起死於所有傳染性疾病的總人數**：*Nature*, 2 Feb. 2012, p.27。

771 **對於死於六十五歲之後的美國人來說，約有將近三分之一**：*Economist*, 29 April 2017, p.11。

772 **在一九四〇年，同樣擁有這個機率的人**：'Special Report on Aging', *Economist*, 8 July 2017。

772 **假如我們明天就可以發現所有癌症的療方**：*Economist*, 13 Aug. 2016, p.14。

772 **最能闡明這個現象的疾病，當屬阿茲海默症**：Hayflick 的受訪紀錄，*Nautilus*, 24 Nov. 2016。

772 **自一九九〇年起，我們在壽命上每增加一年**：Lieberman, *Story of the Human Body*, p.242。

773 **美國的高齡者總數雖然只比總人口的十分之一多一些**：Davis, *Beautiful Cure*, p.139。

774 **俄羅斯的生物老年學家若列斯・梅德韋傑夫**：'Rethinking Modern Theories of Ageing and Their Classification', *Anthropological Review* 80, no. 3 (2017)。

775 **海弗利克發現，人工培養的人體幹細胞**：'The Disparity Between Human Cell Senescence In Vitro and Lifelong Replication In Vivo', *Nature Biotechnology*, 1 July 2002。

777 **由猶他大學的遺傳學家所進行的一項研究**：University of Utah Genetic Science Learning Center report, 'Are Telomeres the Key to Aging and Cancer?'。

777 **假使老化全由端粒造成**：'You May Have More Control over Aging than You Think...', *Stat*, 3 Jan. 2017。

779 **大多數人幾乎肯定將永遠不會聽聞過這兩個詞彙**：Harman 的訃聞，*New York Times*, 28 Nov. 2014。

779 **那根本是個大騙局**：'Myths That Will Not Die', Nature, 17 Dec. 2015; 'No

Truth to the Fountain of Youth', *Scientific American*, 29 Dec. 2008。

779 **抗氧化物補充劑無法降低許多與老化有關的疾病**：'The Free Radical Theory of Aging Revisited', *Antioxidants and Redox Signaling* 19, no. 8 (2013)。

781 **四十歲過後，流經腎臟的血液每年平均下降百分之一**：Nuland, *How We Die*, p.53。

782 **至少有兩種鯨魚也有更年期**：*Naked Scientists*, podcast, 7 Feb. 2017。

783 **學者們提出了兩種主要的理論**：Bainbridge, *Middle Age*, pp.208-11。

783 **附帶一提，有關更年期是由於女性耗盡自身**：同上，p.199。

784 **二〇一六年，位於紐約的阿爾伯特．愛因斯坦醫學院**：*Scientific American*, Sept. 2016, p.58。

785 **每一萬人中大約僅有一人可以活到高齡一百歲**：'The Patient Talks Back', *New York Review of Books*, 23 Oct. 2008。

785 **加州大學洛杉磯分校的老年學研究組織**：'Keeping Track of the Oldest People in the World', *Smithsonian*, 8 July 2014。

788 **哥斯大黎加的人均所得僅有美國的五分之一**：Marchant, *Cure*, pp.206-11。

791 **她看來可能完全沒有罹患阿茲海默症**：*Literary Review*, Aug. 2016, p.35。

793 **大約百分之三十的年長者**：'Tau Protein—Not Amyloid—May Be Key Driver of Alzheimer's Symptoms', *Science*, 11 May 2016。

794 **過著節制有度的生活雖然並不會根除阿茲海默症的風險**：'Our Amazingly Plastic Brains', *Wall Street Journal*, 6 Feb. 2015。

796 **失智症在英國每年花費國民保健署**：*Inside Science*, BBC Radio 4, 1 Dec. 2016。

796 **針對阿茲海默症藥物的臨床試驗**：*Chemistry World*, Aug. 2014, p.8。

797 **世界各地每天有十六萬人與世長辭**：引自世界衛生組織的統計資料。

799 **另一個研究則觀察到，垂死之際的腦中**：*Journal of Palliative Medicine* 17, no. 3 (2014)。

799 **大多數行將就木的人在生命的最後一兩天**：'What It Feels Like to Die', *Atlantic*, 9 Sept. 2016。

799 **死前另一種稱為「瀕死呼吸」**：'The Agony of Agonal Respiration: Is the Last Gasp Necessary?', *Journal of Medical Ethics*, June 2002。

800 **在最後幾週接受安寧緩和療法而非化療的癌症病人**：*Economist*, 29 April 2017,

p.55。

800 有一篇評論發現，甚至對於那些存活時間中位數只剩四週：Hatch, *Snowball in a Blizzard*, p.7。

801 這個男人的屍身看起來彷彿他的精氣已然遠去：Nuland, *How We Die*, p.122。

801 某些器官停止運作的時間會比其他器官長：'Rotting Reactions', *Chemistry World*, Sept. 2016。

803 處在一只密封的棺木中，屍身的分解過程：'What's Your Dust Worth?', *London Review of Books*, 14 April 2011。

803 一般上，探訪墓地大約僅會持續十五年左右：*Literary Review*, May 2013, p.43。

803 一個世紀前，僅有大約百分之一的人經由火葬處理：'What's Your Dust Worth?'。

參考書目

Ackerman, *Diane. A Natural History of the Senses*. London: Chapmans, 1990.

Alcabes, *Philip. Dread: How Fear and Fantasy Have Fueled Epidemics from the Black Death to Avian Flu*. New York: Public Affairs, 2009.

Al-Khalili, Jim, and Johnjoe McFadden. *Life on the Edge: The Coming Age of Quantum Biology*. London: Bantam Press, 2014.

Allen, John S. *The Lives of the Brain: Human Evolution and the Organ of Mind*. Cambridge, Mass: Belknap Press, 2009.

Amidon, Stephen, and Thomas Amidon. *The Sublime Engine: A Biography of the Human Heart*. New York: Rodale, 2011.

Andrews, Michael. *The Life That Lives on Man*. London: Faber and Faber, 1976.

Annas, George J., and Michael A. Grodin. *The Nazi Doctors and the Nuremberg Code: Human Rights in Human Experimentation*. Oxford: Oxford University Press, 1992.

Arikha, Noga. *Passions and Tempers: A History of the Humours*. London: Ecco,

2007.

Armstrong, Sue. *p53: The Gene That Cracked the Cancer Code*. London: Bloomsbury Sigma, 2014.

Arney, Kat. *Herding Hemingway's Cats: Understanding How Our Genes Work*. London: Bloomsbury Sigma, 2016.

Ashcroft, Frances. *Life at the Extremes: The Science of Survival*. London: HarperCollins, 2000.

——*The Spark of Life: Electricity in the Human Body*. London: Allen Lane, 2012.

Ashwell, Ken. *The Brain Book: Development, Function, Disorder, Health*. *Buffalo*, NY: Firefly Books, 2012.

Bainbridge, David. *A Visitor Within: The Science of Pregnancy*. London: Weidenfeld & Nicolson, 2000.

——*The X in Sex: How the X Chromosome Controls Our Lives*. *Cambridge*, Mass.: Harvard University Press, 2003.

——*Beyond the Zonules of Zinn: A Fantastic Journey Through Your Brain*. Cambridge, Mass.: Harvard University Press, 2008.

——*Teenagers: A Natural History*. London: Portobello Books, 2009.

——*Middle Age: A Natural History*. London: Portobello Books, 2012.

Bakalar, Nicholas. *Where the Germs Are: A Scientific Safari*. New York: John Wiley & Sons, 2003.

Ball, Philip. *Bright Earth: The Invention of Colour*. London: Viking, 2001.

——*Stories of the Invisible: A Guided Tour of Molecules*. Oxford: Oxford University Press, 2001.

——*H2O: A Biography of Water*. London: Phoenix Books, 1999.

Barnett, Richard (edited by Mike Jay). *Medical London: City of Diseases, City of Cures*. London: Strange Attractor Press, 2008.

Bathurst, Bella. *Sound: Stories of Hearing Lost and Found*. London: Profile Books/Wellcome, 2017.

Beckhard, Arthur J., and William D. *Crane. Cancer, Cocaine and Courage: The Story of Dr. William Halsted*. New York: Messner, 1960.

Ben-Barak, Idan. *The Invisible Kingdom: From the Tips of Our Fingers to the Tops of Our Trash – Inside the Curious World of Microbes*. New York: Basic Books,

2009.

——*Why Aren't We Dead Yet?: The Survivor's Guide to the Immune System*. Melbourne: Scribe, 2014.

Bentley, Peter J. *The Undercover Scientist: Investigating the Mishaps of Everyday Life*. London: Random House, 2008.

Berenbaum, May R. *Bugs in the System: Insects and Their Impact on Human Affairs. Reading,* Mass.: Helix Books, 1995.

Birkhead, Tim. *The Most Perfect Thing: Inside (and Outside) a Bird's Egg*. London: Bloomsbury, 2016.

Black, Conrad. *Franklin Delano Roosevelt: Champion of Freedom*. London: Weidenfeld & Nicolson, 2003.

Blakelaw, Colin, and Sheila Jennett (eds). *The Oxford Companion to the Body*. Oxford: Oxford University Press, 2001.

Blaser, Martin. *Missing Microbes: How Killing Bacteria Creates Modern Plagues*. London: Oneworld, 2014.

Bliss, *Michael. The Discovery of Insulin*. Edinburgh: Paul Harris Publishing, 1983.

Blodgett, Bonnie. *Remembering Smell: A Memoir of Losing – and Discovering – the Primal Sense.* Boston: Houghton Mifflin Harcourt, 2010.

Blumberg, Mark S. *Body Heat: Temperature and Life on Earth.* Cambridge, Mass.: Harvard University Press, 2002.

Bondeson, Jan. *The Two-Headed Boy, and Other Medical Marvels.* Ithaca: Cornell University Press, 2000.

Bourke, Joanna. *Fear: A Cultural History.* London: Virago, 2005.

Bound Alberti, Fay. *Matters of the Heart: History, Medicine, and Emotion.* Oxford: Oxford University Press, 2010.

Breslaw, Elaine G. *Lotions, Potions, Pills, and Magic: Health Care in Early America.* New York: New York University Press, 2012.

Bribiescas, Richard G. *Men: Evolutionary and Life History. Cambridge,* Mass.: Harvard University Press, 2006.

Brooks, Michael. *At the Edge of Uncertainty: 11 Discoveries Taking Science by Surprise.* London: Profile Books, 2014.

Burnett, Dean. *The Idiot Brain: A Neuroscientist Explains What Your Head Is Re-*

ally Up To. London: Guardian Faber, 2016.

Campenbot, Robert B. *Animal Electricity: How We Learned That the Body and Brain Are Electric Machines*. Cambridge, Mass: Harvard University Press, 2016.

Cappello, Mary. *Swallow: Foreign Bodies, Their Ingestion, Inspiration, and the Curious Doctor Who Extracted Them*. New York: New Press, 2011.

Carpenter, Kenneth J. *The History of Scurvy and Vitamin C*. Cambridge: Cambridge University Press, 1986.

Carroll, Sean B. *The Serengeti Rules: The Quest to Discover How Life Works and Why It Matters*. Princeton, NJ: Princeton University Press, 2016.

Carter, William C. *Marcel Proust: A Life. New Haven:* Yale University Press, 2000.

Cassidy, Tina. *Birth: A History*. London: Chatto & Windus, 2007.

Challoner, Jack. *The Cell: A Visual Tour of the Building Block of Life*. Lewes: Ivy Press, 2015.

Cobb, Matthew. *The Egg & Sperm Race: The Seventeenth-Century Scientists Who Unravelled the Secrets of Sex, Life and Growth*. London: Free Press, 2006.

Cole, Simon. *Suspect Identities: A History of Fingerprinting and Criminal Identification.* Cambridge, Mass.: Harvard University Press, 2001.

Collis, John Stewart. *Living with a Stranger: A Discourse on the Human Body.* London: Macdonald & Jane's, 1978.

Crawford, Dorothy H. *The Invisible Enemy: A Natural History of Viruses.* Oxford: Oxford University Press, 2000.

——*Deadly Companions: How Microbes Shaped Our History.* Oxford: Oxford University Press, 2007.

Crawford, Dorothy H., Alan Rickinson, and Ingólfur Johannessen. *Cancer Virus: The Story of Epstein-Barr Virus.* Oxford: Oxford University Press, 2014.

Crick, Francis. *What Mad Pursuit: A Personal View of Scientific Discovery.* London: Weidenfeld and Nicolson, 1989.

Cunningham, Andrew. *The Anatomist Anatomis'd: An Experimental Discipline in Enlightenment Europe.* London: Ashgate, 2010.

Darwin, Charles. *The Expression of the Emotions in Man and Animals.* London: John Murray, 1872.

Daudet, Alphonse. *In the Land of Pain*. London: Jonathan Cape, 2002.

Davies, Jamie A. *Life Unfolding: How the Human Body Creates Itself*. Oxford: Oxford University Press, 2014.

Davis, Daniel M. *The Compatibility Gene*, London: Allen Lane, 2013.

——*The Beautiful Cure: Harnessing Your Body's Natural Defences*. London: Bodley Head, 2018.

Dehaene, Stanislas. *Consciousness and the Brain: Deciphering How the Brain Codes Our Thoughts*. London: Viking, 2014.

Dittrich, Luke. *Patient H.M.: A Story of Memory, Madness, and Family Secrets*. London: Chatto & Windus, 2016.

Dormandy, Thomas. *The Worst of Evils: The Fight Against Pain*. New Haven: Yale University Press, 2006.

Draaisma, Douwe. *Forgetting: Myths, Perils and Compensations*. New Haven: Yale University Press, 2015.

Dunn, Rob. *The Wild Life of Our Bodies: Predators, Parasites, and Partners That Shape Who We Are Today*. New York: HarperCollins, 2011.

Eagleman, David. *Incognito: The Secret Lives of the Brain.* New York: Pantheon Books, 2011.

—The Brain: *The Story of You.* Edinburgh: Canongate, 2016.

El-Hai, Jack. *The Lobotomist: A Maverick Medical Genius and His Tragic Quest to Rid the World of Mental Illness.* New York: Wiley & Sons, 2005.

Emsley, John. *Nature's Building Blocks: An A-Z Guide to the Elements.* Oxford: Oxford University Press, 2001.

Enders, Giulia. *Gut: The Inside Story of Our Body's Most Under-Rated Organ.* London: Scribe, 2015.

Epstein, Randi Hutter. *Get Me Out: A History of Childbirth from the Garden of Eden to the Sperm Bank.* New York: W. W. Norton, 2010.

Fenn, Elizabeth A. *Pox Americana: The Great Smallpox Epidemic of 1775–82.* Stroud, Gloucestershire: Sutton Publishing, 2004.

Finger, *Stanley. Doctor Franklin's Medicine.* Philadelphia: University of Pennsylvania Press, 2006.

Foreman, Judy. *A Nation in Pain: Healing Our Biggest Health Problem.* New York:

Oxford University Press, 2014.

Francis, Gavin. *Adventures in Human Being*. London: Profile Books/ Wellcome, 2015.

Froman, Robert. *The Many Human Senses*. London: G. Bell and Sons, 1969.

Garrett, Laurie. *The Coming Plague: Newly Emerging Diseases in a World Out of Balance*. New York: Farrar, Straus and Giroux, 1994.

Gawande, Atul. *Better: A Surgeon's Notes on Performance*. London: Profile Books, 2007.

Gazzaniga, Michael S. *Human: The Science Behind What Makes Us Unique*. New York: Ecco, 2008.

Gigerenzer, Gerd. *Risk Savvy: How to Make Good Decisions*. London: Allen Lane, 2014.

Gilbert, Avery. *What the Nose Knows: The Science of Scent in Everyday Life*. New York: Crown Publishers, 2008.

Glynn, Ian, and Jenifer Glynn, *The Life and Death of Smallpox*. London: Profile Books, 2004.

Goldsmith, Mike. *Discord: The History of Noise*. Oxford: Oxford University Press, 2012.

Goodman, Jordan, Anthony McElligott and Lara Marks (eds), *Useful Bodies: Humans in the Service of Medical Science in the Twentieth Century*. Baltimore: John Hopkins University Press, 2003.

Gould, Stephen Jay. *The Mismeasure of Man*. New York: W. W. Norton, 1981.

Gratzer, Walter. *Terrors of the Table: The Curious History of Nutrition*. Oxford: Oxford University Press, 2005.

Greenfield, Susan. *The Human Brain: A Guided Tour*. London: Weidenfeld & Nicolson, 1997.

Grove, David I. *Tapeworms, Lice, and Prions: A Compendium of Unpleasant Infections*. Oxford: Oxford University Press, 2014.

Hafer, Abby. *The Not-So-Intelligent Designer: Why Evolution Explains the Human Body and Intelligent Design Does Not*. Eugene, Oregon: Cascade Books, 2015.

Hatch, Steven. *Snowball in a Blizzard: The Tricky Problem of Uncertainty in Medicine*. London: Atlantic Books, 2016.

Healy, David. *Pharmageddon*. Berkeley: University of California Press, 2012.

Heller, Joseph, and Speed Vogel. *No Laughing Matter*. London: Jonathan Cape, 1986.

Herbert, Joe. *Testosterone: Sex, Power, and the Will to Win*. Oxford: Oxford University Press, 2015.

Herold, Eve. *Stem Cell Wars: Inside Stories from the Frontlines*. London: Palgrave Macmillan, 2006.

Hill, Lawrence. *Blood: A Biography of the Stuff of Life*. London: Oneworld, 2013.

Hillman, David, and Ulrika Maude. *The Cambridge Companion to the Body in Literature*. Cambridge: Cambridge University Press, 2015.

Holmes, Bob. *Flavor: The Science of Our Most Neglected Sense*. New York: W.W. Norton, 2017.

Homei, Aya, and Michael Worboys. *Fungal Disease in Britain and the United States 1850–2000: Mycoses and Modernity*. Basingstoke: Palgrave Macmillan, 2013.

Ings, Simon. *The Eye: A Natural History*. London: Bloomsbury, 2007.

Inwood, Stephen. *A History of London*. London: Macmillan, 1998.

Jablonski, Nina. *Skin: A Natural History*. Berkeley: University of California Press, 2006.

——*Living Color: The Biological and Social Meaning of Skin Color*. Berkeley: University of California Press, 2012.

Jackson, Mark. *Asthma: The Biography*. Oxford: Oxford University Press, 2009.

Jones, James H. *Bad Blood: The Tuskegee Syphilis Experiment*. London: Collier Macmillan, 1981.

Jones, Steve. *The Language of the Genes: Biology, History and the Evolutionary Future*. London: Flamingo, 1994.

——*No Need for Geniuses: Revolutionary Science in the Age of the Guillotine*. London: Little, Brown, 2016.

Jorgensen, Timothy J. *Strange Glow: The Story of Radiation*. Princeton, N.J.: Princeton University Press, 2016.

Kaplan, Eugene H. *What's Eating You?: People and Parasites. Princeton,* N.J.: Princeton University Press, 2010.

Kinch, Michael. *A Prescription for Change: The Looming Crisis in Drug Development.* Chapel Hill: University of North Carolina Press, 2016.

—*Between Hope and Fear: A History of Vaccines and Human Immunity.* New York: Pegasus Books, 2018.

—*The End of the Beginning: Cancer, Immunity, and the Future of a Cure.* New York: Pegasus, 2019.

Lane, Nick. *Power, Sex, Suicide: Mitochondria and the Meaning of Life.* Oxford: Oxford University Press, 2005.

—*Life Ascending: The Ten Great Inventions of Evolution.* London: Profile Books, 2009.

Larson, Frances. *Severed: A History of Heads Lost and Heads Found.* London: Granta, 2014.

Lax, Alistair J. *Toxin: The Cunning of Bacterial Poisons.* Oxford: Oxford University Press, 2005.

Lax, Eric. *The Mould in Dr Florey's Coat: The Remarkable True Story of the Penicillin Miracle.* London: Little, Brown, 2004.

Leavitt, Judith Walzer. *Typhoid Mary: Captive to the Public's Health*. Boston: Beacon Press, 1995.

Le Fanu, James. *The Rise and Fall of Modern Medicine*. London: Abacus, 1999.

——*Why Us? How Science Rediscovered the Mystery of Ourselves*. London: Harper Press, 2009.

Lents, Nathan H. *Human Errors: A Panorama of Our Glitches from Pointless Bones to Broken Genes*. Boston: Houghton Mifflin Harcourt, 2018.

Lieberman, Daniel E. *The Evolution of the Human Head*. Cambridge, Mass.: Belknap Press, 2011.

——*The Story of the Human Body: Evolution, Health, and Disease*. New York: Pantheon Books, 2013.

Linden, David J. *Touch: The Science of Hand, Heart, and Mind*. London: Viking, 2015.

Lutz, Tom. *Crying: The Natural and Cultural History of Tears*. New York: W. W. Norton, 1999.

MacDonald, Betty. *The Plague and I*. London: Hammond, Hammond & Co., 1948.

Macinnis, Peter. *The Killer Beans of Calabar and Other Stories*. Sydney: Allen & Unwin, 2004.

Macpherson, Gordon. *Black's Medical Dictionary* (39th edn). London: A&C Black, 1999.

Maddox, John. *What Remains to Be Discovered: Mapping the Secrets of the Universe, the Origins of Life, and the Future of the Human Race*. London: Macmillan, 1998.

Marchant, *Jo. Cure: A Journey into the Science of Mind Over Body*. Edinburgh: Canongate, 2016.

Martin, Paul. *The Sickening Mind: Brain, Behaviour, Immunity and Disease*. London: HarperCollins, 1997.

—*Counting Sheep: The Science and Pleasures of Sleep and Dreams*. London: HarperCollins, 2002.

McGee, Harold. *On Food and Cooking: The Science and Lore of the Kitchen*. London: Unwin Hyman, 1986.

McNeill, Daniel. *The Face*. London: Hamish Hamilton, 1999.

Medawar, Jean. *A Very Decided Preference: Life with Peter Medawar.* Oxford: Oxford University Press, 1990.

Medawar, P. B. *The Uniqueness of the Individual.* New York: Dover Publications, 1981.

Money, Nicholas P. *The Amoeba in the Room: Lives of the Microbes.* Oxford: Oxford University Press, 2014.

Montagu, Ashley. *The Elephant Man: A Study in Human Dignity.* London: Allison & Busby, 1972.

Morris, Desmond. *Bodywatching: A Field Guide to the Human Species.* London: Jonathan Cape, 1985.

Morris, Thomas. *The Matter of the Heart: A History of the Heart in Eleven Operations.* London: Bodley Head, 2017.

Mouritsen, Ole G., Klavs Styrbaek. *Umami: Unlocking the Secrets of the Fifth Taste.* New York: Columbia University Press, 2014.

Mukherjee, Siddhartha. *The Emperor of All Maladies: A Biography of Cancer.* London: Fourth Estate, 2011.

——*The Gene: An Intimate History.* London: Bodley Head, 2016.

Newman, Lucile F. (ed.), *Hunger in History: Food Shortage, Poverty and Deprivation.* Oxford: Basil Blackwell, 1999.

Nourse, Alan E. *The Body.* Amsterdam: Time-Life International, 1965.

Nuland, Sherwin B. *How We Die.* London: Chatto & Windus, 1994.

Oakley, Ann. *The Captured Womb: A History of the Medical Care of Pregnant Women.* Oxford: Blackwell, 1984.

O'Hare, Mick (ed.), *Does Anything Eat Wasps? And 101 Other Questions.* London: Profile Books, 2005.

O'Malley, Charles D., and J.B. de C.M. Saunders. *Leonardo da Vinci on the Human Body: The Anatomical, Physiological, and Embryological Drawings of Leonardo da Vinci.* New York: Henry Schuman, 1952.

O'Sullivan, *Suzanne. Brainstorm: Detective Stories from the World of Neurology.* London: Chatto & Windus, 2018.

Owen, Adrian. *Into the Grey Zone: A Neuroscientist Explores the Border Between Life and Death.* London: Guardian Faber, 2017.

Pasternak, Charles A. *The Molecules Within Us: Our Body in Health and Disease.* New York: Plenum, 2001.

Pearson, Helen. *The Life Project: The Extraordinary Story of Our Ordinary Lives.* London: Allen Lane, 2016.

Perrett, David. *In Your Face: The New Science of Human Attraction.* London: Palgrave Macmillan, 2010.

Perutz, Max. *I Wish I'd Made You Angry Earlier: Essays on Science, Scientists, and Humanity. Cold Spring Harbor:* Cold Spring Harbor Laboratory Press, 1998.

Peto, James (ed.), *The Heart. New Haven:* Yale University Press, 2007.

Platoni, Kara. *We Have the Technology: How Biohackers, Foodies, Physicians, and Scientists Are Transforming Human Perception One Sense at a Time.* New York: Basic Books, 2015.

Pollack, Robert. *Signs of Life: The Language and Meanings of DNA.* London: Viking, 1994.

Postgate, John. *The Outer Reaches of Life.* Cambridge: Cambridge University

Press, 1991.

Prescott, John. *Taste Matters: Why We Like the Foods We Do*. London: Reaktion Books, 2012.

Richardson, Sarah. *Sex Itself: The Search for Male and Female in the Human Genome*. Chicago: University of Chicago Press, 2013.

Ridley, Matt. *Genome: The Autobiography of a Species in 23 Chapters*. London: Fourth Estate, 1999.

Rinzler, Carol Ann. *Leonardo's Foot: How 10 Toes, 52 Bones, and 66 Muscles Shaped the Human World*. New York: Bellevue Literary Press, 2013.

Roach, Mary. *Bonk: The Curious Coupling of Sex and Violence*. New York: W. W. Norton, 2008.

——*Gulp: Adventures on the Alimentary Canal*. New York: W. W. Norton, 2013.

——*Grunt: The Curious Science of Humans at War*. New York: W.W. Norton, 2016.

Roberts, Alice. *The Incredible Unlikeliness of Being: Evolution and the Making of Us*. London: Heron Books, 2014.

Roberts, Callum. *The Ocean of Life*. London: Allen Lane, 2012.

Roberts, Charlotte, and Keith Manchester. *The Archaeology of Disease*, 3rd edn. Stroud, Gloucestershire: History Press, 2010.

Roossinck, Marilyn J. *Virus: An Illustrated Guide to 101 Incredible Microbes*. Brighton: Ivy Press, 2016.

Roueché, Berton (ed.), *Curiosities of Medicine: An Assembly of Medical Diversions 1552–1962*. London: Victor Gollancz, 1963.

Rutherford, Adam, *Creation: The Origin of Life*. London: Viking, 2013.

——A *Brief History of Everyone Who Ever Lived: The Stories in Our Genes*. London: Weidenfeld and Nicolson, 2016.

Sanghavi, Darshak. *A Map of the Child: A Pediatrician's Tour of the Body*. New York: Henry Holt, 2003.

Scerri, Eric. *A Tale of Seven Elements*. Oxford: Oxford University Press, 2013.

Selinus, Olle, et al. (eds), *Essentials of Medical Geology: Impacts of the Natural Environment on Public Health*. Amsterdam: Elsevier, 2005.

Sengoopta, Chandak. *The Most Secret Quintessence of Life: Sex, Glands, and Hormones, 1850–1950*. Chicago: University of Chicago Press, 2006.

Shepherd, Gordon M. *Neurogastronomy: How the Brain Creates Flavor and Why It Matters*. New York: Columbia University Press, 2012.

Shorter, Edward. *Bedside Manners: The Troubled History of Doctors and Patients*. London: Viking, 1986.

Shubin, Neil. *Your Inner Fish: A Journey into the 3.5 Billion-Year History of the Human Body*. London: Allen Lane, 2008.

——*The Universe Within: A Scientific Adventure*. London: Allen Lane, 2013.

Sinnatamby, Chummy S. *Last's Anatomy: Regional and Applied*. London: Elsevier, 2006.

Skloot, Rebecca. *The Immortal Life of Henrietta Lacks*. London: Macmillan, 2010.

Smith, Anthony. *The Body*. London: George Allen & Unwin, 1968.

Spence, Charles. *Gastrophysics: The New Science of Eating*. London: Viking, 2017.

Spiegelhalter, David. *Sex by Numbers: The Statistics of Sexual Behaviour*. London: Profile/Wellcome, 2015.

Starr, Douglas. *Blood: An Epic History of Medicine and Commerce*. London: Little, Brown, 1999.

Stark, Peter, *Last Breath: Cautionary Tales from the Limits of Human Endurance.* New York: Ballantine Books, 2001.

Sternberg, Eliezer J. *NeuroLogic: The Brain's Hidden Rationale Behind Our Irrational Behavior.* New York: Pantheon Books, 2015.

Stossel, Scott. *My Age of Anxiety: Fear, Hope, Dread and the Search for Peace of Mind.* London: William Heinemann, 2014.

Tallis, Raymond. *The Kingdom of Infinite Space: A Fantastical Journey Around Your Head.* London: Atlantic Books, 2008.

Taylor, Jeremy. *Body by Darwin: How Evolution Shapes Our Health and Transforms Medicine.* Chicago: University of Chicago Press, 2015.

Thwaites, J. G. *Modern Medical Discoveries.* London: Routledge and Kegan Paul, 1958.

Timmermann, Carsten. *A History of Lung Cancer: The Recalcitrant Disease.* London: Palgrave/Macmillan, 2014.

Tomalin, Claire. *Samuel Pepys: The Unequalled Self.* London: Viking, 2002.

Trumble, Angus. *The Finger: A Handbook. London: Yale University Press,* 2010.

Tucker, Holly. *Blood Work: A Tale of Medicine and Murder in the Scientific Revolution*. New York: W. W. Norton, 2011.

Ungar, Peter S. *Evolution's Bite: A Story of Teeth, Diet, and Human Origins*. Princeton, N.J.: Princeton University Press, 2017.

Vaughan, Adrian. *Isambard Kingdom Brunel: Engineering Knight-Errant*. London: John Murray, 1991.

Vogel, Steven. *Life's Devices: The Physical World of Animals and Plants*. Princeton, N.J.: Princeton University Press, 1988.

Wall, Patrick. *Pain: The Science of Suffering*. London: Weidenfeld and Nicolson, 1999.

Welch, Gilbert H. *Less Medicine, More Health: Seven Assumptions That Drive Too Much Medical Care*. Boston: Beacon Press, 2015.

West, Geoffrey. *Scale: The Universal Laws of Life and Death in Organisms, Cities and Companies*. London: Weidenfeld and Nicolson, 2017.

Wexler, Alice. *The Woman Who Walked into the Sea: Huntington's and the Making of a Genetic Disease*. New Haven: Yale University Press, 2008.

Williams, Peter, and David Wallace. *Unit 731: The Japanese Army's Secret of Secrets*. London: Hodder & Stoughton, 1989.

Winston, Robert. *The Human Mind: And How to Make the Most of It*. London: Bantam Press, 2003.

Wolf, Fred Alan. *The Body Quantum: The New Physics of Body, Mind, and Health*. New York: Macmillan, 1986.

Wolpert, Lewis. *You're Looking Very Well: The Surprising Nature of Getting Old*. London: Faber and Faber, 2011.

Wootton, David. *Bad Medicine: Doctors Doing Harm Since Hippocrates*. Oxford: Oxford University Press, 2006.

Wrangham, Richard. *Catching Fire: How Cooking Made Us Human*. London: Profile Books, 2009.

Yong, Ed. *I Contain Multitudes: The Microbes Within Us and a Grander View of Life*. London: Bodley Head, 2016.

Zeman, Adam. *Consciousness: A User's Guide*. New Haven:, Conn.: Yale University Press, 2002.

——*A Portrait of the Brain*. New Haven: Yale University Press, 2008.

Zimmer, *Carl. A Planet of Viruses*. Chicago: University of Chicago Press, 2011.

——*Microcosm: E. coli and the New Science of Life*. New York, Pantheon Books, 2008.

——*Soul Made Flesh: The Discovery of the Brain – and How It Changed the World*. London: William Heinemann, 2004.

Zuk, Marlene. *Riddled with Life: Friendly Worms, Ladybug Sex, and the Parasites That Make Us Who We Are*. Orlando: Harvest/Harcourt, 2007.

——*Paleofantasy: What Evolution Really Tells Us About Sex, Diet, and How We Live*. New York: W. W. Norton, 2013.

比爾·布萊森（Bill Bryson），1951年生於美國愛荷華州的狄蒙市（Des Moines）。他的暢銷著作包括有《比爾·布萊森的大不列顛碎碎唸》（*The Road to Little Dribbling*）、《哈！小不列顛》（*Notes from a Small Island*）、《萬物簡史》（*A Short History of Nearly Everything*）、《別跟山過不去》（*A Walk in the Woods*）、《那個夏天》（*One Summer*）、《閃電男孩的輝煌年代》（*The Life and Times of the Thunderbolt Kid*），與《家居生活簡史》（*At Home*）。在一份全國性的民意調查中，《哈！小不列顛》被票選爲最能代表英國的書籍。而備受各界讚賞的科普作品《萬物簡史》，則爲他贏得了英國皇家學會科學圖書獎（Aventis Prize）和笛卡兒獎（Descartes Prize），並且在出版後的十年期間，成爲英國最暢銷的非虛構類著作。比爾·布萊森在2005至2011年擔任杜倫大學（Durham University）的名譽校長。他也是英國皇家學會的榮譽院士。他現居英國。

沈台訓，清大社人所畢業。自由編輯與書籍翻譯。譯作有《幸福之路》等。

身體：給擁有者的說明書
二〇二一年十月二十七日　初版第一刷
作　者　比爾・布萊森
譯　者　沈台訓
編　輯　廖書逸
發行人　林聖修
出　版　啟明出版事業股份有限公司
郵遞區號　一〇六八一
台北市大安區敦化南路二段
五十七號十二樓之一
電話　〇二二七〇八八三五一
總經銷　紅螞蟻圖書有限公司
法律顧問　北辰著作權事務所
定價標示於書衣封底。

裝幀設計：王瓊瑤
書衣插畫：Aleksandr Andreev and robuart, both Shutterstock
書衣設計授權衍生自 John Gall 設計之美國版封面

ISBN 978-986-06812-6-0

國家圖書館出版品預行編目 (CIP) 資料

身體：給擁有者的說明書／比爾·布萊森（Bill Bryson）作；沈台訓譯。
——初版—— 臺北市：啟明，2021.10。
928 面；10.5 x 14.8 公分。

譯自：THE BODY : A Guide for Occupants
ISBN 978-986-06812-6-0（平裝）

1. 人體解剖學 2. 人體生理學

394 110016104

THE BODY: A Guide for Occupants
Bill Bryson